全国统计教材编审委员会“十二五”规划教材

贝叶斯统计

第二版

茆诗松 汤银才 编著

图书在版编目(CIP)数据

贝叶斯统计 / 茆诗松，汤银才编著. — 2版. — 北京：中国统计出版社，2012.9(2023.9重印)
全国统计教材编审委员会“十二五”规划教材
ISBN 978－7－5037－6692－3

Ⅰ.①贝… Ⅱ.①茆… ②汤… Ⅲ.①贝叶斯统计量－高等学校－教材 Ⅳ.①O212.8

中国版本图书馆CIP数据核字(2012)第211664号

贝叶斯统计(第二版)

作　　者/茆诗松　汤银才
责任编辑/钟　钰
封面设计/上智博文
出版发行/中国统计出版社
通信地址/北京市西城区月坛南街57号　邮政编码/100826
办公地址/北京市丰台区西三环南路甲6号　邮政编号/100073
电　　话/邮购(010)63376909　书店(010)68783171
网　　址/http://zgtjcbs.com
印　　刷/三河市双峰印刷装订有限公司
经　　销/新华书店
开　　本/710×1000mm　1/16
字　　数/300千字
印　　张/19.75
印　　数/30501—33500册
版　　别/2012年9月第2版
版　　次/2023年9月第9次印刷
定　　价/39.00元

全国统计教材编审委员会

出版说明

“十二五”时期，是我国全面实施素质教育，全面提高高等教育质量，深化教育体制改革，推动教育事业科学发展，提高教育现代化水平的时期。“十二五”伊始，统计学迎来了历史性的重大变革和飞跃。2011年2月，在国务院学位委员会第28次会议通过的新的《学位授予和人才培养学科目录(2011)》(以下简称“学科目录”)中，统计学从数学和经济学中独立出来，成为一级学科。这一变革和飞跃将对中国统计教育事业产生巨大而深远的影响，中国统计教育事业将在“十二五”时期发生积极变化。

正是在这一背景下，全国统计教材编审委员会制定了《“十二五”全国统计教材建设规划》(以下简称“规划”)。根据“学科目录”在统计学下设有数理统计学，社会经济统计学，生物卫生统计学，金融统计、风险管理与精算学，应用统计5个二级学科的构架，“规划”对“十二五”全国统计规划教材建设作了全面部署，具有以下特点：

第一，打破以往统计规划教材出版学科单一的格局。全面发展数理统计学，社会经济统计学，生物卫生统计学，金融统计、风险管理与精算学，应用统计5个二级学科规划教材的出版，使“十二五”全国统计规划教材涵盖5个二级学科，形成学科全面并平衡发展的出版局面。

第二，打破以往统计规划教材出版层次单一的格局。在编写出版好各学科本科生教材的基础上，对研究生教材出版进行深入研究，出版一批高水平高层次的研究生教材，为我国研究生教育、尤其是应用统计研究生教育提供教学服务。同时，积极重视统计专科教材出版，联合各专科院校，组织编写和出版适应统计专科教学和学习的优秀教材。

第三，打破以往统计规划教材出版品种单一的格局。鼓励内容创新，联系统计实践，具有教学内容和教学方法特色的、各高校自编的相同内容选题的精品教材出版，促进统计教学向创新性、创造性和多样性发展。

第四，重视非统计专业的统计教材出版。探讨对非统计专业学生的统计教学问题，为非统计专业学生组织编写和出版概念准确、叙述简练、深入浅出、表达方式活泼、练习题贴近社会生活的统计教材，使统计思想和统计理念深入非统计专业学生，以达到统计教学的最大效果。

第五，重视配合教师教学使用的电子课件和辅助学生学习使用的电子产品的配套出版，促进高校统计教学电子化建设，以期最后能形成系统，提高统计教育现代化水平。

第六，重视对已经出版的统计规划教材的培育和提高，本着去粗存精、去旧加新、与时俱进的原则，继续优化已经出版的统计教材的内容和写作，强化配套课件和习题解答，使它们成为精品，最后锤炼成为经典。

“十二五”期间，编审委员会将本着“重质量，求创新，出精品，育经典”的宗旨，组织我国统计教育界专家学者，编写和编辑出版好本轮教材。本轮教材出版后，将能够形成学科齐全、层次分明、品种多样、配套系统的高质量立体式结构，使我国统计规划教材建设再上新台阶，这将对推动我国统计教育和统计教材改革，推动我国统计教育事业科学发展，提高我国统计教育现代化水平产生积极意义。

让教师的教学和学生的学习事半功倍，并使学生在毕业之后能够学以致用的统计教材，是本轮教材的追求。编审委员会将努力使本轮教材好教、好学、好用，尽力使它们在内容上和形式上都向国外先进统计教材看齐。限于水平和经验，在教材的编写和编辑出版过程中仍会有不足，恳请广大师生和社会读者提出批评和建议，我们将虚心接受，并诚挚感谢！

全国统计教材编审委员会

2012 年 7 月

第二版前言

本书初版各方反映尚可。在过去的十二年中贝叶斯统计又有了新的发展,主要表现在以下二个方面。

• 给出了二种新的无信息先验分布,他们是 reference 先验和概率匹配先验。这二种先验的导出不仅丰富了贝叶斯统计内容,而且还促进了多参数贝叶斯统计推断的研究,从而大大地推动了贝叶斯统计的应用,至今贝叶斯统计大量应用都是基于无信息先验进行的,使得这二种无信息先验成为至今无信息先验讨论与发展的主流。特别是概率匹配先验使贝叶斯统计与经典统计拉近了距离,使一些经典统计学家逐渐地接受贝叶斯统计方法。

• 贝叶斯计算及其软件蓬勃发展。这是因为贝叶斯统计分析最后都归纳为各种后验量(后验均值、后验方差、后验分布等)的计算,由于这些后验量大多都无显式表示,数值计算便是经常使用的工具。大家知道多重积分的数值计算不是那么容易实现,而基于马氏链的蒙德卡罗方法(MCMC)在一定条件较易实现,还可保证较高精度,成为贝叶斯统计中不可或缺的工具。如今围绕抽样更易实现。除了 Gibbs 抽样外,其它各种抽样方法也出现很多,已成为当今贝叶斯计算的一个研究领域。

上述二方面在本书第二版中得到充分的叙述,并由我系汤银才教授执笔编写,这不仅使本书内容更丰富,而且使本书更具时代气息。

本书第二版仍保留原书的框架,增加了第七章贝叶斯计算。其它各章都作了适当的修订,使叙述更便于读者阅读,使他们能正确地和尽快地了解贝叶斯统计的基本思想,掌握贝叶斯统计的基本方法和基本技巧，为在实际中使用和研究贝叶斯统计打下良好基础。

由于编著水平有限，错谬之处在所难免，恳请国内同行和广大读者批评指正。

茆诗松　汤银才

2012年9月

第一版前言

本书是按照全国统计教材编审委员会指定的《贝叶斯统计》编写大纲编写的,是供全国高等学校统计专业大学生和研究生学习用的教科书。贝叶斯统计在近 50 年中发展很快,内容愈来愈丰富。这里只选用其中最基本部分构成本书,相当一学期的内容,本书力图向学习过传统的概率统计(频率学派)课程的学生展示贝叶斯统计的基本面貌。也使他们能了解贝叶斯统计的基本思想,掌握贝叶斯统计的基本方法,为在实际中使用和研究贝叶斯统计打下了良好的基础。

本书共六章,可分二部分。前三章围绕先验分布介绍贝叶斯推断方法。后三章围绕损失函数介绍贝叶斯决策方法。阅读这些内容仅需要概率统计基本知识。本书力图用生动有趣的例子来说明贝叶斯统计的基本思想和基本方法,尽量使读者对贝叶斯统计产生兴趣,引发读者使用贝叶斯方法去认识和解决实际问题的愿望,进而去丰富和发展贝叶斯统计。假如学生的兴趣被钓出来,愿望被引出来,那么讲授这一门课的目的也基本达到了。

贝叶斯统计是在与经典统计的争论中逐渐发展起来的。争论的问题有:未知参数是否可以看作随机变量?事件的概率是否一定要有频率解释?概率是否可用经验来确定?在这些问题的争论中,贝叶斯学派建立起自己的理论与方法。另一方面,在全球传播已有百年历史的经典统计对统计学的发展和应用起了巨大作用,但同时也暴露了一些问题。在小样本问题研究上、在区间估计的解释上、在似然原理的认识上等问题经典统计也受到贝叶斯学派的批评,在这些批评中贝叶斯学派也在不断完善贝叶斯统计。J. O. Berger《统计决策论及贝叶斯分析》

一书在1980年和1985年相继二版问世把贝叶斯统计作了较完整的叙述。在近20年中贝叶斯统计在实际中又获得广泛的应用，1991年和1995年在美国连续出版了二本《Case Studies in Bayesian Statistics》，使贝叶斯统计在理论上和实际上以及它们的结合上都得到了长足的发展。惧怕使用贝叶斯统计思想得到克服。如今贝叶斯统计也走进教室，打破经典统计独占教室的一统天下的局面，这不能不说是贝叶斯统计发展中的一些重要标志。贝叶斯统计已成为统计学中一个不可缺少的部分。相比之下，贝叶斯统计在我国的应用与发展尚属起步阶段，但我国有很好的发展贝叶斯统计的氛围。只要大家努力，贝叶斯统计在我国一定能迅速发展，跟上世界主流。

本书编写自始至终得到国家统计局教育中心的关心和帮助，没有他们的督促，本书还会延期出版。上海财经大学张尧庭教授和中国人民大学的吴喜之教授耐心细致地审阅了全书，提出许多宝贵意见，笔者都认真考虑，并作修改，这使全书增色不少。另外，何基报、顾娟、孙汉杰等阅读书稿，提出宝贵意见，还帮助打印全书，在此一并表示感谢。

由于编者水平有限，准确表达贝叶斯学派的各种观点并非易事，错谬之处在所难免，恳请国内同行和广大读者批评指正.

茆诗松

1999年1月

目 录

第一章　先验分布与后验分布

§1.1　三种信息

统计学中有二个主要学派:**频率学派**与**贝叶斯学派**,他们之间有共同点,又有不同点,为了说清楚他们之间的异同点,我们从统计推断所使用的三种信息说起。

1.1.1　总体信息

即总体分布或总体所属分布族给我们的信息,譬如,“总体是正态分布”这一句话就给我们带来很多信息:它的密度函数是一条钟形曲线;它的一切阶矩都存在;有关正态变量(服从正态分布的随机变量)的一些事件的概率可以计算;有正态分布可以导出 χ^2 分布、t 分布和 F 分布等重要分布;还有许多成熟的点估计、区间估计和假设检验方法可供我们选用。总体信息是很重要的信息,为了获取此种信息往往耗资巨大。美国军界为了获得某种新的电子元器件的寿命分布,常常购买成千上万个此种元器件,做大量寿命实验、获得大量数据后才能确认其寿命分布是什么。我国为确认国产轴承寿命分布服从两参数威布尔分布前后也花了五年时间,处理几千个数据后才定下的。又如保险费的确定与人的寿命分布密切相关,在保险业中,人的寿命分布被称为寿命表,中国人的寿命表不同于外国人的寿命表,男人的寿命表不同于女人的寿命表,北方人的寿命表不同于南方人的寿命表,当代人的寿命表与 50 年前人的寿命表也是不同的,而要确定这些寿命表是一项耗资费时的工作。确定我国各类人群的寿命表是我国统计工作者的重要任务。

1.1.2　样本信息

即从总体抽取的样本给我们提供的信息。这是最“新鲜”的信息,并且愈多愈好。人们希望通过对样本的加工和处理对总体的某些特征作出较为精确的统计推断。没有样本就没有统计学可言。这是大家都理解的事实。

基于上述两种信息进行的统计推断被称为**经典统计学**,它的基本观点是把数据(样本)看成是来自具有一定概率分布的总体,所研究的对象是这个总体而不局限于数据本身。据现有资料看，这方面最早的工作是高斯(Gauss, C. F. 1777～1855)和勒让德(Legendre, A. M. 1752～1833)的误差分析、正态分布和最小二乘法。从十九世纪末期到二十世纪上半叶，经皮尔逊(Pearson, K. 1857～1936)、费歇(Fisher, R. A. 1890～1962)、奈曼(Neyman. J. 1894～1981)的等人杰出的工作创立了经典统计学。如今统计学教材几乎全是叙述经典统计学的理论与方法。二十世纪下半叶，经典统计学在工业、农业、医学、经济、管理、军事等领域里获得广泛的应用。这些领域中又不断提出新的统计问题，这又促进了经典统计学的发展，随着经典统计学的持续发展与广泛应用，它本身的缺陷也逐渐暴露出来了。这些将逐步展开讨论。

现在回到我们讨论的问题上来，除上述两种信息外，在我们周围还存在第三种信息—先验信息，它也可用于统计推断。

1.1.3 先验信息

即在抽样之前有关统计问题的一些信息，一般说来，先验信息主要来源于经验和历史资料。先验信息在日常生活和工作中也经常可见，不少人在自觉地或不自觉地使用它。看下面二个例子。

例 1.1.1 英国统计学家 Savage(1961)曾考察如下二个统计实验：

A. 一位常饮牛奶加茶的妇女声称，她能辨别先倒进杯子里的是茶还是牛奶。对此做了十次试验，她都正确地说出了。

B. 一位音乐家声称，他能从一页乐谱辨别出是海顿(Haydn)还是莫扎特(Mozart)的作品。在十次这样的试验中，他都能正确辨别。

在这两个统计试验中，假如认为被实验者是在猜测，每次成功概率为 0.5，那么十次都猜中的概率为 $2^{-10}=0.0009766$，这是一个很小的概率，是几乎不可能发生的，所以“每次成功概率为 0.5”的假设应被拒绝。被实验者每次成功概率要比 0.5 大得多。这就不是猜测，而是他们的经验在帮了他们的忙。可见经验(先验信息的一种)在推断中不可忽视，应加以利用。

例 1.1.2 “免检产品”是怎样决定的？某厂的产品每天都要抽检几件，获得不合格品率 θ 的估计。经过一段时间后就积累大量的资料，根据这些历史资料(先验信息的一种)对过去产品的不合格率可构造一个分布：

$$P\left(\theta=\frac{i}{n}\right)=\pi_i,\quad i=0,1,\cdots,n$$

这个对先验信息进行加工获得的分布今后称为**先验分布**。这个先验分布是综合了该厂过去产品的质量情况。如果这个分布的概率绝大部分集中在 $\theta=0$ 附近，那该产品可认为是“信得过产品”。假如以后的多次抽检结果与历史资料提供的先验分布是一致的。使用单位就可以对它作出“免检产品”的决定，或者每月抽检一、二次就足够了，这就省去了大量的人力与物力。可见历史资料在统计推断中应加以利用。

基于上述三种信息（总体信息、样本信息和先验信息）进行的统计推断被称为**贝叶斯统计学**。它与经典统计学的主要差别在于是否利用先验信息。在使用样本信息上也是有差异的。贝叶斯学派重视已出现的样本观察值，而对尚未发生的样本观察值不予考虑，贝叶斯学派很重视先验信息的收集、挖掘和加工，使它数量化，形成先验分布，参加到统计推断中来，以提高统计推断的质量。忽视先验信息的利用，有时是一种浪费，有时还会导致不合理的结论。

贝叶斯统计起源于英国学者贝叶斯(Bayes，T. R. 1702(?)～1761)死后发表的一篇论文“论有关机遇问题的求解”。在此论文中他提出著名的贝叶斯公式和一种归纳推理方法，随后拉普拉斯(Laplace，P. C. 1749～1827)等人用贝叶斯提出的方法导出一些有意义的结果。之后虽有一些研究和应用，但由于其理论尚不完整，应用中又出现一些问题，致使贝叶斯方法长期未被普遍接受。直到二次大战后，瓦尔德(wald，A. 1902～1950)提出统计决策函数论后又引起很多人对贝叶斯方法研究的兴趣。因为在这个理论中贝叶斯解被认为是一种最优决策函数。在 Savage，L. J. (1954)、Jeffreys，H. (1961)、Good，I. J. (1950)、Lindley，D. V. (1961)、Box，G. E. P. & Tiao，G. C. (1973)、Berger，J. O. (1985)等贝叶斯学者的努力下，对贝叶斯方法在观点、方法和理论上不断地完善。另外在这段时期贝叶斯统计在工业、经济、管理等领域内获得一批无可非议的成功应用(见 Singpurwalla 主编的课题论文集，1993～1995)。贝叶斯统计的研究论文与著作愈来愈多，贝叶斯统计的国际会议经常举行。如今贝叶斯统计已趋成熟，贝叶斯学派已发展成为一个有影响的统计学派，开始打破了经典统计学一统天下的局面。

贝叶斯学派的最基本的观点是：**任一个未知量 $\boldsymbol{\theta}$ 都可看作一个随机变量，应该用一个概率分布去描述对 $\boldsymbol{\theta}$ 的未知状况**。这个概率分布是在抽样前就有的关于 θ 的先验信息的概率陈述。这个概率分布被称为**先验分布**。有时还简称为先验(*Prior*)。因为任一未知量都有不确定性，而在表述不确定性程度时，概率与概率分布是最好的语言。例 1.1.2 中产品的不合格品率 θ 是未知量，但每天都有一些变化，把它看作一个随机变量是合适的，用一个概率分布去描述它也是很恰当的。即使是一个几乎不变的未知量，用一个退化概率分布去描述它的不确定性也是十分合理的。

例 1.1.3 学生估计一新教师的年龄。依据学生们的生活经历，在看了新教师的照片后立即会有反应：“新教师的年龄在 30 岁到 50 岁之间，极有可能在 40 岁左右。”一位统计学家与学生们交谈，明确这句话中“左右”可理解为±3 岁，“极有可能”可理解为90%的把握。于是学生们对新教师年龄(未知量)的认识(先验信息)可综合为图1.1.1所示的概率分布,这也是学生们对未知量(新教师年龄)的概率表述。

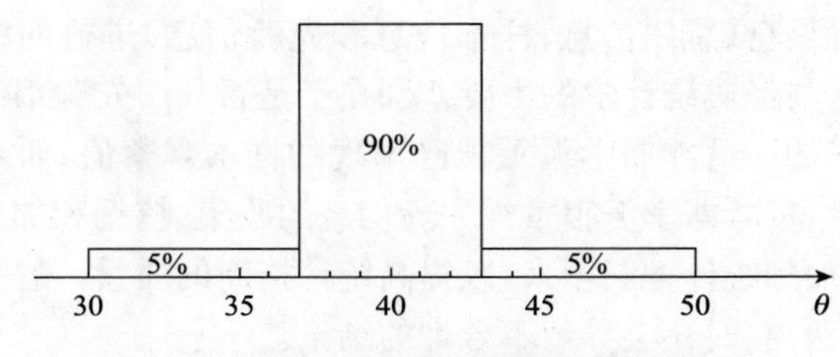

图1.1.1 新教师年龄的先验分布

这里有二个问题需要进一步讨论。第一,按图1.1所示的概率分布我们可谈论未知量θ位于某个区间的概率。譬如,θ位于37到43岁间的概率为0.90,即

$$P(37\leqslant\theta\leqslant 43)=0.90$$

可这个概率陈述在经典统计中是不允许的,因为经典统计认为θ是常量,它要么在37岁到43岁之间(概率为1),要么在这个区间之外(上述事件概率为零),不应有0.9的概率。可在实际中类似的说法经常可以听到。譬如:“某逃犯的年龄大约35岁左右”、“明日降水概率为0.85”、“某学生能考上大学的概率为0.95”、“这场足球赛甲队能胜的概率只有0.6左右”。这样的概率陈述能为大多数人理解、接受和采用。这种合理陈述的基础就是把未知量看作随机变量。

第二,图1.1.1中的概率0.90不是在大量重复试验中获得的,而是学生们根据自己的生活经历的积累对该事件发生可能性所给出的信念,这样给出的概率在贝叶斯统计中是允许的,并称为**主观概率**。它与古典概率和用频率确定的概率有相同的含义,只要它符合概率的三条公理即可。这一点频率学派是难以接受的,他们认为经典统计学是用大量重复试验的频率来确定概率、是“客观的”,因此符合科学的要求,而认为贝叶斯统计是“主观的”,因而(至多)只对个人作决策有用。这是当前对贝叶斯统计的主要批评。贝叶斯学派认为引入主观概率及由此确定的先验分布至少把概率与统计的研究与应用范围扩大到不能大量重复的随机现象中来。其次,主观概率的确定不是随意的,而是要求当事人对所考察的事件有较透彻的了解和丰富的经验,甚至是这一行的专家,在这个基础上确定的主观概率就能符合实际。把这样一些有用的先验信息引入统计推断中来只会有好处,当然误用主观概率与先验分布的可能性是存在的,在这方面Berger(1985)建议:“防止误用的最好方法是给人们在先验信息方面以适当的教育,另外在贝叶斯分析的最后报告中,应将先验分开来写,以便使其他人对主观输入的合理性作评价。”最后,贝叶斯学派也

经常揭露频率学派的“客观性”，总体分布的选择对答案所产生的影响远比先验分布选择所产生的影响重大的多。而前者恰好也经常是主观的，另外评价一个统计方法好坏的标准上的选择，主观性也是很大的，都朝着对自己有利的方向选择。Good(1973)说得更直截了当：“主观主义者直述他的判断，而客观主义者以假设来掩盖其判断，并以此享受科学客观性的荣耀。”

上述的叙述对初学者可能还不能理解两学派在一些问题上的争论是多么深刻和多么激烈，但读完本章或全书后再品味这些叙述可能就有进一步的理解。

§1.2　贝叶斯公式

1.2.1　贝叶斯公式的密度函数形式

贝叶斯公式的事件形式在初等概率中都有叙述，这里用随机变量的密度函数再一次叙述贝叶斯公式，从中介绍贝叶斯学派的一些具体想法。

1. 设总体指标 X 有依赖于参数 θ 的密度函数，在经典统计中常记为 $p(x;\theta)$ 或 $p_\theta(x)$，它表示在参数空间 $\Theta=\{\theta\}$ 中不同的 θ 对应不同的分布。可在贝叶斯统计中记为 $p(x|\theta)$，它表示在随机变量 θ 给定某个值时，总体指标 X 的条件分布。

2. 根据参数 θ 的先验信息确定先验分布 $\pi(\theta)$。这是贝叶斯学派在最近几十年里重点研究的问题。已获得一大批富有成效的方法。在以后章节将介绍其中一些主要方法，本书第三章和第七章将系统地介绍。

3. 从贝叶斯观点看，样本 $\boldsymbol{x}=(x_1,\cdots,x_n)$ 的产生要分二步进行。首先设想从先验分布 $\pi(\theta)$ 产生一个样本 θ'，这一步是“老天爷”做的，人们是看不到的，故用“设想”二字。第二步是从总体分布 $p(x|\theta')$ 产生一个样本 $\boldsymbol{x}=(x_1,\cdots,x_n)$，这个样本是具体的，人们能看得到的，此样本 $\boldsymbol{x}$ 发生的概率是与如下联合密度函数成正比。

$$p(\boldsymbol{x}|\theta')=\prod_{i=1}^{n}p(x_i|\theta')$$

这个联合密度函数是综合了总体信息和样本信息，常称为**似然函数**，记为 $L(\theta')$。频率学派和贝叶斯学派都承认似然函数，二派认为：在有了样本观察值 $\boldsymbol{x}=(x_1,\cdots,x_n)$后，总体和样本中所含 θ 的信息都被包含在似然函数 $L(\theta')$之中，可在使用似然函数作统计推断时，两派之间还是有差异的，这将在§3.6说明。

4. 由于 θ' 是设想出来的，它仍然是未知的，它是按先验分布 $\pi(\theta)$ 而产生的，要把先验信息进行综合，不能只考虑 θ'，而应对 θ 的一切可能加以考虑。故要用 $\pi(\theta)$ 参与进一步综合。这样一来，样本 $\boldsymbol{x}$ 和参数 θ 的联合分布

$$h(\boldsymbol{x},\theta)=p(\boldsymbol{x}|\theta)\pi(\theta)$$

把三种可用的信息都综合进去了。

5. 我们的任务是要对未知数 θ 作出统计推断。在没有样本信息时，人们只能据先验分布对 θ 作出推断。在有样本观察值 $\boldsymbol{x}=(x_1,\cdots,x_n)$ 之后，我们应该依据 $h(\boldsymbol{x},\theta)$ 对 θ 作出推断。为此我们需把 $h(\boldsymbol{x},\theta)$ 作如下分解：

$$h(\boldsymbol{x},\theta)=\pi(\theta|\boldsymbol{x})m(\boldsymbol{x})$$

其中 $m(\boldsymbol{x})$ 是 $\boldsymbol{x}$ 的边缘密度函数。

$$m(\boldsymbol{x})=\int_{\Theta}h(\boldsymbol{x},\theta)d\theta=\int_{\Theta}p(\boldsymbol{x}|\theta)\pi(\theta)d\theta$$

它与 θ 无关，或者说，$m(\boldsymbol{x})$ 中不含 θ 的任何信息。因此能用来对 θ 作出推断的仅是条件分布 $\pi(\theta|\boldsymbol{x})$。它的计算公式是

$$\pi(\theta|\boldsymbol{x})=\frac{h(\boldsymbol{x},\theta)}{m(\boldsymbol{x})}=\frac{p(\boldsymbol{x}\mid\theta)\pi(\theta)}{\int_{\Theta}p(\boldsymbol{x}\mid\theta)\pi(\theta)d\theta} \tag{1.2.1}$$

这就是贝叶斯公式的密度函数形式。这个在样本 $\boldsymbol{x}$ 给定下，θ 的条件分布被称为 θ 的**后验分布**。它是集中了总体、样本和先验等三种信息中有关 θ 的一切信息，而又是排除一切与 θ 无关的信息之后所得到的结果。故基于后验分布 $\pi(\theta|\boldsymbol{x})$ 对 θ 进行统计推断是更为有效，也是最合理的。

6. 在 θ 是离散随机变量时，先验分布可用先验分布列 $\pi(\theta_i)$，$i=1,2,\cdots$，表示。这时后验分布也是离散形式。

$$\pi(\theta_i|\boldsymbol{x})=\frac{p(\boldsymbol{x}\mid\theta_i)\pi(\theta)}{\sum_j p(\boldsymbol{x}\mid\theta_j)\pi(\theta_j)},\quad i=1,2,\cdots. \tag{1.2.2}$$

假如总体 X 也是离散的，那只要把(1.2.1)或(1.2.2)中的密度函数 $p(\boldsymbol{x}|\theta)$ 改为概率函数 $P(\boldsymbol{X}=\boldsymbol{x}|\theta)$ 即可。

1.2.2 后验分布是三种信息的综合

一般说来，先验分布 $\pi(\theta)$ 是反映人们在抽样前对 θ 的认识，后验分布 $\pi(\theta|\boldsymbol{x})$ 是反映人们在抽样后对 θ 的认识。之间的差异是由于样本 $\boldsymbol{x}$ 出现后人们对 θ 认识的一种调整。所以后验分布 $\pi(\theta|\boldsymbol{x})$ 可以看作是人们用总体信息和样本信息(综合称为抽样信息)对先验分布 $\pi(\theta)$ 作调整的结果。

例 1.2.1 设事件 A 的概率为 θ，即 $p(A)=\theta$。为了估计 θ 而作 n 次独立观察，其中事件 A 出现次数为 X，显然，X 服从二项分布 $b(n,\theta)$，即

$$P(X=x|\theta)=\binom{n}{x}\theta^x(1-\theta)^{n-x}, x=0,1\cdots,n.$$

这也是 θ 的似然函数。假如在试验前我们对事件 A 没有什么了解,从而对其发生的概率 θ 也说不出是大是小。在这种场合,贝叶斯建议用区间(0,1)上的均匀分布 $U(0,1)$ 作为 θ 的先验分布,因为它在(0,1)上每一点都是机会均等,没有偏爱。贝叶斯的这个建议被后人称为**贝叶斯假设**。这时 θ 的先验分布为

$$\pi(\theta)=\begin{cases}1, & 0<\theta<1\\ 0, & \text{其它场合}\end{cases} \tag{1.2.3}$$

为了综合抽样信息和先验信息,可利用贝叶斯公式,为此先计算样本 X 与参数 θ 的联合分布

$$h(x,\theta)=\binom{n}{x}\theta^x(1-\theta)^{n-x}, x=0,1,\cdots,n. 0<\theta<1.$$

此式在定义域上与二项分布有差别。再计算 X 的边缘分布

$$\begin{aligned}m(x)&=\int_0^1 h(x,\theta)d\theta\\ &=\binom{n}{x}\int_0^1\theta^x(1-\theta)^{n-x}d\theta\\ &=\binom{n}{x}\frac{\Gamma(x+1)\Gamma(n-x+1)}{\Gamma(n+2)}\\ &=\frac{1}{n+1}, \quad x=0,1,\cdots,n.\end{aligned}$$

最后可得 θ 的后验分布

$$\pi(\theta|x)=\frac{h(x,\theta)}{m(x)}=\frac{\Gamma(n+2)}{\Gamma(x+1)\Gamma(n-x+1)}\theta^{(x+1)-1}(1-\theta)^{(n-x+1)-1}, 0<\theta<1 \tag{1.2.4}$$

这个分布不是别的,正是参数为 $x+1$ 的 $n-x+1$ 的贝塔分布,这个分布记为 $\text{Be}(x+1,n-x+1)$。

拉普拉斯在 1786 研究了巴黎的男婴诞生的比率,他希望检验男婴诞生的概率 θ 是否大于 0.5。为此他收集到 1745 年到 1770 年在巴黎诞生的婴儿数据。其中男婴 251527 个,女婴 241945 个。他选用 $U(0,1)$ 作为 θ 的先验分布。于是可得 θ 的后验分布 $\text{Be}(x+1,n-x+1)$ 其中 $n=251527+241945=493472$, $x=251527$。利用这个后验分布,拉普拉斯计算了"$\theta\leqslant 0.5$"的后验概率

$$P(\theta\leqslant 0.5|x)=\frac{\Gamma(n+2)}{\Gamma(x+1)\Gamma(n-x+1)}\int_0^{0.5}\theta^x(1-\theta)^{n-x}d\theta$$

当年拉普拉斯为计算这个不完全贝塔函数,作把被积函数 $\theta^x(1-\theta)^{n-x}$ 在最大值 $\frac{x}{n}$ 处展开,然后作近似计算,最后结果为

$$P(\theta\leqslant 0.5|x)=1.15\times 10^{-42}$$

由于这个概率很小,故他断言:男婴诞生的概率 θ 大于 0.5。这个结果在当时是有影响的。

进一步研究这个例子,考察抽样信息 x 是如何对先验作调整的。试验前,θ 在(0,1)上均匀分布(见图 1.2.1 左侧),当抽样结果 $X=x$ 时,θ 的后验分布 $\pi(\theta|x)$ 虽仍在(0,1)上取值,但已不是均匀分布,而是一个单峰分布,其峰值的位置是随着 x 的增长而逐渐右移(见图 1.2.1 右侧)。不论那种情况发生,其峰值总在 $\frac{x}{n}$ 达到。譬如,在 $x=0$ 时,它表示在 n 次试验中事件 A 一次也没有出现,这表明事件 A 发生的概率很小,θ 在 0 附近取值的可能性大,在 1 附近取值的可能性小。类似地,在 $x=n$ 时,所得后验密度是严增函数,它在 1 附近取值的可能性大,而在 0 附近取值的可能性小。另外,当 $x<\frac{n}{2}$ 时,后验密度的峰偏左;当 $x>\frac{n}{2}$ 时,后验密度的峰偏右;当 $x=\frac{n}{2}$(n 为偶数)时,后验密度对称,其峰在 $\frac{1}{2}$ 处。从上述分析可见,当从总体获得样本 x 后,贝叶斯公式把人们对 θ 的认识由 $\pi(\theta)$ 调整到 $\pi(\theta|x)$,而且这种调整是合情合理的。

上述这些直观显示说明贝叶斯公式在综合先验信息和抽样信息上是十分成功的。所得到的后验分布是今后进行贝叶斯推断和决策的基础和出发点。

例 1.2.2 为了提高某产品的质量,公司经理考虑增加投资来改进生产设备,预计需投资 90 万元,但从投资效果看,下属部门有二种意见:

θ_1:改进生产设备后,高质量产品可占 90%

θ_2:改进生产设备后,高质量产品可占 70%

经理当然希望 θ_1 发生,公司效益可得很大提高,投资改进设备也是合算的。但根据下属二个部门过去建议被采纳的情况,经理认为,θ_1 的可信程度只有 40%,θ_2 的可信程度是 60%。即

$$\pi(\theta_1)=0.4,\qquad \pi(\theta_2)=0.6$$

这二个都是经理的主观概率。经理不想仅用过去的经验来决策此事,想慎重一些,

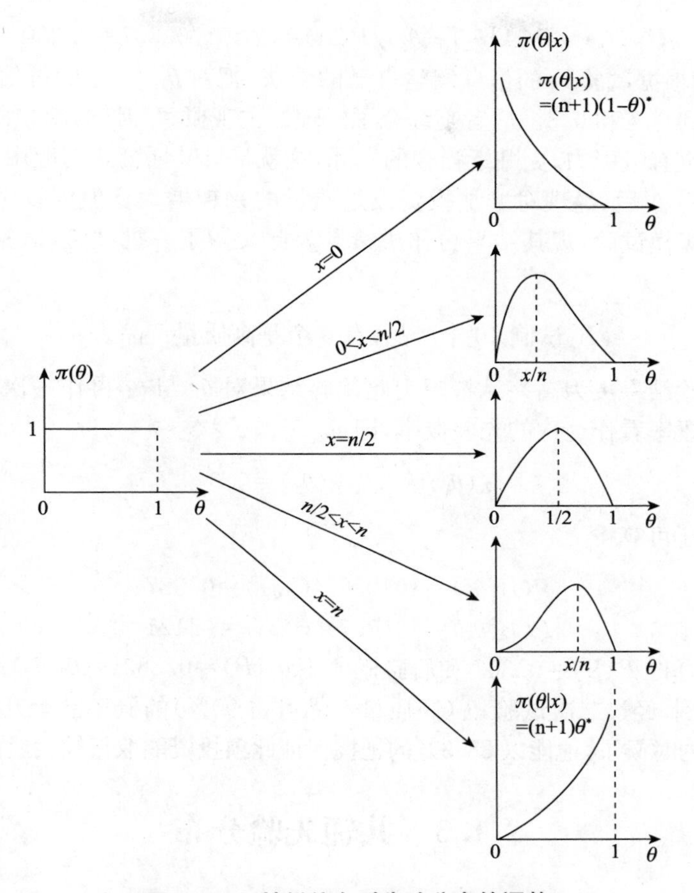

图 1.2.1　抽样信息对先验分布的调整

通过小规模试验后观其结果再定。为此做了一项试验，试验结果（记为 A）如下：

A：试制五个产品，全是高质量的产品。

经理对这次试验结果很高兴，希望用此试验结果来修改他原先对 θ_1 和 θ_2 的看法，即要求后验概率 $\pi(\theta_1|A)$ 与 $\pi(\theta_2|A)$。这可用贝叶斯公式的离散形式(1.1.2)来完成。如今已有先验概率 $\pi(\theta_1)$ 与 $\pi(\theta_2)$。还需要二个条件概率 $P(A|\theta_1)$ 与 $P(A|\theta_2)$，这可用二项分布算得，

$$P(A|\theta_1)=0.9^5=0.590, \qquad P(A|\theta_2)=0.7^5=0.168$$

由全概率公式可算得 $P(A)=P(A|\theta_1)\pi(\theta_1)+P(A|\theta_2)\pi(\theta_2)=0.337$。最后由(1.2)式可算得，

$$\pi(\theta_1|A)=P(A|\theta_1)\pi(\theta_1)/P(A)=0.236/0.337=0.700$$

$$\pi(\theta_2|A)=P(A|\theta_2)\pi(\theta_2)/P(A)=0.101/0.337=0.300$$

这表明，经理根据试验 A 的信息调整自己的看法，把对 θ_1 与 θ_2 的可信程度由 0.4 和 0.6 调整到 0.7 和 0.3。后者是综合了经理的主观概率和试验结果而获得的，要比主观概率更有吸引力，更贴近当今的实际，这就是贝叶斯公式的应用。

经过实验 A 后，经理对增加投资改进质量的兴趣增大。但因投资额大，还想再做一次小规模试验，观其结果再作决策。为此又做了一批试验，试验结果（记为 B）如下：

B：试制 10 个产品，有 9 个是高质量产品。

经理对此试验结果更为高兴。希望用此试验结果对 θ_1 与 θ_2 再作一次调整。为此把上次后验概率看作这次的先验概率，即

$$\pi(\theta_1)=0.7,\pi(\theta_2)=0.3$$

用二项分布还可算得

$$P(B|\theta_1)=10(0.9)^9(0.1)=0.387$$
$$P(B|\theta_2)=10(0.7)^9(0.3)=0.121$$

由此可算得 $P(B)=0.307$ 和后验概率 $\pi(\theta_1|B)=0.883$，$\pi(\theta_2|B)=0.117$。

经理看到，经过二次试验，θ_1（高质量产品可占 90%）的概率已上升到 0.883，到可以下决心的时候了，他能以 88.3%的把握保证此项投资能取得较大经济效益。

§1.3 共轭先验分布

1.3.1 共轭先验分布

大家知道，在区间(0,1)上的均匀分布是贝塔分布 Be(1,1)。这时从例 1.2.1 中可以看到一个有趣的现象。二项分布 $b(n,\theta)$ 中的成功概率 θ 的先验分布若取 Be(1,1)，则其后验分布也是贝塔分布 Be$(x+1,n-x+1)$。其中 x 为 n 次独立试验中成功出现次数。先验分布与后验分布同属于一个贝塔分布族，只是其参数不同而已。这一现象不是偶然的，假如把 θ 的先验分布换成一般的贝塔分布 Be(α,β)，其中 $\alpha>0,\beta>0$。经过类似计算可以看出，θ 的后验分布仍是贝塔分布 Be$(\alpha+x,\beta+n-x)$，此种先验分布被称为 θ 的共轭先验分布。在其它场合还会遇到另一些共轭先验分布，它一般定义如下：

定义 1.3.1 设 θ 是总体分布中的参数（或参数向量），$\pi(\theta)$ 是 θ 的先验密度函数，假如由抽样信息算得的后验密度函数与 $\pi(\theta)$ 有相同的函数形式，则称 $\pi(\theta)$ 是 θ 的（自然）**共轭先验分布**。

应着重指出，共轭先验分布是对某一分布中的参数而言的。如正态均值、正态方差、泊松均值等。离开指定参数及其所在的分布去谈论共轭先验分布是没有意义的。

例 1.3.1　正态均值(方差已知)的共轭先验分布是正态分布。设 $x_1,\cdots,x_n$ 是来自正态分布 $N(\theta,\sigma^2)$ 的一组样本观察值。其中 σ^2 已知。此样本的似然函数为：

$$P(\boldsymbol{x}\mid\theta)=\left(\frac{1}{\sqrt{2\pi}\sigma}\right)^n\exp\left\{-\frac{1}{2\sigma^2}\sum_{i=1}^{n}(x_i-\theta)^2\right\},$$
$$-\infty<x_1,\cdots,x_n<+\infty \tag{1.3.1}$$

现取另一个正态分布 $N(\mu,\tau^2)$ 作为正态均值 θ 的先验分布，即

$$\pi(\theta)=\frac{1}{\sqrt{2\pi}\tau}\exp\left\{-\frac{(\theta-\mu)^2}{2\tau^2}\right\},-\infty<\theta<+\infty \tag{1.3.2}$$

其中 μ 与 τ^2 为已知，由此可以写出样本 $\boldsymbol{x}$ 与参数 θ 的联合密度函数

$$h(\boldsymbol{x},\theta)=k_1\exp\left\{-\frac{1}{2}\left[\frac{n\theta^2-2n\theta\bar{x}+\sum_{i=1}^{n}x_i^2}{\sigma^2}+\frac{\theta^2-2\mu\theta+\mu^2}{\tau^2}\right]\right\}$$

其中 $k_1=(2\pi)^{-(n+1)/2}\tau^{-1}\sigma^{-n},\bar{x}=\sum_{i=1}^{n}\frac{x_i}{n}$。若再记

$$\sigma_0^2=\frac{\sigma^2}{\pi},A=\frac{1}{\sigma_0^2}+\frac{1}{\tau^2},B=\frac{\bar{x}}{\sigma_0^2}+\frac{\mu}{\tau^2},C=\frac{1}{\sigma^2}\sum_{i=1}^{n}x_i^2+\frac{\mu^2}{\tau^2}$$

则有

$$h(\boldsymbol{x},\theta)=k_1\exp\left\{-\frac{1}{2}[A\theta^2-2\theta B+C]\right\}$$
$$=k_2\exp\left\{-\frac{(\theta-B/A)^2}{2/A}\right\}$$

其中 $k_2=k_1\exp\{-\frac{1}{2}(C-B^2/A)\}$。由此容易算得样本 $\boldsymbol{x}$ 的边缘分布

$$m(\boldsymbol{x})=\int_{-\infty}^{\infty}h(\boldsymbol{x},\theta)d\theta=k_2\left(\frac{2\pi}{A}\right)^{\frac{1}{2}}$$

上面两式相除，即得 θ 的后验分布

$$\pi(\theta|\boldsymbol{x})=\left(\frac{2\pi}{A}\right)^{-\frac{1}{2}}\exp\left\{-\frac{(\theta-B/A)^2}{2/A}\right\} \tag{1.3.3}$$

这是正态分布 $N(\mu_1,\tau_1^2)$，其均值 μ_1 与方差 τ_1^2 分别为

$$\mu_1=\frac{B}{A}=\frac{\bar{x}\sigma_0^{-2}+\mu\tau^{-2}}{\sigma_0^{-2}+\tau^{-2}},\qquad \frac{1}{\tau_1^2}=\frac{1}{\sigma_0^2}=\frac{1}{\tau^2} \tag{1.3.4}$$

这就说明了正态均值(方差已知)的共轭先验分布是正态分布。譬如，设 $X\sim N(\theta,2^2)$，$\theta\sim N(10,3^2)$。若从正态总体 X 抽得容量为 5 的样本，算得 $\bar{x}=12.1$，于是可从(1.3.4)算得 $\mu_1=11.93$ 和 $\tau_1^2=\left(\frac{6}{7}\right)^2$。这时正态均值 θ 的后验分布为正态分布 $N\left(11.93,\left(\frac{6}{7}\right)^2\right)$。

1.3.2 后验分布的计算

在给定样本分布 $p(\boldsymbol{x}|\theta)$ 和先验分布 $\pi(\theta)$ 后可用贝叶斯公式计算 θ 的后验分布

$$\pi(\theta|\boldsymbol{x})=p(\boldsymbol{x}|\theta)\pi(\theta)/m(\boldsymbol{x})$$

由于 $m(\boldsymbol{x})$ 不依赖于 θ，在计算 θ 的后验分布中仅起到一个正则化因子的作用。假如把 $m(\boldsymbol{x})$ 省略，把贝叶斯公式改写为如下等价形式

$$\pi(\theta|\boldsymbol{x})\propto p(\boldsymbol{x}|\theta)\pi(\theta), \tag{1.3.5}$$

其中符号"$\propto$"表示两边仅差一个常数因子，一个不依赖于 θ 的常数因子。(1.3.5)式右端虽不是正常的密度函数，但它是后验分布 $\pi(\theta|\boldsymbol{x})$ 的核，在需要时可以利用适当方式计算出后验密度，特别当看出 $\pi(\theta|\boldsymbol{x})\pi(\theta)$ 的核就是某常用分布的核时，不用计算 $m(\boldsymbol{x})$ 就可很快恢复所缺常数因子。这样一来就可简化后验分布的计算，这在共轭先验分布与非共轭先验分布场合都可使用。

譬如在例 1.3.1 中，正态均值 θ 的先验分布 $\pi(\theta)$ 取为另一个正态分布 $N(\mu,\tau^2)$。在 μ 与 τ^2 已知的情况下，θ 后验分布为

$$\begin{aligned}\pi(\theta|\boldsymbol{x})&\propto p(\boldsymbol{x}|\theta)\pi(\theta)\\&\propto\exp\left\{-\frac{1}{2}\left[\frac{\sum_{i=1}^{n}(x_i-\theta)^2}{\sigma^2}+\frac{(\theta-\mu)^2}{\tau^2}\right]\right\}\\&\propto\exp\left\{-\frac{1}{2}[A\theta^2-2B\theta]\right\}\\&\propto\exp\left\{-\frac{A}{2}(\theta-B/A)^2\right\}\end{aligned}$$

其中 A 与 B 如前所述，就象略去 $m(\boldsymbol{x})$ 那样，上面几步中都把与 θ 无关的因子略去，从最后的结果看出，后验分布是正态分布(因指数上是 θ 的二次函数)，其均值

为 B/A,方差为 A^{-1}。这就简化了计算。

例 1.3.2　二项分布中的成功概率 θ 的共轭先验分布是贝塔分布。设总体 $X \sim b(n,\theta)$,其密度函数中与 θ 有关部分(核)为 $\theta^{x}(1-\theta)^{n-x}$。又设 θ 的先验分布为贝塔分布 $\mathrm{Be}(\alpha,\beta)$,其核为 $\theta^{\alpha-1}(1-\theta)^{\beta-1}$,其中 α,β 已知,从而可写出 θ 的后验分布

$$\pi(\theta|x) \propto \theta^{\alpha+x-1}(1-\theta)^{\beta+n-x-1}, 0<\theta<1$$

立即可以看出,这是贝塔分布 $\mathrm{Be}(\alpha+x,\beta+n-x)$的核,故此后验密度为

$$\pi(\theta|x)=\frac{\Gamma(\alpha+\beta+n)}{\Gamma(\alpha+x)\Gamma(\beta+n-x)}\theta^{\alpha+x-1}(1-\theta)^{\beta+n-x-1}, 0<\theta<1$$

从上述二个例子可以看出:只要先验的核均总体分布的核类间,则此先验一定是共轭先验。

1.3.3　共轭先验分布的优缺点

共轭先验分布在很多场合被采用,因为它有二个优点:

1. 计算方便,这可从上面二个例子和习题中体会。
2. 后验分布的一些参数可得到很好的解释。

例 1.3.3　在"正态均值 θ 的共轭先验分布为正态分布"的例 1.3.1 中,其后验均值 (见(1.3.4)式)可改写为

$$\begin{aligned}\mu_1 &= \frac{\sigma_0^{-2}}{\sigma_0^{-2}+\tau^{-2}}\bar{x}+\frac{\tau^{-2}}{\sigma_0^{-2}+\tau^{-2}}\mu \\ &= \gamma\bar{x}+(1-\gamma)\mu\end{aligned}$$

其中 $\gamma=\sigma_0^{-2}/(\sigma_0^{-2}+\tau^{-2})$ 是用方差倒数组成的权,于是后验均值 μ_1 是样本均值 $\bar{x}$ 与先验均值 μ 的加权平均。若样本均值 $\bar{x}$ 的方差 $\sigma^2/n=\sigma_0^2$ 偏小,则其在后验均值的份额就大,若 σ_0^2 较大则其在后验均值的份额较小,从而先验均值在后验均值的份额就大,这表明后验均值是在先验均值与样本均值间采取折衷方案。

在处理正态分布时,方差的倒数发挥着重要作用,并称其为**精度**,于是在正态均值的共轭先验分布的讨论中,其后验方差 τ_1^2 所满足的等式(见(1.3.4)式)

$$\frac{1}{\tau_1^2}=\frac{1}{\sigma_0^2}+\frac{1}{\tau^2}=\frac{n}{\sigma^2}+\frac{1}{\tau^2}$$

可解释为:后验分布的精度是样本均值分布的精度与先验分布精度之和,增加样本量 n 或减少先验分布方差都有利于提高后验分布的精度。

例 1.3.4　在"二项分布的成功概率 θ 的共轭先验分布是贝塔分布"的例 1.3.2 中,后验分布 $\mathrm{Be}(\alpha+x,\beta+n-x)$的均值与方差亦可改写为

$$\begin{aligned}E(\theta|x)&=\frac{\alpha+x}{\alpha+\beta+n}\\&=\frac{n}{\alpha+\beta+n}\frac{x}{n}+\frac{\alpha+\beta}{\alpha+\beta+n}\frac{\alpha}{\alpha+\beta}\\&=\gamma\cdot\frac{x}{n}+(1-\gamma)\cdot\frac{\alpha}{\alpha+\beta}\end{aligned}$$

$$\begin{aligned}\mathrm{Var}(\theta|x)&=\frac{(\alpha+x)(\beta+n-x)}{(\alpha+\beta+n)^2(\alpha+\beta+n+1)}\\&=\frac{E(\theta|x)[1-E(\theta|x)]}{\alpha+\beta+n+1}\end{aligned}$$

其中$\gamma=n/(\alpha+\beta+n)$，$x/n$是样本均值，$\alpha/(\alpha+\beta)$是先验均值，从上述加权平均可见，后验均值是介于样本均值与先验均值之间，它偏向哪一侧由γ的大小决定。另外，当n与x都较大，且x/n接近某个常数θ_0时，我们有

$$E(\theta|x)\approx\frac{x}{n}$$

$$\mathrm{Var}(\theta|x)\approx\frac{1}{n}\frac{x}{n}\left(1-\frac{x}{n}\right)$$

这表明：当样本量增大时，后验均值主要决定于样本均值，而后验方差愈来愈小。这时后验密度曲线的变化可从图 1.3.1 中看到，随着n与z在成比例地增加时，后验分布愈来愈向比率x/n集中，这时先验信息对后验分布的影响将愈来愈小。

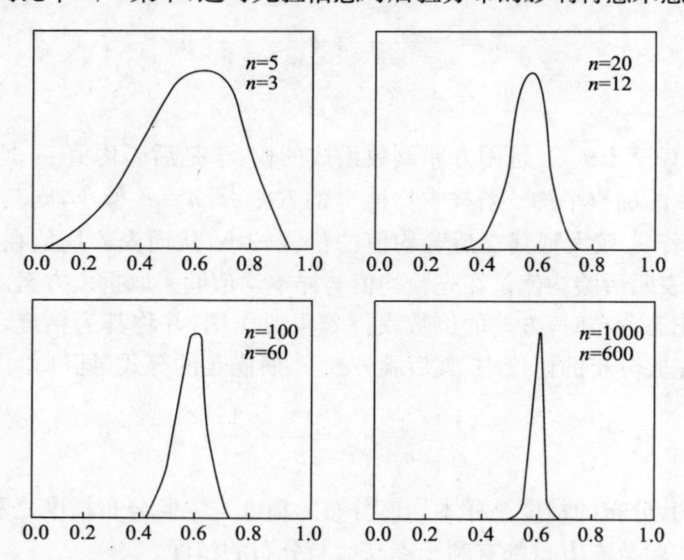

图 1.3.1 当 n 与 x 成比例增加时，后验密度——贝塔分布 Be($\alpha+x,\beta+n-x$)—变化情况(纵坐标刻度不同)

在贝叶斯统计中先验分布的选取应以合理性作为首要原则，计算上的方便与先验的合理性相比那还是第二位的。当样本均值 $\boldsymbol{x}$ 与先验均值相距较远时，看来后验分布应有二个峰才更为合理，可使用共轭先验分布（如在正态均值场合）逼使后验分布只有一个峰，从而会掩盖实际情况，引起误用。在考虑到先验的合理性之后，充分发挥共轭先验分布吸引人们的性质是我们采取的策略。因为，以正态分布为例，先验分布类 $\{N(\mu,\tau^2),-\infty<\mu<\infty,\tau>0\}$ 还是足够大的，使正态分布在不少场合用来概括先验信息是合理的。

1.3.4　常用的共轭先验分布

共轭先验分布的选取是由似然函数 $L(\theta)=p(\boldsymbol{x}|\theta)$ 中所含 θ 的因式所决定的，即选与似然函数（θ 的函数）具有相同核的分布作为先验分布。若此想法得以实现，那共轭先验分布就产生了。

例 1.3.5　设 $x_1,\cdots,x_n$ 是来自正态分布 $N(\theta,\sigma^2)$ 的一个样本观测值，其中 θ 已知，现要寻求方差 σ^2 的共轭先验分布，由于该样本的似然函数为

$$
\begin{aligned}
p(\boldsymbol{x} \mid \sigma^2) &= \left\{\frac{1}{\sqrt{2\pi}\sigma}\right\}^n \exp\left\{-\frac{1}{2\sigma^2}\sum_{i=1}^{n}(x_i-\theta)^2\right\} \\
&\propto \left(\frac{1}{\sigma^2}\right)^{n/2} \exp\left\{-\frac{1}{2\sigma^2}\sum_{i=1}^{n}(x_i-\theta)^2\right\}
\end{aligned}
$$

上述似然函数中 σ^2 的因式将决定 σ^2 的共轭先验分布的形式，什么分布具有上述的核呢？

设 X 服从伽玛分布 $Ga(\alpha,\lambda)$，其中 $\alpha>0$ 为形状参数，$\lambda>0$ 为尺度参数，其密度函数为

$$
p(x|\alpha,\lambda)=\frac{\lambda^\alpha}{\Gamma(\alpha)}x^{\alpha-1}e^{-\lambda x},x>0
$$

通过概率运算可以求得 $Y=X^{-1}$ 的密度函数

$$
p(y|\alpha,\lambda)=\frac{\lambda^\alpha}{\Gamma(\alpha)}\left(\frac{1}{y}\right)^{\alpha+1}e^{\frac{-\lambda}{y}},y>0
$$

这个分布称为**倒伽玛分布**，记为 $IGa(\alpha,\lambda)$，其均值为 $E(y)=\lambda/(\alpha-1)$。假如取此倒伽玛分布为 σ^2 的先验分布，其中参数 α 与 λ 已知，则其密度函数为

$$
\pi(\sigma^2)=\frac{\lambda^\alpha}{\Gamma(\alpha)}\left(\frac{1}{\sigma^2}\right)^{\alpha+1}e^{-\lambda/\sigma^2},\sigma^2>0
$$

于是 σ^2 的后验分布为

$$
\pi(\sigma^2 \mid \boldsymbol{x}) \propto p(\boldsymbol{x} \mid \sigma^2)\pi(\sigma^2)
$$

$$\propto \left(\frac{1}{\sigma^2}\right)^{\alpha+\frac{n}{2}+1} \exp\left\{-\frac{1}{\sigma^2}\left[\lambda+\frac{1}{2}\sum_{i=1}^{n}(x_i-\theta)^2\right]\right\}$$

容易看出,这仍是倒伽玛分布 $IGa\left(\alpha+\frac{n}{2},\lambda+\frac{1}{2}\sum_{i=1}^{n}(x_i-\theta)^2\right)$,这表明,倒伽玛分布 $IGa(\alpha,\lambda)$是正态方差 σ^2 的共轭先验分布。

有趣的是:这个 σ^2 后验分布的均值可改等为如下加权平均

$$E(\sigma^2 \mid x)=\frac{\lambda+\frac{1}{2}\sum_{i=1}^{n}(x_i-\theta)^2}{\alpha+\frac{n}{2}-1}$$

$$=\gamma\cdot\frac{\lambda}{\alpha-1}+(1-\gamma)\cdot\frac{1}{2}\sum_{i=1}^{n}(x_i-\theta)^2$$

其中权 $\gamma=\frac{\alpha-1}{\alpha+\frac{n}{2}-1}$,$\frac{\lambda}{\alpha-1}$是$\sigma^2$ 的共轭先验分布 $IGa(\alpha,\lambda)$的先验均值,$\frac{1}{n}\sum_{i=1}^{n}(x_i-\theta)^2$ 是在 θ 已知条件下的样本方差(样本对 θ 的偏差平方的平均),由此可知,在取 σ^2 的共轭先验分布场合,其后验均值是 σ^2 的先验均值与样本方差的加权平均。当样本量 n 足够大时,γ 接受于0,从而后验均值 $E(\sigma^2/\boldsymbol{x})$主要由样本方差决定。而当 n 不大时,后验均值 $E(\sigma^2/\boldsymbol{x})$是介于 σ^2 的先验均值与样本方差之间的某一个数。

后验均值的这一特征后被推广到单参数分布族。MacEachern(1993)[11] 指出:在单参数指数族场合,使用共轭先验分布得后验均值一定值于先验均值与样本均值(或样本方差等)之间。

在实际中常用的共轭先验分布列于表 1.3.1。

表 1.3.1 常用共轭先验分布

总体分布	参数	共轭先验分布
二项分布	成功概率	贝塔分布 Be(α,β)
泊松分布	均值	伽玛分布 Ga(α,λ)
指数分布	均值的倒数	伽玛分布 Ga(α,λ)
正态分布(方差已知)	均值	正态分布 $N(\mu,\tau^2)$
正态分布(均值已知)	方差	倒伽玛分布 $IGa(\alpha,\lambda)$

§ 1.4 超参数及其确定

先验分布中所含的未知参数称为**超参数**。譬如,成功概率的共轭先验分布是贝塔分布 Be(α,β)),它含有二个超参数,正态均值的共轭先验分布是正态分布

$N(\mu,\tau^2)$，它也含有二个超参数。一般说来，共轭先验分布常含有超参数，而无信息先验分布（如均匀分布 $U(0,1)$）一般不含有超参数。

共轭先验分布是一种有信息的先验分布，故其中所含的超参数应充分利用各种先验信息来确定它，下面结合具体例子介绍一些确定超参数的方法，这些方法又称为经验方法。这些方法在其它场合也都适用。

例 1.4.1　二项分布中成功概率 θ 的共轭先验分布是贝塔分布 $\mathrm{Be}(\alpha,\beta)$，$\alpha$ 与 β 是其二个超参数，从当今国内外使用贝叶斯方法的文献中对 α 与 β 的确定已有多种方法，现综合如下：

1.4.1　利用先验矩

假如根据先验信息能获得成功概率 θ 的若干个估计值，记为 $\theta_1,\theta_2,\cdots,\theta_k$，一般它们是从历史数据整理加工获得的，由此可算得先验均值 $\bar{\theta}$ 和先验方差 s_θ^2，其中

$$\bar{\theta}=\frac{1}{k}\sum_{i=1}^{k}\theta_i,\quad s_\theta^2=\frac{1}{k-1}\sum_{i=1}^{k}(\theta_i-\bar{\theta})^2$$

然后令其分别等于贝塔分布 $\mathrm{Be}(\alpha,\beta)$ 的期望与方差，即

$$\begin{cases}\dfrac{\alpha}{\alpha+\beta}=\bar{\theta}\\[2mm]\dfrac{\alpha\beta}{(\alpha+\beta)^2(\alpha+\beta+1)}=s_\theta^2\end{cases}$$

解之，可得超参数 α 与 β 的估计值

$$\hat{\alpha}=\bar{\theta}\left(\frac{(1-\bar{\theta})\bar{\theta}}{s_\theta^2}-1\right)$$

$$\hat{\beta}=(1-\bar{\theta})\left(\frac{(1-\bar{\theta})\bar{\theta}}{s_\theta^2}-1\right)$$

1.4.2　利用先验分位数

假如根据先验信息可以确定贝塔分布的二个分位数，则可用这二个分位数来确定 α 与 β，譬如用二个上、下四分位数 θ_U 与 θ_L（见图 1.4.1 来确定 α 与 β，θ_U 与 θ_L 分别满足如下二个方程

$$\int_0^{\theta_L}\frac{\Gamma(\alpha+\beta)}{\Gamma(\alpha)\Gamma(\beta)}\theta^{\alpha-1}(1-\theta)^{\beta-1}d\theta=0.25$$

$$\int_{\theta_U}^{1}\frac{\Gamma(\alpha+\beta)}{\Gamma(\alpha)\Gamma(\beta)}\theta^{\alpha-1}(1-\theta)^{\beta-1}d\theta=0.25$$

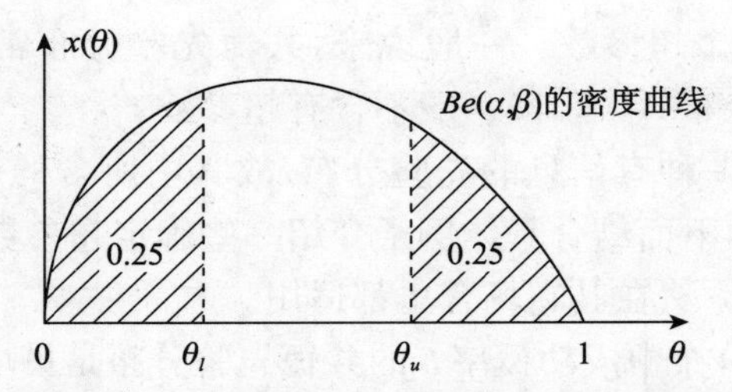

图 1.4.1 贝塔分布的上,下四分位数 θ_U 与 θ_L

从这二个方程解出 α 与 β 即可确定超参数,这可利用贝塔分布与 F 分布间的关系,对不同的 α 与 β 多算一些值,使积分值逐渐逼近 0.25,也可反过来计算,对一些典型的 α 与 β,寻求其上、下四分位数 θ_U 与 θ_L,这样就可获得一张表,如表 1.4.1 所示,然后对给定的 θ_u 与 θ_L 从该表上查得近似的 α 与 β,譬如,根据先验分布信息可定出 $\theta_U=0.20$ 与 $\theta_L=0.09$。从表 1.4.1 中可以查到 $\theta_U=0.192$ 与 $\theta_L=0.091$。它们很接近给定的 θ_U 与 θ_L,而这一行所对应的贝塔分布为 Be(3,17),这表明可用 $\hat{\alpha}=3$ 与 $\hat{\beta}=17$ 作为 α 与 β 的估计。

表 1.4.1 贝塔分布的上、下四分位数 θ_U 与 θ_L

$B(a,b)$	θ_L	θ_U	$B(a,b)$	θ_L	θ_U
(1,1)	0.250	0.750	(4,6)	0.135	0.255
(1,2)	0.133	0.500	(4,21)	0.102	0.264
(1,3)	0.092	0.379			
(1,4)	0.069	0.293	(5,5)	0.350	0.650
(1,9)	0.032	0.143	(5,10)	0.249	0.413
(1,14)	0.020	0.095	(5,15)	0.180	0.312
(1,19)	0.015	0.072	(5,20)	0.142	0.250
(1,24)	0.012	0.056			
			(6,4)	0.498	0.710
(2,1)	0.500	0.867	(6,9)	0.311	0.485
(2,2)	0.326	0.674	(6,11)	0.224	0.368
(2,3)	0.243	0.544	(6,19)	0.180	0.296
(2,8)	0.107	0.274			
(2,13)	0.068	0.180	(7,3)	0.609	0.805
(2,18)	0.051	0.136	(7,8)	0.377	0.554
(2,23)	0.040	0.109	(7,13)	0.274	0.422
			(7,18)	0.216	0.339
(3,1)	0.607	0.909			
(3,2)	0.456	0.757	(8,2)	0.726	0.886
(3,7)	0.196	0.392	(8,7)	0.446	0.623
(3,12)	0.125	0.263	(8,12)	0.322	0.475
(3,17)	0.091	0.196	(8,17)	0.258	0.383
(3,22)	0.072	0.157			
			(9,1)	0.857	0.968
(4,1)	0.707	0.931	(9,6)	0.515	0.689
(4,6)	0.290	0.512	(9,11)	0.372	0.526
(4,11)	0.184	0.339	(9,16)	0.292	0.425

1.4.3　利用先验矩和先验分位数

假如根据先验信息可获得先验均值 $\bar{\theta}$ 和 p 分位数 θ_p，则可列出下列方程

$$\begin{cases} \dfrac{\alpha}{\alpha+\beta}=\bar{\theta} \\ \displaystyle\int_{\theta}^{\theta_p} \frac{\Gamma(\alpha+\beta)}{\Gamma(\alpha)\Gamma(\beta)}\theta^{\alpha-1}(1-\theta)^{\beta-1}d\theta=p \end{cases}$$

解之，可得超参数 α 与 β 的估计值。

1.4.4　其它方法

假如根据先验信息只能获得先验均值 $\bar{\theta}$，这时可令

$$\frac{\alpha}{\alpha+\beta}=\bar{\theta}$$

一个方程不能唯一确定二个参数，这时还要利用其它先验信息才能把 α 与 β 确定下来。譬如，可藉助使用者对先验均值 $\bar{\theta}$ 的可信程度的大小来确定 α 与 β，例如，$\bar{\theta}=0.4$，那么满足方程 $\alpha/(\alpha+\beta)=0.4$ 的 α 与 β 有无穷多组解，表 1.4.2 列出若干组，从表 1.4.2 可见，它们的方差 $Var(\theta)$ 随着 $\alpha+\beta$ 的增大而减小，方差减少意味着概率在向均值 $E(\theta)$ 集中，从而提高人们对 $E(\theta)=0.4$ 的确信程度，这样一来，选择 $\alpha+\beta$ 的问题就转化为决策人对 $E(\theta)=0.4$ 的确信程度大小的问题，若对 $E(\theta)=0.4$ 很确信，那 $\alpha+\beta$ 可选得大一些，若对 $E(\theta)=0.4$ 尚存疑惑，那 $\alpha+\beta$ 就选的小一些，譬如决策人对 $E(\theta)=0.4$ 很确信，从而选 $\alpha+\beta=35$，从表 1.4.2 可见，此时 $\hat{\alpha}=14$，$\hat{\beta}=21$，这样 θ 的先验分布就为贝塔分布 Be(14,21)。

表 1.4.2　贝塔分布中超参数与方差的关系

贝塔分布	α	$\alpha+\beta$	$E(\theta)$	$Var(\theta)$
Be(2,3)	2	5	0.4	0.0400
Be(4,6)	4	10	0.4	0.0218
Be(8,12)	8	20	0.4	0.0114
Be(10,15)	10	25	0.4	0.0092
Be(14,21)	14	35	0.4	0.0067

§1.5 多参数模型

统计中很多实际问题含有多个未知参数,譬如正态总体 $N(\mu,\sigma^2)$常含有二个未知参数 μ 与 σ^2,又如多项分布 $M(n;p_1,\cdots,p_k)$常含有 $k-1$ 个未知参数,至于多元正态分布 $N(\mu,\Sigma)$则含有更多个未知参数。

在贝叶斯方法的框架中处理多参数的方法与处理单参数方法相似,先根据先验信息给出参数的先验分布,然后按贝叶斯公式算得后验分布,为确定起见,设总体只含二个参数 $\theta(\theta_1,\theta_2)$,总体的密度函数为 $p(x|\theta_1,\theta_2)$,若从该总体抽取一个样本 $\boldsymbol{x}=(x_1,\cdots,x_n)$,并给出先验密度 $\pi(\theta_1,\theta_2)$,则(θ_1,θ_2)的后验密度为

$$\pi(\theta_1,\theta_2|\boldsymbol{x})\propto p(x|\theta_1,\theta_2)\pi(\theta_1,\theta_2) \tag{1.5.1}$$

在多参数问题中,人们关心的常常是其中一个或少数几个参数,这时其余参数常被称为**讨厌参数**或**多余参数**,譬如在二个参数 θ_1 与 θ_2 场合,人们感兴趣的是 θ_1,那么 θ_2 就是讨厌参数,为了获得 θ_1 的边缘后验密度,只要对讨厌参数 θ_2 积分即可。

$$\pi(\theta_1|\boldsymbol{x})=\int\pi(\theta_1,\theta_2|\boldsymbol{x})d\theta_2$$

上述积分对 θ_2 的参数空间进行,在处理讨厌参数上,贝叶斯方法要比经典方法方便得多。

例 1.5.1 正态均值与正态方差的(联合)共轭先验分布,设 $x_1,\cdots,x_n$ 是来自正态分布 $N(\mu,\sigma^2)$的一个样本,该样本的联合密度函数为

$$\begin{aligned}p(\boldsymbol{x}\mid\mu,\sigma^2)&\propto\sigma^{-n}\exp\left\{-\frac{1}{2\sigma^2}\sum_{i=1}^{n}(x_i-\mu)^2\right\}\\&=\sigma^{-n}\exp\left\{-\frac{1}{2\sigma^2}[(n-1)s^2+n(\bar{x}-\mu)^2]\right\}\end{aligned}$$

其中 $\bar{x}=\frac{1}{n}\sum_{i=1}^{n}x_i$,$(n-1)s^2=\sum_{i=1}^{n}(x_i-\bar{x})^2$,以下寻找$(\mu,\sigma^2)$的共轭先验分布。

考虑到 μ 与 σ^2 在联合密度函数 $p(\boldsymbol{x}|\mu,\sigma^2)$中的位置,取倒伽玛分布作为 σ^2 的先验分布是适当的(见例 1.3.5,取正态分布作为 μ 的先验分布也是适当的(见例 1.3.1)。在考虑到 μ 与 σ^2 之间会有相互影响,故其共轭先验分布必须有乘积形式 $\pi(\mu|\sigma^2)\pi(\sigma^2)$,其中

$$\mu|\sigma^2\sim N(\mu_0,\sigma^2/\kappa_0)$$
$$\sigma^2\sim IGa(\upsilon_0/2,\upsilon_0\sigma_0^2/2)$$

其中超参数 υ_0、μ_0、σ_0^2 在这里假设已给定，由此容易写出(μ,σ^2)的联合先验密度函数

$$\pi(\mu,\sigma^2)\propto\sigma^{-1}(\sigma^2)^{-(\upsilon_0/2+1)}\exp\left\{-\frac{1}{2\sigma^2}[\upsilon_0\sigma_0^2+\kappa_0(\mu-\mu_0)^2]\right\} \tag{1.5.3}$$

这种形式的分布称为**正态—倒伽玛分布**，记为 $N-IGa(\upsilon_0,\mu_0\sigma_0^2)$。

应该指出，σ^2 在条件分布 $\pi(\mu|\sigma^2)$中出现显示了 μ 与 σ^2 在联合先验中的相依性，σ^2 的改变会对 μ 产生影响，譬如，较大的 σ^2 会对 μ 产生影响，并且这种影响是值得注意的，另外均值 μ 的先验方差与观察值 x 的方差应有不同，对 σ^2 除以 κ_0 就是对先验方差作适当调整，最后，先验中的一些参数结构是为了今后使用方便而设计的。

把先验密度(1.5.3)乘以正态密度，立即可得后验密度的核

$$\pi(\mu,\sigma|\boldsymbol{x})\propto p(\boldsymbol{x}|\mu,\sigma)\pi(\mu,\sigma)$$

$$\propto\sigma^{-1}(\sigma^2)^{-[(\upsilon_0+n)/2+1]}\exp\left\{-\frac{1}{2\sigma^2}[\upsilon_0\sigma_0^2+\kappa_0(\mu-\mu_0)^2+(n-1)s^2+n(\bar{x}-\mu)^2]\right\}$$

注意到

$$\begin{aligned}&\kappa_0(\mu-\mu_0)^2+(\mu-\bar{x})^2\\&=(\kappa_0+n)\mu^2-2\mu(\kappa_0\mu_0+n\bar{x})+\kappa_0\mu_0^2+n\bar{x}^2\\&=(\kappa_0+n)\left(\mu-\frac{(\kappa_0\mu_0+n\bar{x})}{\kappa_0+n}\right)^2-\frac{(\kappa_0\mu_0+n\bar{x})^2}{\kappa_0+n}+\kappa_0\mu_0^2+n\bar{x}^2\\&=(\kappa_0+n)\left(\mu-\frac{(\kappa_0\mu_0+n\bar{x})}{\kappa_0+n}\right)^2+\frac{n\kappa_0(\mu_0-\bar{x})^2}{\kappa_0+n}\end{aligned}$$

把上式代回原式，并记

$$\begin{aligned}\mu_n&=\frac{\kappa_0}{\kappa_0+n}\mu_0+\frac{n}{\kappa_0+n}\bar{x}\\\kappa_n&=\kappa_0+n\\\upsilon_n&=\upsilon_0+n\end{aligned} \tag{1.5.4}$$

$$\upsilon_n\sigma_n^2=\upsilon_0\sigma_n^2+(n-1)s^2+\frac{\kappa_0 n}{\kappa_0+n}(\mu_0-\bar{x})^2$$

则在样本 $\boldsymbol{x}$ 给定下可得(μ,σ^2)的条件下密度为

$$\pi(\mu,\sigma^2|\boldsymbol{x})\propto\sigma^{-1}(\sigma^2)^{-\upsilon_n/2+1}\exp\left\{-\frac{1}{2\sigma^2}[\upsilon_n\sigma_n^2+\kappa_n(\mu-\mu_n)^2]\right\} \tag{1.5.5}$$

这个后验密度(1.5.5)在形式上完全与先验密度(1.5.3)相同，只是用 υ_n，μ_n 与 $\upsilon_n\mu_n^2$ 分别代替 υ_0，μ_0 与 $\upsilon_0\sigma_0^2$，故它仍是正态—倒伽玛分布 $N—IGa(\upsilon_n,\mu_n,\sigma_n^2)$，这说明**正态—倒伽玛分布是正态均值 μ 与正态方差 σ^2 的(联合)共轭先验分布。**

后验分布(1.5.5)中的三个参数也可得到很好的解释,从(1.5.4)可以看出,μ_n是先验均值μ_0与样本均值$\bar{x}$的加权平均,其权为$\kappa_0/(\kappa_0+n)$和$n/(\kappa_0+n)$,这里n为样本容量;而κ_0扮演这样的角色,先验分布所提供的信息相当于“κ_0个样本”所提供的信息,于是$\kappa_n=\kappa_0+n$就可看作是“总样本容量”;后验自由度υ_n是先验自由度υ_0加上样本容量n;后验平方和$\upsilon_n\sigma_n^2$是由先验平方和$\upsilon_0\sigma_0^2$、样本平方和$(n-1)s^2$与附加的样本均值$\bar{x}$与先验均值μ_0之差的平方之和组合。

受联合先验分布$\pi(\mu,\sigma^2)=\pi(\mu|\sigma^2)\pi(\sigma^2)$的启发,上述联合后验分布$\pi(\mu,\sigma^2|\boldsymbol{x})$亦可分解为一个条件后验密度$\pi(\mu,|\sigma^2,\boldsymbol{x})$和一个边缘后验密度$\pi(\sigma^2|\boldsymbol{x})$的乘积,其中

$$\mu|\sigma^2,\boldsymbol{x}\sim N(\mu_n,\sigma^2/\kappa_n)$$
$$\sigma^2/\boldsymbol{x}\sim IGa(\upsilon_n/2,\upsilon_n\sigma_n^2/2)$$

把联合后验密度为σ^2积分可得μ的边缘后验密度

$$\pi(\mu|\boldsymbol{x})=\int_0^\infty\pi(\mu,\sigma^2|\boldsymbol{x})d\sigma^2$$
$$\propto\int_0^\infty(\sigma^2)^{-(\frac{\mu_n+1}{2}+1)}\exp\left\{-\frac{1}{2\sigma^2}[\upsilon_n\sigma_n^2+\kappa_n(\mu-\mu_n)^2]\right\}d\sigma^2$$

利用倒伽玛密度函数的正则性,可得

$$\pi(\mu|\boldsymbol{x})\propto[\upsilon_n\sigma_n^2+\kappa_n(\mu-\mu_n)^2]^{-\frac{\upsilon_n+1}{2}}$$
$$\propto\left[1+\frac{1}{\upsilon_n}\left(\frac{\mu-\mu_n}{\sigma_n/\sqrt{\kappa_n}}\right)^2\right]^{-\frac{\upsilon_n+1}{2}}$$

这是自由度为υ_n的t分布,一般t分布有如下密度

$$p(\theta|\mu,\sigma^2,\upsilon)=\frac{\Gamma\left(\frac{\upsilon+1}{2}\right)}{\Gamma\left(\frac{\upsilon}{2}\right)\sqrt{\upsilon\pi}\sigma}\left[1+\frac{1}{\upsilon}\left(\frac{\theta-\mu}{\sigma}\right)^2\right]^{\frac{\upsilon+1}{2}},-\infty<\theta<\infty \quad (1.5.6)$$

其中$\upsilon>0$是自由度、μ是位置参数、$\sigma>0$是尺度参数,记为$t_\upsilon(\mu,\sigma^2)$,当$\mu=0,\sigma=1$时,$t_\upsilon(0,1)$称为标准t分布,记为t_υ,当$\upsilon=1$时,就得哥西分布,一般t分布的期望与方差分别为

$$E(\theta)=\mu,\upsilon>1$$
$$\mathrm{Var}(\theta)=\frac{\upsilon}{\upsilon-2}\sigma^2,\upsilon>2$$

由此可见,在本例中μ的边缘后验密度是$t_{\upsilon_n}(\mu_n,\sigma_n^2)$,只有在$\upsilon_n>2$时,其方差才存

在，$\upsilon_n>1$ 时，其期望才存在，其期望为 μ_n，方差为 $\upsilon_n\sigma_n^2/(\upsilon_n-2)$。

例 1.5.2 设 $x=(x_1,\cdots,x_d)'$是d 元随机变量，且服从 d 维正态分布，$N_d(\mu,\Sigma)$这里 $\mu=(\mu,\cdots,\mu_d)'$是d 维均值向量，Σ为其 d 阶方差与协方差矩阵，其联合密度函数为

$$p(x|\mu,\Sigma)\propto|\Sigma|^{-1/2}\exp\left\{-\frac{1}{2}(x-\mu)'\Sigma^{-1}(x-\mu)\right\}$$

若从该分布中随机抽取一样本 $\mathbf{y}=(y_1,\cdots,y_n)$，则此样本的联合密度函数为

$$p(y_1,\cdots,y_n|\mu,\Sigma)\propto|\Sigma|^{-n/2}$$
$$\exp\left\{-\frac{1}{2}\sum_{i=1}^{n}(y_i-\mu)'\Sigma^{-1}(y_i-\mu)\right\}$$

以下我们在"Σ是已知"的假设下来寻求均值向量 μ 的共轭先验分布，由于上述联合密度函数的对数($\ln p$)是 μ 的二次型，故 μ 的共轭先验分布应是 n 元正态分布，为此设

$$\mu\sim N_n(\mu_0,\Lambda_0)$$

其中均值向量 μ_0 与方差与协方差阵 Λ_0 都假设已给定，于是 μ 的后验密度有如下形式

$$\pi(\mu|\mathbf{y})\propto\exp\left\{-\frac{1}{2}\left[(\mu-\mu_0)'\Lambda_0^{-1}(\mu-\mu_0)\right.\right.$$
$$\left.\left.+\sum_{i=1}^{n}(y_i-\mu)'\Sigma^{-1}(y_i-\mu)\right]\right\}$$

在忽略常数因子的情况下，上式可改写为

$$\begin{aligned}\pi(\mu|\mathbf{y})&\propto\exp\left\{-\frac{1}{2}\left[\mu'\Lambda_0^{-1}\mu-2\mu'\Lambda_0^{-1}\mu_0+n\mu'\Sigma^{-1}\mu-2n\mu'\Sigma^{-1}\bar{y}\right]\right\}\\&\propto\exp\left\{-\frac{1}{2}\left[\mu'(\Lambda_0^{-1}+n\Sigma^{-1})\mu-2\mu'(\Lambda_0^{-1}\mu_0+n\Sigma^{-1}\bar{y})\right]\right\}\\&\propto\exp\left\{-\frac{1}{2}(\mu-\mu_n)'\Lambda_n^{-1}(\mu-\mu_n)\right\}\end{aligned}$$

这表明，μ 的后验密度是 n 维正态分布，其均值向量 μ_n 与方差—协方差矩阵 Λ 分别为

$$\mu_n=(\Lambda_0^{-1}+n\Sigma^{-1})^{-1}(\Lambda_0^{-1}\mu_0+n\Sigma^{-1}\bar{y})$$
$$\Lambda_n^{-1}=\Lambda_0^{-1}+n\Sigma^{-1}$$

这个结果很类似于一维正态分布的结果，其后验均值向量是先验均值向量 μ_0 与样本均值向量 $\bar{y}$ 的加权和，其权有先验精度矩阵 Λ_0^{-1} 与样本精度矩阵 $n\Sigma^{-1}$决定，而

后验精度矩阵是先验精度矩阵与样本精度矩阵之和。

§1.6 充分统计量

充分统计量在简化统计问题中是非常重要的概念，也是经典统计学家和贝叶斯学者相一致的少数几个论点之一。

经典统计中充分统计量是这样定义的：设 $\boldsymbol{x}=(x_1,\cdots,x_n)$ 是来自分布函数 $F(x|\theta)$ 的一个样本，$T=T(\boldsymbol{x})$ 是统计量，假如在给定 $T(\boldsymbol{x})=t$ 的条件下，$\boldsymbol{x}$ 的条件分布与 θ 无关的话，则称该统计量为 θ 的充分统计量。

在一般情况下，用上述定义直接验证一个统计量的充分性是困难的，因为需要计算条件分布，幸好有一个判别充分统计量的充要条件，它就是著名的因子分解定理，该定理说，一个统计量 $T(\boldsymbol{x})$ 对参数 θ 是充分的充要条件是存在一个 t 与 θ 的函数 $g(t,\theta)$ 和一个样本 $\boldsymbol{x}$ 的函数 $h(\boldsymbol{x})$，使得对任一样本 $\boldsymbol{x}$ 和任意 θ，样本的密度 $p(\boldsymbol{x}|\theta)$ 可表示为它们的乘积，即

$$p(\boldsymbol{x}|\theta)=g(T(\boldsymbol{x}),\theta)h(\boldsymbol{x})$$

在贝叶斯统计中，充分统计量也有一个充要条件。

定理 1.6.1 设 $\boldsymbol{x}=(x_1,\cdots,x_n)$ 是来自密度函数 $p(x|\theta)$ 的一个样本，$T=T(\boldsymbol{x})$ 是统计量，它的密度函数为 $p(t|\theta)$，又设 $\mathscr{H}=\{\pi(\theta)\}$ 是 θ 的某个先验分布族，则 $T(\boldsymbol{x})$ 为 θ 的充分统计量的充要条件是对任一先验分布 $\pi(\theta)\in\mathscr{H}$，有

$$\pi(\theta|T(x))=\pi(\theta|\boldsymbol{x})$$

即用样本分布 $p(\boldsymbol{x}|\theta)$ 算得的后验分布与统计量 $T(\boldsymbol{x})$ 算得的后验分布是相同的。

这个定理的复杂证明这里就不再叙述了，这里给出一个例子来说明这个定理的含义。

例 1.6.1 设 $\boldsymbol{x}=(x_1,\cdots,x_n)$ 是来自正态总体 $N(\mu,\sigma^2)$ 的一个样本，其密度函数为

$$\begin{aligned}p(\boldsymbol{x}\mid\mu,\sigma^2)&=(2\pi)^{-\frac{\pi}{2}}\sigma^{-n}\exp\left\{-\frac{1}{2\sigma^2}\sum_{i=1}^{n}(x_i-\mu)^2\right\}\\&=(2\pi)^{-\frac{\pi}{2}}\sigma^{-n}\exp\left\{-\frac{1}{2\sigma^2}[Q+n(\bar{x}-\mu)^2]\right\}\end{aligned}$$

其中

$$\bar{x}=\frac{1}{n}\sum_{i=1}^{n}x_i,\quad Q=\sum_{i=1}^{n}(x_i-\bar{x})^2$$

设 $\pi(\mu,\sigma^2)$ 是任一个先验分布，则 μ,σ^2 的后验密度为

$$\pi(\mu,\sigma^2 \mid \boldsymbol{x}) = \frac{\sigma^{-n}\pi(\mu,\sigma^2)\exp\left\{-\frac{1}{2\sigma^2}[Q+n(\bar{x}-\mu)^2]\right\}}{\int_{-\infty}^{\infty}\int_0^{\infty}\sigma^{-n}\exp\left\{-\frac{1}{2\sigma^2}[Q+n(\bar{x}-\mu)^2]\right\}\pi(\mu,\sigma^2)d\mu d\sigma^2}$$

另一方面，二维统计量 $T=(\bar{x},Q)$ 恰好是量 (μ,σ^2) 的充分统计量，大家知道，$\bar{x}\sim N(\mu,\sigma^2/n)$，$Q/\sigma^2\sim\chi^2(n-1)$，由此可分别写出 $\bar{x}$ 与 Q 的分布

$$p(\bar{x}|\mu,\sigma^2)=\frac{\sqrt{n}}{\sqrt{2\pi}\sigma}\exp\left\{-\frac{n}{2\sigma^2}(\bar{x}-\mu)^2\right\}$$

$$P(Q|\mu,\sigma^2)=\frac{1}{\Gamma\left(\frac{n-1}{2}\right)(2\sigma^2)^{\frac{n-1}{2}}}Q^{\frac{n-3}{2}}\exp\{-Q/2\sigma^2\}$$

由于 $\bar{x}$ 与 Q 独立，所以 $\bar{x}$ 与 Q 的联合密度容易写出

$$p(\bar{x},Q|\mu,\sigma^2)=\frac{\sqrt{n}/\sqrt{2\pi}\sigma}{\Gamma\left(\frac{n-1}{2}\right)(2\sigma^2)^{\frac{n-1}{2}}}Q^{\frac{n-3}{2}}\exp\left\{-\frac{1}{2\sigma^2}[Q+n(\bar{x}-\mu)^2]\right\}$$

利用相同的先验分布 $\pi(\mu,\sigma^2)$，可得在给定 $\bar{x}$ 和 Q 下的后验分布

$$\pi(\mu,\sigma^2 \mid \bar{x},Q) = \frac{\sigma^{-n}\pi(\mu,\sigma^2)\exp\left\{-\frac{1}{2\sigma^2}[Q+n(\bar{x}-\mu)^2]\right\}}{\int_{-\infty}^{\infty}\int_0^{\infty}\sigma^{-n}\exp\left\{-\frac{1}{2\sigma^2}[Q+n(\bar{x}-\mu)^2]\right\}\pi(\mu,\sigma^2)d\mu d\sigma^2}$$

比较这二个后验密度，可得

$$\pi(\mu,\sigma^2|\bar{x},Q)=\pi(\mu,\sigma^2|\boldsymbol{x})$$

由此可见，用充分统计量 $(\bar{x},Q)$ 的分布算得的后验分布与用样本分布算得的后验分布是相同的。

关于定理 1.6.1 我们有二点说明：

1. 定理 1.6.1 给出的条件是充分必要的，故定理 1.6.1 的充要条件可作为充分统计量的贝叶斯定义，譬如在例 1.6.1 中把 $\bar{x}$ 改为 x_1，同样可在 (x_1,Q) 给定下，算得后验分布，但没有上述等式，即

$$\pi(\mu,\sigma^2|x_1,Q)\neq\pi(\mu,\sigma^2|\boldsymbol{x})$$

按贝叶斯定义，统计量 (x_1,Q) 不是 (μ,σ^2) 的充分统计量。

2. 假如已知统计量 $T(\boldsymbol{x})$ 是充分的，那么按定理 1.6.1，其后验分布可用该统计量的分布算得，由于充分统计量可简化数据、降低样本维数，故定理 1.6.1 亦可用来简化后验分布的计算。

例 1.6.2 设 $\boldsymbol{x}=(x_1,\cdots,x_n)$ 是来自正态分布 $N(\theta,1)$ 的一个样本，大家知道样本均值 $\bar{x}$ 是 θ 的充分统计量，若 θ 的先验分布取为正态分布 $N(0,\tau^2)$，其中 τ^2 已知，那么 θ 的后验分布可用充分统计量 $\bar{x}$ 的分布算得，即

$$
\begin{aligned}
\pi(\theta|\bar{x}) &\propto \exp\left\{-\frac{\pi}{2}(\bar{x}-\theta)^2-\frac{\theta^2}{2\tau^2}\right\} \\
&\propto \exp\left\{-\frac{1}{2}\left[\theta^2(n+\tau^{-2})-2n\theta\bar{x}\right]\right\} \\
&\propto \exp\left\{-\frac{n+\tau^{-2}}{2}\left(\theta-\frac{n\bar{x}}{n+\tau^{-2}}\right)^2\right\} \\
&= N\left(\frac{n\bar{x}}{n+\tau^{-2}},\frac{1}{n+\tau^{-2}}\right\}
\end{aligned}
$$

习 题

1.1 设 θ 是一批产品的不合格品率，已知它不是 0.1 就是 0.2，且其先验分布为

$$\pi(0.1)=0.7,\qquad \pi(0.2)=0.3$$

假如从这批产品中随机取出 8 个进行检查，发现有 2 个不合格品，求 θ 的后验分布。

1.2 设一卷磁带上的缺陷数服从泊松分布 $P(\lambda)$，其中 λ 可取 1.0 和 1.5 中的一个，又设 λ 的先验分布为

$$\pi(1.0)=0.4,\qquad \pi(1.5)=0.6$$

假如检查一卷磁带发现了 3 个缺陷，求 θ 的后验分布。

1.3 设 θ 是一批产品的不合格品率，从中抽取 8 个产品进行检验，发现 3 个不合格品，假如先验分布为

(1) $\theta\sim U(0,1)$

(2) $\theta\sim\pi(\theta)=\begin{cases}2(1-\theta), & 0<\theta<1\\ 0, & \text{其它场合}\end{cases}$

分别求 θ 的后验分布。

1.4 设 $x_1,\cdots,x_n$ 是来自密度函数 $p(x|\theta)$ 的一个样本，$\pi(\theta)$ 为 θ 的先验分布，证明：按下述序贯方法以可求得 θ 的后验分布

(1)给定 x_1 下，求出 $\pi(\theta|x_1)\propto p(x_1|\theta)\pi(\theta)$

(2)把 $\pi(\theta|x_1)$ 当作下一步的先验分布，在给定 x_2 下，求得 $\pi(\theta|x_1,x_2)\propto p(x_2|\theta)\pi(\theta|x_1)$

(3)按此方法重复，把 $\pi(\theta|x_1,\cdots,x_{n-1})$ 当作下一步的先验分布，在给定 x_n 下，求得 $\pi(\theta|\boldsymbol{x})\propto p(x_n|\theta)\pi(\theta|x_1\cdots,x_{n-1})$。

1.5 设随机变量 X 服从均匀分布 $U(\theta-\frac{1}{2},\theta+\frac{1}{2})$，其中 θ 的先验分布为 $U(10,20)$，假如获得 X 的一个观察值 12，求 θ 的后验分布；假如连续获得 X 的 6 个观察值

$$12.0, 11.5, 11.7, 11.1, 11.4, 11.9$$

再求 θ 的后验分布。

1.6 验证：泊松分布的均值 λ 的共轭先验分布是伽玛分布。

1.7 设随机变量 $\boldsymbol{X}$ 的密度函数为

$$p(x|\theta)=2x/\theta^2, \qquad 0<x<\theta<1$$

在下列二个先验分布下分别求 θ 的后验分布

(1) $\theta \sim U(0,1)$

(2) $\theta \sim \pi(\theta)=3\theta^2, \qquad 0<\theta<1$

1.8 从一批产品中抽检 100 个，发现有 3 个不合格品，假如该产品不合格率 θ 的先验分布为贝塔分布 $\mathrm{Be}(2,200)$，求 θ 的后验分布.

1.9 设某集团中人的高度（单位：厘米）服从 $N(\theta,5^2)$，又设平均高度 θ 的先验分布为 $N(172.72, 2.54)$，如今对随机选出的 10 人测量高度，其平均高度为 176.53 厘米。

(1)求 θ 的后验分布。

(2)指出半径为 2.5 厘米的区间，使该区间内点的后验密度值都大于区间外的点的后验密度值。

(3)计算平均高度落在这个区间的概率。

1.10 从正态总体 $N(\theta,2^2)$ 中随机抽取容量为 100 的样本，又设 θ 的先验分布为正态分布。证明：不管先验标准差为多少，后验标准差一定小于 1/5。

1.11 某人每天早上在车站等候公共汽车的时间（单位：分钟）服从均匀分布 $U(0,\theta)$，假如 θ 的先验分布为

$$\pi(\theta)=\begin{cases}192/\theta^4, & \theta \geqslant 4 \\ 0, & \theta<4\end{cases}$$

假如此人在 3 个早上等车时间分别为 5,8,8 分钟，求 θ 的后验分布。

1.12 设 $x_1,\cdots,x_n$ 是来自均匀分布 $U(0,\theta)$ 的一个样本，又设 θ 的先验分布为Pareto 分布，其密度函数为

$$\pi(\theta)=\begin{cases}\alpha\theta_0^{\alpha}/\theta^{\alpha-1}, & \theta>\theta_0 \\ 0, & \theta \leqslant \theta_0\end{cases}$$

其中参数 $\theta_0>0, \alpha>0$，证明：θ 的后验分布仍为 Pareto 分布，即 Pareto 分布是均匀分布 $U(0,\theta)$ 端点 θ 的共轭先验分布。

1.13 设参数 θ 的先验分布为贝塔分布 $\mathrm{Be}(\alpha,\beta)$，若从先验信息获得其均值与方差分别为 1/3 与 1/45，请确定该先验分布。

1.15 设 $x_1,\cdots,x_n$ 是来自指数分布 $\mathrm{Exp}(\lambda)$ 的一个样本，指数分布的密度函数为

$$p(x|\lambda)=\lambda e^{-\lambda x}, \qquad X>0$$

(1)验证：伽玛分布 $Ga(\alpha,\beta)$ 是参数 λ 的共轭先验分布。

(2)若从先验信息得知，先验均值为 0.0002，先验标准差为 0.0001，请确定其超参数。

1.16 $x_1,\cdots,x_n$ 是来自正态分布 $N(\theta_1,\sigma_2)$ 的一个样本，令 $\theta_2=\frac{1}{2\sigma^2}$，又设 (θ_1,θ_2) 的联合先验分布如下给定；

(1)在固定 θ_2 时，θ_1 的条件分布为 $N(0,1/2\theta_2)$。

(2)$\theta_2\sim Ga(\alpha,\lambda)$，其中 α,λ 已知。

求 (θ_1,θ_2) 的后验分布 $\pi(\theta_1,\theta_2|\boldsymbol{x})$。

1.17 密度函数可表示为如下形式

$$p(x|\theta)=c(\theta)\exp\{\phi(\theta)T(x)\}h(x),\quad \theta\in\Theta$$

且其支撑 $\{x:p(x|p)>\theta\}$ 不依赖于 θ 的分布族称为单参数指数族。

(1)若 $\boldsymbol{x}=(x_1,\cdots,x_n)$ 是来自分布 $p(x|\theta)$ 的一个样本，验证：如下的先验分布

$$\pi(\theta)\propto c(\theta)^{\eta}\exp\{\phi(\theta)\upsilon\}$$

是单参数指数族中参数 θ 的共轭先验分布，其中 η 与 υ 是二个待定的超参数。

(2)对泊松分布族与正态分布族验证上述结果。

1.18 多项分布产生于如下描述的 m 次独立重复试验。

(1)每次试验可能有 r 中结果：$A_1,\cdots,A_r$，且 $P(A_i)=\theta_i>0,i=1,\cdots,r,\theta_1+\cdots+\theta_r=1$

(2)对上述试验独立地重复 m 次，以 x_i 表示 A_i 出现次数，$i=1,\cdots,r$，则 $(x_1,\cdots,x_r)$ 是 r 维随机变量，在 m 次试验中 A_i 出现 x_i 次 $(i=1,\cdots,r)$ 的概率为

$$P(X_1=x_1,\cdots,X_r=x_r)=\frac{m!}{x_1!\ \cdots x_r!}\theta_1^{x_1}\cdots\theta_r^{x_r-1},\theta_i>0,\ \sum_{i=1}^{r}\theta_i=1$$

其中 $x_1+\cdots+x_r=m$，这就是多项分布(二项分布的推广)，记为 $M(m;\theta_1,\cdots,\theta_r)$

验证：下面的狄里赫利(*Dirichlet*)分布(贝塔分布的推广)

$$\pi(\theta_1,\cdots,\theta_r)=\frac{\Gamma(\alpha_1+\cdots+\alpha_r)}{\Gamma(\alpha_1)\cdots\Gamma(\alpha_r)}\theta_1^{\alpha_1-1}\cdots\theta_r^{\alpha_r-1},\ \theta_i>0,\ \sum_{i=1}^{r}\theta_i=1$$

是多维参数 $(\theta_1,\cdots,\theta_r)$ 的共轭先验分布，假如把这个先验分布记为 $D(\alpha_1,\cdots,\alpha_r)$，则其后验分布为 $D(\alpha_1+x_1,\cdots,\alpha_r+x_r)$。

1.19 设 $x_1,\cdots,x_n$ 是来自泊松分布 $p(\lambda)$ 的一个样本，用贝叶斯公式证明：$\sum_{i=1}^{n}x_i$ 是 λ 的充分统计量。

第二章 贝叶斯推断

§2.1 条件方法

未知参数θ的后验分布$\pi(\theta|\boldsymbol{x})$是集三种信息(总体,样本和先验)于一身,它包含了$\theta$的所有可供利用的信息,所以有关$\theta$的(点)估计、区间估计和假设检验等统计推断都按一定方式从后验分布提取信息,其提取方法与经典统计推断相比要简单明确得多。

后验分布$\pi(\theta|\boldsymbol{x})$是在样本$\boldsymbol{x}$给定下$\theta$的条件分布,基于后验分布的统计推断就意味着**只考虑已出现的数据(样本观察值),而认为未出现的数据与推断无关**,这一重要的观点被称为**"条件观点"**,基于这种观点提出的统计推断方法被称为**条件方法**,它与大家熟悉的频率方法之间还是有很大的差别,譬如在对估计的无偏性的认识上,经典统计学认为参数θ的无偏估计$\hat{\theta}(\boldsymbol{x})$应满足如下等式:

$$E\hat{\theta}(\boldsymbol{x})=\int_x \hat{\theta}(\boldsymbol{x})p(\boldsymbol{x}|\boldsymbol{\theta})d\boldsymbol{x}=\theta$$

其中平均是对样本空间中所有可能出现的样本而求的,可实际中样本空间中绝大多数样本尚未出现过,甚至重复数百次也不会出现的样本也要在评价估计量$\hat{\theta}$的好坏中占一席之地,何况在实际中不少估计量只使用一次或几次,而多数从未出现的样本也要参与平均是使实际工作者难于理解的,这种看问题的观点就是条件的观点,故在贝叶斯推断中不用无偏性,而条件方法是容易被实际工作者理解和接受的,下面的例子作进一步的说明。

例 2.1.1 (Berger(1985))假设要对某物质进行分析,可以送纽约的实验室,也可送加利福尼亚的实验室,这两个实验室大体上一样好,故用抛硬币的方法来决定,出现"正面"送纽约,出现"反面"送加利福尼亚,抛的结果为反面,故送加利福尼亚。过一段时间,试验结果送回来之后,就要下结论和写报告,那么,结论要不要考虑硬币还要出现正面的情况呢?常识会坚决地认为:不必考虑,即只与实际进行了的试验有关,而频率派的观点认为是需要考虑的,即要对所有可能的数据,包括纽约实验室可能会得到的各种结果来求平均,这一观点常使实际工作者难以接受,关于条件方法与频率方法之间的差异及其影响将在以后诸节中逐步涉及，现转入贝叶斯推断的一些方法的讨论。

§2.2 估　计

2.2.1 贝叶斯估计

设θ是总体分布$p(x|\theta)$中的参数，为了估计该参数，可从该总体随机抽取一个样本$\boldsymbol{x}=(x_1,\cdots,x_n)$，同时依据$\theta$的先验信息选择一个先验分布$\pi(\theta)$，在用贝叶斯公式算得后验分布$\pi(\theta|\boldsymbol{x})$，这时，作为$\theta$的估计可选用后验分布$\pi(\theta|\boldsymbol{x})$的某个位置特征量，如后验分布的众数、中位数或期望值，所以估计是应用后验分布最简单的推断形式。

定义 2.2.1 使后验密度$\pi(\theta|\boldsymbol{x})$达到最大的值$\theta_{MD}$称为最大后验估计；后验分布的中位数$\hat{\theta}_{Me}$称为$\theta$的后验中位数估计；后验分布的期望值$\hat{\theta}_E$称为$\theta$的后验期望估计，这三个估计也都称为$\theta$的贝叶斯估计，记为$\hat{\theta}_B$，在不引起混乱时也记为$\hat{\theta}$。

在一般场合下，这三种贝叶斯估计是不同的(见图 2.2.1，当后验密度函数为对称时，这三种贝叶斯估计重合，使用时可根据实际情况选用其中一种估计，或者说，这三种估计是适合不同的实际需要而沿用至今。

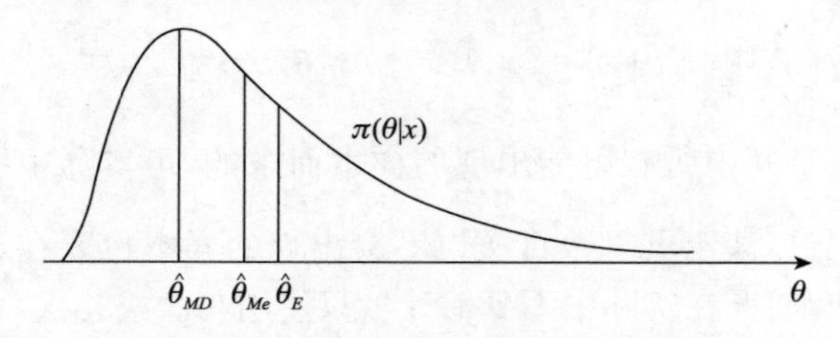

图 2.2.1 $\boldsymbol{\theta}$的三种贝叶斯估计

例 2.2.1 设$x_1,\cdots,x_n$是来自正态总体$N(\theta,\sigma^2)$的一个样本，其中σ^2已知，若取θ的共轭先验分布$N(\mu,\tau^2)$作为θ的先验分布，其中μ与τ^2已知，由例 1.3.1 知：θ的后验分布为$N(\mu_1,\sigma_1^2)$，其中μ_1与σ_1^2如(1.3.4)所示，由于正态分布的对称性，θ的三种贝叶斯估计重合，即$\hat{\theta}_{MD}=\hat{\theta}_{Me}=\hat{\theta}_E$，或者说$\theta$的贝叶斯估计为

$$\hat{\theta}_B=\frac{\tau^{-2}}{\sigma_0{}^{-2}+\tau^{-2}}\cdot\mu+\frac{\sigma_0^{-2}}{\sigma_0{}^{-2}+\tau^{-2}}\cdot\bar{x}=\frac{\sigma_0^2\mu+\tau^2\bar{x}}{\sigma_0^2+\tau_2},$$

其中$\sigma_0^2=\dfrac{\sigma^2}{n}$，$\hat{\theta}_B$是先验均值与样本均值的加权平均。

作为一个数值例子，我们考虑对一个儿童做智力测验，设测验结果 $X\sim N(\theta,100)$，其中 θ 在心理学中定义为该儿童的智商，根据过去多次测验，可设 $\theta\sim N(100,225)$，应用上述方法，在 $n=1$ 时，可得在给定 $X=x$ 条件下，该儿童智商 θ 的后验分布是正态分布 $N(\mu_1,\sigma_1^2)$，其中：

$$\mu_1=\frac{100\times100+225x}{100+225}=\frac{400+9x}{13}$$

$$\sigma_1^2=\frac{100\times225}{100+225}=\frac{900}{13}=69.23=(8.32)^2$$

假如该儿童这次测验得分为 115 分，则他的智商的贝叶斯估计为

$$\hat{\theta}_B=\frac{400+9\times115}{13}=110.38$$

例 2.2.2　为估计不合格品率 θ，今从一批产品中随机抽取 n 件，其中不合格品数 X 服从二项分布 $b(n,\theta)$，国内外诸多文献上都取贝塔分布 $\mathrm{Be}(\alpha,\beta)$ 作为 θ 的先验分布，它的众数为 $(\alpha-1)/(\alpha+\beta-2)$，它的期望为 $\alpha/(\alpha+\beta)$，这里假设 α 与 β 已知，由共轭先验分布可知（见例 1.3.4），这时 θ 的后验分布仍为贝塔分布 $\mathrm{Be}(\alpha+x,\beta+n-x)$，这时 θ 的最大后验估计 $\hat{\theta}_{MD}$ 和后验期望估计 $\hat{\theta}_E$ 分别为

$$\hat{\theta}_{MD}=\frac{\alpha+x-1}{\alpha+\beta+n-2}$$

$$\hat{\theta}_E=\frac{\alpha+x}{\alpha+\beta+n}$$

这两个贝叶斯估计有所不同，作为一个数值例子，我们选用贝叶斯假设，即 θ 的先验分布选为 $(0,1)$ 上的均匀分布 $U(0,1)$，它就是 $\alpha=\beta=1$ 的贝塔分布，假如其他条件不变，那么 θ 的上述两个贝叶斯估计分别为

$$\hat{\theta}_{MD}=\frac{x}{n},\hat{\theta}_E=\frac{x+1}{n+2}$$

对这两个贝叶斯估计我们作如下两点讨论。

第一，在二项分布场合，θ 的最大后验估计就是经典统计中的极大似然估计，也就是说，不合格品率 θ 的极大似然估计就是取特定的先验分布 $U(0,1)$ 下的贝叶斯估计，这种现象以后还会多次看到，贝叶斯学派对这种现象的看法是：任何使用经典统计的人都在自觉或不自觉地使用贝叶斯推断，与其不自觉地使用，还不如主动选取更适合的先验分布使推断更富有意义，当然，频率学派不会接受这种观点，因为贝叶斯学派至今尚未证明：总体分布 $p(x|\theta)$ 中的参数的任一经典估计都存在一个先验分布，使得其贝叶斯估计就是该经典估计。

第二，θ 的后验期望估计 θ_E 要比最大后验估计 θ_{MD} 更适合一些，表 2.2.1 列出四个试验结果，在试验 1 与试验 2 中，“抽验 3 个产品没有一件是不合格品”与“抽验 10 个产品没有一件是不合格品”这二个事件在人们心目中留下的印象是不同的，后者的质量要比前者的质量更信得过，这种差别用 $\hat{\theta}_{MD}$ 反映不出来，而用 $\hat{\theta}_E$ 会有所反映，类似地，在试验 3 和试验 4 中，“抽验 3 个产品全部不合格”与“抽验 10 个产品全部不合格”在人们心目中也是有差别的二个事件，前者的质量很差，而后者的质量已不可救药，这种差别用 $\hat{\theta}_{MD}$ 反映不出来，而用 $\hat{\theta}_E$ 能反映一些，在这些极端场合下，后验期望估计更具有吸引力，在其他场合这二个估计相差不大，在实际中，人们经常选用后验期望估计作为贝叶斯估计。

表 2.2.1　不合格品率 θ 的二种贝叶斯估计的比较

试验号	样本量 n	不合格品数 x	$\hat{\theta}_{MD}=x/n$	$\hat{\theta}_E=(x+1)/(n+2)$
1	3	0	0	0.200
2	10	0	0	0.083
3	3	3	1	0.800
4	10	10	1	0.917

例 2.2.3　设 x 是来自如下指数分布的一个观察值。

$$p(x|\theta)=e^{-(x-\theta)},x\geqslant\theta$$

又取柯西分布作为 θ 的先验分布，即

$$\pi(\theta)=\frac{1}{\pi(1+\theta^2)},-\infty<\theta<\infty$$

这时可得后验密度

$$\pi(\theta|x)=\frac{e^{-(x-\theta)}}{m(x)(1+\theta^2)\pi},\theta\leqslant x$$

为了寻找 θ 的最大后验估计 $\hat{\theta}_{MD}$，我们对后验密度使用微分法，可得

$$\begin{aligned}\frac{d}{d\theta}\pi(\theta|x)&=\frac{e^{-x}}{m(x)\pi}\left[\frac{e^\theta}{1+\theta^2}-\frac{2\theta e^\theta}{(1+\theta^2)^2}\right]\\&=\frac{e^{-x}e^\theta(\theta-1)^2}{m(x)(1+\theta^2)^2\pi}\geqslant 0\end{aligned}$$

由于 $\pi(\theta|x)$ 的非减性，考虑到 θ 的取值不能超过 x，故 θ 的最大后验估计应为 $\hat{\theta}_{MD}=x$。

2.2.2　贝叶斯估计的误差

设 $\hat{\theta}$ 是 θ 的一个贝叶斯估计，在样本给定后，$\hat{\theta}$ 是一个数，在综合各种信息后，θ 是按 $\pi(\theta|\boldsymbol{x})$ 取值，所以评定一个贝叶斯估计的误差的最好而又简单的方式是用 θ 对 $\hat{\theta}$ 的后验均方差或其平方根来度量，具体定义如下：

定义 2.2.2　设参数 θ 的后验分布 $\pi(\theta|\boldsymbol{x})$，贝叶斯估计为 $\hat{\theta}$，则 $(\theta-\hat{\theta})^2$ 的后验期望

$$MSE(\hat{\theta}|\boldsymbol{x})=E^{\theta|x}(\theta-\hat{\theta})^2$$

称为 $\hat{\theta}$ 的后验均方差，而其平方根 $[MSE(\hat{\theta}|\boldsymbol{x})]^{\frac{1}{2}}$ 称为 $\hat{\theta}$ 的后验标准误，其中符号 $E^{\theta|x}$ 表示用条件分布 $\pi(\theta|\boldsymbol{x})$ 求期望，当 $\hat{\theta}$ 为 θ 的后验期望 $\hat{\theta}_E=E(\theta|\boldsymbol{x})$ 时，则

$$MSE(\hat{\theta}_E|\boldsymbol{x})=E^{\theta|x}(\theta-\hat{\theta}_E)^2=\mathrm{Var}(\theta|\boldsymbol{x})$$

称为后验方差，其平方根 $[\mathrm{Var}(\theta|\boldsymbol{x})]^{\frac{1}{2}}$ 称为后验标准差。

后验均方差与后验方差有如下关系：

$$\begin{aligned}MSE(\hat{\theta}|\boldsymbol{x})&=E^{\theta|x}(\theta-\hat{\theta})^2\\&=E^{\theta|x}[(\theta-\hat{\theta}_E)+(\hat{\theta}_E-\hat{\theta})]^2\\&=\mathrm{Var}(\theta|\boldsymbol{x})+(\hat{\theta}_E-\hat{\theta})^2\end{aligned}$$

这表明，当 $\hat{\theta}$ 为后验均值 $\hat{\theta}_E=E(\theta|\boldsymbol{x})$ 时，可使后验均方差达到最小，所以实际中常取后验均值作为 θ 的贝叶斯估计值。

从这个定义还可看出，后验方差(后验均方差也一样)只依赖样本 $\boldsymbol{x}$，不依赖于 θ，故当样本给定后，它们都是数，立即可以应用，而在经典统计中，估计量的方差常常还依赖于被估参数 θ，使用时常用估计 $\hat{\theta}$ 去代替 θ，获得其近似方差才可应用，另外在计算上，后验方差的计算在本质上不会比后验的均值计算更复杂一些，因为它们都用同一个后验分布计算，而在经典统计中，估计量的方差计算有时还要涉及抽样分布(估计量的分布)，大家知道，寻求抽样分布在经典统计学中常常是一个困难的数学问题，可在贝叶斯推断(包括后面的区间估计和假设检验)中从不涉及寻求抽样分布问题，这是因为贝叶斯推断对未出现的样本不加考虑之故，当然这也是从条件观点导出的一个必然结果。

例 2.2.4　设一批产品的不合格品率为 θ，检查是一个接一个地进行，直到发现第一个不合格品停止检查，若设 X 为发现第一个不合格品时已检查的产品数，

则 X 服从几何分布，其分布列为

$$P(X=x|\theta)=\theta(1-\theta)^{x-1}, x=1,2,\cdots$$

假如其中参数 θ 只能为 1/4，2/4 和 3/4 三个值，并以相同概率取这三个值，如今只获得一个样本观察值 $x=3$，要求 θ 的最大后验估计 $\hat{\theta}_{MD}$，并计算它的误差。

在这个问题中，θ 的先验分布为

$$P\left(\theta=\frac{i}{4}\right)=\frac{1}{3}, i=1,2,3$$

在 θ 给定下，$X=3$ 的条件概率为

$$P(X=3|\theta)=\theta(1-\theta)^2$$

于是联合概率为

$$P\left(X=3,\theta=\frac{i}{4}\right)=\frac{1}{3}\cdot\frac{i}{4}\cdot\left(1-\frac{i}{4}\right)^2$$

$X=3$ 的无条件概率为

$$P(X=3)=\frac{1}{3}\left[\frac{1}{4}\left(\frac{3}{4}\right)^2+\frac{2}{4}\left(\frac{2}{4}\right)^2+\frac{3}{4}\left(\frac{1}{4}\right)^2\right]=\frac{5}{48}$$

于是在 $X=3$ 条件下，θ 的后验分布列为

$$P(\theta=i/4|X=3)=\frac{P(X=3,\theta=i/4)}{P(X=3)}=\frac{4i}{5}\left(1-\frac{i}{4}\right)^2, i=1,2,3$$

或

θ	1/4	2/4	3/4
$P(\theta=i/4\|X=3)$	9/20	8/20	3/20

可以看出，θ 的最大后验估计 $\hat{\theta}_{MD}=1/4$。

为了计算此贝叶斯估计的误差，我们先计算上述后验分布的均值与方差，容易算得

$$E(\theta|X=3)=17/4 \quad E(\theta^2|X=3)=17/80$$

于是后验方差 $\mathrm{Var}(\theta|X=3)=17/80-(17/40)^2=51/1600$，利用前述公式，最大后验估计 $\hat{\theta}_{MD}$ 的后验均方差为

$$MSE(\hat{\theta}|X=3)=\operatorname{Var}(\theta|X=3)+(\hat{\theta}_{MD}-\hat{\theta}_E)^2$$
$$=\frac{51}{1600}+\left(\frac{1}{4}-\frac{17}{40}\right)^2=\frac{1}{16}$$

而其后验标准误为$[MSE(\hat{\theta}|X=3)]^{1/2}=1/4$

例 2.2.5　在例 2.2.2 中，在选用共轭先验分布下，不合格品率 θ 的后验分布为贝塔分布，它的后验方差为

$$\operatorname{Var}(\theta|x)=\frac{(\alpha+x)(b+n-x)}{(\alpha+\beta+n)^2(\alpha+\beta+n+1)}$$

其中 n 为样本量，x 为样本中不合格品数，α 与 β 为先验分布中的二个超参数。若取 $\alpha=\beta=1$，则其后验方差为

$$\operatorname{Var}(\theta|x)=\frac{(x+1)(n-x+1)}{(n+2)^2(n+3)}$$

这时 θ 的后验期望估计 $\hat{\theta}_E$ 和最大后验估计 $\hat{\theta}_{MD}$ 分别为

$$\hat{\theta}_E=\frac{x+1}{n+2},\quad \hat{\theta}_{MD}=\frac{x}{n}$$

显然，$\hat{\theta}_E$ 的后验均方差就是上述 $\operatorname{Var}(\theta|x)$，$\hat{\theta}_{MD}$ 的后验均方差为

$$MSE(\hat{\theta}_{MD}|x)=\frac{(x+1)(n-x+1)}{(n+2)(n+3)}+\left(\frac{x+1}{n+2}-\frac{x}{n}\right)^2$$

对若干对(n,x)的值算得的后验方差和后验均方表列入表 2.2.2 中，从表 2.2.2 可见，样本量的增加有利于后验标准差和后验方差的减少。

表 2.2.2　$\hat{\theta}_E$ 和 $\hat{\theta}_{MD}$ 的后验均方差

n	x	$\hat{\theta}_E$	Var	$\sqrt{\text{Var}}$	$\hat{\theta}_{MD}$	MSE	$\sqrt{MSE}$
3	0	1/5	0.02667	0.16	0	0.06667	0.26
10	0	1/12	0.00588	0.08	0	0.01282	0.11
10	1	2/12	0.01068	0.10	1/10	0.01512	0.12
20	1	2/22	0.00359	0.06	1/20	0.00527	0.07

注：$\text{Var}=\operatorname{Var}(\theta|x)$，$MSE=MSE(\hat{\theta}_{MD}|x)$。

例 2.2.6 设 $\boldsymbol{x}=(x_1,\cdots,x_n)$是来自均匀分布$U(0,\theta)$的一个样本，若取$\theta$的先验分布为倒伽玛分布 $IGa(\alpha,\lambda)$，即

$$\pi(\theta)=\frac{\lambda^\alpha}{\Gamma(\alpha)}\left(\frac{1}{\theta}\right)^{\alpha+1}e^{-\lambda/\theta},\theta>0,$$

要求θ的后验均值$E(\theta|\boldsymbol{x})$，其中α与λ已知。

解：来自均匀分布$U(0,\theta)$的样本的最大次序统计量 $y=\max(x_1,\cdots,x_n)$是θ的充分统计量，其分布为

$$g(y|\theta)=ny^{n-1}/\theta^n,\quad 0<y<\theta$$

充分性允许我们只需考虑 y 的分布即可得θ的后验分布(见§1.6)，按此想法，我们可以写出 y 与θ的联合分布及 y 的边缘分布，

$$\begin{aligned}p(y,\theta)&=g(y|\theta)\pi(\theta)\\&=\frac{n\lambda^\alpha y^{n-1}}{\Gamma(\alpha)}\left(\frac{1}{\theta}\right)^{\alpha+n+1}e^{-\lambda/\theta},\quad 0<y<\theta\end{aligned}$$

$$m(y)=\frac{n\lambda^\alpha y^{(n-1)}}{\Gamma(\alpha)}\int_y^\infty\left(\frac{1}{\theta}\right)^{\alpha+n+1}e^{-\lambda/\theta}d\theta$$

因此θ的后验分布及后验均值为

$$\begin{aligned}E(\theta|y)&=\int_y^\infty\theta\pi(e|\pi)d\theta=\int_y^\infty\frac{\theta p(y,\theta)}{m(y)}d\theta\\&=\frac{\int_y^\infty\left(\frac{1}{\theta}\right)^{\alpha+n}e^{\lambda/\theta}d\theta}{\int_y^\infty\left(\frac{1}{\theta}\right)^{\alpha+n+1}e^{\lambda/\theta}d\theta}\end{aligned}$$

上述二个积分比值没有简单表达式。考虑到倒伽玛分布与卡方分布间的联系可把上述二个积分比值转化为卡方分布函数的比值。譬如，作如下变换

$$\theta=\frac{2\lambda}{u},\quad d\theta=\frac{2\lambda}{(-u^2)}du$$

可把分子积分转化为

$$\int_y^\infty\left(\frac{1}{\theta}\right)^{\alpha+n}e^{-\lambda/\theta}d\theta=\frac{1}{(2\lambda)^{\alpha+n-1}}\int_0^{2\lambda/y}u^{\alpha+n-2}e^{-u/2}du$$

其中被积函数是自由度为$\alpha+n-1$的卡方分布的核。利用正则化因子可用自由度为f的卡方变量$\chi^2(f)$表示上述积分，

$$\frac{\left(\frac{1}{2}\right)^{\alpha+n-1}}{\Gamma(\alpha+n-1)}\int_0^{2\lambda/y}u^{\alpha+n-2}e^{-u/2}du=P\left(\chi^2(2(\alpha+n-1))\leqslant\frac{2\lambda}{y}\right)$$

由此可得

$$\int_{y}^{\infty}\left(\frac{1}{\theta}\right)^{\alpha+n}e^{-\lambda/\theta}d\theta=\frac{2^{\alpha+n-1}\Gamma(\alpha+n-1)}{(2\lambda)^{\alpha+n-1}}P\left(\chi^{2}(2(d+n-1))\leqslant\frac{2\lambda}{y}\right)$$

类似地，另一个积分也可用卡方变量表示，综上可得

$$E(\theta|\boldsymbol{x})=\frac{\lambda}{\alpha+n-1}\ \frac{P(\chi^{2}(2(\alpha+n-1))\leqslant 2\lambda/y)}{P(\chi^{2}(2(\alpha+n))\leqslant 2\lambda/y)}$$

余下的计算不甚困难了。譬如，对来自均匀分布 $U(0,\theta)$ 的一个容量 $n=5$ 的样本最大值 $y=x_{(5)}=2$，若取 $\alpha=2$ 和 $\lambda=8$ 的倒伽玛分布作为 θ 的先验分布，计算 $2\lambda/y=8$，$\alpha+n=7$，可得

$$P(\chi^{2}(12)\leqslant 8)=0.2149,\quad P(\chi^{2}(14)\leqslant 8)=0.1107$$

$$E(\theta|\underset{\sim}{x})=\frac{8}{6}\times\frac{0.2149}{0.1107}=2.5884.$$

这就是 θ 的贝叶斯估计。

§2.3　区间估计

2.3.1　可信区间

对于区间估计问题，贝叶斯方法具有处理方便和含义清晰的优点，而经典方法寻求的置信区间常受到批评。

当参数 θ 的后验分布 $\pi(\theta|\boldsymbol{x})$ 获得以后，立即可计算 θ 落在某区间 $[a,b]$ 内的后验概率，譬如为 $1-\alpha$，即

$$P(a\leqslant\theta\leqslant b|\boldsymbol{x})=1-\alpha$$

反之，若给定概率 $1-\alpha$，要找一个区间 $[a,b]$，使上式成立，这样求得的区间就是 θ 的贝叶斯区间估计，又称为可信区间，这是在 θ 为连续随机变量场合，若 θ 为离散随机变量，对给定的概率 $1-\alpha$，满足上式的区间 $[a,b]$ 不一定存在，这时只有略微放大上式左端概率，才能找到 a 与 b，使得

$$P(a\leqslant\theta\leqslant b|\boldsymbol{x})>1-\alpha$$

这样的区间也是 θ 的贝叶斯可信区间，它的一般定义如下。

定义 2.3.1　设参数 θ 的后验分布为 $\pi(\theta|\boldsymbol{x})$，对给定的样本 $\boldsymbol{x}$ 和概率 $1-\alpha(0<\alpha<1)$，若存在这样的二个统计量 $\hat{\theta}_L=\hat{\theta}_L(\boldsymbol{x})$ 与 $\hat{\theta}_U=\hat{\theta}_U(\boldsymbol{x})$，使得

$$P(\hat{\theta}_L\leqslant\theta\leqslant\hat{\theta}_U\,|\,\boldsymbol{x})\geqslant 1-\alpha$$

则称区间$[\hat{\theta}_L,\hat{\theta}_U]$为**参数 $\boldsymbol{\theta}$ 的可信水平为 $\mathbf{1-\alpha}$ 贝叶斯可信区间**,或简称为 **$\boldsymbol{\theta}$ 的 $\mathbf{1-\alpha}$ 可信区间**。而满足

$$P(\theta\geqslant\hat{\theta}_L\,|\,\boldsymbol{x})\geqslant 1-\alpha$$

的 $\hat{\theta}_L$ 称为 θ 的 **$\mathbf{1-\alpha}$(单侧)可信下限**。满足

$$P(\theta\leqslant\hat{\theta}_U\,|\,\boldsymbol{x})\geqslant 1-\alpha$$

的 $\hat{\theta}_U$ 称为 θ 的 **$\mathbf{1-\alpha}$(单侧)可信上限**。

这里的可信水平和可信区间与经典统计中的置信水平与置信区间虽是同类的概念,但两者还有本质差别,主要表现在如下二点:

1. 在条件方法下,对给定的样本 $\boldsymbol{x}$ 和可信水平 $1-\alpha$ 通过后验分布可求得具体的可信区间,譬如,θ 的可信水平为 0.9 的可信区间是[1.5,2.6],这时我们可以写出

$$P(1.5\leqslant\theta\leqslant 2.6\,|\,\boldsymbol{x})=0.9$$

还可以说:"θ 属于这个区间的概率为 0.9"或"θ 落入这个区间的概率为 0.9",可对置信区间就不能这么说,因为经典统计认为 θ 是常量,它要么在[1.5,2.6]内,要么在此区间之外,不能说:"θ 在[1.5,2.6]内的概率为 0.9",只能说:"在 100 次使用这个置信区间时,大约 90 次能盖住 θ。"此种频率解释对仅使用一次或二次的人来说是毫无意义的,相比之下,前者的解释简单、自然、易被人们理解和采用,实际情况是:很多实际工作者是把求得的置信区间当作可信区间去使用和理解。

2. 在经典统计中寻求置信区间有时是困难的,因为他要设法构造一个枢轴量(含有被估参数的随机变量),使它的分布不含有未知参数,这是一项技术性很强的工作,不熟悉"抽样分布"是很难完成的,可寻求可信区间只要利用后验分布,不需要再去寻求另外的分布,二种方法相比,可信区间的寻求要简单得多。

例 2.3.1 设 $x_1,\cdots,x_n$ 是来自正态总体 $N(\theta,\sigma^2)$的一个样本观察值,其中 σ^2 已知,若正态均值 θ 的先验分布取为 $N(\mu,\tau^2)$,其中 μ 与 τ 已知,在例 1.3.1 中已求得 θ 的后验分布为 $N(\mu_1,\sigma_1^2)$,其中 μ_1 与 σ_1^2 如(1.3.4)式所示,由此很容易获得 θ 的 $1-\alpha$ 的等尾可信区间

$$P(\mu_1-\sigma_1\alpha_{-\alpha/2}\leqslant\theta\leqslant\mu_1+\sigma_1\alpha_{1-\alpha/2})=1-\alpha$$

其中 $u_{1-\alpha/2}$是标准正态分布的 $1-\alpha/2$ 分位数。

在儿童智商测验(见例 2.2.1)中,$X\sim N(\theta,100)$,$\theta\sim N(100,225)$,在仅取一个

样本($n=1$)情况下,算得一儿童智商θ的后验分布为$N(\mu_1,\sigma_1^2)$,其中

$$\mu=1(400+9x)/13,\quad \sigma_1^2=(8.32)^2$$

该儿童在一次智商测验中得$x=115$,立即可得其智商θ的后验分布$N(110.38,8.32^2)$及θ的0.95等尾可信区间[94.07,126.69],即

$$P(94.07\leqslant\theta\leqslant126.69)=0.95$$

在这个例子中,若不用先验信息,仅用抽样信息,则按经典方法,由$X\sim N(\theta,100)$和$x=115$亦可求得θ的0.95等尾置信区间:

$$(115-1.96\times10,115+1.96\times10)=(95.4,134.6)$$

这两个区间是不同的,区间长度也不等,可信区间的长度短一些是由于使用了先验信息之故,另一个差别是经典方法不允许说θ位于此区间(95.4,134.6)内的概率是0.95,也不能说此区间(95.4,134.6)盖住θ的概率是0.95,在这一束缚下,这个区间(95.4,134.6)还能派什么用处呢?这就是置信区间常受到批评的原因,可不少人仍在使用置信区间的结果,在他们的心目中总认为θ在(95.4,134.6)内的概率为0.95,这就把此区间当作可信区间去理解和使用。

例 2.3.2　经过早期筛选后的彩色电视机接收机(简称彩电)的寿命服从指数分布,它的密度函数为

$$p(t|\theta)=\theta^{-1}e^{-t/\theta},t>0$$

其中$\theta>0$是彩电的平均寿命。

现从一批彩电中随机抽取n台进行寿命试验,试验到第$r(\leqslant n)$台失效为止,其失效时间为$t_1\leqslant t_2\leqslant\cdots\leqslant t_r$,另外$n-r$台彩电直到试验停止时($t_r$时)还未失效,这样的试验称为截尾寿命试验,所得样本$\boldsymbol{t}=(t_1,\cdots,t_r)$称为截尾样本,此截尾样本的联合密度函数为

$$\begin{aligned}p(\boldsymbol{t}|\theta)&\propto\left[\prod_{i=1}^{r}p(t_i|\theta)\right][1-F(t_r)]^{n-r}\\&=\theta^{-r}\exp\{-S_r/\theta\}\end{aligned}$$

其中$F(t)$为彩电寿命的分布函数,$S_r=t_1+\cdots+t_r+(n-r)t_r$称为总试验时间。

为寻求彩电平均寿命θ的贝叶斯估计,需要确定θ的先验分布,据国内外的经验,选用倒伽玛分布$IGa(\alpha,\beta)$作为θ的先验分布$\pi(\theta)$是可行的,余下来的重要任务就是要确定超参数α与β,我国各彩电生产厂过去做了大量的彩电寿命试验,我们从15个彩电生产厂的实验室和一些独立实验室就收集到13142台彩电的寿命试验数据,共计5369812台时,此外还有9240台彩电进行三年现场跟踪试验,总共

进行了 5547810 台时试验，在这些试验中总共失效台数不超过 250 台，对如此大量先验信息加工整理后，确认我国彩电平均寿命不低于 30000 小时，它的 10% 的分位数 $\theta_{0.1}$ 大约为 11250 小时，经过一些专家认定，这二个数据是符合我国前几年彩电寿命的实际情况，也是留有余地的。

由此可列出如下二个方程

$$\begin{cases}\dfrac{\beta}{\alpha-1}=30000;\\ \displaystyle\int_0^{11250}\pi(\theta)d\theta=0.1\end{cases}$$

其中 $\pi(\theta)$ 为倒伽玛分布 $IGa(\alpha,\beta)$ 的密度函数（见例 1.3.5）

$$\pi(\theta)=\frac{\beta^\alpha}{\Gamma(\alpha)}\left(\frac{1}{\theta}\right)^{\alpha+1}e^{-\beta/\theta},\theta>0$$

它的数学期望 $E(\theta)=\beta/(\alpha-1)$。在计算机上解此方程组，得

$$\alpha=1.956,\beta=2868$$

这样我们就得到 θ 的先验分布 $IGa(1.956,2868)$。

把此先验密度与截尾样本密度相乘，可得 θ 的后验密度的核。

$$\begin{aligned}\pi(\theta|\boldsymbol{t})&\propto p(\boldsymbol{t}|\theta)\pi(\theta)\\&\propto\theta^{-(\alpha+r-1)}e^{-(\beta+S_r)/\theta}\end{aligned}$$

容易看出，这仍然是倒伽玛分布的核，故 θ 的后验分布应为倒伽玛分布 $IGa(\alpha+r,\beta+s_r)$，若取后验均值作为 θ 的贝叶斯估计，则有

$$\hat{\theta}=E(\theta|\boldsymbol{t})=\frac{\beta+S_r}{\alpha+r-1}$$

现随机抽取 100 台彩电，在规定条件下连续进行 400 小时的寿命试验，没有发生一台失效，这时总试验时间为

$$S_r=100\times400=40000\text{ 小时},r=0$$

据此，彩电的平均寿命 θ 的贝叶斯估计为

$$\hat{\theta}=\frac{2868+40000}{1.956-1}=44841(\text{小时})$$

利用上述后验分布 $IGa(\alpha+r,\beta+S_r)$ 还可获得 θ 的单侧可信下限，为此要编制倒伽玛分布的分位数表，这是一项繁重的工作，假如我们能通过变换把倒伽玛分布转换到常用分布上去的话，那就可回避此项繁重的工作，此种变换是存在的，通过

二次变换就可把倒伽玛分布转换为 χ^2 分布，具体如下：

1. 若 $\theta \sim IGa(\alpha+r,\beta+S_r)$，则 $\theta^{-1} \sim Ga(\alpha+r,\beta+S_r)$

2. 若 $\theta^{-1} \sim Ga(\alpha+r,\beta+S_r)$，$c>0$，则 $c\theta^{-1} \sim Ga(\alpha+r,(\beta+S_r)/c)$，若 c 取 $2(\beta+S_r)$，则有

$$2(\beta+S_r)\theta^{-1} \sim Ga\left(\alpha+r,\frac{1}{2}\right)=\chi^2(2(\alpha+r))$$

最后的等式是因为：尺度参数为 1/2 的伽玛分布就是 χ^2 分布，其自由度为原伽玛分布形状参数的 2 倍。

设 $\chi^2_{1-\gamma}(f)$ 是自由度为 $f=2(\alpha+r)$ 的 χ^2 分布的 $1-\gamma$ 分位数，即

$$P(2(\beta+S_r)\theta^{-1} \leqslant \chi^2_{1-\gamma}(f))=1-\gamma$$

于是可得 θ 的 $1-\gamma$ 可信下限

$$\hat{\theta}_L=\frac{2(\beta+S_r)}{\chi^2_{1-r}(f)}$$

这里 $\alpha=1.956$，$\beta=2868$，$S_r=40000$，$r=0$，于是自由度 $f=2(\alpha+r)=3.912$，当自由度不是自然数时，χ^2 分布的分位数表很少见，但这可以通过线性内插求得近似值，若取 $1-\gamma=0.9$，则可从 χ^2 分布的分位数表查得 $\chi^2_{0.9}(3)=6.251$，$\chi^2_{0.9}(4)=7.779$，再用线性内插法获得近似值 $\chi^2_{0.9}=7.645$，最后，θ 的 0.90 可信下限为

$$\hat{\theta}_L=\frac{2(2868+40000)}{7.645}=11215(\text{小时})$$

上述计算表明，八十年代我国彩电的平均寿命接近四万五千小时，而平均寿命的 90%可信下限为一万一千小时。

2.3.2 最大后验密度(HPD)可信区间

对给定的可信水平 $1-\alpha$，从后验分布 $\pi(\theta|\boldsymbol{x})$ 获得的可信区间不止一个，常用的方法是把 α 平分，用 $\alpha/2$ 和 $1-\alpha/2$ 的分位数来获得 θ 的等尾可信区间。

等尾可信区间在实际中常被应用，但不是最理想的，最理想的可信区间应是区间长度最短，这只要把具有最大后验密度的点都包含在区间内，而在区间外的点上的后验密度函数值不超过区间内的后验密度函数值，这样的区间称为**最大后验密度**(Highest Posterior Density，简称 HPD)可信区间，它的一般定义如下：

定义 2.3.2 设参数 θ 的后验密度为 $\pi(\theta|\boldsymbol{x})$，对给定的概率 $1-\alpha(0<\alpha<1)$，若在直线上存在这样一个子集 C，满足下列二个条件：

1° $P(C|\boldsymbol{x})=1-\alpha$；

2° 对任给 $\theta_1 \in C$ 和 $\theta_2 \bar{\in} C$，总有 $\pi(\theta_1|\boldsymbol{x}) \geqslant \pi(\theta_2|\boldsymbol{x})$，则称 C 为 θ 的**可信水平为 $1-\alpha$ 的最大后验密度可信集**，简称**$(1-\alpha)$ HPD 可信集**，如果 C 是一个区间，则 C 又称为**$(1-\alpha)$ HPD 可信区间。**

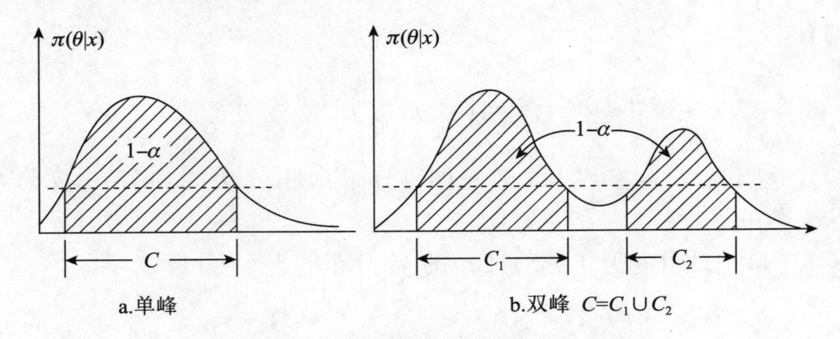

图 2.3.1 HPD 可信区间与 HPD 可信集

这个定义仅对后验密度函数而给的，这是因为当 θ 为离散随机变量时，HPD 可信集很难实现。从这个定义可见，当后验密度函数 $\pi(\theta|\boldsymbol{x})$ 为单峰时（见图 2.3.1a），一般总可找到 HPD 可信区间，而当后验密度函数 $\pi(\theta|\boldsymbol{x})$ 为多峰时，可能得到几个互不连接的区间组成的 HPD 可信集（见图 2.3.1b），此时很多统计学家建议：放弃 HPD 准则，采用相连接的等尾可信区间为宜，顺便指出，当后验密度函数出现多峰时，常常是由于先验信息与抽样信息不一致引起的，认识和研究此种抵触信息往往是重要的，共轭先验分布大多是单峰的，这必导致后验分布也是单峰的，它可能会掩盖这种抵触，这种掩盖有时是不好的，这就告诉我们，要慎重对待和使用共轭先验分布。

当后验密度函数为单峰和对称时，寻求 $(1-\alpha)$ HPD 可信区间较为容易，它就是等尾可信区间，当后验密度函数虽为单峰，但不对称时，寻求 HPD 可信区间并不容易，这时可藉助于计算机，譬如，当后验密度函数 $\pi(\theta|\boldsymbol{x})$ 是 θ 的单峰连续函数时，可按下述方法逐渐逼近，获得 θ 的 $(1-\alpha)$ HPD 可信区间。

1° 对给定的 k，建立子程序；解方程

$$\pi(\theta|\boldsymbol{x})=k,$$

得解 $\theta_1(k)$ 和 $\theta_2(k)$，从而组成一个区间

$$C(k)=[\theta_1(k),\theta_2(k)]=\{\theta:\pi(\theta|\boldsymbol{x})\geqslant k\}。$$

2° 建立第二个子程序，用来计算概率

$$P(\theta\in C(k)|\boldsymbol{x})=\int_{C(k)}\pi(\theta|\boldsymbol{x})\mathrm{d}\theta$$

3° 对给定的 k，若 $P(\theta\in C(k)|\boldsymbol{x})\approx 1-\alpha$，则 $C(k)$ 即为所求的 HPD 可信区间。

若 $P(\theta\in C(k)|\boldsymbol{x})>1-\alpha$，则增大 k，再转入 1°与 2°。

若 $P(\theta\in C(k)|\boldsymbol{x})<1-\alpha$，则减小 k，再转入 1°与 2°。

例 2.3.3 在例 2.3.2 中已确定彩电平均寿命 θ 的后验分布为倒伽玛分布 $IGa(1.956, 42868)$，现求 θ 的可信水平为 0.90 的最大后验密度(HPD)可信区间。

为简单起见，这里的 1.956 用近似数 2 代替，于是 θ 的后验密度为

$$\pi(\theta|\boldsymbol{x})=\beta^2\theta^{-3}e^{-\beta/\theta}, \theta>0$$

其中 $\beta=42868$，它的分布函数为

$$F(\theta|\boldsymbol{t})=\left(1+\frac{\beta}{\theta}\right)e^{-\beta/\theta}, \theta>0$$

这将为计算可信区间的后验概率提供方便。

另外，此后验密度是单峰函数，其众数 $\theta_{MD}=\beta/3=14289$，这就告诉我们，$\theta$ 的 HPD 可信区间的二个端点分别在此众数两侧，在这一点上的后验密度函数值为

$$\pi(\theta_{MD}|\boldsymbol{t})=\beta^2\left(\frac{3}{\beta}\right)^3e^{-3}=0.000031358$$

这个数过小，对计算不利，在以下计算中我们用 $\beta\pi(\theta|\boldsymbol{t})$ 来代替 $\pi(\theta|\boldsymbol{x})$，这并不会影响我们寻求 HPD 可信区间，其中

$$\beta\pi(\theta|\boldsymbol{t})=\left(\frac{\beta}{\theta}\right)^3\exp\left(-\frac{\beta}{\theta}\right)$$

我们按寻求 *HPD* 可信区间的程序 1°～3°进行，经过四轮计算就获得 θ 的 0.90 的 *HPD* 可信区间(4735，81189)，即

$$P(4375\leqslant\theta\leqslant 81189|\boldsymbol{t})=0.90$$

具体计算如下：在第一轮，我们先取 $\theta_u^{(1)}=42868$（由于它大于众数 θ_{MD}，故它是上限），代入 $\beta\pi(\theta|\boldsymbol{t})$，算得

$$\beta\pi(\theta_u^{(1)}|\boldsymbol{t})=0.367879$$

然后在计算机上搜索，发现当 $\theta_L^{(1)}=6387$ 时，有

$$\beta\pi(\theta_L^{(1)}|\boldsymbol{t})=0.367867$$

这时可认为 $\beta\pi(\theta_u^{(1)}|\boldsymbol{t})=\beta\pi(\theta_L^{(1)}|\boldsymbol{t})=0.3679$，$\theta$ 位于此区间的后验概率可由分布函数算出，即

$$P(\theta_L^{(1)} \leqslant \theta \leqslant \theta_u^{(1)} \mid \boldsymbol{t}) = F(\theta_u^{(1)} \mid \boldsymbol{t}) - F(\theta_L^{(1)} \mid \boldsymbol{t})$$
$$= 0.73576 - 0.00938 = 0.72638$$

此概率比 0.90 要小，还需扩大区间。

在第二轮中，我们取 $\theta_u^{(2)} = 85736$，这时

$$\beta\pi(\theta_u^{(2)} \mid \boldsymbol{t}) = 0.075816$$

然后在计算机上搜索，发现当 $\theta_L^{(2)} = 4632$ 时，有

$$\beta\pi(\theta_L^{(2)} \mid \boldsymbol{t}) = 0.075811$$

可以认为 $\beta\pi(\theta_u^{(2)} \mid \boldsymbol{t}) = \beta\pi(\theta_L^{(2)} \mid \boldsymbol{t}) = 0.0758$，而 θ 位于此区间的后验概率可类似算得。

$$P(\theta_L^{(2)} \leqslant \theta \leqslant \theta_u^{(2)} \mid \boldsymbol{t}) = 0.909800 - 0.000981 = 0.908819$$

此概率又比 0.90 大一点，还要缩小区间，接着进行第三轮、第四轮计算，最后获得 θ 的 0.90HPD 可信区间是(4735，81189)，全部搜索过程及中间结果列于表 2.3.1。

表 2.3.1 可信区间的搜索过程

θ_0	β/θ_0	$\beta(\theta_0 \mid \boldsymbol{t}) = \left(\frac{\beta}{\theta_0}\right) e^{-\lambda/\theta_0}$	$P(\theta \leqslant \theta_0 \mid \boldsymbol{t}) = \left(1 + \frac{\beta}{\theta_0}\right) e^{-\lambda/\theta_0}$	$P(\theta_L \leqslant \theta \leqslant \theta_u \mid \boldsymbol{t})$
$\theta_U^{(1)} = 42868$	1	0.367879	0.735759	
$\theta_L^{(1)} = 6387$	6.71	0.367867	0.009383	0.726376
$\theta_U^{(2)} = 85736$	0.5	0.758160	0.909800	
$\theta_L^{(2)} = 4632$	9.255	0.075811	0.000981	0.908819
$\theta_U^{(3)} = 80883$	0.53	0.087630	0.900566	
$\theta_L^{(3)} = 4742$	9.039	0.087654	0.001191	0.898375
$\theta_U^{(4)} = 81189$	0.528	0.086815	0.901189	
$\theta_L^{(4)} = 4735$	9.053	0.086838	0.001177	0.900012

§2.4 假设检验

2.4.1 假设检验

假设检验是统计推断中一类重要问题，在经典统计中处理假设检验问题要分

以下几步进行：

1. 建立原假设 H_0 与备择假设 H_1：

$$H_0:\theta\in\Theta_0,\quad H_1:\theta\in\Theta_1$$

其中 Θ_0 与 Θ_1 是参数空间 Θ 中不相交的二个非空子集。

2. 选择检验统计量 $T=T(\boldsymbol{x})$，使其在原假设 H_0 为真时概率分布是已知的，这在经典方法中最困难的一步。

3. 对给定的显著性水平 $\alpha(0<\alpha<1)$，确定拒绝域 W，使犯第 I 类错误（拒真错误）的概率不超过 α。

4. 当样本观测值 $\boldsymbol{x}$ 落入拒绝域 W 时，就拒绝原假设 H_0，接受备择假设 H_1；否则就保留原假设。

在贝叶斯统计中处理假设检验问题是直截了当的，在获得后验分布 $\pi(\theta|\boldsymbol{x})$ 后，即可计算二个假设 H_0 与 H_1 的后验概率

$$\alpha_i=P(\Theta_i|\boldsymbol{x})d\theta,i=0,1$$

然后比较 α_0 与 α_1 的大小，当**后验概率比**（或称**后验机会比**）$\alpha_0/\alpha_1>1$ 时接受 H_0；当 $\alpha_0/\alpha_1<1$ 时接受 H_1；当 $\alpha_0/\alpha_1\approx1$ 时，不宜做判断，尚需进一步抽样或进一步搜集先验信息。

上述二种处理方法相比，贝叶斯假设检验是简单的，它无需选择检验统计量，确定抽样分布，也无需事先给出显著性水平，确定其拒绝域，此外，贝叶斯假设检验也容易推广到多重假设检验场合，当有三个或三个以上假设时，应接受具有最大后验概率的假设。

例 2.4.1　设 x 是从二项分布 $b(n,\theta)$ 中抽取的一个样本，现考虑如下二个假设

$$\Theta_0=\{\theta:\theta\leqslant1/2\},\quad \Theta_1=\{\theta:\theta>1/2\}$$

若取均匀分布 $U(0,1)$ 作为 θ 的先验分布，则 Θ_0 的后验概率为

$$\begin{aligned}\alpha_0&=P(\Theta_0|x)=\frac{\Gamma(n+2)}{\Gamma(x+1)\Gamma(n-x+1)}\int_0^{1/2}\theta^x(1-\theta)^{n-x}d\theta\\&=\frac{\Gamma(n+2)}{\Gamma(x+1)\Gamma(n-x+1)}\frac{(1/2)^{n+1}}{x+1}\left\{1+\frac{n-x}{x+2}\right.\\&\quad\left.+\frac{(n-x)(n-x-1)}{(x+2)(x+3)}+\cdots+\frac{(n-x)!\ x!}{(n+1)!}\right\}\end{aligned}$$

在 $n=5$ 时可算得各种 x 下的后验概率及后验机会比（见表 2.4.1）。

表 2.4.1 θ 的后验机会比

x	0	1	2	3	4	5
α_0	63/64	57/64	42/64	22/64	7/64	1/64
α_1	1/64	7/64	22/64	42/64	57/64	63/64
α_0/α_1	63.0	8.14	1.91	0.52	0.12	0.016

从表 2.4.1 可见，当 $x=0,1,2$ 时，应接受 Θ_0，譬如在 $x=1$ 时，后验机会比 $\alpha_0/\alpha_1=8.14$ 表明：Θ_0 为真的可能要比 Θ_1 为真的可能要大 8.14 倍，而在 $x=3,4,5$ 时，应拒绝 Θ_0，接受 Θ_1。

2.4.2 贝叶斯因子

在贝叶斯检验中两个假设的后验概率的比较是主要方法，但贝叶斯因子也是重要概念，它可帮助我们更深刻地理解贝叶斯假设检验的思想。

定义 2.4.1 设两个假设 Θ_0 与 Θ_1 的先验概率分别为 π_0 与 π_1，后验概率分别为 α_0 与 α_1，则称

$$B^{\pi}(\boldsymbol{x})=\frac{\text{后验机会比}}{\text{先验机会比}}=\frac{\alpha_0/\alpha_1}{\pi_0/\pi_1}=\frac{\alpha_0\pi_1}{\alpha_1\pi_0}$$

为贝叶斯因子。

从这个定义可见，贝叶斯因子既依赖于数据 $\boldsymbol{x}$，又依赖于先验分布 π，对两种机会比相除，很多人（包括非贝叶斯学者）认为，这会减弱先验分布的影响，突出数据的影响，从这个角度看，**贝叶斯因子 $B^{\pi}(\boldsymbol{x})$ 是数据 $\boldsymbol{x}$ 支持 Θ_0 的程度**。以下具体讨论几种情况下的贝叶斯因子。

2.4.3 简单假设 $\Theta_0=\{\theta_0\}$ 对简单假设 $\Theta_0=\{\theta_1\}$

在这种场合，这两种简单假设的后验概率分别为

$$\alpha_0=\frac{\pi_0 p(\boldsymbol{x}|\theta_0)}{\pi_0 p(\boldsymbol{x}|\theta_0)+\pi_1 p(\boldsymbol{x}|\theta_1)},\alpha_1=\frac{\pi_1 p(\boldsymbol{x}|\theta_1)}{\pi_0 p(\boldsymbol{x}|\theta_0)+\pi_1 p(\boldsymbol{x}|\theta_1)}$$

其中 $p(\boldsymbol{x}|\theta)$ 为样本的分布，这时后验机会比为

$$\frac{\alpha_0}{\alpha_1}=\frac{\pi_0 p(\boldsymbol{x}|\theta_0)}{\pi_1 p(\boldsymbol{x}|\theta_1)}$$

欲要拒绝原假设 $\Theta_0=\{\theta_0\}$，则必须有 $\alpha_0/\alpha_1<1$，或

$$\frac{p(\boldsymbol{x}|\theta_1)}{p(\boldsymbol{x}|\theta_0)}>\frac{\pi_0}{\pi_1}$$

即要求两密度函数值之比大于临界值，这正是著名的奈曼—皮尔逊引理的基本结果，从贝叶斯观点看，这个临界值就是两个先验概率比。

这种场合下的贝叶斯因子为

$$B^{\pi}(\boldsymbol{x})=\frac{\alpha_0\pi_1}{\alpha_1\pi_0}=\frac{p(\boldsymbol{x}|\theta_0)}{p(\boldsymbol{x}|\theta_1)} \tag{2.4.1}$$

它不依赖于先验分布，仅依赖于样本的似然比，这时贝叶斯因子的大小表示了样本 $\boldsymbol{x}$ 支持 Θ_0 的程度。

例 2.4.2 设 $X\sim N(\theta,1)$，其中 θ 只有二种可能，非 0 即 1，我们需要检验的假设是

$$H_0:\theta=0, H_1:\theta=1$$

若从该总体中抽取一个容量为 n 的样本 $\boldsymbol{x}$，其均值 $\bar{x}$ 是充分统计量，于是在 $\theta=0$ 和 $\theta=1$ 下的似然函数分别为

$$p(\bar{x}\,|\,0)=\sqrt{\frac{n}{2\pi}}\exp\left\{-\frac{n}{2}\bar{x}^2\right\}$$

$$p(\bar{x}\,|\,1)=\sqrt{\frac{n}{2\pi}}\exp\left\{-\frac{n}{2}(\bar{x}-1)^2\right\}$$

而贝叶斯因子为

$$B^{\pi}(\boldsymbol{x})=\frac{\alpha_0\pi_1}{\alpha_1\pi_0}=\exp\left\{-\frac{n}{2}(2\bar{x}-1)\right\}$$

若设 $n=10$，$\bar{x}=2$，那么贝叶斯因子为

$$B^{\pi}(\boldsymbol{x})=3.06\times10^{-7}$$

这个数很小，数据支持原假设 H_0 微乎其微，因为要接受 H_0 就要求

$$\frac{\alpha_0}{\alpha_1}=B^{\pi}(\boldsymbol{x})\frac{\pi_0}{\pi_1}=3.06\times10^{-7}\frac{\pi_0}{\pi_1}>1$$

这时，即使先验机会比 π_0/π_1 为成千上万都不能满足上述不等式，所以我们必须明确地拒绝 H_0 而接受 H_1。

2.4.4 复杂假设 Θ_0 对复杂假设 Θ_1

在这种场合，贝叶斯因子还依赖于参数空间 Θ 上的先验分布 $\pi(\theta)$，为探讨这个关系（也为以后需要），我们把先验分布 $\pi(\theta)$ 限制在 $\Theta_0\cup\Theta_1$ 上，并令

$$g_0(\theta)\propto\pi(\theta)I_{\Theta_0}(\theta)$$

$$g_1(\theta) \propto \pi(\theta) I_{\Theta_1}(\theta)$$

于是先验分布可改写为

$$\begin{aligned}\pi(\theta) &= \pi_0 g_0(\theta) + \pi_1 g_1(\theta), \theta \in \Theta_0 \cup \Theta_1 \\ &= \begin{cases} \pi_0 g_0(\theta), \theta \in \Theta_0 \\ \pi_1 g_1(\theta), \theta \in \Theta_1 \end{cases}\end{aligned} \tag{2.4.2}$$

其中 π_0 与 π_1 分别是 Θ_0 与 Θ_1 上的先验概率，g_0 与 g_1 分别是 Θ_0 与 Θ_1 上的概率密度函数。在这些记号下，后验概率比为

$$\frac{\alpha_0}{\alpha_1} = \frac{\int_{\Theta_0} p(\boldsymbol{x} \mid \theta) \pi_0 g_0(\theta) d\theta}{\int_{\Theta_1} p(\boldsymbol{x} \mid \theta) \pi_1 g_1(\theta) d\theta} \tag{2.4.3}$$

于是贝叶斯因子可表示为

$$B^\pi(\boldsymbol{x}) = \frac{\alpha_0 \pi_1}{\alpha_1 \pi_0} = \frac{\int_{\Theta_0} p(\boldsymbol{x} \mid \theta) g_0(\theta) d\theta}{\int_{\Theta_1} p(\boldsymbol{x} \mid \theta) g_1(\theta) d\theta} = \frac{m_0(\boldsymbol{x})}{m_1(\boldsymbol{x})} \tag{2.4.4}$$

可见，$B^\pi(\boldsymbol{x})$还依赖于 Θ_0 与 Θ_1 上的先验分布 g_0 与 g_1，这时贝叶斯因子虽已不是似然比，但仍可看作 Θ_0 与 Θ_1 上的加权似然比，它部分地(用平均方法)消除了先验分布的影响，而强调了样本观察值的作用。

若设 $\hat{\theta}_0$ 与 $\hat{\theta}_1$ 分别是 θ 在 Θ_0 与 Θ_1 上的极大似然估计(MLE)，那么经典统计中所使用的似然比统计量

$$\lambda(\boldsymbol{x}) = \frac{p(\boldsymbol{x} \mid \hat{\theta}_0)}{p(\boldsymbol{x} \mid \hat{\theta}_1)} = \frac{\sup_{\theta \in \Theta_0} p(\boldsymbol{x} \mid \theta)}{\sup_{\theta \in \Theta_1} p(\boldsymbol{x} \mid \theta)}$$

是贝叶斯因子 $B^\pi(\boldsymbol{x})$的特殊情况，即认为先验分布 $g_0(\theta)$与 $g_1(\theta)$的质量全部集中在 $\hat{\theta}_0$ 与 $\hat{\theta}_1$ 上。

例 2.4.3 设从正态总体 $N(\theta,1)$中随机抽取一个容量为 10 的样本 $\boldsymbol{x}$，算得样本均值$\bar{x}=1.5$，现要考察如下二个假设

$$H_0: \theta \leqslant 0, \quad H_1: \theta > 1$$

若取 θ 的共轭先验分布 $N(0.5,2)$，可得 θ 的后验分布 $N(\mu_1, \sigma_1^2)$，其中 μ_1 与 σ_1^2 如(1.3.4)式所示，即

$$\mu_1=\frac{1.5\times10+0.5\times0.5}{10+0.5}=1.4523$$

$$\sigma_1^2=\frac{1}{10+0.5}=0.09524=(0.3086)^2$$

据此可算得 H_0 与 H_1 的后验概率。

$$\alpha_0=P(\theta\leqslant1|\boldsymbol{x})=\Phi\left(\frac{1-1.4523}{0.3086}\right)=\Phi(-1.4556)=0.0708$$

$$\alpha_1=P(\theta>1|\boldsymbol{x})=1-0.0708=0.9292$$

后验机会比为

$$\frac{\alpha_0}{\alpha_1}=\frac{0.0708}{0.9292}=0.0761$$

可见，H_0 为真的可能性较小，因此应拒绝 H_0，接受 H_1，即认为正态均值应大于 1。

另外，由先验分布 $N(0.5,2)$ 可算得 H_0 和 H_1 的先验概率

$$\pi_0=\Phi\left(\frac{1-0.5}{\sqrt{2}}\right)=\Phi(0.3536)=0.6368$$

$$\pi_1=1-0.6368=0.3632$$

其先验机会比 $\pi_0/\pi_1=1.7533$，可见先验信息是支持原假设 H_0 的，再算两个机会比之比。

$$B^{\pi}(\boldsymbol{x})=\frac{0.0761}{1.7533}=0.0434$$

可见，数据支持 H_0 的贝叶斯因子并不高。

讨论：在先验分布不变的情况下，让样本均值 $\bar{x}$ 逐渐减少，我们仍可计算后验机会比，由于先验机会比(1.7533)不变，故很快算得贝叶斯因子(见表 2.4.2)，从表 2.4.2 可以看出，随着样本均值 $\bar{x}$ 的减少，贝叶斯因子在逐渐增大，这表明数据支持原假设 $H_0:\theta\leqslant1$ 的程度在增大，这与直观事实是一致的。

表 2.4.2　样本均值 $\bar{x}$ 对贝叶斯因子的影响

$\bar{x}$	α_0	α_1	α_0/α_1	π_0/π_1	$B^{\pi}(\boldsymbol{x})$
1.5	0.0708	0.9292	0.0761	1.7533	0.0434
1.4	0.1230	0.8770	0.1403	1.7533	0.0800
1.3	0.1977	0.8023	0.2464	1.7533	0.1405
1.2	0.2946	0.7054	0.4176	1.7533	0.2382
1.1	0.4090	0.5910	0.6920	1.7533	0.3947

续表

$\bar{x}$	α_0	α_1	α_0/α_1	π_0/π_1	$B^\pi(x)$
1.0	0.5319	0.4681	1.1363	1.7533	0.6481
0.9	0.6517	0.3483	1.8711	1.7533	1.0672
0.8	0.7549	0.2451	3.0800	1.7533	1.7567
0.7	0.8413	0.1587	5.3012	1.7533	3.0236
0.6	0.9049	0.0951	9.5152	1.7533	5.4271
0.5	0.9474	0.0526	18.0114	1.7533	10.2729

类似地，若样本量 n 和样本均值$\bar{x}$不改变，而让先验均值 $E(\theta)$ 从 0.5 逐渐增加到 1.5，同样可算得后验机会比、先验机会比和贝叶斯因子（见表 2.4.3），从表 2.4.3 可以看出，随着先验均值 $E(\theta)$ 的增加，贝叶斯因子虽有增加，但十分缓慢，比较表 2.4.2 和表 2.4.3 可见，贝叶斯因子对样本信息变化的反应是灵敏的，而对先验信息变化的反应是迟钝的。

表 2.4.3 先验均值 $E(\theta)$ 对贝叶斯因子的影响

$E(\theta)$	α_0	$\alpha_0/(1-\alpha_0)$	π_0	$\pi_0/(1-\pi_0)$	$B^\pi(x)$
0.5	0.0708	0.0761	0.6368	1.7533	0.0434
0.6	0.0694	0.0746	0.6103	1.5782	0.0472
0.7	0.4668	0.0715	0.5832	1.3992	0.0511
0.8	0.0655	0.0701	0.5557	1.2507	0.0560
0.9	0.0630	0.0672	0.5279	1.1182	0.0601
1.0	0.0618	0.0658	0.5000	1.0000	0.0658
1.1	0.0594	0.0632	0.4721	0.8943	0.0707
1.2	0.0582	0.0618	0.4443	0.7996	0.0773
1.3	0.0559	0.0592	0.4168	0.7147	0.0828
1.4	0.0548	0.0580	0.3897	0.6336	0.0915
1.5	0.0526	0.0555	0.3632	0.5704	0.0973

2.4.5 简单原假设对复杂的备择假设

我们考察如下的检验问题：

$$H_0: \theta=\theta_0, H_1: \theta\neq\theta_0$$

这是常见的一类检验问题，这里有一个对简单原假设的理解问题，当参数θ为连续量时，用简单假设作为原假设是不适当的，譬如，在θ是下雨的概率时，检验“明天下雨的概率是0.7163891256…”是没有意义的，又如，在θ表示食品罐头的重量时，检验“午餐肉罐头重量是250克”也是不现实的，因为午餐肉罐头重量恰好是250克是罕见的，多数是在250克附近，所以在试验中接受丝毫不差的简单原假设“$\theta=\theta_0$”是不存在的，合理的原假设与备择假设应是

$$H_0: \theta \in [\theta_0-\varepsilon, \theta+\varepsilon], H_1: \theta \bar{\in} [\theta_0-\varepsilon, \theta_0+\varepsilon]$$

其中ε可选很小的数，使得$[\theta_0-\varepsilon, \theta_0+\varepsilon]$与$\theta=\theta_0$难以区别，譬如，$\varepsilon$可选为$\theta_0$的允许误差内的一个较小正数，当所选的$\varepsilon$较大时，那就不易用简单假设作为好的近似了。

对简单原假设$H_0: \theta=\theta_0$作贝叶斯检验时不能采用连续密度函数作为先验分布，因为任何这种先验将给$\theta=\theta_0$的先验概率为零，从而后验概率也为零，所以一个有效的方法是对$\theta=\theta_0$给一个正概率π_0，而对$\theta\neq\theta_0$给一个加权密度$\pi g_1(\theta)$，即θ的先验密度为

$$\pi(\theta)=\pi_0 I_{\theta_0}(\theta)+\pi_1 g_1(\theta) \tag{2.4.5}$$

其中$I_{\theta_0}(\theta)$为$\theta=\theta_0$的示性函数，$\pi_1=1-\pi_0$，$g_1(\theta)$为$\theta\neq\theta_0$上的一个正常密度函数，这里可把π_0看作近似的实际假设$H_0: \theta\in[\theta_0-\varepsilon, \theta+\varepsilon]$上的先验概率，如此的先验分布是由离散和连续两部分组合而成。

设样本分布为$p(\boldsymbol{x}|\theta)$，利用上述先验分布容易获得样本$\boldsymbol{x}$的边缘分布

$$\begin{aligned} m(\boldsymbol{x}) &= \int_{\Theta} p(\boldsymbol{x}|\theta)\pi(\theta)d\theta \\ &= \pi_0 p(\boldsymbol{x}|\theta_0)+\pi_1 m_1(\boldsymbol{x}), \end{aligned}$$

其中（第一个等号可作为符号理解）

$$m_1(\boldsymbol{x})=\int_{\theta\neq\theta_0} p(\boldsymbol{x}|\theta)g_1(\theta)d\theta \tag{2.4.6}$$

从而简单原假设与复杂备择假设（记为$\Theta_1=\{\theta\neq\theta_0\}$）的后验概率分别为

$$\pi(\Theta_0|\boldsymbol{x})=\pi_0 p(\boldsymbol{x}|\theta_0)/m(x)$$
$$\pi(\Theta_1|\boldsymbol{x})=\pi_1 m_1(\boldsymbol{x})/m(x)$$

后验机会比为

$$\frac{\alpha_0}{\alpha_1}=\frac{\pi_0}{\pi_1}\frac{p(\boldsymbol{x}|\theta_0)}{m_1(\boldsymbol{x})}$$

从而贝叶斯因子为

$$B^{\pi}(\boldsymbol{x})=\frac{\alpha_0\pi_1}{\alpha_1\pi_0}=\frac{p(\boldsymbol{x}|\theta_0)}{m_1(\boldsymbol{x})} \tag{2.4.7}$$

这一简单表达式要比后验概率计算容易很多，故实际中常常是先计算 $B^{\pi}(\boldsymbol{x})$，然后再计算 $\pi(\Theta_0|\boldsymbol{x})$，因为由贝叶斯因子的定义和 $\alpha_0+\alpha_1=1$ 可推得

$$\pi(\Theta_0|\boldsymbol{x})=\left[1+\frac{1-\pi_0}{\pi_0}\frac{1}{B^{\pi}(\boldsymbol{x})}\right]^{-1} \tag{2.4.8}$$

例 2.4.4 设 x 是从二项分布 $b(n,\theta)$ 中抽取得一个样本，现考察如下二个假设

$$H_0:\theta=1/2, \quad H_1:\theta\neq1/2$$

若设在 $\theta\neq1/2$ 上的密度 $g_1(\theta)$ 为区间 $(0,1)$ 上的均匀分布 $U(0,1)$，则 x 对 $g_1(\theta)$ 的边缘密度为

$$m_1(x)=\int_0^1\binom{n}{x}\theta^x(1-\theta)^{n-x}d\theta=\binom{n}{x}\frac{\Gamma(x+1)\Gamma(n-x+1)}{\Gamma(n+2)}$$

于是贝叶斯因子为

$$B^{\pi}(\boldsymbol{x})=\frac{p(\boldsymbol{x}|\theta)}{m_1(\boldsymbol{x})}=\frac{\left(\frac{1}{2}\right)^n(n+1)!}{x!\ (n-x)!}$$

原假设 $H_0:\theta=1/2$ 的后验概率容易算得

$$\pi(\theta_0|\pi)=\left[1+\frac{1-\pi_0}{\pi_0}\frac{2^n x!\ (n-x)!}{(n+1)!}\right]^{-1}$$

譬如，若取 $\pi_0=1/2,n=5,x=3$，则其贝叶斯因子为

$$B^{\pi}(3)=\frac{6!}{2^5\cdot3!\ 2!}=\frac{15}{8}\approx2$$

由于先验机会比为 2，故贝叶斯因子就是后验机会比，从而后验机会比也接近于 2，应接受简单原假设 $H_0:\theta=1/2$。

例 2.4.5 (Berger(1995))一个临床试验有二个处理

处理 1：服药 A；

处理 2：同时服药 A 与药 B。

如今进行 n 次对照试验，设 x_i 为第 i 次对照试验中处理 2 与处理 1 的疗效之差，又设诸 x_i 相互独立同分布，且都服从 $N(\theta,1)$，于是前 n 次的样本均值 $\bar{x}_n\sim N(\theta,1/n)$，现要考察如下二个假设

$$H_0:\theta=0, H_1:\theta\neq 0$$

由于对二个处理的疗效知之甚少，故对 H_0 和 H_1 取相等概率，即 $\pi_0=\pi_1=1/2$，而对 $H_1:\theta\neq 0$ 上的先验密度 $g_1(\theta)$一般看法是：参数 θ(疗效之差)接近于 0 比远离 0 更为可能，故取正态分布 $N(0,2)$作为 $g_1(\theta)$，这有利于突出数据的影响，至此，我们确定了

$$p(\bar{x}|\theta)=\sqrt{\frac{n}{2\pi}}\exp\left\{-\frac{n}{2}(\bar{x}_n-\theta)^2\right\}$$

$$g_1(\theta)=\frac{1}{2\sqrt{\pi}}\exp\left\{-\frac{\theta^2}{4}\right\}$$

考虑到 $g_1(\theta)$是连续密度函数，点 $\theta=0$ 在积分中没有影响，由此可算得$\bar{x}_n$ 对 $g_1(\theta)$ 的边缘密度函数。

$$\begin{aligned} m_1(\bar{x}_n) &= \int_{-\infty}^{\infty} p(\bar{x}|\theta)g_1(\theta)d\theta \\ &= \frac{1}{2\pi}\sqrt{\frac{n}{2}}\int_{-\infty}^{\infty}\exp\left\{-\frac{1}{2}\left[n(\bar{x}_n-\theta)^2+\frac{\theta^2}{2}\right]\right\}d\theta \end{aligned}$$

其中

$$n(\bar{x}_n-\theta)^2+\frac{\theta^2}{2}=\left(n+\frac{1}{2}\right)\left[\theta-\frac{n\bar{x}_n}{n+\frac{1}{2}}\right]^2+\frac{n\bar{x}_n^2}{1+2n}$$

利用正态分布的正则性，可得

$$m_1(\bar{x}_n)=\frac{1}{\sqrt{2\pi}}\frac{1}{\sqrt{2+\frac{1}{n}}}\exp\left\{-\frac{\bar{x}_n^2}{2}\Big/\left(2+\frac{1}{n}\right)\right\}$$

这表明$\bar{x}_n$ 对 $g_1(\theta)$的边缘分布为正态分布 $N\left(0,2+\frac{1}{n}\right)$，同时，由上述计算容易看出，在给定$\bar{x}_n$ 下 θ(不含 $\theta=0$)的后验分布可以算得

$$\begin{aligned} \pi(\theta|\bar{x}_n) &= p(\bar{x}_n|\theta)g_1(\theta)/m_1(\bar{x}_n) \\ &= \frac{\frac{1}{2\pi}\sqrt{\frac{n}{2}}\exp\left\{-\frac{1}{2}\left(n+\frac{1}{2}\right)\left(\theta-\frac{n\bar{x}_n}{n+1/2}\right)^2-\frac{1}{2}\frac{n\bar{x}_n^2}{1+2n}\right\}}{\frac{1}{\sqrt{2\pi}}\frac{1}{\sqrt{2+\frac{1}{n}}}\exp\left\{-\frac{\bar{x}_n^2}{2}\Big/\left(2+\frac{1}{n}\right)\right\}} \\ &= \frac{1}{\sqrt{2\pi}}\sqrt{n+\frac{1}{2}}\exp\left\{-\frac{1}{2}\left(n+\frac{1}{2}\right)\left[\theta-\frac{n\bar{x}_n^2}{n+\frac{1}{2}}\right]^2\right\} \end{aligned}$$

这表明：在给定$\bar{x}_n$下，θ(不含$\theta=0$)的后验分布为$N(n\bar{x}_n/(n+\frac{1}{2}),(n+\frac{1}{2})^{-1})$。

这样一来，贝叶斯因子为

$$B^{\pi}(\bar{x}_n)=\frac{p(\bar{x}\mid\theta=0)}{m_1(\bar{x}_n)}$$

$$=\frac{\sqrt{\frac{n}{2\pi}}\exp\{-n\bar{x}_n^2/2\}}{\frac{1}{\sqrt{2\pi}}\sqrt{\frac{n}{1+2n}}\exp\left\{-\bar{x}_n^2/2\left(2+\frac{1}{n}\right)\right\}}$$

$$=\sqrt{1+2n}\exp\left\{-\frac{n\bar{x}_n^2}{2}/\left(1+\frac{1}{2n}\right)\right\}$$

若记$B_n=B^{\pi}(\bar{x}_n)$，再按(2.4.8)式可算得H_0和H_1的后验概率

$$\alpha_0=P(\theta=0\mid\bar{x}_n)=\left(1+\frac{1}{B_n}\right)^{-1}=\frac{B_n}{1+B_n}$$

$$\alpha_1=P(\theta\neq0\mid\bar{x}_n)=1+\frac{1}{B_n}$$

由于数据是逐步获得的，每获得一个新的数据后计算一次贝叶斯因子B_n和两个后验概率α_0与α_1，结果列于表2.4.4前面几列上。

表2.4.4 对照实验数据与各项后验概率

n	x_n	$\bar{x}_n$	B_n	α_0	α_1	α_{11}	α_{12}
1	1.63	1.63	1.006	0.417	0.583	0.054	0.529
2	1.03	1.33	0.543	0.352	0.648	0.030	0.618
3	0.19	0.95	0.829	0.453	0.547	0.035	0.512
4	1.51	1.09	0.363	0.266	0.734	0.015	0.719
5	0.21	0.83	0.693	0.409	0.591	0.023	0.568
6	0.95	0.85	0.488	0.328	0.672	0.016	0.657
7	0.64	0.82	0.431	0.301	0.699	0.013	0.686
8	1.22	0.87	0.239	0.193	0.807	0.007	0.800
9	0.60	0.84	0.215	0.177	0.823	0.006	0.817
10	1.54	0.91	0.089	0.082	0.918	0.003	0.915

从表2.4.4可见，前5次试验结果的波动导致贝叶斯因子B_n和后验概率α_0与α_1的波动，随着试验次数增加，样本均值$\bar{x}_n$趋于稳定，B_n将随着样本量n的增加而减小，这使α_0逐渐减小，使α_1逐渐增大，到第10次对照试验结果出来后，后验

机会比 α_0/α_1 已接近 0.09，可以认为两种处理的疗效是有差别。进一步研究的问题是，哪种处理疗效更好一些呢？

其实在问题提出时，就应研究下列三个假设

$$H_0:\theta=0,\quad H_{11}:\theta<0,\quad H_{12}:\theta>0$$

其中 H_{11} 表示处理 2 的疗效不如处理 1，H_{12} 表示处理 2 的疗效优于处理 1，同时研究这三个假设是更为合理的，利用 $\theta\neq 0$ 时 θ 的后验分布 $N(n\bar{x}_n/(n+\frac{1}{2}),(n+\frac{1}{2})^{-1})$ 容易算得 H_{11} 和 H_{12} 的后验概率

$$\alpha_{11}=P(\theta<0\mid\bar{x}_n)=\Phi\left(\frac{-\sqrt{n}\bar{x}_n}{\sqrt{1+1/(2n)}}\right)/(1+B_n)$$

$$\alpha_{12}=P(\theta>0\mid\bar{x}_n)=\Phi\left(\frac{\sqrt{n}\bar{x}_n}{\sqrt{1+1/(2n)}}\right)/(1+B_n)$$

对各次数据算得的 α_{11} 与 α_{12} 列于表 2.4.4 的最后二列，其中 α_{11} 下降很快，在第 8 次对照试验后，α_{11} 就异常地小，故应拒绝假设 H_{11}，接受假设 H_{12}，即处理 2 要优于处理 1。

从本例可见，贝叶斯检验很容易处理三个假设问题，而经典统计对三个假设问题是难以处理的。

§2.5 预 测

对随机变量未来观察值作出统计推断称为**预测**，譬如：

1. 设随机变量 $X\sim p(x\mid\theta)$，在参数 θ 未知情况下如何对 X 的未来的观察值作出推断。

2. 设 $x_1,\cdots,x_n$ 是来自 $p(x\mid\theta)$ 的过去观察值，在参数 θ 未知情况下，如何对 X 的未来的观察值作出推断。

3. 按密度函数 $p(x\mid\theta)$ 得到一些数据 $x_1,\cdots,x_n$ 后，如何对具有密度函数 $g(z\mid\theta)$ 的随机变量 Z 的未来的观察值作出推断，这里二个密度函数 p 和 g 都含有相同的未知参数 θ。

预测问题也是统计推断形式之一，在统计学中受到很多人的关注，一些实际问题也可归结为预测问题，容许区间就是其中之一，经典统计学家已提出一些解决方案，根本的困难在于参数 θ 不能被观察到，可在贝叶斯统计中利用 θ 的先验分布 $\pi(\theta\mid\boldsymbol{x})$ 很容易获得解决，解决方案有如下二种，其共同点是获得预测分布，有了预

测分布要作出预测值或预测区间就不很难了。

设随机变量 $X \sim p(x|\theta)$，在无 X 的观察数据时，利用先验分布 $\pi(\theta)$ 容易获得未知的、但可观察的数据 x 的分布

$$m(x)=\int_{\Theta} p(x|\theta)\pi(\theta)d\theta, \tag{2.5.1}$$

这个分布常被称为 X 的边缘分布，但它还有一个更富于内涵的名称是“先验预测分布”，这里的先验是指对过去的数据没有要求，预测是指它是可观察量的分布，有此先验预测分布就可从中提取有用信息作出未来观察值的预测值或未来观察值的预测区间，譬如用 $m(x)$ 的期望值、中位数或众数作为预测值，或确定 90% 的预测区间 $[a,b]$，使得

$$P^x(a \leqslant X \leqslant b)=0.90$$

其中 P^x 指用分布 $m(x)$ 计算概率。

另一种情况是：在有 X 的观察数据 $\boldsymbol{x}=(x_1,\cdots,x_n)$ 时，利用后验分布 $\pi(\theta|\boldsymbol{x})$ 容易获得未知观察值的分布，如要预测同一总体 $p(x|\theta)$ 的未来观察值，则有

$$m(x|\boldsymbol{x})=\int_{\Theta} p(x|\theta)\pi(\theta|\boldsymbol{x})d\theta \tag{2.5.2}$$

如要预测另一总体 $g(z|\theta)$ 的未来观察值，则有

$$m(z|\boldsymbol{x})=\int_{\Theta} g(z|\theta)\pi(\theta|\boldsymbol{x})d\theta \tag{2.5.3}$$

这里 $m(x|\boldsymbol{x})$ 或 $m(z|\boldsymbol{x})$ 都称为“后验预测分布”，有此后验预测分布后，类似地从中提取有用信息作出未来观察值的预测值或预测区间，譬如用 $m(z|\boldsymbol{x})$ 的期望值、中位数或众数作为 z 的预测值，或确定 90% 的预测区间 $[a,b]$，使得

$$P^{z|x}(a \leqslant Z \leqslant b|\boldsymbol{x})=0.90$$

其中 $P^{z|x}$ 是指用预测分布 $m(z|\boldsymbol{x})$ 计算概率。

例 2.5.1 一赌徒在过去 10 次赌博中赢 3 次，现要对未来 5 次赌博中他赢的次数 z 作出预测。

这个问题的一般提法是：在 n 次相互独立的贝努里试验成功了 x 次，现要对未来的 k 次相互独立的贝努里试验中成功次数 z 作出预测，这里的贝努里试验中的成功可以是赌博的赢得，也可以是零件中的不合格品、射击的命中等。

若设成功概率为 θ，则样本 x 的似然函数为

$$L(x|\theta)=\binom{n}{r}\theta^x(1-\theta)^{n-x}$$

若取 θ 的共轭先验分布 $Be(\alpha,\beta)$，则其后验密度为

$$\pi(\theta|x)=\frac{\Gamma(n+\alpha+\beta)}{\Gamma(x+\alpha)\Gamma(n-x+\beta)}\theta^{x+\alpha-1}(1-\theta)^{n-x+\beta-1}$$

新的样本 z 的似然函数为

$$L(z|\theta)=\binom{k}{z}\theta^{z}(1-\theta)^{k-z}$$

于是在给定 x 时，z 的后验预测分布为

$$\begin{aligned}
&m(z|x)\\
&=\int_0^1\binom{k}{z}\theta^{z}(1-\theta)^{k-z}\pi(\theta|x)d\theta\\
&=\binom{k}{z}\frac{\Gamma(n+\alpha+\beta)}{\Gamma(x+\alpha)\Gamma(n-x+\beta)}\int_0^1\theta^{z+x+\alpha-1}(1-\theta)^{k-z+n-x+\beta-1}d\theta\\
&=\binom{k}{z}\frac{\Gamma(n+\alpha+\beta)}{\Gamma(x+\alpha)\Gamma(n-x+\beta)}\frac{\Gamma(z+x+\alpha)\Gamma(k-z+n-x+\beta)}{\Gamma(n+k+\alpha+\beta)}
\end{aligned}$$

在我们的问题中 $n=10$，$x=3$，$k=5$，再取(0,1)上的均匀分布作为 θ 的先验分布，即取 $\alpha=\beta=1$，于是 z 的后验预测分布为

$$m(z|x=3)=\binom{5}{z}\frac{\Gamma(12)\Gamma(4+z)\Gamma(13-z)}{\Gamma(17)\Gamma(4)\Gamma(8)},$$

这里 z 可取 0,1,…,5 诸数，譬如，在 $z=0,1$ 时有

$$m(0|3)=\frac{\Gamma(12)\Gamma(4)\Gamma(13)}{\Gamma(17)\Gamma(4)\Gamma(8)}=\frac{33}{182}=0.1813,$$

$$m(1|3)=\frac{5\times\Gamma(12)\Gamma(5)\Gamma(12)}{\Gamma(17)\Gamma(4)\Gamma(8)}=\frac{55}{182}=0.3022。$$

类似可计算 $z=2,3,4,5$ 时的后验预测概率，现列表如下：

z	0	1	2	3	4	5
$m(z\|x=3)$	0.1813	0.3022	0.2747	0.1649	0.0641	0.02128

从此后验预测分布可见，它的概率较为集中在 0 到 3 之间即 $P^{z|x}(0\leqslant z\leqslant 3)=0.9231$，这表明[0,3]是 z 的 92%预测区间，另外，设分布的众数在 $z=1$ 处，第二大的概率在 $z=2$ 处出现，可见在未来 5 此赌博中该赌徒能赢 1 到 2 次的可能性最大，假如对上述回答还不满意，那可按上述后验预测分布设计一个随机试验，譬如，从均匀分布 $U(0,1)$ 产生一个随机数 u，若 $u<0.1813$，则认为在未来 5 次赌博中不

可能赢一次；若 $0.1813 \leqslant u < 0.1813 + 0.3022 = 0.4835$，则认为可赢一次；若 $0.4835 \leqslant u < 0.4835 + 0.2747 = 0.7582$，则认为可赢二次，其它类推，在此约定下做一次随机试验，所确定的 z 值就是一种预测。

现转入讨论无观察数据场合，若该赌徒没有前10次赌博经历，而要对未来 k 次赌博中他赢的次数 z 作出预测，若 θ 的先验分布仍取 $U(0,1)$，则可得 z 的先验预测分布

$$
\begin{aligned}
m(z) &= \binom{k}{z} \int_0^1 \theta^z (1-\theta)^{k-z} d\theta \\
&= \binom{k}{z} \frac{\Gamma(z+1)\Gamma(k-z+1)}{\Gamma(k+2)} \\
&= \frac{1}{k+1}, \quad z=0,1,2,\cdots,k
\end{aligned}
$$

当 $k=5$ 时，

$$
m(z)=1/6, z=0,1,\cdots,5
$$

这相当于掷一颗均匀的骰子，出现的点数减去1就是对该赌徒在未来5次赌博中可能赢的次数的一种预测。

例 2.5.2 一颗钻石在一架天平上重复称重 n 次，结果为 $x_1,\cdots,x_n$，若把这颗钻石放在另一架天平上称重，如何对其称量值作出预测。

一般都认为，称量值服从正态分布，这里设第一架天平的称量值 X 服从 $N(\theta,\sigma^2)$，其中 θ 是钻石的实际重量，但未知，σ^2 是第一架天平的称量方差，且已知，根据这颗钻石的历史资料可知 $\theta \sim N(\mu,\tau^2)$，其中 μ 与 τ^2 都已知，利用例1.3.1的结果，可以获得在样本均值 $\bar{x}$ 给定下，θ 的后验分布 $\pi(\theta|\bar{x})$ 为 $N(\mu_1,\sigma_1^2)$，其中 μ_1 与 σ_1^2 如(1.3.4)式所示。

另外，设第二架天平的称量值 Z 服从 $N(\theta,\sigma_2^2)$，其中 σ_2^2 是第二架天平的称量方差，也已知，这个分布就是 $g(z|\theta)$，由此可以写出在给定 $\bar{x}$ 下，第二架天平的称量值 Z 的后验预测密度

$$
\begin{aligned}
m(z|\bar{x}) &= \int_{-\infty}^{\infty} g(z|\theta)\pi(\theta|\bar{x}) d\theta \\
&= \frac{1}{2\pi\sigma_1\sigma_2} \int_{-\infty}^{\infty} \exp\left\{-\frac{1}{2}\left[\frac{(z-\theta)^2}{\sigma_2^2} + \frac{(\theta-\mu_1)^2}{\sigma_1^2}\right]\right\} d\theta \\
&= \frac{1}{2\pi\sigma_1\sigma_2} \int_{-\infty}^{\infty} \exp\left\{-\frac{1}{2}[A\theta^2 - 2\theta B + C]\right\} d\theta
\end{aligned}
$$

其中

$$A=\frac{1}{\sigma_2^2}+\frac{1}{\sigma_1^2},\quad B=\frac{z}{\sigma_2^2}+\frac{\mu_1}{\sigma_1^2},\quad C=\frac{z^2}{\sigma_2^2}+\frac{\mu_1^2}{\sigma_1^2}$$

利用正态密度函数的正则性,容易算出上述积分,即

$$\begin{aligned}m(z|\bar{x})&=\frac{1}{\sqrt{2\pi}\sigma_1\sigma_2\sqrt{A}}\exp\left\{-\frac{1}{2}\left(C-\frac{B^2}{A}\right)\right\}\\&=\frac{1}{\sqrt{2\pi(\sigma_1^2+\sigma_2^2)}}\exp\left\{-\frac{(z-\mu_1)^2}{2(\sigma_1^2+\sigma_2^2)}\right\}\end{aligned}$$

这表明此后验预测分布为正态分布 $N(\mu_1,\sigma_1^2+\sigma_2^2)$,其均值与方差分别为

$$E(Z|\bar{x})=\mu_1,$$
$$\mathrm{Var}(Z|\bar{x})=\sigma_1^2+\sigma_2^2$$

即该钻石在第二架天平称重的均值就是 θ 的后验均值 μ_1,其方差由二部分组成,一是后验方差 σ_1^2,另一是第二架天平的称量方差 σ_2^2,可见,预测值的方差一般都要大于实测值的方差,这是合理的,有此预测分布 $N(\mu_1,\sigma_1^2+\sigma_2^2)$,再作预测值或预测区间已是不难的事。

§2.6 似然原理

似然原理的核心概念是似然函数,对似然函数理解大家都是一致的,若设 $\boldsymbol{x}=(x_1,\cdots,x_n)$是来自密度函数 $p(x|\theta)$的一个样本,则其乘积

$$p(\boldsymbol{x}\mid\theta)=\prod_{i=1}^{n}p(x_i\mid\theta)$$

有二个解释:当 θ 给定时,$p(\boldsymbol{x}|\theta)$是样本 $\boldsymbol{x}$ 的联合密度函数,当样本 $\boldsymbol{x}$ 的观察值给定时,$p(\boldsymbol{x}|\theta)$是未知参数 θ 的函数,并称为似然函数,记为 $L(\theta)$。

似然函数 $L(\theta)$强调:它是 θ 的函数,而样本 $\boldsymbol{x}$ 在似然函数中只是一组数据或一组观察值。所有与试验有关的 θ 信息都被包含在似然函数之中,使 $L(\theta)=p(\boldsymbol{x}|\theta)$大的 θ 比使 $L(\theta)$小的 θ 更"像"是 θ 的真值,特别地,使 $L(\theta)$在参数空间 Θ 达到最大的 $\hat{\theta}$ 称为最大似然估计,假如两个似然函数成比例,比例因子又不依赖于 θ,则它们的最大似然估计是相同的,这是由于两个成比例的似然函数所含 θ 的信息是相同的,假如我们对 θ 采用相同的先验分布,那么基于 $\boldsymbol{x}$ 对 θ 所做的后验推断也是相同的。

贝叶斯学派把上述认识概括为似然原理,它有如下二点:

1. 有了观测值 $\boldsymbol{x}$ 之后,在做关于 θ 的推断和决策时,所有与试验有关的 θ 信息均被包含在似然函数 $L(\theta)$之中。

2. 如果有两个似然函数是成比例的,比例常数与 θ 无关,则它们关于 θ 含有相同的信息。

似然原理是统计学规范中大家都应遵守的公理,是统计学最一般的基础原理,遵守此原理而产生的行为或行动才能认为是合理的,可经典统计学不是这样,他们在寻求最大似然估计前是承认似然原理的,但在得到最大似然估计后,他们就抛弃了似然原理,把样本观察值又看作样本,最大似然估计又被看作样本的函数,看作几个独立同分布随机变量的函数,从而用联合密度 $p(\boldsymbol{x}|\theta)$ 计算它的期望、方差,研究它的大样本性质等,依据似然原理,只有实际观测到的数据 $\boldsymbol{x}$ 才能构成 θ 的论据,只有试验中得到的有关 θ 的证据才能用于推断,因此无偏性等原理都违背了似然原理,因为它们依赖于尚未获得的观测值,由此可见,似然原理把 §2.1 叙述的条件观点说得更清楚了,下面的例子可以进一步说明经典学派与贝叶斯学派对似然原理的不同态度而引出的问题。

例 2.6.1 (Lindley 和 Phillips(1976))设 θ 为向上抛一枚硬币时出现正面的概率,现要检验如下二个假设:

$$H_0: \theta=1/2, \quad H_1: \theta>1/2$$

为此做了一系列相互独立地抛此硬币的试验,结果出现 9 次正面和 3 次反面。

由于事先对"一系列试验"未作明确规定,因此没有足够信息得出总体分布 $p(x|\theta)$,对此可能有如下二种可能:

(1)事先决定抛 12 次硬币,那么正面出现次数 X 服从二项分布 $b(n,\theta)$,其中 n 为总试验次数,这里 $n=12, x=3$,于是相应的似然函数为

$$L_1(\theta)=P_1(X=x|\theta)=\binom{n}{x}\theta^x(1-\theta)^{n-x}=220\theta^9(1-\theta)^3$$

(2)事先规定试验进行到出现 3 次反面为止,那么正面出现次数 X 服从负二项分布 $Nb(k,\theta)$,其中 k 为反面出现次数,这里 $k=3$,于是相应的似然函数为

$$L_2(\theta)=P_2(X=x|\theta)=\binom{k+x-1}{x}\theta^x(1-\theta)^{n-x}=55\theta^9(1-\theta)^3$$

似然原理告诉我们,似然函数 $L_i(\theta)$ 是我们从试验所需要知道的一切,而且 L_1 与 L_2 具有关于 θ 相同的信息,因为它们作为 θ 的函数是成比例的,于是我们不需要知道"一系列试验"的任何事先规定,只需要知道独立地抛硬币的结果:正面出现 9 次,反面出现 3 次,这本身就告诉我们似然函数与 $\theta^9(1-\theta)^3$ 成比例。

但是,在经典统计中就不是这样,其统计分析不仅要知道观察值 x,还要知道 x 所带来的总体分布 $p_i(x|\theta)$,仅知道似然函数是不够的,譬如,在经典的假设检验

中，若原假设 $H_0:\theta=1/2$ 为真，而在 $x=9$ 时被拒绝，这时犯第Ⅰ类错误的概率的计算与总体分布 $p_i(x|\theta)$ 密切相关。

在二项分布模型和负二项分布模型下，犯第 I 类错误的概率分别为

$$\alpha_1 = P_1(X \geqslant 9 \mid \theta = 1/2) = \sum_{x=9}^{12} P_1(X = x \mid \theta = 1/2) = 0.075$$

$$\alpha_2 = P_2(X \geqslant 9 \mid \theta = 1/2) = \sum_{x=9}^{\infty} P_2(X = x \mid \theta = 1/2) = 0.033$$

如果取 $\alpha=0.05$ 作为显著性水平，在二项分布模型下，$\alpha_1>\alpha$，$X=9$ 不包在拒绝域内，故应接收 H_0，在负二项分布模型下，$\alpha_1<\alpha$，故 $X=9$ 在拒绝域内，从而应拒绝 H_0，即这两个模型将得出完全不同的结论，这是与似然原理相矛盾的。

这一现象在贝叶斯分析中不会出现，由于本例是简单假设对复杂假设的检验问题，不能用连续的密度函数作为 θ 的先验分布，对二个假设 H_0 与 H_1 分别赋予正概率 π_0 与 $\pi_1=1-\pi_0$，然后再在 $\theta>1/2$ 上给一个正常的先验分布 $g_1(\theta)$，最后获得的先验分布为

$$\pi(\theta)=\pi_0 I_{\{0.5\}}(\theta)+\pi_1 g_1(\theta)$$

由于事先我们对所抛硬币的均匀性不得而知，最公平（不偏坦）的办法是用无信息先验，即取

$$\pi_0=\pi_1=1/2, g_1(\theta)=U(0.5,1)$$

利用式(2.4.7)，我们可以算得贝叶斯因子

$$B^{\pi}(x=9)=\frac{\alpha_0\pi_1}{\alpha_1\pi_0}=\frac{P_i(X=9|\theta=1/2)}{m_1(x=9)},$$

其中

$$P_i(X=9|\theta=1/2)=k_i\theta^9(1-\theta)^3=k_i(1/2)^{12}=0.000244k_i,$$

这里 $k_1=220$，$k_2=55$。

$$\begin{aligned} m_1(x=9) &= \int_{1/2}^{1} P_i(x=9|\theta=1/2)g_1(\theta)d\theta \\ &= \int_{1/2}^{1} k_i\theta^9(1-\theta)^3 \cdot 2d\theta \\ &= 2k_i\int_{1/2}^{1} (\theta^9-3\theta^{10}+3\theta^{11}-\theta^{12})d\theta \\ &= 0.000666k_i \end{aligned}$$

由此可以立即可得贝叶斯因子（注意：因子 k_i 约去了）

$$B^{\pi}(x=9)=\frac{0.000244}{0.000666}=0.3664$$

可见观测值 $x=9$ 并不支持原假设 H_0，考虑到 $\pi_0=\pi_1=1/2$，$\alpha_0+\alpha_1=1$，可得二个假设的后验概率

$$\alpha_0=\pi(H_0\mid x=9)=\frac{0.3664}{1+0.3664}=0.2681$$

$$\alpha_1=\pi(H_1\mid x=9)=\frac{1}{1+0.3664}=0.7319$$

据此我们应拒绝 H_0 而接收 H_1，这个结论只与似然函数有关，而与总体是二项分布还是负二项分布无关。

例 2.6.2 Pratt(1962)在他的论文中讲述一个典型事例，一位工程师在电子管产品中抽取一个随机样本，用极其精密的电压计在一定条件下测量板极电压，其精密程度可以认为测量误差与电子管间差异相比可忽略不计，一位统计学家检查测量值，测量值看上去为正态分布，变化范围为 75 到 99 伏，均值 87 伏，标准差 4 伏，他进行一般的正态分析，给出总体均值的置信区间，后来，他到工程师的实验室去，发现所用的电压计读数至多为 100 伏，于是认为总体是“不完整的”，须要重新处理数据，要按右截尾正态分布获得置信区间，但工程师说，他有另一台电压计，同样精密度，读数达到 1000 伏，如果电压超过 100 伏，他就会用这一台测量，这就使这位统计学家放心，因为这表明该总体实际上毕竟是完整的，第二天工程师给统计学家打电话说：“我刚刚发现，在我进行你所分析的那个试验时，那台高量程的电压计坏了”，统计学家查明，工程师在那台电压计修好之前试验没有结束，故通知他“数据需要重新分析”，工程师大吃一惊地说：“即使那台高量程的电压计是好的，试验结果仍是这样，无论如何，我所得到的是样本的精确电压值，如果那台高量程电压计正常，我所得到的仍是我已得到的，下一个你该问到我的示波器了吧！”

此例中所讨论的问题涉及到两个不同的样本空间，如果高量程电压计是正常的，那么用一般正态分布的样本空间是有效的，这时似然函数为

$$L_1(\mu,\sigma^2)=\frac{1}{\sigma^n}\varphi\left(\frac{x_1-\mu}{\sigma}\right)\cdots\varphi\left(\frac{x_n-\mu}{\sigma}\right)$$

其中 $\varphi(\cdot)$ 为标准正态密度，$x_1,\cdots,x_n$ 为样本，μ 与 σ^2 分别为该正态总体的期望与方差，假如高量程电压计坏了，故样本空间在 100 处被截断，大于 100 伏的 x 都被认为是 100，故概率分布在 100 处有质量，大小为 $1-\Phi\left(\frac{100-\mu}{\sigma}\right)$，即总体分布为

$$p(x)=\frac{1}{\sigma}\varphi\left(\frac{x-\mu}{\sigma}\right)I_{(-\infty,100)}(x)+\left[1-\Phi\left(\frac{100-\mu}{\sigma}\right)\right]I_{\{100\}}(x)$$

其中 $\Phi(\cdot)$为标准正态分布函数，这时似然函数为

$$L_2(\mu,\sigma^2)=\frac{n!}{\sigma^n}\varphi\left(\frac{x_{(1)}-\mu}{\sigma}\right)\cdots\varphi\left(\frac{x_{(n)}-\mu}{\sigma}\right)I_{(-\infty,100)}(x_{(n)}),$$

它是次序统计量 $x_{(1)},\cdots,x_{(n)}$ 的联合密度，其中 I 为区间$(-\infty,100)$的示性函数，这二个似然函数的差别在经典统计中引起构造置信区间的方法不同，结果也会受到很大影响，可按似然原理，这两个似然函数成比例，其比例因子不依赖于未知参数，故这种差异不会对分析产生影响，因为没有发生大于 100 的 x 值，推断与决策仅与已发生的值 $x_1,\cdots,x_n$ 有关，譬如选择适当的先验分布 $\pi(\mu,\sigma^2)$，作总体均值 μ 的可信区间是不会受任何影响的。

很多统计学家从各种角度给出似然原理合理性的论据，如 Fisher(1959)，Birnbaum(1962)等，但他们都不是似然原理毫不含糊的支持者，关于这方面的更广泛论述可见 Berger 和 Wolpert(1984)的文章。

习　题

2.1 设随机变量 X 服从几何分布

$$P(X=x)=\theta(1-\theta)^x,x=0.1,\cdots$$

其中参数 θ 的先验分布为均匀分在 $U(0,1)$

(1)若只对 X 作一次观察，观察值为 3，求 θ 的后验期望估计。

(2)若对 X 作三次观察，观察值为 3，2，5，求 θ 的后验期望估计。

2.2 设某银行为一位顾客服务时间(单位:分)服从指数分布 $\mathrm{Exp}(\lambda)$，其中参数 λ 的先验分布是均值为 0.2 和标准差为 1.0 的伽玛分布，如今对 20 位顾客服务进行观测，测得平均服务时间是 3.8 分钟，分别求 λ 和 $\theta=\lambda^{-1}$ 的后验期望估计。

2.3 设在 1200 公尺长的磁带上的缺陷数服从泊松分布，其均值 θ 的先验分布取为伽玛分布 $Ga(3,1)$，对三盘磁带作检查，分别发现 2、0、6 个缺陷，求 θ 的后验期望估计和后验方差。

2.4 设不合格品率 θ 的先验分布为贝塔分布 $\mathrm{Be}(5,10)$，在下列顺序抽样信息下逐次寻求 θ 的最大后验估计与后验期望估计。

(1)先随机抽检 20 个产品，发现 3 个不合格品。

(2)再随机抽检 20 个产品，没有发现 1 个不合格品。

2.5 设 $x_1,\cdots,x_n$ 是来自正态分布 $N(\theta,2^2)$ 的一个样本，又设 θ 的先验也是正态分布，且其标准差为 1，若要使后验方差不超过 0.1，最少要取多少样本量。

2.6 设 θ 是一城市中成年人赞成“公共场所禁止吸烟”的比例，对 θ 的先验分布二位统计学家有不同建议：

$$A:\quad \pi_A=2\theta,\quad 0<\theta<1$$

$$B:\quad \pi_B=4\theta^3,\quad 0<\theta<1$$

随机抽样调查了该城市中1000名成年人，其中710位投赞成票。

(1)对 A 与 B 二个先验，分别找出 θ 的后验分布。

(2)分别求出 θ 的后验期望估计。

(3)证明：在获得容量为1000的样本后，不管样本中投赞成票的人有多少，上述二个后验期望估计之差不会超过0.002。

2.7 设 $x=(x_1,\cdots,x_n)$ 是来自均匀分布 $U(0,\theta)$ 的一个样本，又设 θ 服从 Pareto 分布（见习题1.12），求 θ 的后验均值与后验方差。

2.8 设 x 服从伽玛分布 $Ga\left(\frac{n}{2},\frac{1}{2\theta}\right)$，$\theta$ 的分布为倒伽玛分布 $IGa(\alpha,\beta)$，

(1)证明：在给定 x 的条件下，θ 的后验分布为倒伽玛分布 $IGa\left(\frac{n}{2}+\alpha,\frac{x}{2}+\beta\right)$。

(2)求 θ 的后验均值与后验方差。

(3)若先验分布不变，从伽玛分布 $Ga\left(\frac{n}{2},\frac{1}{2\theta}\right)$ 随机抽取容量为 n 的样本 $\boldsymbol{x}=(x_1,\cdots,x_n)$，求 θ 的最大后验估计 $\hat{\theta}_{MD}$ 和后验期望估计 $\hat{\theta}_E$。

2.9 设 $x=(x_1,\cdots,x_r)$ 服从多项分布 $M(r;\theta_1,\cdots,\theta_r)$，若 $\theta=(\theta_1,\cdots,\theta_r)$ 的先验分布为狄里赫利分布 $D(\alpha_1,\cdots,\alpha_r)$，求 θ 的最大后验估计和后验期望估计。

2.10 对正态分布 $N(\theta,1)$ 作观察，获得三个观察值：2,4,3，若 θ 的先验分布为 $N(3,1)$，求 θ 的0.95可信区间。

2.11 设 $x_1,\cdots,x_n$ 是来自正态分布 $N(0,\sigma^2)$ 的一个样本，若 σ^2 的先验分布为倒伽玛分布 $IGa(\alpha,\lambda)$，求 σ^2 的0.9可信上限。

2.12 设 $x_1,\cdots,x_n$ 是来自均匀分布 $U(0,\theta)$ 的一个样本，其中 θ 的先验分布为 Pareto 分布，其密度函数为

$$\pi(\theta)=\alpha\theta_0^\alpha/\theta^{\alpha+1},\quad \theta>\theta_0$$

其中 $\theta_0>\theta$ 和 $\alpha>0$ 是二个已知常数，求 θ 的 $1-\alpha$ 可信上限。

第三章 先验分布的确定

§3.1 主观概率

3.1.1 主观概率

贝叶斯统计中要使用先验信息,而先验信息主要是指经验和历史资料。因此如何用人们的经验和过去的历史资料确定概率和先验分布是贝叶斯学派要研究的问题。

在经典统计中,概率是用非负性、正则性和可加性三条公理定义的。概率的确定方法主要是两种。一是古典方法(包括几何方法),另一种是频率方法。实际中大量使用的是频率方法,所以经典统计的研究对象是能大量重复的随机现象,不是这类随机现象就不能用频率的方法去确定其有关事件的频率。这无疑就把统计学的应用和研究领域缩小了。譬如,很多经济现象都是不能重复或不能大量重复的随机现象,在这类随机现象中要用频率方法去确定有关事件的概率常常是不可能的或很难实现的。在经典统计中有一种习惯,对所得到的概率都要给出频率解释。这在有些场合是难于作出的。譬如,中心气象台预报:“明日(譬如 1998 年五月一日)降水的概率是 0.8。”这里的概率就不能作出频率的解释,国为 1998 年五月一日只有一次,但明日是否下雨是随机现象,这里概率 0.8 是气象专家们对“明日降水”的一种看法或一种信念,信不信由你,但大多数市民对这句话是理解其义的,明日降水的可能性较大,叫人们多作预防为好。可见没有频率解释的概率是存在的,不会使人们为难。

贝叶斯学派是完全同意概率的公理化定义,但认为概率也可以用经验确定。这是与人们的实践活动一致。这就可以使不能重复或不能大量重复的随机现象也可谈及概率。同时也使人们积累的丰富经验得到概括和应用。

贝叶斯学派认为:**一个事件的概率是人们根据经验对该事件发生可能性所给出个人信念**。这样给出的概率称为**主观概率**,譬如:

一个企业家认为“一项新产品在未来市场上畅销”的概率是 0.8,这里的 0.8 是根据他自己多年的经验和当时一些市场信息综合而成的个人信念。

一位脑外科医生要对一位病人动手术，他认为成功的概率是 0.9，这是他根据手术的难易程度和自己的手术经验而对“手术成功”所给出的把握程度。

一位老师认为甲学生考取大学的概率是 0.95，而乙学生考取大学的概率是 0.5，这是教师根据自己多年的教学经验和甲、乙二位学生的学习情况而分别给出的个人信念。

这样的例子在我们生活、生产和经济活动中也是常遇见的，他们观察的主观概率决不是随意的，而是要求当事人对所考察的事件有较透彻的了解和丰富的经验，甚至是这一行的专家。并能对周围信息和历史信息进行仔细分析，在这个基础上确定的主观概率就能符合实际。所以应把主观概率与主观臆造、瞎说一通区别开来。

对主观概率的批评也是有的，50 年代苏联数学家格涅坚科在他的《概率论教程》中说“把概率看作是认识主体对事件的信念的数量测度，则概率论成了类似心理学部门的东西，这种纯主观的概率主张贯彻下去的话，最后总不可避免要走到主观唯心论的路上去。”这种担心不能说不存在，但以经验为基础的主观概率与纯主观还是不同的，何况主观概率亦要受到实践检验，也要符合概率的三条公理，通过实践检验和公理验证，人们会接受其精华、去其糟粕。

自主观概率提出以来，使用的人越来越多，特别在经济领域和决策分析中使用较为广泛，因为在那里遇到的随机现象大多是不能大量重复，无法用频率方法去确定事件概率，在这个意义上看，主观概率至少是频率方法和古典方法的一种补充，有了主观概率至少使人们在频率观点不适用时也能谈论概率，使用概率与统计方法。

主观概率并不反对用频率方法确定概率，但也要看到它的局限性。频率学派认为概率是频率的的稳定值。现实世界中能够在相同条件下进行大量重复的随机现象是不多。无穷次重复更不可能，除非是在某种理想的意义下去进行重复。如前面提及的一些“一次性事件”都是不能重复的。又如“锅炉爆炸”“导弹命中目标”等事件虽原则上可以进行大量重复。但由于费用昂贵，实际中也不可能进行大量重复。在这些场合下，主观概率是一种补充。

3.1.2 确定主观概率的方法

确定主观概率的方法在实践中已积累了一些，下面通过一些例子来叙述它们，每个例子后面的评论就带有一般性的启示。

例 3.1.1 一位出版商要知道一本新书畅销（事件 A）的概率是多少，以决定是否与作者签订出版合同。他在了解这本新书的内容后，根据他自己多年出书的经验认为该书畅销的可能性较大，畅销（A）比不畅销（$\overline{A}$）的可能性要高出一倍，即

$P(A)=2P(\overline{A})$，由此根据概率性质 $P(A)+P(\overline{A})=1$ 可以推得 $P(A)=2/3$，即该书畅销的主观概率是2/3。

这种用对立事件的比较来确定主观概率是最简单方法。假如对 A 与 $\overline{A}$ 说不出哪一个发生的可能性大，那就定 $P(A)=1/2$。这个方法可以推广到多个事件上这种方法虽不严格，但符合人们在实际中看待概率的直观方式。

例 3.1.2　有一项带有风险的生意，欲估计成功（记为 A）的概率。为此，决策者去拜访这方面的专家（如董事长，银行家等），向专家提这样的问题。"如果这种生意做100次，你认为会成功几次?"专家回答："成功次数不会太多，大约60次。"这时 $P(A)=0.6$ 是专家的主观概率，可此专家还不是决策者。但决策者很熟悉这位专家，认为他的估计往往是偏保守的，过分谨慎的。决策者决定修改专家的估计，把0.6提高到0.7这样 $P(A)=0.7$ 就是决策者自己的主观概率。

这种用专家意见来确定主观概率的方法是常用的。当决策者对某事件了解甚少时，就可去征求专家意见。这里要注意两点。一是向专家提的问题要设计好，既要使专家易懂，又要使专家回答不是模棱两可；二是要对专家本人较为了解，以便作出修正，形成决策者自己的主观概率。

例 3.1.3　某公司在决定是否生产某种新品时，想估计该产品在未来市场上畅销（记为 A）的概率是多少，为此公司经理召集设计、财会、推销和质量管理等方面人员的座谈会，仔细分析影响新产品销路的各种因素，大家认为此新产品质量好，只要定价合理，畅销可能性很大，而影响销路的主要因素是市场竞争。据了解，还有一家工厂（简称外厂）亦有生产此新产品的想法，该厂技术和设备都比本厂强。经理在听取大家的分析后，向在座各位提出二个问题：

(i)假如外厂不生产此新产品，本公司的新产品畅销的可能性（即概率）有多大?

(ii)假如外厂要生产此新产品，本公司的新产品畅销的可能性（即概率）有多大?

在座人员根据自己的经验各写了二个数，经理在计算了二个平均值后，略加修改，提出自己看法：在上述二种情况下，本公司新产品畅销概率各为0.9和0.4，这是经理在征求多位专家意见后所获得的主观概率。另据本公司情报部门报告，外厂正忙于另一项产品开发，很可能无暇顾及生产此新产品。经理据此认为，外厂将生产此新产品的概率为0.3，不生产此新产品的概率为0.7。

利用上述4个主观概率，由全概率公式可得本公司生产此新产品获畅销的概率为

$$0.9\times0.7+0.4\times0.3=0.75$$

这种通过向多位专家咨询后，经修正和综合获得主观概率也是一种常用方法，关键在于把问题设计好，便于往后综合，即在提出问题时，就要想到如何综合。

例 3.1.4　某公司经营儿童玩具多年，今设计了一种新式玩具将投入市场。

现要估计此新式玩具在未来市场上的销售情况。经理查阅了本公司过去 37 种新式玩具的销售记录，得知销售状态是畅销(A_1)、一般(A_2)、滞销(A_3)分别有 29,6,2 种，于是算得过去新式玩具的三种销售状态的概率分别为

$$\frac{29}{37}=0.784,\quad \frac{6}{37}=0.162,\quad \frac{2}{37}=0.054$$

考虑到这次设计的新玩具不仅外形新颖，而且在开发儿童智力上有显著突破，经理认为此种新玩具会更畅销一些，滞销可能性更小，故对上述概率作了修改，提出自己的主观概率如下：

$$P(A_1)=0.85, P(A_2)=0.14, P(A_3)=0.01$$

这个例子表明，假如有历史数据，要尽量利用，帮助形成初步概念，然后作一些对比修正，再形成个人信念，这对给出主观概率大有好处。

从上面几个例子可以看出，根据经验和历史资料等先验信息给出主观概率没有什么固定的模式，大家还可在实践中创造，但不管用什么方法，其所确定的主观概率都必须满足概率的三条公理，即

(1)非负性公理：对任一事件 A，$0\leqslant P(A)\leqslant 1$。

(2)正则性公理：必然事件的概率为 1

(3)可列可加性公理：对可列个互不相容的事件 $A_1, A_2, \cdots$，有

$$P\left(\bigcup_{i=1}^{\infty} A_i\right)=\sum_{i=1}^{\infty} P(A_i)$$

当发现所确定的主观概率与这三条公理及其推出的性质有不和谐时，必须立即修正，直到和谐为止。这时给出的主观概率才能称得上概率。

例 3.1.5 某人对事件 A，B 及其并 $A\cup B$ 分别给出主观概率如下

$$P(A)=1/3, P(B)=1/3, P(A\cup B)=3/4$$

按概率性质，应有 $P(A\cup B)\leqslant P(A)+P(B)$，然而现在

$$P(A\cup B)=3/4, P(A)+P(B)=2/3$$

这个性质不满足，这个不和谐之处是由于这组主观概率给定不恰当而引起的，必须修正。此人重新给出这三个事件的主观概率，发现并事件 $A\cup B$ 的主观概率应为 3/5。再检查就没有此种不和谐现象了。

§3.2 利用先验信息确定先验分布

在贝叶斯方法中关键的一步是确定先验分布。当总体参数 θ 是离散时，即参

数空间 Θ 只含有限个或可数个点时，可对 Θ 中每个点确定一个主观概率，而主观概率可用§3.1所述的方法确定。

当总体参数 θ 是连续时，即参数空间 Θ 是实数轴或其上某个区间时，要构造一个先验密度 $\pi(\theta)$ 那就有些困难了。当 θ 的先验信息（经验和历史数据）足够多时，下面三个方法可供使用。

3.2.1 直方图法

这个方法与一般的直方图法类似，下面的例子可以说明这个方法的一些细节。

例 3.2.1 某药材店记录了吉林人参的每周销售量，现要录求每周平均销售量 θ 的概率分布。现用直方图法来确定它。直方图法的要点如下：

(1)把参数空间分成一些小区间。统计过去二年 102 个营业周的销售记录，每周平均销售是最高不超过 35 两。若以 5 两作为小区间长度，共分为 7 个小区间。

(2)在每个小区间上决定主观概率或依据历史数据确定其频率。这里是用后者，其频率见表 3.2.1。

表 3.2.1 每周平均销售量统计表

平均销售量(两)	频率
[0,5]	0.051
(5,10]	0.259
(10,15]	0.327
(15,20]	0.224
(20,25]	0.095
(25,30]	0.044
(30,35]	0.001

(3)绘制频率直方图。这里绘制的频率直方图见图 3.2.1，其中纵坐标为频率/5。

(4)在直方图上作一条光滑的曲线，此曲线就是 $\pi(\theta)$。在做光滑曲线时，尽量在每个小区间上使用得曲线下的面积与直方图的面积相等。这条曲线已在图 3.2.1 上画出，利用此曲线可求出一个单位区间上的概率，如

$$P(20<\theta\leqslant 21)=1\times\pi(20.5)=0.03$$

这样得到的先验密度常常仅限于在有限区间上，有时使用也不方便，下面一个方法更为适用些。

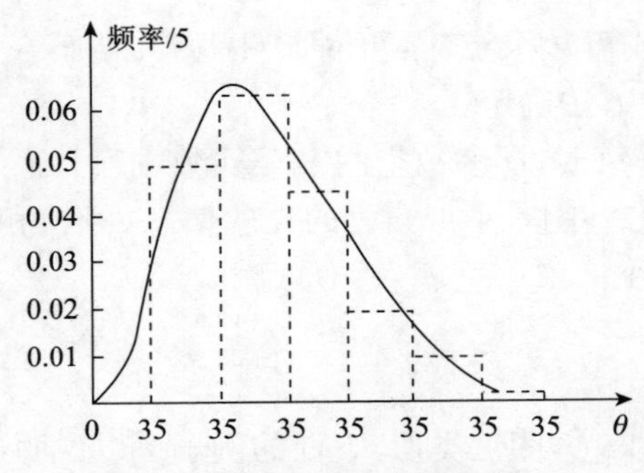

图 3.2.1 每周平均销售量的直方图

3.2.2 选定先验密度函数形式再估计其超参数

这个方法的要点如下：

(1)根据先验信息选定 θ 的先验密度函数 $\pi(\theta)$ 的形式，如选其共轭先验分布。

(2)当先验分布中含有未知参数(称为超参数)时，譬如 $\pi(\theta)=\pi(\theta;\alpha,\beta)$，给出超参数 α,β 的估计值使 $\pi(\theta;\hat{\alpha},\hat{\beta})$ 最接近先验信息。

这个方法最常用，但也极易误用，因为先验密度 $\pi(\theta)$ 的函数形式选用不当将会导致以后推导失误。

例 3.2.2 在例 3.2.1 中对周平均销售量 θ，选用正态分布 $N(\mu,\tau^2)$ 作为先验分布，于是确定先验分布问题就转化为估计超参数 μ 与 τ^2 的问题。这可从每周平均销售量统计表上作出估计。若对 Θ 的每个小区间用其中点作代表，则可算得 μ 与 τ^2 的估计如下：

$$\hat{\mu}=2.5\times0.051+7.5\times0.259+\cdots+32.5\times0.001=13.4575$$
$$\hat{\tau}^2=(2.5-13.4574)^2\times0.051+(7.5-13.4574)^2\times0.259+\cdots$$
$$+(32.5-13.4574)^2\times0.001=36.0830=6.0069^2$$

这表明，该商店每周平均销售量 θ 的先验分布为 $N(13.4574,36.0830)$。用此先验分布可以算得

$$\begin{aligned}P(20<\theta<21)&=\Phi\left(\frac{21-13.4575}{6.0069}\right)-\Phi\left(\frac{20-13.4575}{6.0069}\right)\\&=\Phi(1.2556)-\Phi(1.0892)\\&=0.8953-0.8603\\&=0.0350\end{aligned}$$

这个例子说明，若能从先验信息整理加工中获得前几阶先验矩，然后用其估计先验

分布中的各个参数。在给定先验分布形式时,决定其中先验参数的另一个方法是从先验信息中获得几个分位数的估计值,然后选择先验分布中的参数,使其尽可能地接近这些分位数。在例 1.4.1 和例 2.3.1 曾用过这个方法确定先验参数。下面再看一个例子。

例 3.2.3 设参数 θ 的取值范围是$(-\infty,\infty)$,它的先验分布具有正态分布形式。若从先验信息可以得知:

(1)先验中位数为 0;

(2)上、下四分位数为-1 和 1,即先验的 0.25 分位数和 0.75 分位数为-1 和 1。要确定先验分布 $N(\mu,\tau^2)$中的超参数 μ 与 τ。

对正态分布,均值与中位数相等,故 $\mu=0$,另外由 0.75 分位数为 1,可列出方程

$$P(\theta<1)=0.75 \text{ 或 } P(\theta/\sigma<1/\sigma)=0.75。$$

查标准正态分布表可知

$$1/\sigma=0.675 \text{ 或 } \sigma=1.481$$

这样就可得先验分布为 $N(0,1.481^2)$。

另外,若设 θ 的先验分布为柯西分布 $C(\alpha,\beta)$,其密度函数为

$$\pi(\theta|\alpha,\beta)=\frac{\beta}{\pi(\beta^2+(\theta-\alpha)^2)},-\infty<\theta<\infty$$

它的期望与方差都不存在,但其各分位数都有。由于柯西密度函数是关于 α 的对称函数,故其中位数是 α。由已知条件知,$\alpha=0$。另外,由-1 是 1/4 分位数可得方程

$$\int_{-\infty}^{-1}\frac{\beta}{\pi(\beta^2+\theta^2)}d\theta=1/4$$

由此可算得 $\beta=1$。这时 θ 的先验分布为柯西分布 $C(0,1)$。这是标准柯西分布。

这样一来,我们面临着二个先验分布都满足给定的先验信息。假如这二个先验分布差异不大,对后验分布影响也不大,那可任选一个,假如我们面临着二个差异极大的先验分布可供选择时,我们应慎重选择,因为不同的选择对后验分布影响也会很大。譬如在本例中,正态分布 $N(0,1.481^2)$与柯西分布 $C(0,1)$在形状上是很相似,都是中间高,两边低,左右对称,但在二侧的尾部的粗细相差很大,正态分布的尾部很细,柯西分布的尾部很粗,这就导致正态分布的各阶矩都存在,可柯西分布连数学期望都不存在。因此在进一步的选择前还要对先验信息进行分析,若先验信息很分散,那就不宜选用正态分布,若先验信息较为集中,那就不宜选用柯西分布。关于在一族先验分布中如何选择先验分布使后验分布波动不大。这个问题被称为“稳健性(Robustness)问题”,是贝叶斯统计近几年研究较多的问题之一。

有兴趣的读者可参阅 Berger(1985)及其所附的参考文献。

3.2.3 定分度法与变分度法

这二个方法都是通过专家咨询获得各种主观概率,然后经过整理加工即可得到累积概率分布曲线。

这二个方法类似,但做法略存差异。定分度法是把参数可能取值的区间逐次分为长度相等的小区间,每次在每个小区间上请专家给出主观概率。变分度法是把参数可能取值的区间逐次分为机会相等的两个小区间,这里分点由专家确定。这二个方法很容易学会,在一个短暂的时间后,决策者与专家就能逐渐熟悉它们,并能相当顺手地利用它们,但要注意,你所咨询的专家,应是声誉良好的和富有经验的,这二个方法相比,决策者更愿意使用变分度法。下面用一个例子来说明变分度法的具体操作,从中也领会到定分度法的操作方法。

例 3.2.4 一开发商希望获知,一个新建仓库的租金可能达到的水平是什么?为此向一位推租经纪人咨询。下面是在介绍新建仓库的面积位置、交通状况等情况后他们的对话。

问(开发商):你认为每平方米仓库的最高租金与最低租金是多少?

答(经纪人):我看租金不会超过 2.40 元/m²,但也不会低于 2.00 元/m²。

问:这告诉了我们租金的范围。那么在此租金范围内,等可能的分点在哪里?譬如,租金高于或低于 2.25 元/m² 的可能性相同吗?

答:不,我想等可能的分点应是 2.20(见图 3.2.2)。

问:很好,如果租金在 2.00 到 2.20 之间,你敢说 2.10 是等可能分点吗?

答:我看 2.15 元/m² 较为合理(见图 3.2.2)

问:这就是下部分的等可能点。那么上半部分的等可能分点在哪里?

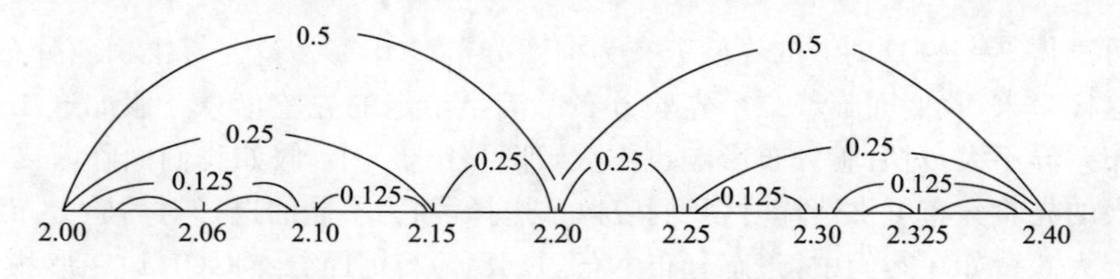

图 3.2.2 变分度法(例 3.2.4)的实施结果

答:在 2.25 元/m²,即 2.20 到 2.25 元间的可能性与 2.25 到 2.40 间的可能性是一样的,对吗?(见图 3.2.2)

问:是的,那你是否认为租金在 2.15 到 2.25 间的可能性与此范围外的可能性是相等的吗?

答:看来差不多(见图 3.2.2)。

问:好,假如租金高于 2.25 请问上部小区间(2.25,2.40)的等可能分点在何处呢?

答:肯定是 2.30 元/m²。(见图 3.2.2)

问:好,那么高于 2.30 元的小区间内的等可能分点是多少呢?

答:取 2.325 元/m² 是合适的。(见图 3.2.2)

问:现在让我们来考虑区间的另一端,如果租金低于 2.15 元时,怎么样?

答:在下端吧!等可能分点可取 2.10 元(见图 3.2.2)

问:那么低于 2.10 元的部分,你能用同样方法分割吗?

答:这实在是你给我的最难回答的一个问题。2.00 元实在是不可能的,如果一定要再分割,大概在 2.05 元左右,干脆取为 2.06 元/m² 吧!(见图 3.2.2)

问:好极了,这就足够使我们得出反映你对当前租金估计的概率分布了。

表 3.2.2 每周平均销售量统计表

租金(元/m²)	累积概率
2.0	0
2.06	0.0625
2.10	0.125
2.15	0.250
2.20	0.500
2.25	0.750
2.30	0.875
2.325	0.9375
2.40	1.000

通过以上问答过程,得出的数字可编成累积概率表(表 3.2.2)。相应的累积概率曲线如图 3.2.3 所示。这条曲线可帮助决策者估计特定结果的概率。也可转化为概率直方图。为此我们把区间(2.0,2.4)等分为 8 段,每段长 0.05,记下每段的中点,在图 3.2.3 上读出累积概率,由此可算出分段概率。这一过程已列于表 3.2.3,利用分段概率可画出概率直方图(见图 3.2.4)。从图 3.2.4 可以看出租金的概率直方图是中间高、二边低,左右基本对称,可以用正态分布近似。利用表 3.2.3 上的分段中点 x_i 和分段概率 p_i,容易算得其期望 μ 与方差 σ^2 的估计值。

$$\hat{\mu} = \sum_{i=1}^{8} x_i p_i = 2.198$$

$$\hat{\sigma}^2 = \sum_{i=1}^{8} x_i^2 p_i - \mu^2 = 4.838 - 2.198^2 = 0.006796 = (0.0824)^2$$

从而可得到,租金的分布可用正态分布 $N(2.198, (0.0824)^2)$ 近似。

表 3.2.3 租金的概率分析(例 3.2.4)

租金区间	分段中点	累积概率	分段概率
2.00～2.05	2.025	0.0575	0.0575
2.06～2.10	2.075	0.150	0.0925
2.10～2.15	2.125	0.250	0.100
2.15～2.20	2.175	0.500	0.250
2.20～2.25	2.225	0.750	0.250
2.25～2.30	2.275	0.875	0.125
2.30～2.35	2.325	0.960	0.085
2.35～2.40	2.375	1.000	0.040

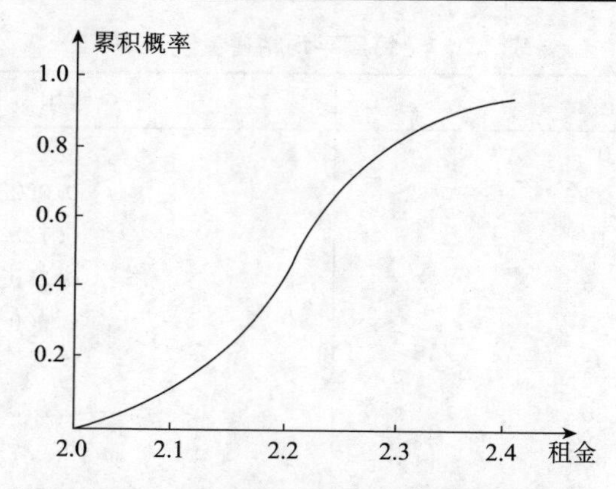

图 3.2.3 从提问得出的累积概率曲线(例 3.2.4)

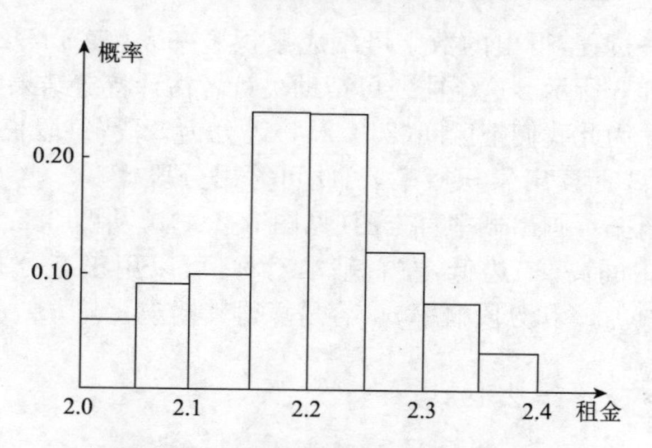

图 3.2.4 租金的概率直方图(例 3.2.4)

例 3.2.4 虽然涉及的是租金的分布，租金是可观察的量。但也可用于确定不可观察的参数的分布。

§3.3　利用边缘分布 m(x) 确定先验密度

3.3.1　边缘分布 m(x)

设总体 X 的密度函数为 $p(x|\theta)$，它含有未知参数 θ，若 θ 的先验分布选用形式已知的密度函数 $\pi(\theta)$，则可算得 X 的边缘分布（即无条件分布）

$$m(x)=\begin{cases}\int_{\Theta} p(x\mid\theta)\pi(\theta)d\theta, & \text{当}\ \theta\ \text{为连续时}\\ \sum_{\theta\in\Theta} p(x\mid\theta)\pi(\theta), & \text{当}\ \theta\ \text{为离散时}\end{cases}\tag{3.3.1}$$

当先验分布含有未知参数，譬如 $\pi(\theta)=(\theta|\lambda)$，那么边缘分布 $m(x)$ 依赖于 λ，可记为 $m(x|\lambda)$，这种边缘分布在寻求后验分布时常遇到，只是在那里没有强调罢了。

例 3.3.1　设总体 $X\sim N(\theta,\sigma^2)$，其中 σ^2 已知，又设 θ 的先验分布为 $N(\mu_\pi,\sigma_\pi^2)$，则可以算得边缘分布 $m(x)$ 为 $N(\mu_\pi,\sigma_\pi^2+\sigma^2)$。事实上，在这个例子中

$$p(x\mid\theta)=\frac{1}{\sqrt{2\pi}\sigma}\exp\left\{-\frac{1}{2\sigma^2}(x-\theta)^2\right\}$$

$$\pi(\theta)=\frac{1}{\sqrt{2\pi}\sigma_\pi}\exp\left\{-\frac{1}{2\sigma_\pi^2}(\theta-\mu_\pi)^2\right\}$$

于是边缘分布

$$m(x)=\frac{1}{2\pi\sigma\sigma_\pi}\int_{-\infty}^{\infty}\exp\left\{-\frac{1}{2}\left[\frac{(x-\theta)^2}{\sigma^2}+\frac{(\theta-\mu_\pi)^2}{\sigma_\pi^2}\right]\right\}d\theta$$

若令

$$A=\frac{1}{\sigma^2}+\frac{1}{\sigma_\pi^2},B=\frac{x}{\sigma^2}+\frac{\mu}{\sigma_\pi^2},C=\frac{x^2}{\sigma^2}+\frac{\mu^2}{\sigma_\pi^2}$$

则可算得

$$\begin{aligned}m(x)&=\frac{1}{2\pi\sigma\sigma_\pi}\exp\left\{-\frac{1}{2}\left(C-\frac{B^2}{A}\right)\right\}\times\sqrt{\frac{2\pi}{A}}\\&=\frac{1}{\sqrt{2\pi(\sigma^2+\sigma_\pi^2)}}\exp\left\{-\frac{AC-B^2}{2A}\right\}\end{aligned}$$

由于

$$AC-B^2=(x-\mu_\pi)^2/\sigma^2\sigma_\pi^2$$

最后可得

$$m(x)=\frac{1}{\sqrt{2\pi(\sigma^2+\sigma_\pi^2)}}\exp\left\{-\frac{(x-\mu_\pi)^2}{2(\sigma^2+\sigma_\pi^2)}\right\} \tag{3.3.2}$$

这就是我们要求的结果。除了已知的 σ^2 外,它还会有二个未知的超参数 μ 与 σ_π^2。

3.3.2 混合分布

设随机变量 X 以概率 π 在总体 F_1 中取值,以概率 $1-\pi$ 在总体 F_2 中取值。若 $F(x|\theta_1)$ 和 $F(x|\theta_2)$ 分别是这二个总体的分布函数,则 X 的分布函数为

$$F(x)=\pi F(x|\theta_1)+(1-\pi)F(x|\theta_2) \tag{3.3.3}$$

或用密度函数(或概率函数)表示

$$p(x)=\pi p(x|\theta_1)+(1-\pi)p(x|\theta_2) \tag{3.3.4}$$

这个分布 $F(x)$ 称为 $F(x|\theta_1)$ 和 $F(x|\theta_2)$ 的**混合分布**。这里的 π 和 $1-\pi$ 可以看作一个新的随机变量 θ 的分布,即

$$P(\theta=\theta_1)=\pi=\pi(\theta_1),P(\theta=\theta_2)=1-\pi=\pi(\theta_2)$$

从上述定义容易看出:从混合分布 $F(x)$ 中抽取一个样品 x_1,相当于如下的二次抽样:

第一次,从 $\pi(\theta)$ 中抽取一个样品 θ。

第二次,若 $\theta=\theta_1$,则从 $F(x|\theta_1)$ 中再抽一个样品,这个样品就是 x_1,若 $\theta=\theta_2$;则从 $F(x|\theta_2)$ 中再抽一个样品,这个样品就是 x_1。

若从混合分布抽取一个容量为 n 的样本 $x_1,x_2\cdots,x_n$,那么其中约有 $n\pi(\theta_1)$ 个来自 $F(x|\theta_1)$,约有 $n\pi(\theta_2)$ 个来自 $F(x|\theta_2)$,这样的样本 $x_1,x_2,\cdots,x_n$ 有时也称为**混合样本**。

从上述混合分布的定义很容易看出,(3.3.1)式表示的边缘分布 $m(x)$ 是混合分布的推广,只不过是用密度函数形式表示而已。当 θ 为离散随机变量时,$m(x)$ 是由有限个或可数个密度函数混合而成,当 θ 为连续随机变量时,$m(x)$ 是由无限不可数个的密度函数混合而成。若从 $\pi(\theta)$ 抽取一个 θ,然后再从 $p(x|\theta)$ 中抽取一个 x,这个 x 可看作从 $m(x)$ 抽取的样品。按此过程抽取 n 个样品就可获得容量为 n 的混合样本,在实际中经常会遇到各种混合样本。

例 3.3.2 混合样本的例子

(1)设 $x_1,x_2,\cdots x_n$ 是 n 位考生的成绩,由于每位考生的能力 θ 是不同的,这 n 位考生的能力 $\theta_1,\theta_2,\cdots,\theta_n$ 可看作从某个分布 $\pi(\theta)$ 抽取的样本,而 x_i 是从 $p(x|\theta_i)$ 抽取的样品。这样一来,样本 $x_1,x_1,\cdots x_n$ 可看作混合样本。

(2)从一批产品中随机抽取 n 件产品，而这 n 个产品是来自三位工人之手，而这三个工人的不合格品率是不同的，故所测的产品特性 $x_1, x_2, \cdots, x_n$ 可看作一个混合样本。

(3)某厂的原料来自 p 个产地，每次改换原料都要抽一个样本检查产品质量。过去已记录了若干个样品的观察值

$$\begin{matrix} x_{11} & x_{12} & \cdots & x_{1n_1} \\ x_{21} & x_{22} & \cdots & x_{2n_2} \\ \cdots & \cdots & \cdots & \cdots \\ x_{p1} & x_{p2} & \cdots & x_{pn_p} \end{matrix}$$

其中 $n_1, n_2, \cdots, n_p$ 分别是各自的样本容量。这 $n_1+n_2+\cdots+n_p$ 个数据可看作来自 k 个总体的混合样本，也可看作来自某混合分布的一个样本。

3.3.3 先验选择的 *ML*－Ⅱ方法

在边缘分布 $m(x)$ 的表示式(3.3.1)中，若 $p(x|\theta)$ 已知，则 $m(x)$ 的大小反映 $\pi(\theta)$ 的合理程度，这里把 $m(x)$ 记为 $m^\pi(x)$。当观察值 x 对二个不同的先验分布 π_1 和 π_2，有

$$m^{\pi_1}(x) > m^{\pi_2}(x)$$

时，人们可认为，数据 x 对 π_1 比对 π_2 提供更多支持。于是把 m^π 看作 π 的似然函数是合理的。既然 π 有似然函数可言，那么用极大似然法选取 π 就是很自然的事。这样定出的先验称为**Ⅱ型极大似然先验**，或称为 ***ML*－Ⅱ先验**。

假如混合样本 $x=(x_1, \cdots, x_n)$ 所涉及的先验密度函数的形式已知，未知的仅是其中的超参数，即先验密度函数族可表示如下：

$$\Gamma = \{\pi(\theta|\lambda), \lambda \in \Lambda\}$$

这时寻求 ML－Ⅱ先验是较为简单的事，只要寻求这样的 $\hat{\lambda}$ 使得

$$m(\boldsymbol{x}|\hat{\lambda}) = \sup_{\lambda \in \Lambda} \prod_{i=1}^{n} m(x_i|\lambda) \tag{3.3.5}$$

这可用最大化似然函数方法来实现。

例 3.3.3 设 $X \sim N(\theta, \sigma^2)$，其中 σ^2 已知，又设 $\theta \sim N(\mu_\pi, \sigma_\pi^2)$，在例 3.3.1 中已算得

$$m(x|\mu_\pi, \sigma_\pi^2) = N(\mu_\pi, \sigma_\pi^2 + \sigma^2)$$

若有来自 $m(x|\mu_\pi, \sigma_\pi^2)$ 的混合样本 $x_1, x_2, \cdots, x_n$，则超参数 μ_π, σ_π^2 的似然函数为

$$m(x \mid \mu_\pi, \sigma_\pi^2) = [2\pi(\sigma_\pi^2 + \sigma^2)]^{-\frac{n}{2}} \exp\left\{-\frac{\sum(x_i - \mu_\pi)^2}{2(\sigma_\pi^2 + \sigma^2)}\right\}$$
$$= 2\pi(\sigma_\pi^2 + \sigma^2) \mid^{-\frac{n}{2}} \exp\left\{\frac{-ns_n^2}{2(\sigma_\pi^2 + \sigma^2)}\right\} \exp\left\{\frac{-n(\bar{x} - \mu_\pi)^2}{(\sigma_\pi^2 + \sigma^2)}\right\}$$

其中 $\bar{x} = \frac{1}{n}\sum_{i=1}^{n} x_i$，$s_\pi^2 = \frac{1}{n}\sum_{i=1}^{n}(x_i - \bar{x})^2$。从上式容易看出，当不考虑 σ_π^2 时，μ_π 在 $\bar{x}$ 处达到最大，所以 $\hat{\mu}_\pi = \bar{x}$ 应是 μ_π 的 $ML-Ⅱ$ 选择。将 μ_π 以 $\bar{x}$ 代入上式，只剩 σ_π^2 的函数

$$\phi(\sigma_\pi^2) = [2\pi(\sigma_\pi^2 + \sigma^2)]^{-\frac{n}{2}} \exp\left\{\frac{-ns_n^2}{2(\sigma_\pi^2 + \sigma^2)}\right\}$$

对 $\ln\phi(\sigma_\pi^2)$ 微分并令为零，可得似然方程

$$\frac{d\ln\phi(\sigma_\pi^2)}{d\sigma_\pi^2} = \frac{-n/2}{\sigma_\pi^2 + \sigma^2} + \frac{-ns_n^2}{2(\sigma_\pi^2 + \sigma^2)^2} = 0$$

解之，可得 $\sigma_\pi^2 = S_n^2 - \sigma^2$。若 $S_n^2 < \sigma^2$，导致 σ_n^2 为负值，这不合情理，故令 $\sigma_\pi^2 = 0$。于是 σ_π^2 的 ML－Ⅱ估计为

$$\hat{\sigma}_\pi^2 = \begin{cases} 0, & \text{当 } s_n^2 < \sigma^2 \\ s_\pi^2 - \sigma^2, & \text{当 } s_n^2 \geqslant \sigma^2 \end{cases}$$

从而所求的 ML-Ⅱ先验为 $\pi = N(\hat{\mu}_\pi, \hat{\sigma}_\pi^2)$

3.3.4 先验选择的矩方法

当先验密度函数 $\pi(\theta|\lambda)$ 的形式已知，还可利用先验矩与边缘分布矩之间的关系寻求超参数 λ 的估计。这个方法称为**先验选择的矩方法**。这个矩方法的要点如下：

(1)计算总体分布 $p(x|\theta)$ 的期望 $\mu(\theta)$ 和方差 $\sigma^2(\theta)$，即

$$\mu(\theta) = E^{x|\theta}(X)$$
$$\sigma^2(\theta) = E^{x|\theta}[X - \mu(\theta)]^2$$

这里符号 $E^{x|\theta}$ 表示用 θ 给定下的条件分布 $p(x|\theta)$ 求期望。以下类似符号亦作类似解释。

(2)计算边缘密度 $m(x|\lambda)$ 的期望 $\mu_m(\lambda)$ 和方差 $\sigma_m^2(\lambda)$，下面的公式可以帮助我们简化这些计算

$$\begin{aligned}
\mu_m(\lambda) &= E^{x|\lambda}(X) \\
&= \int_\chi x \int_\Theta p(x \mid \theta)\pi(\theta \mid \lambda) d\theta dx \\
&= \int_\Theta \int_\chi x p(x \mid \theta) dx \pi(\theta \mid \lambda) d\theta \\
&= \int_\Theta \mu(\theta)\pi(\theta \mid \lambda) d\theta \\
&= E^{\theta|\lambda}[\mu(\theta)]
\end{aligned}$$

$$\begin{aligned}
\sigma_m^2(\lambda) &= E^{x|\lambda}[X - \mu_m(\lambda)]^2 \qquad (3.3.6) \\
&= \int_\chi (x - \mu_m(\lambda)^2) \int_\Theta p(x \mid \theta)\pi(\theta \mid \lambda) d\theta dx \\
&= \int_\Theta \int_\chi (x - \mu_m(\lambda))^2 p(x \mid \theta) dx \pi(\theta \mid \lambda) d\theta \\
&= \int_\Theta E^{x|\theta}[x - \mu_m(\lambda)]^2 \pi(\theta \mid \lambda) d\theta
\end{aligned}$$

其中

$$\begin{aligned}
E^{x|\theta}[x - \mu_m(\lambda)]^2 &= E^{x|\theta}[x - \mu(\theta) + \mu(\theta) - \mu_m(\lambda)]^2 \\
&= E^{x|\theta}[x - \mu(\theta)]^2 + E^{x|\theta}[\mu(\theta) - \mu_m(\lambda)]^2 \\
&= \sigma^2(\theta) + [\mu(\theta) - \mu_m(\lambda)]^2
\end{aligned}$$

代回原式，可得

$$\sigma_m^2(\lambda) = E^{\theta|\lambda}[\sigma^2(\theta)] + E^{\theta|\lambda}[\mu(\theta) + \mu_m(\lambda)]^2 \qquad (3.3.7)$$

由(3.3.6)和(3.3.7)可以看出，要计算边缘分布 $m(x|\lambda)$ 的期望 $\mu_m(\lambda)$ 和方差 $\sigma_m^2(\lambda)$ 关键在于用先验分布 $\pi(\theta|\lambda)$ 计算如下三个变量

$$E^{\theta|\lambda}[\mu(\theta)], E^{\theta|\lambda}[\sigma^2(\theta)], E^{\theta|\lambda}[\mu(\theta) - \mu_m(\lambda)]^2 \qquad (3.3.8)$$

(3)当先验分布中仅含二个超参数时，即 $\lambda = (\lambda_1, \lambda_2)$，可用混合样本 $x = (x_1, x_2, \cdots, x_n)$ 计算其样本均值和样本方差，即

$$\hat{\mu}_m = \bar{x} = \frac{1}{n}\sum_{i=1}^{n} x_i$$

$$\hat{\sigma}_m^2 = \frac{1}{n-1}\sum_{i=1}^{n} = \frac{1}{n}\sum_{i=1}^{n}(x_i - \bar{x})^2$$

再用样本矩代替边缘分布的矩，列出如下方程

$$\hat{\mu}_m = E^{\theta|\lambda}[\mu(\theta)]$$

$$\hat{\sigma}_m^2(\lambda) = E^{\theta|\lambda}[\sigma^2(\theta)] + E^{\theta|\lambda}[\mu(\theta) - \mu_m(\lambda)]^2$$

解此方程组，可得超参数$\lambda=(\lambda_1,\lambda_2)$的估计$\hat{\lambda}=(\hat{\lambda}_1,\hat{\lambda}_2)$。从而获得先验分布$\pi(\theta|\hat{\lambda})$。

下面的例子可以帮助我们熟悉上述算法。

例 3.3.4 设总体$X\sim \mathrm{Exp}(\theta)$，其密度函数为

$$p(x|\theta)=\theta e^{-\theta x},x>0$$

参数θ的先验分布取伽玛分布$Ga(\alpha,\lambda)$其密度函数

$$\pi(\theta|\alpha,\lambda)=\frac{\lambda^{\alpha}}{\Gamma(\alpha)}\theta^{\alpha-1}c^{-\lambda\theta},\theta>0$$

现有混合样本的均值$\hat{\mu}_m$和方差$\hat{\sigma}_m^2$，要寻求超参数α,λ的矩估计。

(1)计算指数分布$\mathrm{Exp}(\theta)$的期望和方差

$$\mu(\theta)=\theta^{-1}\qquad \sigma^2(\theta)=\theta^{-2}$$

(2)计算(3.3.8)中所示的三个先验矩。

$$\begin{aligned}
E^{\theta|\lambda}[\mu(\theta)] &= E^{\theta|\lambda}[\theta^{-1}]\\
&=\frac{\lambda^{\alpha}}{\Gamma(\alpha)}\int_0^{\infty}\theta^{\alpha-2}c^{-\lambda\theta}d\theta\\
&=\frac{\lambda}{\alpha-1}
\end{aligned}$$

$$\begin{aligned}
E^{\theta|\lambda}[\sigma^2(\theta)] &= E^{\theta|\lambda}[\theta^{-2}]\\
&=\frac{\lambda^{\alpha}}{\Gamma(\alpha)}\int_0^{\infty}\theta^{\alpha-3}c^{-\lambda\theta}d\theta\\
&=\frac{\lambda^2}{(\alpha-1)(\alpha-2)}
\end{aligned}$$

$$\begin{aligned}
E^{\theta|\lambda}[\mu(\theta)-\mu_m(\lambda)]^2 &= E^{\theta|\lambda}[\theta^{-1}-\frac{\lambda}{\alpha-1}]^2\\
&=E^{\theta|\lambda}[\theta^{-2}]-\frac{2\lambda}{\alpha-1}E^{\theta|\lambda}[\theta^{-1}]+\frac{\lambda^2}{(\alpha-1)^2}\\
&=\frac{\lambda^2}{(\alpha-1)(\alpha-2)}-\frac{2\lambda}{\alpha-1}\frac{\lambda}{\alpha-1}+\frac{\lambda^2}{(\alpha-1)^2}\\
&=\frac{\lambda^2}{(\alpha-1)(\alpha-2)}-\frac{\lambda^2}{(\alpha-1)^2}
\end{aligned}$$

把上述三式代入(3.3.6)和(3.3.7)，即得边缘分布的期望与方差

$$\mu_m(\lambda)=\frac{\lambda}{\alpha-1}$$

$$\sigma_m^2(\lambda)=\frac{2\lambda^2}{(\alpha-1)(\alpha-2)}-\frac{\lambda^2}{(\alpha-1)^2}$$

$$= \left(\frac{\lambda}{\alpha-1}\right)^2 \frac{\alpha}{\alpha-2}$$

(3)用样本矩代替边缘分布的矩,列出方程

$$\hat{\mu}_m = \frac{\lambda}{\alpha-1}$$

$$\hat{\sigma}_m^2 = \left(\frac{\lambda}{\alpha-1}\right)^2 \frac{\alpha}{\alpha-2}$$

把第一方程代入第二方程中去,可得

$$\hat{\sigma}_m^2 = \hat{\mu}_m^2 \frac{\alpha}{\alpha-2}$$

解之可得

$$\hat{\alpha} = \frac{2\hat{\sigma}_m^2}{\hat{\sigma}_m^2 - \hat{\mu}_m^2}$$

再代回第一方程,即得

$$\hat{\lambda} = (\alpha-1)\hat{\mu}_m = \frac{\hat{\sigma}_m^2 + \hat{\mu}_m^2}{\hat{\sigma}_m^2 - \hat{\mu}_m^2}$$

这就是超参数和矩估计。

例 3.3.5 设总体 $X \sim N(\theta,1)$,其中参数 θ 的先验分布取共轭先验 $N(\mu_\pi,\sigma_\pi^2)$。这时总体均值 $\mu(\theta)=\theta$,而总体方差 $\sigma^2(\theta)=1$ 与参数元关。由(3.3.6)和(3.3.7)很容易算出边缘分布 $m(x|\lambda)$ 的均值与方差,其中 $\lambda=(\mu_\pi,\sigma_\pi^2)$

$$\begin{aligned}
\mu_m(\lambda) &= E^{\theta|\lambda}[\mu(\theta)] \\
&= E^{\theta|\lambda}(\theta) = \mu_\pi \\
\sigma_m^2 &= E^{\theta|\lambda}[\mu^2(\theta)] + E^{\theta|\lambda}[\mu(\theta) - \mu_m(\lambda)]^2 \\
&= E^{\theta|\lambda}[1] + E^{\theta|\lambda}[\theta - \mu_\pi]^2 \\
&= 1 + \sigma_\pi^2
\end{aligned}$$

由过去的经验,决策者认为边缘分布的均值为 10,方差为 3。即 $\hat{\mu}_m=10, \hat{\sigma}_m^2=3$。于是所列方程为

$$\mu_\pi = 10$$

$$1+\sigma_\pi^2 = 3$$

解之,可得 $\hat{\mu}_\pi=10, \hat{\sigma}_\pi^2=2$。即 θ 的先验分布为 $N(10,2)$。

§3.4 无信息先验分布

贝叶斯统计的特点就在于利用先验信息(经验与历史数据)形成先验分布,参与统计推断。它启发人们要充分挖掘周围的各种信息使统计推断更为有效。但从贝叶斯统计诞生之日开始就伴着一个"没有先验信息可利用的情况下,如何确定先验分布?"的问题。

出于贝叶斯方法的吸引力和完善贝叶斯方法的愿望,不少统计学家参与研究了这个问题,经过几代人的努力,至今已提出多种无信息先验分布。这里叙述其主要结果。

3.4.1 贝叶斯假设

所谓参数 θ 的无信息先验分布是指除参数 θ 的取值范围 Θ 和 θ 在总体分布中的地位之外,再也不包含 θ 的任何信息的先验分布。有人把"不包含 θ 的任何信息"这句话理解为对 θ 的任何可能值,他都没有偏爱,都是同等无知的。因此很自然地把 θ 的取值范围上的"均匀"分布看作 θ 的先验分布,即

$$\pi(\theta)=\begin{cases}c,\theta\in\Theta\\0,\theta\notin\Theta\end{cases}\tag{3.4.1}$$

其中 Θ 是 θ 的取值范围,c 是一个容易确定的常数。这一看法通常被称为贝叶斯假设,又称拉普拉斯(Laplace)先验。

贝叶斯假设有其合理的方面。譬如对一位孕妇将拥有一个男孩或一个女孩的概率都为1/2,这样的均匀先验显然没有提供任何信息的。一般,若 $\Theta=\{\theta_1,\cdots,\theta_n\}$ 为有限集,且对 θ_i 发生无任何信息,那么很自然认为其上的均匀分布

$$P(\theta=\theta_i)=1/n$$

作为 θ 的先验分布是合理的。又如对一种新产品的市场占有率 θ 没有任何信息场合下,取(0,1)上的均匀分布作为其先验分布有时也是合理的。一般,若 $\Theta=(a,b)$ 为有限区间,且对其内任何值都没有偏爱,因此用区间 (a,b) 上的均匀分布作为 θ 的先验分布也是恰当表达了对 θ 的一种认识。

使用贝叶斯假设也会遇到一些麻烦,主要是以下二个:

(1)当 θ 为无限区间时,如为 $(0,\infty)$ 或 $(-\infty,\infty)$ 时,在 Θ 上无法定义一个正常的均匀分布,下面的例子具体说明遇到是什么样的麻烦。

例 3.4.1 设总体 $X\sim N(\theta,1)$,其中 $\theta\in(-\infty,\infty)=\Theta$。若正态均值 θ 的取值无任何偏爱的话,那么 θ 的无信息先验应是 $(-\infty,\infty)$ 上的均匀分布,即

$$\pi(\theta)=c, -\infty<\theta<\infty$$

但这不是一个正常的概率密度函数，因为$\int_{-\infty}^{\infty}\pi(\theta)d\theta=\infty$。可用它并不影响后验分布的计算。按贝叶斯公式有

$$\begin{aligned}\pi(\theta \mid x) &= \frac{f(x \mid \theta)\pi(\theta)}{\int_{-\infty}^{\infty} f(x \mid \theta)\pi(\theta)d\theta} \\ &= \frac{\frac{c}{\sqrt{2\pi}}\exp\left\{-\frac{1}{2}(x-\theta)^2\right\}}{\int_{-\infty}^{\infty}\frac{c}{\sqrt{2\pi}}\exp\left\{-\frac{1}{2}(x-\theta)^2\right\}d\theta} \\ &= \frac{1}{\sqrt{2\pi}}\exp\left\{-\frac{1}{2}(\theta-x)^2\right\}\end{aligned}$$

可以看出，所得的后验密度($N(x,1)$的密度)是一个正常的概率密度。且 c 的选择并不重要。以后常选用 $\pi(\theta)=1$。若取后验均值估计 θ，则 $\hat{\theta}=x$。这与经典方法的结果是一样的。贝叶斯统计学家为了把这种不正常的均匀分布纳入先验分布行列，特地给出如下的广义先验分布概念。

定义 3.4.1　设总体 $X\sim p(x|\theta)$，$\theta\in\Theta$。若 θ 的先验分布 $\pi(\theta)$ 满足下列条件：

1. $\pi(\theta)\geqslant 0$，且$\int_{\Theta}\pi(\theta)d\theta=\infty$，

2. 由此决定的后验密度 $\pi(\theta|x)$ 是正常的密度函数，则称 $\pi(\theta)$ 为 θ 的**广义先验密度，或广义先验分布**。

例 3.4.1 中给出的 $\pi(\theta)=1$ 就是正态均值的一个广义先验分布。它是一个典型的无信息先验分布，并常称它为实数集 R^1 上的均匀密度。

(2)贝叶斯假设不满足变换下的不变性。下面的例子可以说明这个问题。

例 3.4.2　考虑正态标准差 σ，它的参数空间是$(0,\infty)$。若定义一个变换

$$\eta=\sigma^2\in(0,\infty)$$

则 η 是正态方差。在$(0,\infty)$上，η 与 σ 是一对一变换，不会损失信息，也不会产生新的信息。若 σ 是无信息参数，那么 η 也是无信息参数，且它们的参数空间都是$(0,\infty)$，没有被压缩或放大。按贝叶斯假设，它们的无信息先验分布应都为常数，应该成比例。可是按概率运算法则并不是这样。若设 $\pi(\sigma)$ 为 σ 的密度函数，那么 η 的密度函数为

$$\pi^*(\eta)=\left|\frac{d\sigma}{d\eta}\right|\pi(\sqrt{\eta})=\frac{1}{2\sqrt{\eta}}\pi(\sqrt{\eta})$$

因此,若 σ 的无信息先验被选为常数,为保持数学上的逻辑推理的一致性,$\eta=\sigma^2$ 的无信息先验应与 $\eta^{-1/2}$ 成比例。这与贝叶斯假设矛盾。

从这个例子可以看出,不能随意设定一个常数为某参数的先验分布,即不能随意使用贝叶斯假设,那么什么场合可使用贝叶斯假设?什么场合不能使用贝叶斯假设?如不能使用贝叶斯假设,无信息先验分布又如何确定呢?如今的一些研究已有了回答,下面来叙述这些结果。

3.4.2 位置参数的无信息先验

Jeffrey(1961)首先考虑这类问题。若要考虑参数 θ 的无信息先验,他首先要知道该参数 θ 在总体分布中的地位,譬如 θ 是位置参数,还是尺度参数。根据参数在分布的地位选用适当变换下的不变性来确定其无信息先验分布。这样确定先验分布的方法是没有用任何先验信息,但要用到总体分布的信息。以后会看到用这些方法确定的无信息先验分布大都是广义先验。设总体 X 的密度具有形式 $p(x-\theta)$,其样本空间 $\mathscr{X}$ 和参数空间 Θ 皆为实数集 R^1。这类密度组成位置参数族。θ 称为位置参数,方差 σ^2 已知时的正态分布 $N(\theta,\sigma^2)$ 就是其成员之一。现要导出这种场合下 θ 的无信息先验分布。

设想让 X 移动一个量 c 得到 $Y=X+c$,同时让参数 θ 也移动一个量 c 得到 $\eta=\theta+c$,显然 Y 有密度 $p(y-\eta)$。它仍是位置参数族的成员,且其样本空间与参数空间仍为 R^1。所以 (X,θ) 问题与 (Y,η) 问题的统计结构完全相同。因此 θ 与 η 应是有相同的无信息先验分布。即

$$\pi(\tau)=\pi^*(\tau) \tag{3.4.2}$$

其中 $\pi(\cdot)$ 与 $\pi^*(\cdot)$ 分别为 θ 与 η 的无信息先验分布,另一方面,由变换 $\eta=\theta+c$ 可以算得 η 的无信息先验分布为

$$\pi^*(\eta)=\left|\frac{d\theta}{d\eta}\right|\pi(\eta-c)=\pi(\eta-c) \tag{3.4.3}$$

其中 $d\theta/d\eta=1$,比较(3.4.2)和(3.4.3)可得

$$\pi(\eta)=\pi(\eta-c)$$

取 $\eta=c$,则有

$$\pi(c)=\pi(0)=\text{常数}$$

由于 c 的任意性,故得 θ 的无信息先验分布为

$$\pi(\theta)=1 \tag{3.4.4}$$

这表明，当θ为位置参数时，其先验分布可用贝叶斯假设作为无信息先验分布。

例 3.4.3 设$x_1,\cdots,x_n$是来自正态总体$N(\theta,\sigma^2)$的一个样本，其中σ^2已知。其充分统计量$\bar{x}$的分布为$N(\theta,\sigma^2/n)$。即

$$p(\bar{x}\mid\theta)\propto\exp\{-n(\bar{x}-\theta)^2/2\sigma^2\}$$

关于θ没有任何先验信息可利用时，为估计θ只能采用无信息先验。

$$\pi(\theta)=1$$

利用贝叶斯公式，很容易看到，在给定$\bar{x}$后，θ的后验分布为$N(\bar{x},\sigma^2/n)$。这表明：θ的后验期望估计$\hat{\theta}_E=\bar{x}$，后验方差为σ^2/n，标准差为$\sigma/\sqrt{n}$。这些结果与经典统计中常用结果在形式上是完全一样的。

这种现象以后会常遇到。这里只是第一个例子。这种现象被贝叶斯学派解释为，经典统计学中一些成功的估计量是可以看作使用合理的无信息先验的结果。当使用合理的有信息先验时，可以开发出更好的贝叶斯估计。无信息先验的开发和使用是贝叶斯统计中最成功的结果之一。

例 3.4.4 该$\underset{\sim}{x}=(x_1,\cdots,x_n)$是来自正态总体$N(\mu,\sigma^2)$的一个样本，该样本的联合密度函数为

$$\begin{aligned}p(\underset{\sim}{x}\mid\mu,\sigma)&=\left(\frac{1}{\sqrt{2\pi}\sigma}\right)^n\exp\left\{-\frac{1}{2\sigma^2}\sum_{i=1}^n(x_i-\mu)^2\right\}\\&=\left(\frac{1}{\sqrt{2\pi}}\right)^n\left(\frac{1}{\sigma^2}\right)^{\frac{n}{2}}\exp\left\{-\frac{1}{2\sigma^2}[Q+n(\bar{x}-\mu)^2]\right\}\end{aligned}$$

其中$Q=\sum_{i=1}^n(x_i-\bar{x})^2$。为了获得$\mu$与$\sigma^2$的贝叶斯估计，可以如下选择先验分布，$\mu$的先验选无信息先验，$\pi(\mu)\propto1$；$\sigma^2$的先验$\pi(\sigma^2)$取倒伽玛分布$IGa(\alpha,\lambda)$，其中$\alpha$与$\lambda$已知；且$\mu$与$\sigma^2$独立。这意味着，$\mu$与$\sigma^2$的联合先验为

$$\pi(\mu,\sigma^2)=\pi(\mu)\pi(\sigma^2)=\frac{\lambda^\alpha}{\Gamma(\alpha)}\left(\frac{1}{\sigma^2}\right)^{\alpha+1}e^{-\lambda/\sigma^2},-\infty<\mu<\infty,\sigma^2>0$$

于是可得μ与σ^2的联合后验分布

$$\pi(\mu,\sigma^2\mid\underset{\sim}{x})\propto\left(\frac{1}{\sigma^2}\right)^{\alpha+\frac{n}{2}+1}\exp\left\{-\frac{\lambda}{\sigma^2}-\frac{1}{2\sigma^2}[Q+n(\bar{x}-\mu)^2]\right\}$$

而对μ的积分可得σ^2的边缘后验分布的核为

$$\pi(\sigma^2\mid\underset{\sim}{x})\propto\left(\frac{1}{\sigma^2}\right)^{\alpha+\frac{n}{2}+1}\exp\left\{-\frac{Q+2\lambda}{2\sigma^2}\right\}\int_{-\infty}^{\infty}\exp\left\{-\frac{n}{2\sigma^2}(\mu-\bar{x})^2d\mu\right\}$$

$$=\left(\frac{1}{\sigma^2}\right)^{\alpha+\frac{n}{2}+1}\exp\left\{-\frac{Q+2\lambda}{2\sigma^2}\right\}\sqrt{\frac{2\pi}{n}}\cdot\sigma$$

$$\propto\left(\frac{1}{\sigma^2}\right)^{\alpha+\frac{n}{2}+\frac{1}{2}}\exp\left\{-\frac{Q+2\lambda}{2\sigma^2}\right\}$$

最后结果正是倒伽玛分布 $IGa(\alpha+\frac{n}{2}-\frac{1}{2},\lambda+\frac{Q}{2})$。它的后验期望正是 σ^2 的贝叶斯估计

$$\hat{\sigma}^2=\frac{\lambda+Q/2}{(\alpha+\frac{n}{2}-\frac{1}{2})-1}=\frac{2\lambda+Q}{2\alpha+n-3}.$$

类似地，$\pi(\mu,\sigma^2|\underset{\sim}{x})$ 对 σ^2 积分可得 μ 的边际后验分布的核

$$\pi(\mu|\underset{\sim}{x})\propto\int_0^\infty\left(\frac{1}{\sigma^2}\right)^{\alpha+\frac{n}{2}+1}\exp\left\{-\frac{1}{\sigma^2}\left[\lambda+\frac{Q}{2}+\frac{n}{2}(\mu-\bar{x})^2\right]\right\}d\sigma^2$$

利用倒伽玛分布的正则性为

$$\pi(\mu|\underset{\sim}{x})\propto\frac{\Gamma\left(\alpha+\frac{n}{2}\right)}{\left(\lambda+\frac{Q}{2}+\frac{n}{2}(\mu-\bar{x})^2\right)^{\alpha+n/2}}$$

任意到这个后验密度关于 $\bar{x}$ 对称，故 μ 的后验期望(贝叶斯估计)就是 $\bar{x}$，即 $E(\mu|\underset{\sim}{x})=\bar{x}$。它与超参数 α 与 λ 无关。

顺便指出一个现象，回忆上述计算过程就会发现，无论参数 σ^2 的先验 $\pi(\sigma^2)$ 取什么概率分布，只要 μ 取无信息先验：$\pi(\mu)\propto1$，则 μ 的后验分布总是关于 $\bar{x}$ 对称。

例 3.4.5 设 x 是从正态总体 $N(\theta,\sigma^2)$ 抽取的容量为 1 的样本，其中 σ^2 已知，θ 未知，但知其为正，即 $\theta>0$ 在这种场合寻找 θ 的估计在经典统计中是难于处理的。可在贝叶斯统计中对附加约束条件的估计问题容易处理。在这里若取如下无信息先验分布

$$\pi(\theta)=I_{(0,\infty)}(\theta)$$

就可得到后验密度

$$\pi(\theta\mid x)=\frac{\exp\{-(\theta-x)^2/2\sigma^2\}I_{(0,\infty)}(\theta)}{\int_0^\infty\exp\{-(\theta-x)^2/2\sigma^2\}d\theta}$$

若取后验均值作为 θ 的估计，则

$$\hat{\theta}_E = E(\theta \mid x) = \frac{\int_0^{\infty} \theta \exp\{-(\theta - x)^2/2\sigma^2\} d\theta}{\int_0^{\infty} \exp\{-(\theta - x)^2/2\sigma^2\} d\theta}$$

利用变换 $\eta=(\theta-x)/\sigma$，可得

$$\hat{\theta}_E = \frac{\int_{-\frac{x}{\sigma}}^{\infty} (\sigma\eta + x) e^{-\eta^2/2} \sigma d\eta}{\int_{-\frac{x}{\sigma}}^{\infty} e^{-\eta^2/2} \sigma d\eta}$$

$$= x + \frac{(2\pi)^{-1/2} \sigma \exp\{-x^2/2\sigma^2\}}{1 - \Phi(-x/\sigma)}$$

其中 $\Phi(\cdot)$为标准正态分布函数。θ 的这个估计既简单，又便于应用。譬如设 $\sigma=1$，若 $x=0.5$，则

$$\hat{\theta}_E = 0.5 + \frac{(2\pi)^{-1/2} \exp\{-1/8\}}{1 - \Phi(-0.5)} = 0.5 + \frac{0.3520}{0.6915} = 1.0090$$

若 $x=-0.5$，则

$$\hat{\theta}_E = 0.5 + \frac{(2\pi)^{-1/2} \exp\{-1/8\}}{1 - \Phi(0.5)} = 0.5 + \frac{0.3520}{0.3085} = 0.6410$$

无论观察值 x 为正或为负，参数 θ 的后验期望估计总为正。这是符合要求的。

3.4.3　尺度参数的无信息先验

设总体 X 的密度函数具有形式$\frac{1}{\sigma} p\left(\frac{x}{\sigma}\right)$，其中 σ 称为尺度参数，参数空间为 $R^+=(0,\infty)$。这类密度的全体称为尺度参数族。正态分布 $N(0,\sigma^2)$和形状参数已知的伽玛分布都是这个分布族的成员。现要导出这种场合下参数 σ 的无信息先验。

设想让 X 改变比例尺，即得 $Y=cX(c>0)$。类似地定义 $\eta=c\sigma$，即让参数 σ 同步变化，不难算出 Y 的密度函数为$\frac{1}{\eta} p\left(\frac{y}{\eta}\right)$仍属尺度参数族。且若 X 的样本空间为 R^1，则 Y 的样本空间也为 R^1；若 X 的样本空间为 R^+，则 Y 的样本空间也为 R^+。此外 σ 的参数空间与 η 的参数空间都为 R^+，可见(X,σ)问题与(y,η)问题的统计结构完全相同，故 σ 的无信息先验 $\pi(\sigma)$与 η 的无信息先验 $\pi^*(\eta)$应相同，即

$$\pi(\tau)=\pi^*(\tau) \tag{3.4.5}$$

另一方面，由变换 $\eta=c\sigma$ 可以得 η 的无信息先验

$$\pi^*(\eta)=\left|\frac{d\sigma}{d\eta}\right|\pi(\sigma)=\frac{1}{c}\pi\left(\frac{\eta}{c}\right) \tag{3.4.6}$$

比较(3.4.5)和(3.4.6)可得

$$\pi(\eta)=\frac{1}{c}\pi\left(\frac{\eta}{c}\right)$$

取 $\eta=c$,则有

$$\pi(c)=\frac{1}{c}\pi(1)$$

为方便计算,令 $\pi(1)=1$,可得 σ 的无信息先验为

$$\pi(\sigma)=\sigma^{-1},\sigma>0 \tag{3.4.7}$$

这仍是一个不正常先验,在很多场合它可成为广义先验。

例 3.4.5 设 X 服从指数分布,其密度函数为

$$p(x\mid\sigma)=\sigma^{-1}\exp\{-x/\sigma\},x>0$$

其中 σ 是尺度参数。若 $x_1,\cdots,x_n$ 是来自该指数分布的一个样本,σ 的先验取无信息先验(3.4.7),则在样本 $x=(x_1,\cdots,x_n)$ 给定下,σ 的后验密度函数为

$$\pi(\sigma\mid\boldsymbol{x})\propto=\sigma^{-(n+1)}\exp\left\{\sum_{i=1}^{n}x_i/\sigma\right\},\sigma>0$$

这是倒伽玛分布 $IGa(n,\sum_{i=1}^{n}x_i)$。它的后验均值 $E(\sigma\mid x)=\sum_{i=1}^{n}x_i(n-1)$。这就是 σ 的后验期望估计,它的后验方差为 $\mathrm{Var}(\sigma\mid x)=(\sum_{i=1}^{n}x_i)^2/(n-1)^2(n-2)$。

3.4.4 Jeffreys 先验

在较为一般场合,Jeffreys(1961)用 Fisher 信息量(阵)给出未知参数 θ 的无信息先验。下面先介绍 Fisher 信息量(阵)。

一、Fisher 信息量

Fisher 信息量是统计学的一个重结果。在经典统计中它被用来表示无偏估计类方差的下界与最大似然估计的渐近方差。在贝叶斯统计中它被用来表示无信息先验分布。

定义 3.4.1 设总体的密度函数(或分布列)为 $p(x|\theta)$,其中 $\theta=(\theta_1,\cdots,\theta_p)'\in\Theta CR^p$,如果

(1)参数空间 Θ 是 R^p 上的开矩形;

(2)分布的支撑 $A=\{x:p(x|\theta)>0\}$ 与 θ 无关；

(3)对数似然 $l=\ln p(x|\theta)$ 对 θ_i 的偏导数 $\frac{\partial l}{\partial\theta_i}, i=1,\cdots,p,\theta\in\Theta$ 都存在，常称随机向量

$$S_\theta(x)=\left(\frac{\partial l}{\partial\theta_i},\cdots,\frac{\partial l}{\partial\theta_p}\right)' \tag{3.4.8}$$

为**记分向量或记分函数**；

(4)对 $p(x|\theta)$ 的积分与微分运算可以交换；

(5)对一切 $1\leqslant i,j\leqslant p$，有

$$I_{ij}(\theta)=E_\theta\left\{\frac{\partial l}{\partial\theta_i}\frac{\partial l}{\partial\theta_j}\right\}<\infty,\ \theta\in\Theta \tag{3.4.9}$$

则称该分布族 $\{p(x|\theta),\theta\in\Theta\}$ 为 Cramer—Rao **正则分布族**，简称 **C—R 正则族**。在 C—R 正则族前提下，记分向量 $S_\theta(x)$ 的方差协方差阵

$$I(\theta)=\mathrm{Var}_\theta[S_\theta(x)]=E[S_\theta(x)S'_\theta(x)]=(I_{ij}(\theta))_{p\times p} \tag{3.4.10}$$

称为该分布族中参数 $\theta(\theta_1,\cdots,\theta_p)'$ 的 **Fisher 信息阵**，简称 θ 的信息阵。

关于这个定义有以下几点说明。

(1)定义中给出的 C—R 正则族概念是 Fisher 信息阵存在的条件，常用分布族大都可验证满足 C—R 正则族中五个条件，但也有一些分布族不是 C—R 正则族。如均匀分布族 $\{U(0,\theta),\theta>0\}$ 的支撑 $A=\{x:0<x<\theta\}$ 依赖于未知参数 θ，故对该族不能谈及 Fisher 信息量。

(2)Fiher 信息阵常被解释为分布族中所含未知参数 $\theta=(\theta_1,\cdots,\theta_p)'$ 的信息量。$p=1$ 和 $p=2$ 是两种常用的情况，它们的 Fisher 信息阵分别为

$$I(\theta)=E\left(\frac{\partial l}{\partial\theta}\right)^2$$

$$I(\theta)=\begin{bmatrix} E\left(\frac{\partial l}{\partial\theta_1}\right)^2 & E\left(\frac{\partial l}{\partial\theta_1}\frac{\partial l}{\partial\theta_2}\right) \\ E\left(\frac{\partial l}{\partial\theta_1}\frac{\partial l}{\partial\theta_2}\right) & E\left(\frac{\partial l}{\partial\theta_2}\right)^2 \end{bmatrix}$$

(3)Fisher 信息阵(3.4.10)中的元素 $I_{ij}(\theta)$ 还有一个简便公式

$$I_{ij}(\theta)=E\left(\frac{\partial l}{\partial\theta_i}\frac{\partial l}{\partial\theta_j}\right)=-E\left(\frac{\partial^2 l}{\partial\theta_i\partial\theta_j}\right) \tag{3.4.11}$$

但要求总体密度函数(或分布列)关于诸 θ_i 的二阶导数存在。

事实上，利用积分与微分次序可交换可知 $E\left(\frac{\partial l}{\partial \theta_i}\right)=0, i=1,\cdots,p$。

因为

$$E\left(\frac{\partial l}{\partial \theta_i}\right)=\int \frac{\partial l}{\partial \theta_i} p(x \mid \theta) \mathrm{d} x=\frac{\partial}{\partial \theta_i} \int p(x \mid \theta) \mathrm{d} x=0$$

对上式中 θ_j 再进行一次微分后仍为 0，即

$$\begin{aligned}
0 &= \frac{\partial}{\partial \theta_j}\left[E \frac{\partial l}{\partial \theta_i}\right]=\frac{\partial}{\partial \theta_j} \int \frac{\partial l}{\partial \theta_i} p(x \mid \theta) \mathrm{d} x \\
&= \int \frac{\partial}{\partial \theta_j}\left(\frac{\partial l}{\partial \theta_i} p(x \mid \theta)\right) \mathrm{d} x \\
&= \int \frac{\partial^2 l}{\partial \theta_i \partial \theta_j} p(x \mid \theta) d x+\int \frac{\partial l}{\partial \theta_i} \frac{\partial p(x \mid \theta)}{\partial \theta_j} \mathrm{d} x
\end{aligned}$$

上式第二个积分中

$$\frac{\partial p(x \mid \theta)}{\partial \theta_j}=\frac{\partial \ln p(x \mid \theta)}{\partial \theta_j} p(x \mid \theta)=\frac{\partial l}{\partial \theta_j} p(x \mid \theta)$$

代回原式即得

$$E\left(\frac{\partial^2 l}{\partial \theta_i \partial \theta_j}\right)+E\left(\frac{\partial l}{\partial \theta_i} \frac{\partial l}{\partial \theta_j}\right)=0$$

移项即得式(3.4.11)。特别，当 $i=j$ 时有 $E\left(\frac{\partial l}{\partial \theta_i}\right)^2=-E\left(\frac{\partial^2 l}{\partial \theta_i^2}\right)$

(3)若 $\underset{\sim}{x}=(x_1,\cdots,x_n)$ 是来自某 C－R 正则族中分布 $p(x|\theta)$ 的一个样本，则该样本的 Fisher 信息阵 $I_n(\theta)$ 是原信息阵 $I(\theta)$ 的 n 倍，即

$$I_n(\theta)=nI(\theta) \tag{3.4.12}$$

这是因为样本的联合分布为 $\phi(\boldsymbol{x} \mid \theta)=\prod_{\theta=1}^{n} p(x_i \mid \theta)$，从而其记分向量为

$$=\frac{\partial}{\partial \theta} \ln p(\boldsymbol{x} \mid \theta)=\frac{\partial}{\partial \theta} \ln \prod_{i=1}^{n} p(x_i \mid \theta)=\sum_{i=1}^{n} S_\theta(x_i)$$

再由样本各分量的独立同分布性质可知

$$I_n(\theta)=\operatorname{Var}(S_\theta(\boldsymbol{x}))=\sum_{i=1}^{n} \operatorname{Var}(S_\theta(x))=nI(\theta)$$

可见，由总体分布的 Fisher 信息阵很容易获得样本分布的 Fisher 信息阵。

例 3.4.6 易知指数分布族 $\{p(x|\sigma)=\frac{1}{\sigma} \mathrm{e}^{-x/\sigma}, \sigma>0\}$ 是 C－R 正则族，其对数

似然及其前二阶导数分别为

$$l=\ln p(x|\sigma)=-\ln\sigma-\frac{x}{\sigma}$$

$$\frac{\partial l}{\partial\sigma}=-\frac{1}{\sigma}+\frac{x}{\sigma^2}$$

$$\frac{\partial^2 l}{\partial\sigma^2}=\frac{1}{\sigma^2}-\frac{2x}{\sigma^3}$$

由于 $E(x)=\sigma$,故 σ 的 Fisher 信息量为

$$I(\sigma)=-E\left(\frac{\partial^2 l}{\partial\sigma^2}\right)=-\frac{1}{\sigma^2}+\frac{2}{\sigma^2}=\frac{1}{\sigma^2}$$

这表明:指数分布 $\mathrm{Exp}(1/\sigma)$的 Fisher 信息量与参数 σ^2 成反比,即 σ 愈小其 Fisher 信息量愈大。这是可以解释的,由于 σ^2 恰好为指数分布的方差,当 σ^2 愈小时该分布较为集中,当 σ^2 愈大时该分布较为分散,这就是指数分布的 Fisher 信息量给出的信息。

顺便指出,双参数指数分布族$\{p(x|\mu,\sigma),-\infty<\mu<\infty,\sigma>0\}$不是 C−R 正则族,因为其支撑 $A=\{x:p(x|\mu,\sigma)>0\}=(\mu,\infty)$依赖于未知参数,故其 Fisher 信息阵无意义。

例 3.4.7　容易验证,正态分布族$\{N(\mu,\sigma^2),-\infty<\mu<\infty,\sigma>0\}$是 C−R 正则族,其对数似然为

$$l(\mu,\sigma)=-\frac{1}{2}\ln(2\pi)-\ln\sigma-\frac{(x-\mu)^2}{2\sigma^2}$$

它的前二阶偏导数分别为

$$\frac{\partial^2 l}{\partial\mu^2}=-\frac{1}{\sigma^2}$$

$$\frac{\partial^2 l}{\partial\mu\partial\sigma}=-\frac{2(x-\mu)}{\sigma^3}$$

$$\frac{\partial^2 l}{\partial\sigma^2}=\frac{1}{\sigma^2}-\frac{3(x-\mu)^2}{\sigma^4}$$

由于 $E(x-\mu)=0$, $E(x-\mu)^2=\sigma^2$,故(μ,σ)的 Fisher 信息阵为

$$I(\mu,\sigma)=\begin{pmatrix}-E\dfrac{\partial^2 l}{\partial\mu^2} & -E\dfrac{\partial^2 l}{\partial\mu\partial\sigma}\\ -E\dfrac{\partial^2 l}{\partial\mu\partial\sigma} & -E\dfrac{\partial^2 l}{\partial\sigma^2}\end{pmatrix}=\begin{pmatrix}1/\sigma^2 & 0\\ 0 & 2/\sigma^2\end{pmatrix}$$

这表明：正态分布 $N(\mu,\sigma^2)$ 中参数 (μ,σ) 的 Fisher 信息阵的非零元素都只与 σ^2 有关，且与 σ^2 成反比。这时常用其行列式 $|I(\mu,\sigma)|$ 来比较其大小。这里

$$|I(\mu,\sigma)|=2/\sigma^4$$

即正态分布方差 σ^2 愈小，分布愈集中，从而 Fisher 信息阵的行列式值愈大。

二、Jeffreys 先验

设总体密度函数为 $p(x|\theta)$，$\theta\in\Theta$，又设参数 θ 的无信息先验为 $\pi(\theta)$。若对参数 θ 作一一对应变换；$\eta=\eta(\theta)$，由于一一对应变换不会增加或减少信息，故新参数 η 的无信息先验 $\pi^*(\eta)$ 与 $\pi(\theta)$ 在结构上应完全相同，即 $\pi(\tau)=\pi^*(\tau)$。另一方面，按随机变量函数的运算规则，θ 与 η 的密度函数间应满足如下关系式

$$\pi(\theta)=\pi^*(\eta)\left|\frac{d\eta}{d\theta}\right|$$

把上述二方面联系起来，θ 的无信息先验 $\pi(\theta)$ 应有如下关系式

$$\pi(\theta)=\pi(\eta(\theta))\left|\frac{d\eta}{d\theta}\right| \tag{3.4.13}$$

什么样的 $\pi(\theta)$ 能满足上述关系式(3.4.13)呢？Jeffreys(1961)用不变测度证明了：若取

$$\pi(\theta)=|I(\theta)|^{1/2} \tag{3.4.14}$$

可使(3.4.13)成立，这就是 θ 的 Jeffreys 先验。因工具限制，这里不能给出这一结论的证明，但可在一维和多维场合验证这一公式。

在一维场合，若令 $l=\ln p(x|\theta))$，则其 Fisher 信息量 $I(\theta)$ 在变换 $\eta=\eta(\theta)$ 下为

$$\begin{aligned}I(\theta)&=E\left(\frac{\partial l}{\partial\theta}\right)^2\\&=E\left(\frac{\partial l}{\partial\eta}\cdot\frac{\partial\eta}{\partial\theta}\right)^2\\&=E\left(\frac{\partial l}{\partial\eta}\right)^2\cdot\left(\frac{\partial\eta}{\partial\theta}\right)^2\\&=I(\eta(\theta))\cdot\left(\frac{\partial\eta}{\partial\theta}\right)^2\end{aligned}$$

其中 $I(\eta)=E\left(\dfrac{\partial l}{\partial\eta}\right)^2$ 为变换后的分布的 Fisher 信息量。若对上式两侧开方后有

$$|I(\theta)|^{1/2}=|I(\eta(\theta))|^{1/2}\cdot\left|\frac{\partial\eta}{\partial\theta}\right|$$

这与(3.4.13)式相同,只要取 $\pi(\theta)=|I(\theta)|^{1/2}$ 即可。这表明在一维参数场合取(3.4.14)作为无信息先验是合适的。

在 p 维参数 $\theta=(\theta_1,\cdots,\theta_p)'$ 亦可进行类似验证,不过结果需用矩阵及其行列式表示。设在 $\theta=(\theta_1,\cdots,\theta_p)'$ 与 $\eta=(\eta_1,\cdots,\eta_p)'$ 间有如下一一对应变换:

$$\eta_k=\eta_k(\theta)=\eta_k(\theta_1,\cdots,\theta_p),\quad k=1,\cdots,p \tag{3.4.15}$$

则在 C—R 正则族的假设下有

$$\begin{aligned} I(\theta)&=E(S_\theta(x)S'_\theta(x))\\ &=E\left[\begin{pmatrix}\dfrac{\partial l}{\partial\theta_1}\\ \vdots\\ \dfrac{\partial l}{\partial\theta_p}\end{pmatrix}\left(\frac{\partial l}{\partial\theta_1}\cdots\frac{\partial l}{\partial\theta_p}\right)\right]\\ &=(I_{ij}(\theta))\end{aligned} \tag{3.4.16}$$

这是一个 $p\times p$ 阶方阵,其一般元素为

$$I_{ij}(\theta)=E\left(\frac{\partial l}{\partial\theta_1}\frac{\partial l}{\partial\theta_j}\right),\quad i,j=1,\cdots,p$$

由于 $l=l(\theta_1,\cdots,\theta_p)=\ln p(x|\theta_1,\cdots,\theta_p)$ 也是 $(\theta_1,\cdots,\theta_p)$ 的函数,利用复合函数求导公式可得

$$\frac{\partial l}{\partial\theta_i}=\frac{\partial l}{\partial\eta_1}\frac{\partial\eta_1}{\partial\theta_i}+\cdots+\frac{\partial l}{\partial\eta_p}\frac{\partial\eta_p}{\partial\theta_i}=\sum_{k=1}^{p}\frac{\partial l}{\partial\eta_k}\frac{\partial\eta_k}{\partial\theta_i},i=1,\cdots,p$$

于是矩阵 $I(\theta)$ 的元素 $I_{ij}(\theta)$ 可表示为

$$\begin{aligned} I_{ij}(\theta)&=E\Big[\sum_{k=1}^{p}\frac{\partial l}{\partial\eta_k}\frac{\partial\eta_k}{\partial\theta_i}\cdot\sum_{s=1}^{p}\frac{\partial l}{\partial\eta_s}\frac{\partial\eta_s}{\partial\theta_j}\Big]\\ &=E\Big[\sum_{k=1}^{p}\sum_{s=1}^{p}\left(\frac{\partial l}{\partial\eta_k}\frac{\partial l}{\partial\eta_s}\right)\frac{\partial\eta_k}{\partial\theta_i}\frac{\partial\eta_s}{\partial\theta_j}\Big]\\ &=\sum_{k=1}^{p}\sum_{s=1}^{p}E\left(\frac{\partial l}{\partial\eta_k}\frac{\partial l}{\partial\eta_s}\right)\frac{\partial\eta_k}{\partial\theta_i}\frac{\partial\eta_s}{\partial\theta_j}\\ &=\sum_{k=1}^{p}\sum_{s=1}^{p}I_{ks}(\eta)\frac{\partial\eta_k}{\partial\theta_i}\frac{\partial\eta_s}{\partial\theta_j}\end{aligned}$$

这个二次型可用如下矩阵表示

$$I_{ij}(\theta)=\left(\frac{\partial\eta_1}{\partial\theta_i}\cdots\frac{\partial\eta_p}{\partial\theta_i}\right)\begin{bmatrix}I_{11}(\eta) & \cdots & I_{1p}(\eta)\\ \cdots & \cdots & \cdots\\ I_{p1}(\eta) & \cdots & I_{pp}(\eta)\end{bmatrix}\begin{bmatrix}\frac{\partial\eta_1}{\partial\theta_j}\\ \vdots\\ \frac{\partial\eta_p}{\partial\theta_j}\end{bmatrix} \tag{3.4.17}$$

其中

$$I_{ks}(\eta)=I_{ks}(\eta(\theta))=E\left(\frac{\partial l}{\partial\eta_k}\frac{\partial l}{\partial\eta_s}\right),k,s=1,\cdots,p$$

它是参数变换后的 Fisher 信息阵 $I(\eta)$ 中的元素，即

$$I(\eta)=(I_{ks}(\eta(\theta)))_{p\times p}$$

若把(3.4.17)式代回(3.4.16)式可得

$$I(\theta)=\left(\frac{\partial\eta}{\partial\theta}\right)I(\eta)\left(\frac{\partial\eta}{\partial\theta}\right)' \tag{3.4.18}$$

其中$\left(\frac{\partial\eta}{\partial\theta}\right)$为如下 $p\times p$ 阶方阵

$$\left(\frac{\partial\eta}{\partial\theta}\right)=\begin{bmatrix}\frac{\partial\eta_1}{\partial\theta_1} & \cdots & \frac{\partial\eta_p}{\partial\theta_1}\\ \cdots & \cdots & \cdots\\ \frac{\partial\eta_1}{\partial\theta_p} & \cdots & \frac{\partial\eta_p}{\partial\theta_p}\end{bmatrix}$$

由于(3.4.18)式中都是 $p\times p$ 阶方阵，若对(3.4.18)式求行列式可得

$$\begin{aligned}|I(\theta)|&=\left|\left(\frac{\partial\eta}{\partial\theta}\right)I(\eta)\left(\frac{\partial\eta}{\partial\theta}\right)'\right|\\ &=|I(\eta)|\cdot\left|\frac{\partial\eta}{\partial\theta}\right|^2\end{aligned}$$

两侧开方后可得

$$|I(\theta)|^{1/2}=|I(\eta)|^{1/2}\cdot\left|\frac{\partial\eta}{\partial\theta}\right|$$

可见在多参数场合，若取 $\pi(\theta)=|I(\theta)|^{1/2}$ 作为 θ 的先验分布，仍可使(3.4.13)式成立。

例 3.4.8 设 $\boldsymbol{x}=(x_1,x_2,\cdots,x_m)$服从多项分布，

$$P(\boldsymbol{X}=\boldsymbol{x})=c\theta_1^{x_1}\theta_2^{x_2}\cdots\theta_m^{x_m},x_i\geqslant 0,\sum_{i=1}^n x_i=n$$

其中 $c=n!/(x_1!x_2!\cdots x_m!)$，$\theta_i\geqslant 0$，$\sum_{i=1}^{m}\theta_i=1$。现要寻求$(\theta_1,\cdots,\theta_m)$的无信息先验分布。

首先写出对数似然函数

$$l=\sum_{i=1}^{m}x_i\ln\theta_i+\ln c=\sum_{i=1}^{m-1}x_i\ln\theta_i+(n-\sum_{i=1}^{m-1}x_i)\ln(1-\sum_{i=1}^{m-1}\theta_i)+\ln c$$

然后计算 Fisher 信息阵的每个元素

$$\frac{\partial^2 l}{\partial\theta_i^2}=-\frac{x_i}{\theta_i^2}-\frac{x_m}{\theta_m^2},i=1,2,\cdots,m-1$$

$$\frac{\partial^2 l}{\partial\theta_i\partial\theta_j}=-\frac{x_m}{\theta_m^2},i,j=1\cdots,m-1,i\neq j$$

$$E\left(-\frac{\partial^2 l}{\partial\theta_i^2}\right)=\frac{n}{\theta_i}+\frac{n}{\theta_m},i=1,2\cdots m-1$$

$$E\left(-\frac{\partial^2 l}{\partial\theta_i\partial\theta_j}\right)=\frac{n}{\theta_m},i,j=1,\cdots,m-1,i\neq j$$

故

$$\det I(\boldsymbol{\theta})=\begin{vmatrix} n(\theta_1^{-1}+\theta_m^{-1}) & n\theta_m^{-1} & \cdots & n\theta_m^{-1} \\ n\theta_m^{-1} & n(\theta_2^{-1}+\theta_m^{-1}) & \cdots & n\theta_m^{-1} \\ \cdots & \cdots & \cdots & \cdots \\ n\theta_m^{-1} & n\theta_m^{-1} & \cdots & n(\theta_{m-1}^{-1}+\theta_m^{-1}) \end{vmatrix}\propto(\theta_1\theta_2\cdots\theta_m)^{-1}$$

从而$(\theta_1,\theta_2,\cdots,\theta_m)$的 Jeffreys 先验为

$$\pi(\theta_1,\theta_2,\cdots,\theta_m)\propto(\theta_1\theta_2\cdots\theta_m)^{-1/2}$$

例 3.4.9 设 $\boldsymbol{x}=(x_1,x_2,\cdots,x_n)$是来自正态分布 $N(\mu,\sigma^2)$的一个样本。现求参数向量(μ,σ)的 Jeffreys 先验。

在例 3.4.7 已算得正态总体下的 Fisher 信息阵 $I(\mu,\sigma)$从而可得其样本分布的 Fisher 信息阵为

$$I_n(\mu,\sigma)=\begin{pmatrix} E\left(-\frac{\partial^2 l}{\partial\mu^2}\right) & E\left(-\frac{\partial^2 l}{\partial\mu\partial\sigma}\right) \\ E\left(-\frac{\partial^2 l}{\partial\mu\partial\sigma}\right) & E\left(-\frac{\partial^2 l}{\partial\sigma^2}\right) \end{pmatrix}=\begin{pmatrix} \frac{n}{\sigma^2} & 0 \\ 0 & \frac{2n}{\sigma^2} \end{pmatrix}$$

$$|I_n(\mu,\sigma)|=2n^2\sigma^{-4})$$

所以(μ,σ)的 Jeffreys 先验为

$$\pi(\mu,\sigma)\propto\sigma^{-2}$$

它的几个特例是：

(1)当σ已知时，$I(\mu)=E\left(\frac{\partial^2 l}{\partial\mu^2}\right)=\frac{n}{\sigma^2}$，故$\pi(\mu)=1,\mu\in R^1$。

(2)当μ已知时，$I(\sigma)=E\left(-\frac{\partial^2 l}{\partial\sigma^2}\right)=\frac{2n}{\sigma^2}$，故$\pi(\sigma)=1/\sigma,\sigma\in R^+$。

(3)当μ与σ独立时，$\pi(\mu,\sigma)=1/\sigma,\mu\in R^1,\sigma\in R^+$。

可见Jeffreys先验表明：μ与σ的无信息先验分布是不独立的。在(μ,σ)的联合无信息先验分布的两种形式(σ^{-1}与σ^{-2})中，Jeffreys最终推荐的是$\pi(\mu,\sigma)=1/\sigma$，从实际的使用情况看，多数人采用Jeffreys的最终推荐。对此后面还有进一步评论。

例3.4.10 设θ为成功概率，则在n次独立试验中成功次数X服从二项分布，即

$$P(X=x)=\binom{n}{x}\theta^x(1-\theta)^{n-x},x=0,1,\cdots,n$$

其对数似然函数为

$$l=x\ln\theta+(n-x)\ln(1-0)+\ln\binom{n}{x}$$

$$\frac{\partial^2 l}{\partial\theta^2}=-\frac{x}{\theta^2}-\frac{n-x}{(1-\theta)^2}$$

$$I(\theta)=E\left(-\frac{\partial^2 l}{\partial\theta^2}\right)=\frac{n}{\theta}+\frac{n}{1-\theta}=\frac{n}{\theta(1-\theta)}$$

所以，在二项分布场合，成功概率θ的Jeffreys先验为

$$\pi(\theta)\propto\theta^{-\frac{1}{2}}(1-\theta)^{-\frac{1}{2}},\theta\in(0,1)$$

关于成功概率为θ的无信息分布，不少统计学家从各种角度探讨，至今已有如下四种。

$\pi_1(\theta)=1$ ——Bayes(1763)和Laplace(1812)采用过

$\pi_2(\theta)=\theta^{-1}(1-\theta)^{-1}$ ——Novick和Hall(1965)导出

$\pi_3(\theta)=\theta^{-1/2}(1-\theta)^{-1/2}$ ——Jeffreys(1968)导出

$\pi_4(\theta)=\theta^{\theta}(1-\theta)^{1-\theta}$ ——Zellner(1977)导出

所有这四种无信息先验都是合理的，因为它们各自从一个侧面提出自己的合理要求，然后再推导出来的。其中π_2是不正常密度，而π_1是正常密度，而π_3,π_4经过正则化后可成为正常密度。这四个先验虽不同但对贝叶斯统计推断的结果的影响是很小的，故都可使用。

当今无论在统计理论研究中和应用研究中，采用无信息先验愈来愈多。连经典统计学者也认为无信息先验是"客观"的，可以接受的，这也是近几十年中贝叶斯统计分析中最成功的部分。

在某种意义上来说，贝叶斯分析正是因为无信息先验成为了一个非常独特的领域。200多年来，从Bayes (1763)，到Laplace (1774,1812)，到Jeffreys(1946,1961)贝叶斯分析不少都是基于无信息先验进行的。到今天，特别是自Bernado (1979)之后，大量的应用贝叶斯分析都与无信息先验有关。

这里我们对最常用的几类无信息先验作一简单的评述，由此也可看出无信息贝叶斯分析的发展历程，首先，Laplace (1774,1812)提出的常数先验$\pi(\theta)=1,\theta\in\Theta$，对于他所遇到的问题效果都很好。然而研究发现，在小样本场合会导致明显的不一致性，即常数先验经过变换后通常不再是常数先验。这就是后来Jeffreys (1946,1961)提出Jeffreys先验$\pi(\theta)=(|I(\theta)|)^{1/2}$的原因。它在参数是一维的时候相当成功。然而，正如Jeffreys本人注意到的，在多参数模型(如例3.4.9)中，参数后验估计往往不好，有时甚至会得到不相合的后验估计。他指出，在参数之间不相关时使用Jeffreys先验，但参数之间有相关性时需要对Jeffreys先验作特定的修改才能使用。直到1979年，Bernado成功地找到了在多维场合修改Jeffreys先验的方法，即将多维参数分成感兴趣的参数与讨厌参数二部分，然后分步导出无信息先验。而且Bernado(1979)年提出的reference先验在一维场合与Jeffreys先验是一致的。在以后的许多年里，reference先验的定义与计算方法或步骤不断优化，并通过大量的实际应用被不断完善。

最后必须要提的一种导出无信息先验的方法是可信集的频率覆盖率方法，即后面我们要重点叙述的概率匹配先验方法。它同reference先验一样，也将参数分为感兴趣的与讨厌的二类，它的思想是：基于某无信息先验，考虑感兴趣参数的$100(1-\alpha)\%$(单边)贝叶斯可信集，并在样本分布下计算此可信集的(渐近)频率覆盖率。如果对于θ的所有值，此覆盖率(渐近)等于$1-\alpha$，则此先验是最优的无信息先验。正是由于这种最优性的考虑，使得reference先验与概率匹配先验的研究成为当今无信息先验讨论与发展的主流。

前面我们已对Laplace先验和Jeffreys先验作过详细的讨论，下面将对reference先验及概率匹配先验展开具体的讨论。

3.4.5　Reference 先验

Bernardo在1979年从信息量准则出发，提出一种全新的无信息先验选取方法，其基本准则为：给定观测数据，使得参数的先验分布和后验分布之间Kullback-Liebler(K-L)距离最大。当模型中没有讨厌参数时，reference先验就是Jeffreys

先验，特别是对于单参数模型。当模型中存在讨厌参数时，则 reference 先验和 Jeffreys 先验会不同。

定义 3.4.1 设样本 $\mathbf{x}$ 的分布为 $p(\mathbf{x}|\boldsymbol{\theta})$，其中 $\boldsymbol{\theta}$ 为参数(向量)，$\boldsymbol{\theta}$ 的先验分布为 $\pi(\boldsymbol{\theta})$，后验分布为 $\pi(\boldsymbol{\theta}|\mathbf{x})$。称 $\pi^*(\boldsymbol{\theta})$ 为参数 $\boldsymbol{\theta}$ 的 reference 先验，如果它在先验分布类 $\mathcal{P}=\{\pi(\boldsymbol{\theta})>0:\int_\Theta \pi(\boldsymbol{\theta}|\mathbf{x})d\boldsymbol{\theta}<\infty\}$ 中，先验分布 $\pi(\boldsymbol{\theta})$ 到后验分布 $\pi(\boldsymbol{\theta}|\mathbf{x})$ 的 *K-L* 距离

$$KL(\pi(\boldsymbol{\theta}),\pi(\boldsymbol{\theta}\mid\mathbf{x}))=\int_\Theta \pi(\boldsymbol{\theta}\mid\mathbf{x})\log\left(\frac{\pi(\boldsymbol{\theta}\mid\mathbf{x})}{\pi(\boldsymbol{\theta})}\right)d\boldsymbol{\theta}$$

关于样本的平均

$$I_{\pi(\boldsymbol{\theta})}(\boldsymbol{\theta},\mathbf{x})=\int_\chi\left[\int_\Theta \pi(\boldsymbol{\theta}\mid\mathbf{x})\log\left(\frac{\pi(\boldsymbol{\theta}\mid\mathbf{x})}{\pi(\boldsymbol{\theta})}\right)d\boldsymbol{\theta}\right]p(\mathbf{x})d\mathbf{x}$$

达到最大，即

$$\pi^*(\boldsymbol{\theta})=arg\max_{\pi(\boldsymbol{\theta})}I_{\pi(\boldsymbol{\theta})}(\boldsymbol{\theta},\mathbf{x}),$$

其中 $p(\mathbf{x})=\int_\Theta \pi(\boldsymbol{\theta})p(\mathbf{x}\mid\boldsymbol{\theta})d\boldsymbol{\theta}$。

$I_{\pi(\theta)}(\boldsymbol{\theta},\mathbf{x})$ 可视为样本可以提供的关于参数(向量)$\boldsymbol{\theta}$ 的信息(Bernado，1979)。reference 先验的合理性在于：$I_{\pi(\boldsymbol{\theta})}(\boldsymbol{\theta},\mathbf{x})$ 越大，先验提供的信息越少。设 $\zeta=\zeta(\theta)$ 是 θ 的一一变换，变换的雅可比行列式为 $|J|=|\partial\boldsymbol{\theta}/\partial\boldsymbol{\zeta}|$，则由 θ 的先验分布与后验分布得到 ζ 相应的先验分布与后验分布

$$\pi^*(\zeta)=|\mathbf{J}|\pi(\boldsymbol{\theta}),\pi^*(\zeta|\mathbf{x})=|\mathbf{J}|\pi(\theta|\mathbf{x}),$$

由此可直接得到 $I_{\pi^*(\zeta)}(\boldsymbol{\zeta},\mathbf{x})=I_{\pi(\boldsymbol{\theta})}(\boldsymbol{\theta},\mathbf{x})$，因此 $I_{\pi(\boldsymbol{\theta})}(\boldsymbol{\theta},\mathbf{x})$ 关于参数的一一变换具有不变性，因此 reference 先验与 Jeffreys 先验一样具有不变性。

获得参数的 reference 先验不是一件容易的事情，但可以通过一系列逼近样本空间的紧集 $\Omega_i,i=1,2,\cdots(\bigcup_{i=1}^{\infty}\Omega_i=\Omega)$ 上的 reference 先验 $\pi_i(\theta)$ 的极限计算得到：$\pi(\theta)=\lim\limits_{i\to\infty}\pi_i(\theta)$。下面我们主要介绍二参数情形下求 reference 先验的算法(见 Berger 和 Bernado，1989)，多参数情形可参见 Berger 和 Bernado(1992)的具体讨论。

设 $\boldsymbol{\theta}=(\theta_1,\theta_2)$，其中 θ_1 为感兴趣的参数，θ_2 为讨厌参数，又设

$$I(\theta_1,\theta_2)=\begin{pmatrix} I_{11}(\theta_1,\theta_2) & I_{12}(\theta_1,\theta_2) \\ I'_{12}(\theta_1,\theta_2) & I_{22}(\theta_1,\theta_2) \end{pmatrix}$$

为 (θ_1,θ_2) 的 Fisher 信息阵。(θ_1,θ_2) 的 reference 先验可由以下四步计算得到：

a. 求 θ_1 给定时 θ_2 的 reference 先验 $\pi(\theta_2|\theta_1)$。由于在一维场合 reference 先验与 Jeffreys 先验的一致性，所以

$$\pi(\theta_2|\theta_1)=|I_{22}(\theta_1,\theta_2)|^{1/2}。$$

b. 选择(θ_1,θ_2)的参数空间 Θ 上的紧子集(一维的闭区间或多维下有限闭集概念的拓广)$\Theta_1,\Theta_2,\cdots$，使得 $\Theta_1\subset\Theta_2\subset\cdots$，$\bigcup_{i=1}^{\infty}\Theta_1=\Theta$，且对任何 θ_1，$\pi(\theta_2|\theta_1)$在集合

$$\Omega_{i,\theta_1}=\{\theta_2:(\theta_1,\theta_2)\in\Theta_i\}$$

上是有限的。由此对 $\pi(\theta_2|\theta_1)$在 Ω_{i,θ_1} 上正则化得到

$$\pi_i(\theta_2|\theta_1)=K_i(\theta_1)\pi(\theta_2|\theta_1)I\Omega_{i,\theta_1}(\theta_2),$$

其中 $I_A(x)$表示集合 A 上的示性函数，而

$$K_i(\theta_1)=1/\int_{\Omega_{i,\theta_1}}\pi(\theta_2\mid\theta_1)d\theta_2.$$

c. 求参数 θ_1 关于 $\pi(\theta_2|\theta_1)$的边际 reference 先验 $\pi_i(\theta_1)$。Berger 和 Bernado (1987)给出了具体的公式(假定其中的积分存在)

$$\pi_i(\theta_1)=\exp\left\{\frac{1}{2}\int_{\Omega_i,\theta_1}\pi_i(\theta_2\mid\theta_1)\log\left(\frac{|I(\theta_1,\theta_2)|}{|I_{22}(\theta_1,\theta_2)|}\right)d\theta_2\right\}.$$

d. 求极限(假定存在)得到(θ_1,θ_2)的 reference 先验

$$\pi(\theta_1,\theta_2)=\lim_{i\to\infty}\left[\frac{K_i(\theta_1)\pi_i(\theta_1)}{K_i(\theta_{10})\pi_i(\theta_{10})}\right]\pi(\theta_2|\theta_1),$$

其中 θ_{10}为任一固定点。

3.4.6　概率匹配先验

概率匹配先验(Probability matching prior)作为一种很重要的无信息先验渐渐受到学者们的关注。基于概率匹配先验由贝叶斯公式得到的参数的后验分布具有很好的频率性质，即参数在某一区域内的后验概率与频率概率(即样本落在此区域中的概率)相等或相近。假设 $x_1,\cdots,x_n$ 为来自密度函数为 $p(x|\boldsymbol{\theta})$的样本观测值，其中 $\boldsymbol{\theta}=(\theta_1,\cdots,\theta_p)\in\Theta\subseteq\mathbf{R}^p$ 为 p 维的参数向量。

定义 3.4.2　若 $p=1$，且 θ 的先验密度为 $\pi(\theta)$，记 $\hat{\theta}_n(\alpha)$为 θ 的后验分布的 α 分位数，即 $P_{\theta|x}(\theta\leqslant\hat{\theta}_n(\alpha)|x_1,\cdots,x_n)=\alpha$，若关于样本分布 $p(\mathbf{x}|\theta)$有如下式子成立

$$P_{x|\theta}(\theta\leqslant\hat{\theta}_n(\alpha))=\alpha+O(n^{-i/2}),\tag{3.4.11}$$

则称 $\pi(\theta)$ 为 i 阶(渐近)概率匹配先验(ith order asymptotic probability matching prior);若

$$P_{x|\theta}(\theta \leqslant \hat{\theta}_n(\alpha)) = \alpha \tag{3.4.2}$$

则称 $\pi(\theta)$ 为精确概率匹配先验(exact probability matching prior).

若 $p>1$,且 θ_1 是感兴趣参数,$(\theta_2,\cdots,\theta_p)$ 为讨厌参数。只要将等式(3.4.1)与(3.4.2)中的 θ 变为 θ_1,将 $\hat{\theta}_n(\alpha)$ 变为 θ_1 的边缘后验分布的 α 分位数,即得到多维参数 $\boldsymbol{\theta}$ 基于 θ_1 的 i 阶渐近概率匹配先验与精确概率匹配先验的定义,具体可参考 Datta 和 Sweeting(2005)。

在大部分情况下,参数的精确概率匹配先验不易得到,故渐近概率匹配先验成为主要的研究对象。下面我们分单参数、二参数和多参数展开讨论,重点给出一些主要的结论。

一、单参数模型下的概率匹配先验

1. 所有的先验 $\pi(\theta)$ 都是一阶渐近概率匹配先验;

2. Jeffreys(不变)先验 $\pi(\theta) \propto [I(\theta)]^{1/2}$ 是唯一的二阶渐近概率匹配先验(Welch 和 Peers,1963);

3. 若偏度

$$\boldsymbol{\kappa}(\theta) = [I(\theta)]^{-3/2} E_\theta\left[\frac{\partial \log p(x|\theta)}{\partial \theta}\right]$$

与 θ 无关,则 θ 的 Jeffreys 先验是三阶渐近概率匹配先验;否则它最多只能是二阶渐近概率匹配先验(Welch 和 Peers,1963)。

注:概率匹配先验经常是非正常的分布,但寻找一个合适的正常但分散(diffuse)的先验以达到足够的匹配概率还是可能的。例如,对于正态分布 $N(\theta,1)$,正态先验分布 $N(\mu_0,\sigma_0^2)$(其中 $\mu_0=O(1)$,$\sigma_0^{-2}=O(n^{-1/2})$)为二阶渐近概率匹配先验;若其中的 $\sigma_0^{-2}=O(n^{-1})$,则它是三阶渐近概率匹配先验。这或许就是为什么在 WinBUGS 软件(见 Ntzoufras,2009;或 Kéry,2010)中经常使用大方差的正态先验作为平坦先验分布的原因。

二、双参数模型下的概率匹配先验

当参数是二维,即 $p=2$ 时,这时 $\boldsymbol{\theta}=(\theta_1,\theta_2)$。若 θ_1 为感兴趣参数,θ_2 是讨厌参数。设

$$\boldsymbol{I}(\theta) = \begin{pmatrix} I_{11} & I_{12} \\ I'_{12} & I_{22} \end{pmatrix}$$

为 (θ_1,θ_2) 的 Fisher 信息阵。Press(1965)证明了:$\pi(\theta)$ 是基于 θ_1 的二阶概率匹配先验的充要条件是 $\pi(\theta)$ 是以下偏微分方程的解

$$\frac{\partial}{\partial\theta_2}\left(\frac{I_{12}\pi(\theta)}{I_{22}\sqrt{B}}\right)-\frac{\partial}{\partial\theta_1}\left(\frac{\pi(\theta)}{\sqrt{B}}\right)=0, \tag{3.4.3}$$

其中 $B=I_{11}-I_{12}^2/I_{22}$。当 θ_1 与 θ_2 正交(即 $I_{12}=0$)时,(3.4.3)的解为

$$\pi(\theta_1,\theta_2)=g(\theta_2)\sqrt{I_{11}}, \tag{3.4.4}$$

其中 $g(\theta_2)$为 θ_2 的一个连续函数。此先验又称为 Tibshirani(1989)匹配先验。

Mukerjee 和 Dey(1993)证明了当先验 $\pi(\boldsymbol{\theta})$满足(3.4.3)且满足以下等式时

$$\sum_i^4 L_i(\pi;\theta_1,\theta_2)=0, \tag{3.4.5}$$

$\pi(\boldsymbol{\theta})$为基于 θ_1 的三阶概率匹配先验,其中

$$L_1(\pi;\theta_1,\theta_2)=\frac{1}{2}\{D_1^2B^{-1}-2D_1^1D_2^1(I_{12}I_{22}^{-1}B^{-1})+D_2^2(I_{12}^2I_{22}^{-2}B^{-1})\},$$

$$L_2(\pi;\theta_1,\theta_2)=-\frac{1}{2\pi B}\{D_1^2\pi-2(I_{12}I_{22}^{-1}B^{-1}+I_{12}^2I_{22}^{-2}D_2^2\pi)\},$$

$$L_3(\pi;\theta_1,\theta_2)=-\frac{1}{2\pi}\{D_2^1[(I_{22}B)^{-1}(K_{21}-2I_{12}I_{22}^{-1}K_{12}+I_{12}^2I_{22}^{-2}K_{03})\pi]\},$$

$$L_4(\pi;\theta_1,\theta_2)=-\frac{1}{\pi}\{D_1^1\varphi(\pi;\theta_1,\theta_2)-D_2^1[I_{12}I_{22}^{-1}\varphi(\pi;\theta_1,\theta_2)]\},$$

且 $D_i^k=\partial^k/\partial\theta_i^k$, $K_{ij}=E\{D_1^iD_2^j\log p(x;\theta)\}$,

$$\varphi(\pi;\theta_1,\theta_2)=\frac{(K_{30}-3I_{12}I_{22}^{-1}K_{21}+3I_{12}^2I_{22}^{-2}K_{12}+I_{12}^3I_{22}^{-3}K_{03})\pi}{6B^2}-\frac{D_1^1\pi-I_{12}I_{22}^{-1}D_2^1\pi}{B}.$$

三、多参数模型下的概率匹配先验

在参数空间维数 $p>1$ 时,Peers(1965)指出:$\pi(\boldsymbol{\theta})$是基于(一维)参数分量 θ_1 的二阶概率匹配先验当且仅当 $\pi(\boldsymbol{\theta})$是以下偏微分方程的解

$$\sum_{j=1}^k D_j\{(\kappa_{11}(\boldsymbol{\theta}))^{-1/2}\kappa_{1j}(\boldsymbol{\theta})\pi(\boldsymbol{\theta})\}=0, \tag{3.4.6}$$

其中 $D_j=\partial/\partial\theta_j$, κ_{ij} 为$[\boldsymbol{I}(\boldsymbol{\theta})]^{-1}$的第$(i,j)$元,$\boldsymbol{I}(\boldsymbol{\theta})$为参数 $\boldsymbol{\theta}$ 的 Fisher 信息阵。特别地,如果 θ_1 与$(\theta_2,\cdots,\theta_k)$正交,即 $\kappa_{1j}(\boldsymbol{\theta})=0, j=2,\cdots,k$,则由(3.4.6)可得

$$\pi(\boldsymbol{\theta})\propto\kappa_{11}(\boldsymbol{\theta})^{-1/2}h(\theta_2,\cdots,\theta_k), \tag{3.4.7}$$

这里 $h(\theta_2,\cdots,\theta_k)$为任意连续函数。当 $p=2$ 时,(3.4.6)和(3.4.7)分别转化为(3.4.3)和(3.4.4)。

四、位置刻度参数族分布参数的概率匹配先验

考虑如下的位置刻度参数模型

$$p(x|\boldsymbol{\theta})=\frac{1}{\theta_2}p^*\left(\frac{x-\theta_1}{\theta_2}\right),$$

其中 $\theta_1 \in R, \theta_2 > 0, p^*(\cdot)$为支撑 R 上的一个密度函数。

1. 若 θ_1 是感兴趣的参数。

在先验分布类

$$\pi(\boldsymbol{\theta})=g(\theta_1)h(\theta_2) \tag{3.4.8}$$

中，$\pi(\boldsymbol{\theta})$是基于 θ_1 的二阶概率匹配先验的必要条件是 $g(\theta_1)$是一个常数函数。当 θ_1 与 θ_2 正交时，$h(\theta_2)$可为任意的函数；而当 θ_1 与 θ_2 与不正交时，$h(\theta_2)\propto(\theta_2^{-1})$。Datta 和 Mukerjee (2004)还证明了：在上面的先验分布类(3.4.8)中，不管参数正交与否，$\pi(\theta)\propto\theta_2^{-1}$ 是唯一的三阶概率匹配先验

2. 若 θ_2 是感兴趣的参数。

在先验分布类(3.4.8)中，$\pi(\boldsymbol{\theta})=g(\theta_1)/\theta_2$ 是一个二阶概率匹配先验；在正交条件下，$g(\theta_1)$可为任意函数，否则 $g(\theta_1)$须为常数。同样可以证明：不管正交与否，二阶概率匹配先验同样是三阶概率匹配先验。

3. 若 θ_1 和 θ_2 都是感兴趣的参数。

这时 $\pi(\boldsymbol{\theta})=\frac{1}{\theta_2}$是唯一的(二阶)概率匹配先验。

4. 若 θ_1/θ_2 是感兴趣的参数的函数。

考虑下面的先验分布类

$$\pi(\boldsymbol{\theta}) = \theta_2^a(\boldsymbol{\theta}^T\sum\boldsymbol{\theta})^b,$$

其中 a,b 为常数，Σ是 $U^{j-1}d\log p^*(U)/dU, j=l,2$ 的协方差矩阵，而 U 为密度函数为 $p^*(u)$的随机变量。可以证明 $a=-1$，b 取任何实数给出了所有二阶概率匹配先验类。特别，$b=0$ 时的先验同时为基于 θ_1，θ_2 和 θ_1/θ_2 的二阶概率匹配先验。Datta 和 Mukerjee(2004)还证明了它是正态分布下基于 θ_1/θ_2 唯一的三阶概率匹配先验，另外，$b=-1/2$ 时的先验为 Bernado(1979)提出的 reference 先验。

3.4.7 例子

下面我们以一维正态分布 $N(\mu,\sigma^2)$为例来推导参数 $\boldsymbol{\theta}=(\mu,\sigma^2)$的 Jeffreys 先验、reference 先验以及概率匹配先验。记正态分布的密度函数为

$$f(x|\mu,\sigma^2)=\frac{1}{\sqrt{2\pi\sigma^2}}\exp\left\{-\frac{1}{2\sigma^2}(x-\mu)^2\right\},$$

其中 $\mu\in R,\sigma^2\in R^+$。则 $\theta=(\mu,\sigma^2)$ 的 Fisher 信息阵为

$$I(\mu,\sigma^2)=\begin{pmatrix}\frac{1}{\sigma^2} & 0\\ 0 & \frac{1}{2\sigma^4}\end{pmatrix}.$$

可见 μ 与 σ^2 是正交的。

1)Jeffreys 先验

由 Jeffreys 先验的定义直接可得

$$\pi_J(\theta)\propto\frac{1}{\sigma^3}.$$

2)reference 先验

我们按二参数场合求 reference 先验的步骤分别求 μ 为感兴趣参数 与 σ^2 为感兴趣参数时的 reference 先验。

1. μ 为感兴趣参数。按§3.4.5 节的算法,求解过程如下。

(a)求条件 reference 先验:$\pi(\sigma^2|\mu)=(\frac{1}{2\sigma^4})^{1/2}\propto\frac{1}{\sigma^2}$。

(b)取参数空间 $\Omega=R\times R^+$ 上的单调递增子集 $\Omega_i=L_i\times S_i$,其中 $L_i=[l_{1i},l_{2i}]$,$S_i=[s_{1i},s_{2i}]$,使得 $L_1\subset L_2\subset\cdots,S_1\subset S_2\subset\cdots,\bigcup_{i=1}^{\infty}L_i=R,\bigcup_{i=1}^{\infty}S_i=R^+$。则 $\Omega_{i,\mu}=S_i$,

$$\begin{aligned}K_i(\mu)&=1/\int_{\Omega_{i,\mu}}\pi(\sigma^2\mid\mu)d\sigma^2\\&=1/\int_{s_{1i}}^{s_{2i}}(1/\sigma^2)d\sigma^2\\&=\frac{1}{\log(s_{2i})-\log(s_{1i})},\\ \pi_i(\sigma^2\mid\mu)&=K_i(\mu)\pi(\sigma^2\mid\mu)I_{[s_{1i},s_{2i}]}(\sigma^2)\\&=\frac{1}{[\log(s_{2i})-\log(s_{1i})]\sigma^2},\ s_{1i}\leqslant\sigma^2\leqslant s_{i2}.\end{aligned}$$

(c)求边缘 reference 先验:

$$\begin{aligned}\pi_i(\mu)&=\exp\left\{\frac{1}{2}\int_{s_{1i}}^{s_{2i}}\frac{1}{[\log(s_{2i})-\log(s_{1i})]\sigma^2}\log\left(\frac{1}{\sigma^2}\right)d\sigma^2\right\}\\&=\exp\left\{-\frac{(\log(s_{2i}))^2-(\log(s_{1i}))^2}{4[\log(s_{2i})-\log(s_{1i})]}\right\}.\end{aligned}$$

(d)求极限:取 $\mu_0=1$ 得

$$\pi(\mu,\sigma^2)=\lim_{i\to\infty}\left[\frac{K_i(\mu)\pi_i(\mu)}{K_i(\mu_0^2)\pi_i(\mu_0^2)}\right]\times\pi(\mu|\sigma^2)$$
$$=\pi(\mu|\sigma^2)$$
$$=\frac{1}{\sigma^2}.$$

2. σ^2 为感兴趣参数。类似地，按§3.4.5节的算法，求解过程如下。

(a)求条件 reference 先验：$\pi(\mu|\sigma^2)\propto\left(\frac{1}{\sigma^2}\right)^{1/2}=\frac{1}{\sigma}$。

(b)同样取上面参数空间 $\Omega=R\times R^+$ 上的单调递增子集 $\Omega_i=L_i\times S_i$，则 $\Omega_{i,\sigma^2}=L_i=[l_{1i},l_{2i}]$，

$$K_i(\sigma^2)=1/\int_{\Omega_{i,\sigma^2}}\pi(\sigma^2\mid\mu)d\mu$$
$$=1/\int_{l_{1i}}^{l_{2i}}(1/\sigma)d\mu$$
$$=\frac{\sigma}{l_{2i}-l_{1i}},$$

$$\pi_i(\mu\mid\sigma^2)=K_i(\sigma^2)\pi(\mu\mid\sigma^2)I_{[l_{1i},l_{2i}]}(\mu)=\frac{1}{l_{2i}-l_{1i}},l_{1i}\leqslant\mu\leqslant l_{i2}.$$

(c)求边缘 reference 先验：

$$\pi_i(\sigma^2)=\exp\left\{\frac{1}{2}\int_{l_{1i}}^{l_{2i}}\frac{1}{l_{2i}-l_{1i}}\log\left(\frac{1}{2\sigma^4}\right)d\mu\right\}$$
$$=\frac{1}{\sqrt{2}\sigma^2}.$$

(d)求极限：取 $\sigma_0=1$ 得

$$\pi(\mu,\sigma^2)=\lim_{i\to\infty}\left[\frac{K_i(\sigma^2)\pi_i(\sigma^2)}{K_i(\sigma_0^2)\pi_i(\sigma_0^2)}\right]\times\pi(\mu|\sigma^2)$$
$$=\lim_{i\to\infty}\left[\frac{(\sqrt{2}(l_{2i}-l_{1i})\sigma)^{-1}}{(\sqrt{2}(l_{2i}-l_{1i})\sigma_0)^{-1}}\right]\times\frac{1}{\sigma}$$
$$=\frac{1}{\sigma^2}.$$

可见，不管哪一个作为感趣的参数，(μ,σ^2) 的 reference 先验均为 $\pi(\mu,\sigma^2)\propto1/\sigma^2$。

3)概率匹配先验

1. μ 为感兴趣参数。

若 $\pi_{M_1}(\boldsymbol{\theta})$ 为二阶概率匹配先验，由(3.4.3)知，由于 $B=1/\sigma^2$，且 μ 与 σ^2 正交，

所以 $\pi_{M_1}(\boldsymbol{\theta})$应该满足以下偏微分方程

$$\frac{\partial}{\partial\mu}\left[\frac{\pi_{M_1}(\boldsymbol{\theta})}{\sqrt{1/\sigma^2}}\right]=0,$$

即满足

$$\frac{\partial}{\partial\mu}\pi_{M_1}(\boldsymbol{\theta})=0.$$

所以 $\pi_{M_1}(\boldsymbol{\theta})=g(\sigma^2)$，其中 $g(\cdot)$为任意连续可微函数。

2. σ^2 为感兴趣参数

如果 $\pi_{M_2}(\boldsymbol{\theta})$为二阶概率匹配先验，由(3.4.3)知，由于 $B=1/(2\sigma^2)$，且 μ 与 σ^2 正交，所以 $\pi_{M_2}(\boldsymbol{\theta})$应该满足以下偏微分方程

$$\frac{\partial}{\partial\sigma^2}\left[\frac{\pi_{M_2}(\boldsymbol{\theta})}{\sqrt{1/\sigma^4}}\right]=0,$$

即

$$\pi_{M_2}(\boldsymbol{\theta})+\sigma^2\frac{\partial\pi_{M_2}(\boldsymbol{\theta})}{\partial\sigma^2}=0.$$

所以由$\dfrac{\partial\pi_{M_2}(\boldsymbol{\theta})}{\pi_{M_2}(\boldsymbol{\theta})}=-\dfrac{\partial\sigma^2}{\sigma^2}$可得

$$\log\pi_{M_2}(\boldsymbol{\theta})=-\log\sigma^2+c(\mu),$$

所以

$$\pi_{M_2}(\boldsymbol{\theta})=\frac{h(\mu)}{\sigma^2},$$

其中 $h(\cdot)$为任意连续可微函数。

4)频率性质

现在转入考查 $\boldsymbol{\theta}=(\mu,\sigma^2)$的 Jeffreys 先验与 reference 先验

$$\pi_J(\boldsymbol{\theta})\propto\frac{1}{\sigma^3},\pi_R(\boldsymbol{\theta})\propto\frac{1}{\sigma^2}$$

各自的后验分布的频率性质。先考虑 $\pi_R(\boldsymbol{\theta})$，其后验分布为

$$\begin{aligned}\pi(\boldsymbol{\theta}\mid\mathbf{x})&\propto p(\mathbf{x}\mid\boldsymbol{\theta})\pi_R(\boldsymbol{\theta})\\&\propto\frac{1}{\sigma^{n+2}}\exp\left\{-\frac{1}{2\sigma^2}\sum_{i=1}^{n}(x_i-\mu)^2\right\}.\end{aligned}$$

由于 $\sum_{i=1}^{n}(x_i-\mu)^2=(n-1)s^2+n(\bar{x}-\mu)^2$，$s^2=\frac{1}{n-1}\sum_{i=1}^{n}(x_i-\bar{x})^2$，$\bar{x}=\frac{1}{n}\sum_{i=1}^{n}x_i$，可得 σ^2 的边缘后验密度

$$\begin{aligned}\pi(\sigma^2\mid\mathbf{x})&\propto\frac{1}{\sigma^{n+2}}\exp\left\{-\frac{(n-1)s^2}{2\sigma^2}\right\}\int_{-\infty}^{\infty}e^{-n(\bar{x}-\mu)^2/(2\sigma^2)}d\mu\\&\propto\frac{1}{\sigma^{n+1}}\exp\left\{-\frac{(n-1)s^2}{2\sigma^2}\right\}.\end{aligned}$$

这表明 σ^2 的后验分布为倒伽玛分布 $IG\left(\frac{n-1}{2},\frac{(n-1)\sigma^2}{2}\right)$。若记 IG_α 为该分布的下侧 α 分位数（$0<\alpha<1$），即

$$P_{\sigma^2\mid\mathbf{x}}\left(\sigma^2\leqslant IG_\alpha\left(\frac{n-1}{2},\frac{(n-1)\sigma^2}{2}\right)\right)=\alpha.$$

这表明 IG_α 是 σ^2 的可信水平为 α 的可信上限。现在讨论该可信上限的频率性质，即用样本分布 $p(\mathbf{x}|\boldsymbol{\theta})$ 计算如下的概率

$$P_{\mathbf{x}|\boldsymbol{\theta}}\left(\sigma^2\leqslant IG_\alpha\left(\frac{n-1}{2},\frac{(n-1)\sigma^2}{2}\right)\right)=?\ .$$

大家知道，服从伽玛分布 $G(\nu,\lambda)$ 的随机变量 U 的倒数 $V=1/U$ 服从倒伽玛分布 $IG(\nu,\lambda)$，其分位数有如下关系

$$IG_\alpha(\nu,\lambda)=\frac{1}{G_{1-\alpha}(\nu,\lambda)}\text{ 或 }IG_{1-\alpha}(\nu,\lambda)=\frac{1}{G_\alpha(\nu,\lambda)}.$$

另外，当 $U\sim G(\nu,\lambda)$ 时，有 $2\lambda U\sim G(\nu,\frac{1}{2})=\chi^2(2\nu)$，其 α 分位数有

$$P(2\lambda U\leqslant\chi^2_\alpha(2\nu))=\alpha\text{ 或 }P\left(U\leqslant\frac{\chi^2_\alpha(2\nu)}{2\lambda}\right)=\alpha,$$

这表明伽玛分布的 α 分位数可用 χ^2 分布的 α 分位数表示，即

$$G_\alpha(\nu,\lambda)=\frac{\chi^2_\alpha(2\nu)}{2\lambda}.$$

从而倒伽玛分布的 α 分位数亦可用 χ^2 分布的 α 分位数表示，即

$$IG_\alpha(\nu,\lambda)=\frac{2\lambda}{\chi^2_{1-\alpha}(2\nu)}.$$

如今倒伽玛分布 $IG(\nu,\lambda)$ 中的二个参数分别为

$$\nu=\frac{n-1}{2},\lambda=\frac{(n-1)s^2}{2},$$

代入上式可得

$$IG_\alpha\left(\frac{n-1}{2},\frac{(n-1)s^2}{2}\right)=\frac{(n-1)s^2}{\chi^2_{1-\alpha}(n-1)},$$

从而 σ^2 的 α 可信上限在样本分布下的概率为

$$P_{\mathbf{x}|\boldsymbol{\theta}}\left(\sigma^2\leqslant\frac{(n-1)s^2}{\chi^2_{1-\alpha}(n-1)}\right)=P_{x|\boldsymbol{\theta}}\left(\frac{(n-1)s^2}{\sigma^2}\geqslant\chi^2_{1-\alpha}(n-1)\right)=\alpha.$$

最后的等号成立是由经典统计结果：$\frac{(n-1)s^2}{\alpha^2}\sim\chi^2(n-1)$获得的。这表明：reference 先验 $\pi_R(\mu,\sigma^2)\propto1/\sigma^2$ 是 σ^2 的精确概率匹配先验。

类似地，对于 Jeffreys 先验 $\pi_J(\mu,\sigma^2)\propto1/\sigma^3$ 也可仿照上述过程，先求 σ^2 的后验分布

$$\pi(\sigma^2\mid\boldsymbol{x})\propto\frac{1}{\sigma^{n+2}}\exp\left\{-\frac{(n-1)s^2}{2\sigma^2}\right\}.$$

这是倒伽玛分布 $IG\left(\frac{n}{2},\frac{(n-1)\sigma^2}{2}\right)$，其 α 分位数 $IG_\alpha\left(\frac{n}{2},\frac{(n-1)\sigma^2}{2}\right)$就是 σ^2 的水平为 α 的可信上限。对此可信上限用样本分布 $p(\mathbf{x}|\boldsymbol{\theta})$可计算其频率覆盖概率如下。

$$\begin{aligned}P_{\mathbf{x}|\boldsymbol{\theta}}\left(\sigma^2\leqslant IG_\alpha\left(\frac{n}{2},\frac{(n-1)s^2}{2}\right)\right)&=P_{\mathbf{x}|\boldsymbol{\theta}}\left(\sigma^2\leqslant\frac{(n-1)s^2}{\chi^2_{1-\alpha}(n)}\right)\\&=P_{\mathbf{x}|\boldsymbol{\theta}}\left(\frac{(n-1)s^2}{\sigma^2}\geqslant\chi^2_{1-\alpha}(n)\right)\\&\leqslant P_{\mathbf{x}|\boldsymbol{\theta}}\left(\frac{(n-1)s^2}{\sigma^2}\geqslant\chi^2_{1-\alpha}(n-1)\right)=\alpha.\end{aligned}$$

最后的不等号成立是由于 χ^2 分布的分位数是自由度 n 的增函数，即 $\chi^2_{1-\alpha}(n)\geqslant\chi^2_{1-\alpha}(n-1)$。上述不等式表明：在 Jeffreys 先验下，$\sigma^2$ 的水平为 α 的可信上限的频率覆盖概率低于事先给定的可信水平 α，其差异会随着样本容量的增大而逐渐缩小。为了说明这个差异，我们分别模拟了样本容量为 $n=2,3,\cdots,20$ 的标准正态分布的样本各 10000 次，并计算可信度为 $\alpha=0.95$ 与 $\alpha=0.05$ 时单侧可信区间的频率覆盖概率。图 3.4.1 左右二图中上侧的圈点为在 reference 先验下模拟得到的可信度分别为 $\alpha=0.95$ 和 $\alpha=0.05$ 的可信上限的频率覆盖概率；而图中下侧的圈点为在 Jeffreys 先验下模拟得到的可信度分别为 $\alpha=0.95$ 和 $\alpha=0.05$ 的可信上限的频率覆盖概率。可以看出 Jeffreys 先验的确不具有良好的频率性质，特别是在小样本场合。图 3.4.1 上的水平线与曲线分别表示 $\alpha=0.95$ 与 $\alpha=0.05$ 时与 refrence 先验与 Jeffreys 先验对应的可信上限的理论结果。图 3.4.1 上的结果显示模拟结果与理论结果相当吻合，还表现出 refrence 先验与 Jeffreys 先验下可信上限的频率覆盖概率的差异。当 n 较小时这个差异是很显著的，而当 n 增大时这种差异逐渐缩小。

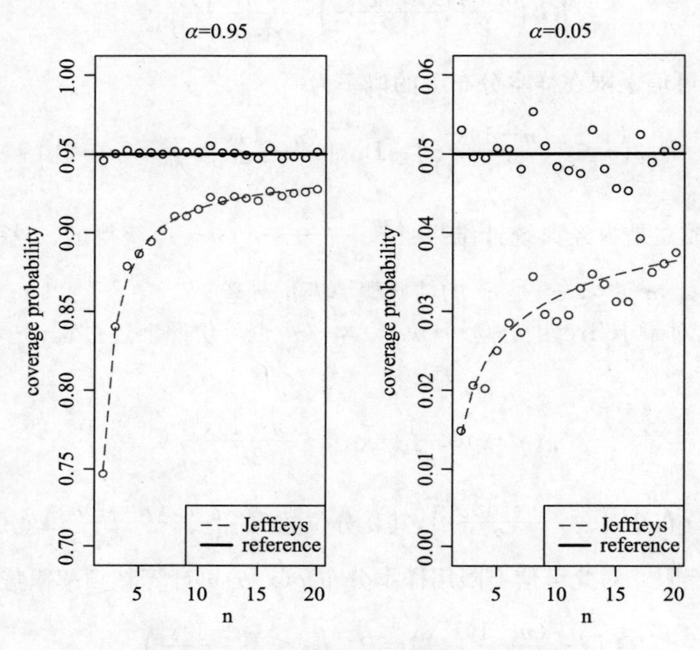

图 3.4.1 $\pi_J(\theta)$ 与 $\pi_R(\theta)$ 覆盖率的比较

§ 3.5 多层先验

3.5.1 多层先验

当所给先验分布中超参数难以确定时，可以把超参数看作一个随机变量，再对它给出一个先验，第二个先验称为超先验。由先验和超先验决定的一个新先验就称为多层先验。下面的例子可以帮助我们理解多层先验的想法和做法。

例 3.5.1 设对某产品的不合格品率了解甚少，只知道它比较小。现需确定 θ 的先验分布。决策人经过反复思考，最后把他引导到多层先验上去，他的思路是这样的：

(1)开始他用区间(0,1)上的均匀分布 $U(0,1)$ 作为 θ 的先验分布。

(2)后来觉得不妥，因为此产品的不合格品率 θ 比较小，不会超过 0.5，于是他改用区间(0,0.5)上的均匀分布$U(0,0.5)$作为θ的先验分布。

(3)在一次业务会上,不少人对上限0.5提出各种意见,有人问:“为什么不把上限定为0.4呢?”他讲不清楚,有人建议:“上限很可能是0.1”,他也无把握,但这些问题促使他思考,最后他把自己的思路理顺了,提出如下看法:θ的先验为$U(0,\lambda)$,其中λ是超参数,要确切地定出λ是困难的,但预示它的区间到是有把握的,根据大家的建议,他认为λ是在区间(0.1,0.5)上的均匀分布$U(0.1,0.5)$。这后一个分布称为超先验。决策人的这种归纳获得大家的赞许。

(4)最后决定的先验是什么呢?根据决策人的归纳,可以述为如下二点:

- θ的先验为$\pi_1(\theta|\lambda)=U(0,\lambda)$。
- λ的超先验为$\pi_2(\lambda)=U(0.1,0.5)$。

于是用边缘分布计算公式,可得θ的先验为

$$\pi(\theta)=\int_\Lambda \pi_1(\theta\mid\lambda)\pi_2(\lambda)d\lambda$$

其中Λ是超参数λ的取值范围。在这个例子中

$$\pi(\theta)=\frac{1}{0.5-0.1}\int_{0.1}^{0.5}\lambda^{-1}I_{(0,\lambda)}(\theta)d\lambda$$

其中$I_A(\theta)=1$,当$\theta\in A$;否则$I_A(\theta)=0$。分几种情况计算上述积分。

当$0<\theta<0.1$时,

$$\pi(\theta)=\frac{1}{0.4}\int_{0.1}^{0.5}\lambda^{-1}d\lambda=2.5\ln5=4.0236$$

当$0.1\leqslant\theta<0.5$时,

$$\begin{aligned}\pi(\theta)&=2.5\int_{\theta}^{0.5}\lambda^{-1}d\lambda=2.5[\ln(0.5)-\ln(\theta)]\\&=-1.7329-2.5\ln\theta\end{aligned}$$

当$0.5\leqslant\theta$时,$\pi(\theta)=0$。

综合上述,最后得到的多层先验(见图3.5.1)为:

$$\pi(\theta)=\begin{cases}4.0236, & 0<\theta<0.1\\ -1.7329-2.5\ln\theta, & 0.1\leqslant\theta<0.5\\ 0, & 0.5\leqslant\theta<1\end{cases}$$

这是一个正常先验,因为

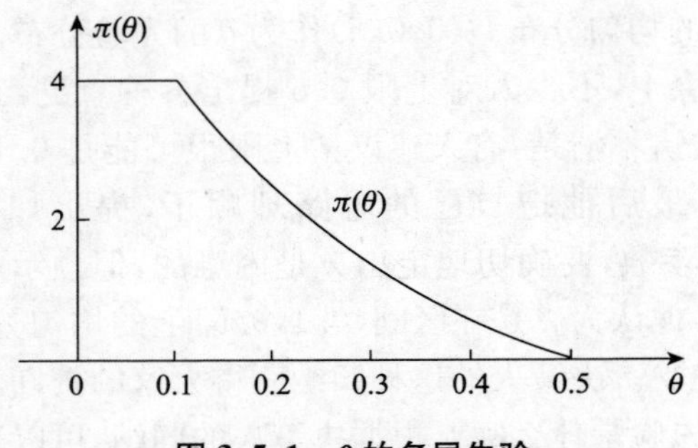

图 3.5.1　θ 的多层先验

$$\begin{aligned}\int_0^1 \pi(\theta)d\theta &= \int_0^{0.1} 4.0236 d\theta + \int_{0.1}^{0.5} [-1.7329 - 2.5\ln\theta] d\theta \\ &= 4.0236 \times 0.1 - 1.7329 \times 0.4 - 2.5[\theta\ln\theta - \theta]_{0.1}^{0.5} \\ &= 0.4024 - 0.6832 + 1.2908 \\ &= 1\end{aligned}$$

从上述例子可以看出一般多层先验的确定方法：

首先对未知参数 θ 给出一个形式已知的密度函数作为第一层先验分布，即 $\theta \sim \pi_1(\theta|\lambda)$，其中 λ 是超参数，Λ 是其取值范围。

第二步是对超参数 λ 再给一个第二层先验(超先验)$\pi_2(\lambda)$。

由此可得**多层先验**的一般表现形式

$$\pi(\theta) = \int_\Lambda \pi_1(\theta \mid \lambda)\pi_2(\lambda)d\lambda$$

而任一个贝叶斯分析都是对 $\pi(\theta)$进行的。

应该说明，在理论上并没有限制多层先验只分二层，可以是三层或更多层，但在实际应用中多于二层的先验是罕见的。对第二层先验 $\pi_2(\lambda)$用主观概率或用历史数据给出是有困难的，因为 λ 常是不能观察的，甚至连间接观察都是难于进行的，很多人用无信息作为第二层先验是一种好的策略。因为第二层先验即使决定错了，而导致错误结果的危险性更小一些，相对来说，第一层先验更为重要些。

多层先验常常是在这样一种场合使用，当一步给出先验 $\pi(\theta)$没有把握时，那用二步先验要比硬用一步先验所冒风险要小一些。

例 3.5.2　设有 m 位优秀学生参加智力测验，第 i 位学生的考分 X_i 可看作来自正态分布 $N(\theta_i,\sigma^2)$的一个样本。其中 θ_i 是第 i 位学生的能力，方差 σ^2 是已知的。这个说明对 $i=1,2,\cdots,m$ 都适用，也就是说，$x_l,\cdots,x_m$ 是来自方差相同，均值(能力)各不相同的一个正态样本。现要寻求 m 位学生的能力 $\theta_1,\theta_2,\cdots,\theta_m$ 的联合先验分布。下面用多层先验方法给出它。

按经验，这 m 位优秀学生的能力 $\theta=(\theta_1,\theta_2,\cdots,\theta_m)$ 可以看作是来自某个正态分布 $N(\mu_\pi,\sigma_\pi^2)$ 的一个样本。因此第一层先验可选为

$$\pi_1(\theta\mid\lambda)=\frac{1}{(\sqrt{2\pi}\sigma_\pi)^m}\exp\left\{-\frac{1}{2\sigma_\pi^2}\sum_{i=1}^{m}(\theta_i-\mu_\pi)^2\right\}$$

其中 $\lambda=(\mu_\pi,\ \mu_\pi)$ 是二个超参数。对超参数 μ_π 依过去经验是 100，即 $\mu_\pi=100$，而要确定 σ_π^2 具体值无多大把握，能说一个大概。真实能力的方差 σ_π^2 服从倒伽玛分布 $IGa(\alpha,\lambda)$，该分布均值为 200，方差为 100，由倒伽玛分布的均值与方差可以列出矩的方程。

$$\begin{cases}\dfrac{\lambda}{\alpha-1}=200\\[2ex]\dfrac{\lambda^2}{(\alpha-1)^2(\alpha-1)}=100^2\end{cases}$$

解之可得，$\alpha=6$，$\lambda=1000$，于是可写出第二层先验

$$\pi_2(\sigma_\pi^2)=\frac{1}{\Gamma(6)}\frac{1000^6}{(\sigma_\pi^2)^{(6+1)}}e^{-1000/\sigma_\pi^2},\sigma_\pi^2>0$$

综合上述二层先验，可得 θ 的先验为

$$\begin{aligned}\pi(\boldsymbol{\theta})&=\int_0^\infty\pi_1(\boldsymbol{\theta}\mid\sigma_\pi^2)\pi_2(\sigma_\pi^2)d\sigma_\pi^2\\&=\int_0^\infty\frac{1}{(2\pi\sigma_\pi^2)^{m/2}}\exp\left\{-\frac{1}{2\sigma_\pi^2}\sum_{i=1}^{m}(\theta_i-100)^2\right\}\frac{10^{18}}{120(\sigma_\pi^2)^7}e^{-1000/\sigma_\pi^2}d\sigma_\pi^2\\&=\frac{10^{18}}{120(2\pi)^{m/2}}\int_0^\infty(\sigma_\pi^2)^{-(7+\frac{m}{2})}\exp\left\{-\frac{1}{2\sigma_\pi^2}\left[1000+\frac{1}{2}\sum_{i=1}^{m}(\theta_i-100)^2\right]\right\}d\sigma_\pi^2\\&=\frac{10^{18}}{120(2\pi)^{m/2}}\frac{\Gamma(6+\frac{m}{2})}{\left[1000+\frac{1}{2}\sum_{i=1}^{m}(\theta_i-100)^2\right]^{6+m/2}}\\&=\frac{\Gamma(\frac{12+m}{2})}{\Gamma(6)(2000\pi)^{m/2}}\left[1+\frac{1}{2000}\sum_{i=1}^{m}(\theta_i-100)^2\right]^{-\frac{12+m}{2}}\end{aligned}$$

这是什么分布呢？一般的 m 维 t 分布的密度函数为

$$f(\boldsymbol{x}\mid\alpha,\mu,\sum)=\frac{\Gamma(\frac{\alpha+m}{2})}{(\det\sum)^{1/2}(\alpha\pi)^{m/2}\Gamma(\frac{\alpha}{2})}\left[1+\frac{1}{\alpha}(\boldsymbol{x}-\mu)'\sum^{-1}(\boldsymbol{x}-\mu)\right]^{-\frac{\alpha+m}{2}}$$

其中参数 α 是其自由度,向量 μ 为位置参数向量,矩阵 $\sum$ 是其尺度矩阵。并且 $\boldsymbol{x}\in R^m,\alpha>0,\mu\in R^m$, $\sum$ 是 $p\times p$ 阶正定矩阵。对照上述 m 维 t 分布,可以看出,这里所得到的先验密度 $\pi(\theta)$ 是 $\alpha=12,\mu=(100,\cdots,100)'$, $\sum=\left(\frac{500}{3}\right)I$ 的 m 维 t 分布的密度函数。这种先验分布要一步依据主观信念和历史数据确定都是很困难的,甚至很难想到。多层先验的这个优点特别明显。

3.5.2 多层贝叶斯模型

从前面例 3.5.1 和例 3.5.2 的分析过程可以概括出如下多层贝叶斯模型。

$$\left.\begin{array}{lll}\text{总体分布} & x|\theta\sim p(x|\theta), & \text{样本 } x\in\mathscr{X}\\ \text{第一层先验} & \theta|\lambda\sim\pi_1(\theta|\lambda), & \text{参数 } \theta\in\Theta\\ \text{第二层先验} & \lambda\sim\pi_2(\lambda), & \text{超参数 } \lambda\in\Lambda\end{array}\right\} \tag{3.5.1}$$

其中 $\pi_2(\lambda)$ 是已知(广义)密度函数,不含任何未知参数。若超参数 λ 是一个固定常数,如 $\lambda=\lambda_0$,则上述多层贝叶斯模型就退化为单层贝叶斯模型。若从这二层先验 $\pi_1(\theta|\lambda)$ 与 $\pi_2(\lambda)$ 较为方便地算得 θ 的无条件先验。

$$\pi(\theta)=\int_\Lambda \pi_1(\theta\mid\lambda)\pi_2(\lambda)d\lambda \tag{3.5.2}$$

也可把多层贝叶斯模型变成单层贝叶斯模型,这是一个方面,另一方面我们还要看到:多层贝叶斯模型允许我们在建模时可将把相对复杂的情况转化为一系列简单的步骤,即 $\pi_1(\theta|\lambda)$ 和 $\pi_2(\lambda)$ 都可以是简单形式的函数(包括共轭分布),但式(3.5.2)表示的 $\pi(\theta)$ 就可能非常复杂。所以 Lehmann 在《点估计》中说:"多层贝叶斯模型常具有概念上和实践上的优势"。

当 θ 是多维参数时,如 $\theta=(\theta_1,\cdots,\theta_J)$,多层贝叶斯模型更具有活力。譬如在心脏手术的成功概率的研究中,第 j 个医院的病人成活率记为 $\theta_j,j=1,\cdots,J$。如今已积累一批数据,要求对 $\theta_1,\cdots,\theta_J$ 作出估计,由于诸医院经常通过各种途径在交流手术成功与失败的经验与教训,故 θ_j 之间不是没有关系,但各医院的心脏手术总是独立地在进行的。所以把 $\theta_1,\cdots,\theta_J$ 看作是来自某个多维联合分布 $\pi(\theta|\varphi)$ 的一个样本是合适的。其中 φ 是超参数,按多层先验方法,对超参数 φ 再给出一个先验 $\pi_2(\varphi)$,即可对 θ 作出估计,可如今要对多参数 $\theta_1,\cdots,\theta_J$ 作出估计,问题就变得复杂了,下面我们从一个实际问题(Gelman (1995))开始来讨论这个问题。

例 3.5.3 在试验室条件下研究 $F344$ 型老鼠得肿瘤的概率,最近一次试验结果是:14 只老鼠中有 4 只得肿瘤。若记 x 为 n 只老鼠中得肿瘤的个数,则 x 服从二项分布 $b(n,\theta)$,其中 θ 为老鼠得肿瘤的概率,即

$$x \sim p(x|\theta)=b(n,\theta)$$

在这种场合，常选用 θ 的共轭先验分布 $Be(\alpha,\beta)$，记为

$$\theta \sim \pi_1(\theta|\alpha,\beta)=Be(\alpha,\beta)$$

其中 α,β 就是超参数，下面我们来讨论超参数 α,β 的确定问题。

表 3.4　F344 型老鼠得肿瘤的试验数据

（第 j 次试验中的老鼠数为 n_j，得肿瘤数为 x_j，记为 x_j/n_j）

历史数据(70 组)									
0/20	0/20	0/20	0/20	0/20	0/20	0/20	0/19	0/19	0/19
0/19	0/18	0/18	0/17	1/20	1/20	1/20	1/20	1/19	1/19
1/18	1/18	2/25	2/24	2/23	2/20	2/20	2/20	2/20	2/20
2/20	1/10	5/49	2/19	5/46	3/27	2/17	7/49	7/47	3/20
3/20	2/13	9/48	10/50	4/20	4/20	4/20	4/20	4/20	4/20
4/20	10/48	4/19	4/19	4/19	5/22	11/46	12/49	5/20	5/20
6/23	5/19	6/22	6/20	6/20	6/20	16/52	15/47	15/46	9/24
现在数据(1 组)									
4/14									

按照一般的单层贝叶斯方法，在已确定先验分布形式，只要利用 70 组历史数据确定二个超参数 α 与 β 即可，譬如，按 §3.2.2 给出的方法，由 70 组历史数据可分别算得 70 个得病率的估计值，$\hat{\theta}_j=x_j/n_j$，$j=1,\cdots,70$，还容易算得

$$70 \text{ 个 } \hat{\theta}_j \text{ 的均值为 } 0.136$$

$$70 \text{ 个 } \hat{\theta}_j \text{ 的标准差为 } 0.103$$

由矩得知

$$\frac{\alpha}{\alpha+\beta}=E(\theta)=0.136$$

$$\alpha+\beta=\frac{E(\theta)[1-E(\theta)]}{\mathrm{Var}(\theta)}-1=10.076$$

由此可得

$$\alpha=(\alpha+\beta)E(\theta)=1.3703 \doteq 1.4$$

$$\beta=(\alpha+\beta)(1-E(\theta))=8.6056 \doteq 8.6$$

于是在给定 $(n_{71},x_{71})=(14,4)$ 的条件下，θ 的后验分布，后验均值与后验标准差分

别为

$$\theta|x_{71}\sim Be(\alpha+x_{71},\beta+n_{71})=Be(5.4,18.6)$$

$$\hat{\theta}_{71}=0.225$$

θ_{71}的标准差为0.083。

这个$\hat{\theta}_{71}$要低于频率4/14=0.286，这说明最近一次试验老鼠得病率异常地高。

以上分析是在假设"$\theta_1,\cdots,\theta_{70}$和$\theta_{71}$是来自同一总体"下进行的，假如$\theta_1,\cdots,\theta_{70}$来自试验室$A$，而$\theta_{71}$来自试验室$B$；或者71个$\theta$来自更多个试验室，那么上述假设就不当了，假如利用这个确定的先验分布$Be(1.4,8.6)$去估计$\theta_1,\cdots,\theta_{70}$，那也是不当的，因为诸$x_i$和$n_i$将两次被使用，如今我们要估计71个参数，$\theta_1,\cdots,\theta_{71}$，就不能用这个假设，而假设：第$j$次试验中得肿瘤的老鼠数$x_j$服从二项分布$b(n_j,\theta_j)$，即

$$x_i\sim p(x_j|\theta_j)=b(n_j,\theta_j)\qquad j=1,\cdots,J,J=71$$

而诸θ_j相互独立，具有同一公共分布$Be(\alpha,\beta)$，即

$$\theta_j\sim\pi_1(\theta_j|\alpha,\beta)=Be(\alpha,\beta),\quad j=1,\cdots,J,J=71$$

上述假设可用图3.5.1a上的多层模型结构表示，而以前假设可用图3.5.1b上的单层模型表示。

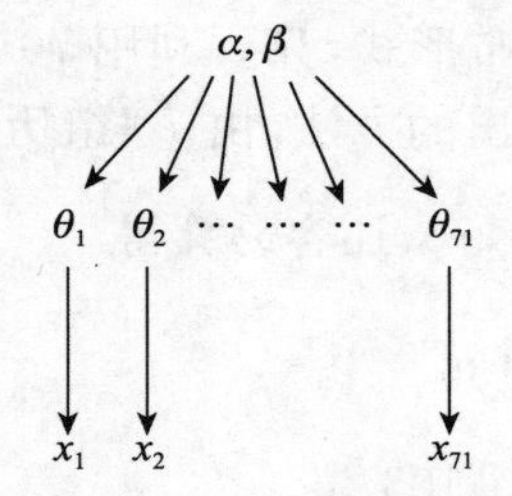

图3.5.1a 多层模型结构

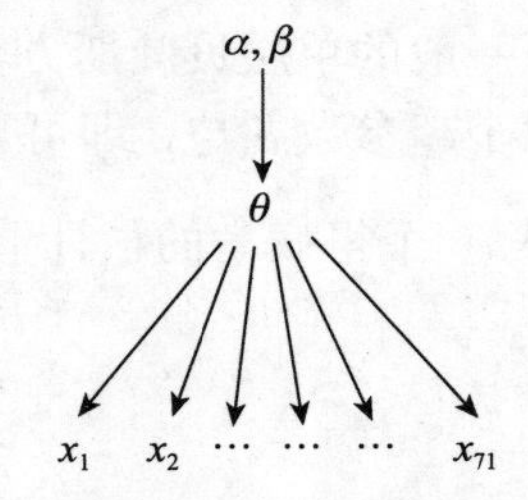

图3.5.1b 单层模型结构

对多层模型要用到多层先验，接着就要对超参数α,β给出第二层先验$\pi_2(\alpha,\beta)$一般常指定一个无信息先验分布作为π_2，这反映了我们对α与β无任何先验信息可用，但我们总要选这样的无信息先验$\pi_2(\alpha,\beta)$，使得超参数(α,β)的后验分布$\pi(\alpha,\beta|\boldsymbol{x})$在$\boldsymbol{x}$给定下是一个正常分布，这一合理要求对$\pi_2(\alpha,\beta)$意味着什么呢？下面来分析这一问题，为此我们先记

$$\boldsymbol{x}=(x_1,\cdots,x_J),\qquad\boldsymbol{\theta}=(\theta_1\cdots,\theta_J)$$

(1)写出参数$\boldsymbol{\theta}$和超参数(α,β)的联合后验密度，由贝叶斯定理可知：

$$\pi(\boldsymbol{\theta},\alpha,\beta|\boldsymbol{x})\propto p(\boldsymbol{x}|\boldsymbol{\theta})\pi_1(\boldsymbol{\theta}|\alpha,\beta)\pi_2(\alpha,\beta)。$$

在我们的问题中

$$p(\boldsymbol{x} \mid \boldsymbol{\theta}) = \prod_{j=1}^{J} p(x_j \mid \theta_j) \propto \prod_{j=1}^{J} \theta_j^{x_j}(1-\theta_j)^{n_j-x_j}$$

$$\pi_1(\theta \mid \alpha,\beta) = \prod_{j=1}^{J} \pi_1(\theta_j \mid \alpha,\beta) = \prod_{j=1}^{J} \frac{\Gamma(\alpha+\beta)}{\Gamma(\alpha)\Gamma(\beta)}\theta_j^{\alpha-1}(1-\theta_j)^{\beta-1}$$

(2)在给定超参数(α,β)下，写出$\boldsymbol{\theta}$的条件后验密度，由贝叶斯定理可知

$$\begin{aligned}\pi(\boldsymbol{\theta} \mid \alpha,\beta,\boldsymbol{x}) &= \prod_{j=1}^{J} \pi(\theta_j \mid \alpha,\beta,x_j) = \prod_{j=1}^{J} p(x_j \mid \theta_j)\pi(\theta_j \mid \alpha,\beta) \\ &= \prod_{j=1}^{J} \frac{\Gamma(\alpha+\beta+n_j)}{\Gamma(\alpha+x_i)\Gamma(\beta+n_j-x_j)}\theta_j^{\alpha+x_j-1}(1-\theta_j)^{\beta+n_j-x_j-1}\end{aligned}$$

其中$\pi(\theta_j|\alpha,\beta)$是(第一层)$\theta_j$的后验分布$Be(\alpha+x_i,\beta+n_j-x_j)$

(3)写出超参数(α,β)的边缘后验分布$\pi(\alpha,\beta|\boldsymbol{x})$。这可用积分完成，即

$$\pi(\alpha,\beta \mid \boldsymbol{x}) = \int \pi(\boldsymbol{\theta},\alpha,\beta \mid \boldsymbol{x})d\boldsymbol{\theta}$$

但在很多场合下可对(1)与(2)用代数运算实现，因为

$$\pi(\boldsymbol{\theta},\alpha,\beta|\boldsymbol{x}) = \pi(\boldsymbol{\theta}|\alpha,\beta,\boldsymbol{x})\pi(\alpha,\beta|\boldsymbol{x})$$

所以

$$\pi(\alpha,\beta|\boldsymbol{x}) = \frac{\pi(\boldsymbol{\theta},\alpha,\beta|\boldsymbol{x})}{\pi(\boldsymbol{\theta}|\alpha,\beta,\boldsymbol{x})}$$

在我们的例子中就可用代数运算实现，把(1)与(2)代入上式，可得

$$\pi(\alpha,\beta \mid \boldsymbol{x}) \propto \pi_2(\alpha,\beta)\prod_{j=1}^{J} \frac{\Gamma(\alpha+\beta)}{\Gamma(\alpha)\Gamma(\beta)} \frac{\Gamma(\alpha+x_j)\Gamma(\beta+n_j-x_j)}{\Gamma(\alpha+\beta+n_j)} \tag{3.5.2}$$

此式已不能再简化了，但对任一指定(α,β)的值可用伽玛函数进行数值计算

从上面三步分析可见，我们应这样选择超参数(α,β)的无信息先验，使得用(3.5.2)算得的后验密度$\pi(\alpha,\beta|\boldsymbol{x})$是正常密度。为了回避检查后验密度(3.5.2)可积性带来数学上的困难，我们可选超先验分布$\pi_2(\alpha,\beta)$是正常密度。由于对(α,β)无任何先验信息可用，这一想法很难实现。另一个想法是选择一个平坦的超先验密度$\pi_2(\alpha,\beta)$，然后用数值方法(如用格子点计算，见§7.2.1)计算后验密度(3.5.2)的等高线，观其是否有趋向无穷大的可能，若有此可能，所选π_2不可用，若无此可能，大多可以试用，数值计算表明，若(α,β)的超先验分布选为

$$\pi_2(\alpha,\beta) \propto 1 \quad 或\ \pi\left(\frac{x}{\alpha+\beta},\alpha+\beta\right) \propto 1$$

后验密度(3.5.2)的等高线都有趋于无穷大的现象出现，故这二种超先验不可用。我们只能用这种尝试的方法寻求 $\pi_2(\alpha,\beta)$。

大家知道，α 与 β 是贝塔分布的二个独立参数，而贝塔分布的均值 $\alpha/(\alpha+\beta)$ 总在 0 与 1 之间。另一方面 $\alpha+\beta$ 常被看作试验前的“样本容量”，它大于 1 是可以被认可的，因为当 $\alpha+\beta<1$ 时，必有 $\alpha<1$ 和 $\beta<1$，从而诸 θ_j 的先验密度呈 U 形状。这表明诸 θ_j 不是接近于 0，就是接近于 1。这是不符合 71 组试验结果的，由此可以认为

$$(S,t)=\left(\frac{\alpha}{\alpha+\beta},(\alpha+\beta)^{-1/2}\right)$$

在正方形(0,1)×(0,1)上均匀分布。在无信息可用场合，不能不说这是一合理想法，计算此变换的雅可比

$$\frac{D(s,t)}{D(\alpha,\beta)}=-\frac{1}{2}(\alpha+\beta)^{-5/2}$$

于是由 $\pi(s,t)\propto 1$，可推得

$$\pi_2(\alpha,\beta)\propto(\alpha+\beta)^{-5/2} \tag{3.5.3}$$

为了以后计算和画等高线图方便，再作一次参数变换。令

$$(u,v)=\left(\log\frac{\alpha}{\beta},\log(\alpha+\beta)\right)$$

由于这个变换的雅可比为

$$\frac{D(u,v)}{D(\alpha,\beta)}=\frac{1}{\alpha\beta}$$

故由(3.5.3)可得 (u,v) 的不正常的先验

$$\pi(u,v)=\frac{D(\alpha,\beta)}{D(u,v)}\pi_2(\alpha,\beta)\propto\alpha\beta(\alpha+\beta)^{-5/2}$$

或者说，$\log\frac{\alpha}{\beta}$ 与 $\log(\alpha+\beta)$ 的联合先验为

$$\pi\left(\log\frac{\alpha}{\beta},\log(\alpha+\beta)\right)\propto\alpha\beta(\alpha+\beta)^{-5/2}$$

若对(3.5.2)二边都分别乘以上述雅可比，$\pi_2(\alpha,\beta)$ 用(3.5.3)，就可立即得到在给定 $\boldsymbol{x}$ 下，$\log\frac{\alpha}{\beta}$ 与 $\log(\alpha+\beta)$ 的条件边缘密度 $\pi\left(log\frac{\alpha}{\beta},\log(\alpha+\beta)\mid\boldsymbol{x}\right)$。

在矩形$(-2.3,-1.3)\times(1,5)$上画出以0.05为距离的格子点，让$\left(\log\frac{\alpha}{\beta},\log(\alpha+\beta)\right)$在这些格子点上取值，计算结果表明，没出现趋于无穷大的现象，而所画出的等高线图(见图3.5.1)近似对称。

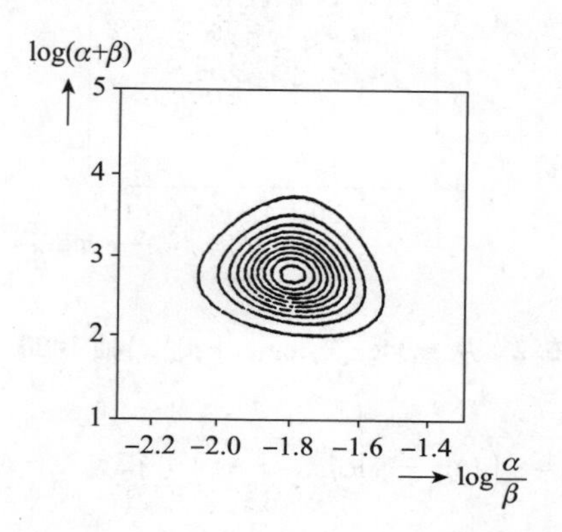

图3.5.1　$\pi\left(\log\frac{\alpha}{\beta},\log(\alpha+\beta)\mid x\right)$等高线图

从图3.5.1可看出，边际后验密度的中心位于

$$\left(\log\frac{\alpha}{\beta},\log(\alpha+\beta)\right)=(-1.8,2.8)$$

利用逆变换，可以定出相应的α_0与β_0为

$$(\alpha_0,\beta_0)=(2.3,14.1)$$

利用格子点的值还可算得后验矩，譬如

$$E(\alpha\mid \boldsymbol{x})\text{ 的估计值为 }\sum_{\log\frac{\alpha}{\beta},\log(\alpha+\beta)}\alpha\pi\left(\log\frac{\alpha}{\beta},\log(\alpha+\beta)\mid \boldsymbol{x}\right)$$

最后结果为

$$\hat{E}(\alpha\mid\boldsymbol{x})=2.4,\quad \hat{E}(\beta\mid\boldsymbol{x})=14.3$$

它们离中心点(α_0,β_0)很近。

最后，我们来获得$\theta_1,\cdots,\theta_{71}$的点估计(中位数)与区间估计，这里只能用随机模拟方法。具体步骤如下。

(1)从边缘后验分布$\pi\left(\log\frac{\alpha}{\beta},\log(\alpha+\beta)\mid\boldsymbol{x}\right)$随机抽取1000个样本点，如图3.5.2所示，记为(u_l,v_l)，$l=1,\cdots,1000$。

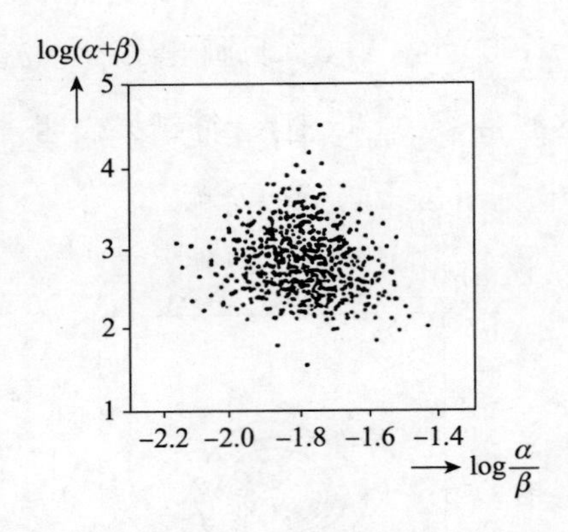

图 3.5.2 从 $\pi(\log\frac{\alpha}{\beta},\log(\alpha+\beta)\mid x)$ 抽 1000 个样本

(2)利用变换$(u,v)=\left(\log\frac{\alpha}{\beta},\log(\alpha+\beta)\right)$可得

$$\alpha=\frac{e^{u+v}}{1+e^{u}},\qquad \beta=\frac{e^{v}}{1+e^{u}}$$

可得 1000 个(α,β)的值,记为(α_l,β_l),$l=1,\cdots,1000$。

(3)对每对(α_l,β_l)可从条件后验分布

$$\theta_j\mid\alpha_l,\beta_l,\boldsymbol{x}\sim Be(\alpha_l+x_j,\beta_l+n_j-x_j),j=1,\cdots,J$$

抽取随机样本$(\theta_1^{(l)},\cdots,\theta_J^{(l)})$,对 $l=1,\cdots,1000$ 重复上述计算。

$$\begin{matrix}\theta_1^{(1)} & \theta_2^{(1)} & \cdots & \theta_J^{(1)}\\ \theta_1^{(2)} & \theta_2^{(2)} & \cdots & \theta_J^{(2)}\\ \cdots & \cdots & \cdots & \cdots\\ \theta_1^{(l)} & \theta_2^{(l)} & \cdots & \theta_J^{(l)}\\ \cdots & \cdots & \cdots & \cdots\\ \theta_1^{(1000)} & \theta_2^{(1000)} & \cdots & \theta_J^{(1000)}\end{matrix}$$

(4)对每个 θ_j 的 1000 个样本 $\theta_j^{(1)},\theta_j^{(2)},\cdots,\theta_j^{(1000)}$ 从小到大排序,寻求中位数,2.5%分位数,97.5%分位数。

其中中位数就是诸 θ_j 的贝叶斯估计,二个分位数就组成诸 θ_j 的 95%可信区间。

(5)画图,横坐标是诸 θ_j 的频率估计值 x_j/n_j,纵坐标是各种分位数,然后把 2.5%分位数与 97.5%分位数联成直线,表示 θ_j 的可信区间,详见图 3.5.3。

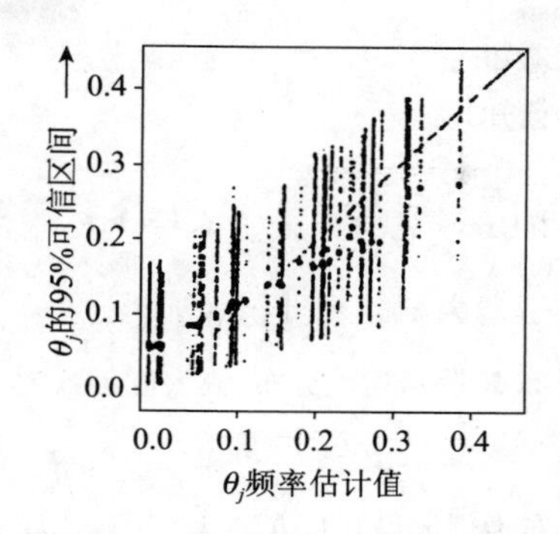

图 3.5.3 诸 θ_j 的中位数与可信区间

从图 3.5.3 可见，在频率 $x_j/n_j=0.14$ 后，中位数估计值明显低于频率估计值，而在 0.14 前，中位数估计值明显高于频率估计值，有向中间收缩的趋势，少数试验点收缩得大一些，但后验方差也大一些，值得注意的是：后验方差还是较大的，这反映超参数的后验不确定性较大。

习 题

3.1 请主观决定，大学生中戴眼镜的比例是多少？

3.2 请主观决定，在你所在地区，小客车、面包车、大客车和载重车的比例是多少？

3.3 设 θ 表示在你居住的地区明天室外最高温度。用直方图方法找出你对 θ 的主观的先验密度。

3.4 用定分法或变分法确定习题 3.3 中 θ 的先验密度。并考虑

(1)决定你对 θ 的先验密度的 1/4 和 1/2 的分位数。

(2)找出配合这些分位数值的正态密度。

(3)你主观地决定 θ 的先验密度的 0.8 和 0.9 的分位数(不要用(2)中所得的正态分布)。这些分位数与(2)中正态分布基本一致吗？是否需要修改(2)中的正态密度？

3.5 将“正态分布”换为“柯西分布”，重复习题 3.4 中的(2)与(3)

3.6 说明以下密度是否是位置密度或尺度密度，并对其位置参数给出一个无信息先验

(1)均匀分布 $U(\theta-1,\theta+1)$。

(2)柯西分布 $C(0,\beta)$。

(3)Pareto 分布 $Pa\ (x_0,a)$(a 已知)。

3.7 按照“变换下的不变性”理论，证明：泊松参数 λ 的无信息先验为 $\pi(\theta)=\theta^{-1}$。

3.8 对以下的每个分布中的未知参数使用 *Fisher* 信息量决定 Jeffreys 先验。

(1)泊松分布 $P(\theta)$。

(2)二项分布 $b(n,\theta)$(n 已知)。

(3)负二项分布 $Nb(m,\theta)$(m 已知)。

(4)伽玛分布 $Ga(\alpha,\lambda)$(λ 已知)。

(5)伽玛分布 $Ga(\alpha,\lambda)$(a 已知)。

(6)伽玛分布 $Ga(\alpha,\lambda)$。

3.9 设 $X_i \sim p_i(x_i|\theta_i)$,$\theta_i$ 的 Jeffreys 先验为 $\pi_i(\theta_i)$,$i=1,2,\cdots,k$。若诸 X_i 相互独立,证明:$\boldsymbol{\theta}=(\theta_i,\cdots,\theta_k)$的 Jeffreys 先验为 $\pi(\theta)=\prod_{i=1}^{k}\pi_i(\theta_i)$。

3.10 设某电子元件的失效时间 X 服从指数分布,其密度函数为

$$p(x|\theta)=\theta^{-1}\exp\{-x/\theta\},x>\theta$$

若未知参数 θ 的先验分布为倒伽玛分布 $IGa(1,0.01)$。计算该种元件在时间 200 之前失效的边缘概率。

3.11 设 $X_1,\cdots,X_n$。相互独立,且 $X_i \sim P(\theta_i)$,$i=\mathbf{1},\cdots,n$。若 $\theta_1,\theta_2,\cdots,\theta_n$ 是来自伽玛分布 $Ga(\alpha,\beta)$ 的一个样本,找出对 $\boldsymbol{X}=(x_1,\cdots,x_n)$的联合边缘密度 $m(x)$。

3.12 在习题 3.11 中,设 $n=3,x_1=3,x_2=0,x_3=5$。找出 $ML-\mathrm{II}$ 先验。

3.13 在习题 3.11 中,采用矩法证明:超参数的估计值为(当 $0<\bar{x}<S^2$)。

$$\hat{\alpha}=\frac{\bar{x}^2}{S^2-\bar{x}},\quad \hat{\beta}=\frac{S^2-\bar{x}}{\bar{x}}$$

3.14 有二个相互独立的正态总体 $N(\alpha,1)$和 $N(\beta,1)$,其中 $\alpha>0,\beta>0$,若从这二个正态总体各取一个容量为 1 的样本,x 与 y,求乘积 $\theta=\alpha\beta$ 的贝叶斯估计。

3.15 设 X_1 与 X_2 相互独立,分别服从参数(期望)为 μ_1 和 μ_2 的指数分布,设我们感兴趣的参数为 $\phi_1=\mu_2/\mu_1$,并取 $\phi_2=\mu_1\mu_2$ 为讨厌参数,证明参数(ϕ_1,ϕ_2)的 reference 先验为$\pi(\phi_1,\phi_2)=((\phi_1\phi_2)^{-1}$。

3.16 设 x 服从二项分布 $N(n,p)$,$0\leqslant p\leqslant l$,其中 n 和 p 均视为参数。分别求它们的 Jeffreys 先验与 reference 先验。

第四章　决策中的收益、损失与效用

决策就是对一件事要作决定。它与推断的差别在于是否涉及后果。统计学家(无论是经典的或贝叶斯的)在作推断时是按统计理论进行的,很少或根本不考虑推断结论在使用后的损失,可(决策者无论是经典的或贝叶斯的)在使用推断结果时必需与得失联接在一起考虑。能给他带来利润的就使用,使他遭受亏损的就不会被采用,度量得失的尺度就是损失函数。它是著名统计学家 A. Wald(1902—1950)在 40 年代引入的一个概念。损失函数与决策环境密切相关。因此从实际归纳出损失函数是决策成败关键。把损失函数加入贝叶斯推断就形成贝叶斯决策论。损失函数被称为贝叶斯统计中的第四种信息。本章从决策框架开始介绍收益函数、损失函数和效用函数等概念,其中还涉及一些不用抽样信息的一些决策准则。特别是先验期望准则,这些内容本身很有用,也都为下一章贝叶斯决策作好准备。

§4.1　决策问题的三要素

4.1.1　决策问题

我们从一种游戏谈起。

例 4.1.1　设甲乙两人进行一种游戏,甲手中有三张牌,分别标以 $\theta_1,\theta_2,\theta_3$。乙手中也有三张牌,分别标以 a_1,a_2,a_3。游戏的规则是双方各自独立地出牌,按下表计算甲的得分与乙的失分。

表 4.1　甲的得分矩阵

乙＼甲	a_1	a_2	a_3
θ_1	3	−2	0
θ_2	1	4	−3
θ_3	−4	−1	2

假如甲出 a_1,乙出 θ_1,则甲得 3 分而乙失 3 分。又如甲出 a_2,乙出 θ_3,则甲失 1 分而乙得 1 分。如此等等。这张表是甲的得分矩阵,其中,负的得分就是失分。这

张表也是乙的失分矩阵。显然,双方都想得分,但谁也不能控制对方,因此在这种情况下,各人该如何"理智"地进行这个游戏就不是一件简单的事了,假如甲和乙手中的牌更多一些,那此种游戏就更复杂了。

这是一个典型的双人博弈(赌博)问题。不少实际问题可归结为双人博弈问题。它是博弈论的研究对象。如果把上例中乙方改为自然界或社会,就形成人与自然界(或社会)的博弈问题,这类问题也是大量存在的。

例 4.1.2 某农作物有两个品种:产量高但抗旱能力弱的品种 a_1 和抗旱能力强但产量低的品种 a_2。在明年雨量不能准确预知的情况下,农民应选播哪个品种可使每亩平均收益最大呢?这是人与自然界的一局博弈。在这里一方是人,人是有理智的,他手中有二张牌:a_1 和 a_2。人手中的牌今后称为行动。另一方是自然界,它手中的牌是明年雨量,可能有很多张牌,这里为简单起见,以明年 600mm 雨量为界来区分雨量充足 θ_1 和雨量不充足 θ_2,这样自然界也有二张牌:θ_1 和 θ_2。由于自然界是无理智的,它的牌今后称为状态或参数。在这样的格局里,能作决策的仅仅是人。人为作好决策,可以观察自然界的一些现象,收集和分析自然界的各种信息,也可根据当年种子、肥料、农具等价格定出各种状态下每亩的收益,然后写出收益矩阵(单位:元)

	a_1	a_2
θ_1	1000	200
θ_2	−200	400

自然界虽不会有意与人作对,但也不会任人摆布。所以人们按此收益矩阵要作决策(选择行动)也并非易事。

例 4.1.3 一位投资者有一笔资金要投资。有如下几个投资方向供他选择:

a_1:购买股票,根据市场情况,可净赚 5000 元,但也可能亏损 10000 元。

a_2:存入银行,不管市场情况如何总可净赚 1000 元。

这位投资者在与金融市场博弈。未来的金融市场也有二种情况:看涨(θ_1)与看跌(θ_2)。根据上述情况,可写出投资者的收益矩阵。

	a_1	a_2
θ_1	5000	1000
θ_2	−10000	1000

投资者将依据此收益矩阵决定他的资金投向何方。

这种人与自然界(或社会)的博弈问题称为决策问题。在决策问题中,主要是寻求人对自然界(或社会)的最优策略。为此决策者(人)对所遇到的问题要利用各种信息，经过各种考虑和对比后，在可能采取的行动中作出选择。可见，决策实际上是一个过程，它可分为二部分。第一部分也是把决策叙述清楚。第二部分是如何做决策使得收益最大。显然，第二部分是我们今后研究的重点，但不把第一部分弄清楚，就忙于研究如何做决策是十分不当的。

4.1.2　决策问题的三要素

构成一个决策问题必有如下三个基本要素。

1. 状态集 $\Theta=\{\theta\}$，其中每个元素 θ 表示自然界（或社会）可能出现的一种状态，所有可能状态的全体组成状态集。

在例 4.1.2 中，状态集是由两个状态组成，$\Theta=\{\theta_1,\theta_2\}$，其中 θ_1 和 θ_2 分别表示雨水充足和雨水不充足。在例 4.1.3 中，状态集也是由两个状态组成，$\Theta=\{\theta_1,\theta_2\}$，其中 θ_1 和 θ_2 分别表示债券市场看涨和看跌。

状态集 Θ 可以只含有限个状态，也可以含有无穷个状态。例 4.1.2 和例 4.1.3 都只含有限个状态，以后还会看到状态有无穷多个的例子。

在实际中常会遇到这样的决策问题，其自然界（或社会）所处的状态可用一个实数表示，这样的状态又称为状态参数，简称为参数。其状态集 Θ 常由一些实数组成，这样的状态集又称为参数空间。常见的参数空间是一个区间 (a,b)，这里 a,b 可以是两个实数。但也可以使 $a=-\infty,a=+\infty$。譬如在例 4.1.2 中，若知该地区的年降雨量在 100mm 到 1700mm 之间，而人们用每年降雨量表示自然界所处的一个状态，那么年降雨量就是一个参数（即状态），它的状态集就是一个区间 $[100,1700]$。它含有无穷多个态状。

自然界（或社会）所处的状态不是自然界自己划分的，而是人们对自然界（或社会）的认识和决策的方便而划分的。譬如在例 4.1.2 中，该地区的年降雨量在 100mm 到 1700mm 之间，若把状态集看作 $\Theta=\{\theta|100\leqslant\theta\leqslant1700\}$，由于状态有无穷多个，会增加决策的困难；如果提出一个界限，年降雨量在 600mm 以下者为干旱年（θ_2），年降雨量在 600mm 以上者为雨水充足年（θ_1），这样人们就把自然界划分为两个状态：假如从 100mm 开始，每隔 200mm 为一个状态，共有 8 个状态，其状态集就由 8 个元素组成。

2. 行动集 $\mathscr{A}=\{a\}$，其中每个元素 a 表示人对自然界（或社会）可能采取的一个行动，所有此种行动的全部就是行动集。

在例 4.1.2 中，农民可以采取两个行动，一个是播种产量高但抗旱能力弱的种子（a_1），一个是播种抗旱能力强但产量低的种子（a_2），所以农民的行动集是由两个行动组成，$\mathscr{A}=\{a_1,a_2\}$。类似地，在例 4.1.3 中，投资者的行动集也是由两个行动组成。

一般行动集至少含有两个行动，供人们决策之用。假如行动集中只有一个行动，那人们就不需选择。行动集 $\mathscr{A}$ 中每一个行动都是人类对付自然界（或社会）的一种措施（或对策），它是人类智慧的结晶。假如有两个行动 a_1 和 a_2。无论对自然界（或社会）的哪一个状态出现，a_1 总是比 a_2 收益高，那么 a_2 就没有存在之必要，故要把这种行动从行动集中除去，使留在行动集中的行动总有"可取之处"。

3. 收益函数 $Q(\theta,a)$。其中 θ 可以是状态集 Θ 中任一个状态，a 可以是行动集 $\mathscr{A}$ 中任一个行动，函数值 $Q(\theta_i,a_j)=Q_{ij}$ 表示当自然界（或社会）处于状态 θ_i，而人们选取行动 a_j 时所得到（经济上）的收益大小。

收益函数的值可正可负，其正值表示盈利，负值表示亏损，收益函数的单位常用货币单位，但有时也用其它容易比较好坏的单位，如产量、销售量等。收益函数是今后用来评价人们选取的行动是好是坏的基础。收益函数的建立不是一件容易的事，往往要花大力气，要对所研究的决策问题有比较全面的了解后才能建立起来。

当状态集和行动集都仅含有限个元素时，如 $\Theta=\{\theta_1,\theta_2,\cdots,\theta_n\}$，$\mathscr{A}=\{a_1,a_2,a_m\}$，收益函数也只取 nm 个值，这 nm 个值可以有规律地排成一个矩阵。

$$
\begin{array}{c}
\begin{matrix} \quad a_1 & a_2 & \cdots & a_m \quad \end{matrix} \\
Q=\begin{pmatrix} Q_{11} & Q_{12} & \cdots & Q_{1m} \\ Q_{21} & Q_{22} & \cdots & Q_{2m} \\ \vdots & \vdots & \ddots & \vdots \\ Q_{n1} & Q_{n2} & \cdots & Q_{nm} \end{pmatrix} \begin{matrix} \theta_1 \\ \theta_2 \\ \vdots \\ \theta_n \end{matrix}
\end{array}
$$

这个矩阵称为收益矩阵。例 4.1.2 和例 4.1.3 中的矩阵都是收益矩阵，收益矩阵是收益函数的一种特殊形式，其作用与收益函数一样，但它有"一目了然"的优点。

状态集 Θ、行动集 $\mathscr{A}$ 和收益函数 $Q(\theta,a)$ 是构造一个决策问题必不可少的三个基本要素。一个决策问题是否弄清楚了，就看能否把这三个要素明确地写出来。这三个要素中一个有变化，如状态集中少一个元素、或行动集中增加了一个行动，或收益函数改变了，都会导致决策问题的改变，形成另一个决策问题，因此结论也不会一样，今后讲一个决策问题就意味着它的 Θ，$\mathscr{A}$ 和 $Q(\theta,a)$ 这三个要素全都给定了。

例 4.1.4 某水果商店准备购进一批苹果投放市场，购进价格 i 包括运费）为每公斤 0.65 元，售出价格为每公斤 1.10 元。苹果在购销过程中将损耗 10%，如果购进数量超过市场需求量，超出部分就必须以每公斤 0.30 元的价格处理。在市场需求量一时无法弄清的情况下，该商店的经理应作如何决策？

在这里我们先描述这个经营决策问题。

在这个经营决策问题中，市场需求量 Θ 是状态参数。据过去经验，市场需求量

θ至少为500公斤,但也不会超过2000公斤,因此参数空间$\Theta=[500,2000]$。为适应市场需求,经理可采取的行动a(购进苹果的公斤数)也应在这个区间内。所以$\mathscr{A}=\Theta=[500,2000]$。

最后,我们来讨论收益函数$Q(\theta,a)$,它表示市场需求量为θ,而经理购进水果a斤时商店的收益值。这要分两种实际情况处理。当实际销售量$0.9a$不超过市场需求量 时,商店收益为$(1.10-0.65)\times 0.9a-0.65\times 0.1a$;当实际销售量$0.9a$超过市场需求量$\theta$时,商店收益为$(1.10-0.65)\theta+(0.30-0.65)(0.9a-\theta)-0.65\times 0.1a$,化简上式,可写出该商店的收益函数为(单位:元)

$$Q(\theta,a)=\begin{cases}0.8\theta-0.38a, & 500\leqslant\theta\leqslant 0.9a\\ 0.34a, & 0.9a<\theta\leqslant 2000\end{cases}$$

§4.2　决策准则

4.2.1　行动的容许性

现在我们转入讨论:对给定的决策问题如何去做决策?这里说"给定的决策问题"是指它的三要素(状态集Θ,行动集$\mathscr{A}$和收益函数$Q(\theta,a)$)完全确定。而所谓"做决策"就是在行动集$\mathscr{A}$中选择一个行动,譬如说是以a',使其收益函数$Q(\theta,a')$在状态集Θ上处处达到最大。为此我们对不同的行动a_1和a_2,要比较它们的收益函数值$Q(\theta,a_1)$和$Q(\theta,a_2)$的大小。要知道,这里的收益函数值$Q(\theta,a_1)$和$Q(\theta,a_2)$仍然是θ的函数(见图4.2.1),比较它们的大小常常是困难的。

为了减少以后做决策的困难,我们要把明显的劣势行动从行动集$\mathscr{A}$中剔除去。譬如,图4.2.2上二个行动a_1与a_2的收益函数的比较中,在状态集Θ上,处处有$Q(\theta,a_1)\geqslant Q(\theta,a_2)$。那么行动$a_2$就无存在的必要。行动$a_2$被称为非容许行动。它的一般定义如下。

定义4.2.1　在给定的决策问题中,$\mathscr{A}$中的行动a_1称为是容许的,假如在$\mathscr{A}$中不存在满足如下两个条件的行动a_2,

1. 对所有的$\theta\in\Theta$,有$Q(\theta,a_2)\geqslant Q(\theta,a_1)$;
2. 至少有一个θ,可使上述不等式严格成立。

假如这样的a_2存在的话,则称a_1是非容许的,假如二个行动a_1和a_2的收益函数在Θ上处处相等,则称行动a_1与a_2是等价的。

例4.2.1　设某决策问题的收益矩阵为

$$Q=\begin{array}{c} \begin{array}{cccccc} a_1 & a_2 & a_3 & a_4 & a_5 & a_6 \end{array} \\ \begin{pmatrix} 4 & 2 & 0 & 2 & 2 & 0 \\ 0 & 2 & 8 & 6 & 1 & 8 \\ 3 & 1 & 1 & 0 & 1 & 1 \\ 4 & 2 & 2 & 3 & 0 & 2 \end{pmatrix} \end{array} \begin{array}{l} \\ \theta_1 \\ \theta_2 \\ \theta_3 \\ \theta_4 \end{array}$$

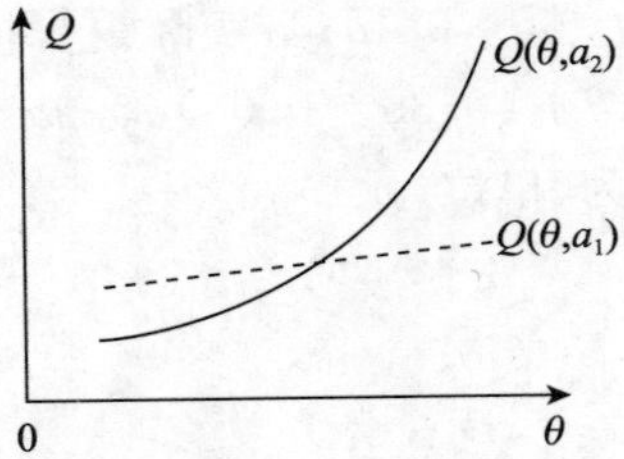

图 4.2.1 行动 a_1 与 a_2 的收益函数

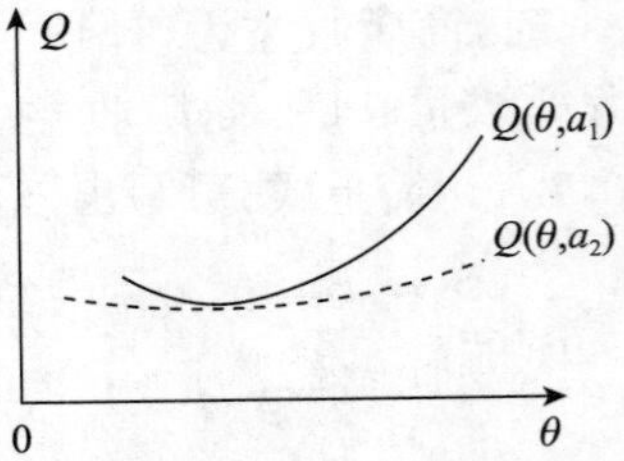

图 4.2.2 行动 a_1 的非容许

其中 a_5 是非容许行动，因为在行动集 $\mathscr{A}=\{a_1,\cdots,a_6\}$ 中有这样的行动 a_2，可使 $Q(\theta,a_2)\geqslant Q(\theta,a_5)$，$\theta\in\Theta$。且在 $\theta=\theta_2$ 处不等号严格成立。而其余 5 个行动 a_1，a_2，a_3，a_4，a_6 都是容许行动，其中 a_3 与 a_6 还是等价行动，这时也可剔去其中之一。

把非容许行动从行动集 $\mathscr{A}$ 中剔去。这样行动集中只存在容许行动。这可使决策得以简化。

上述讨论是对收益函数进行的，假如对支付函数、或亏损函数、或成本函数等讨论，亦可类似进行。差别仅在于标准上，对收益函数而言，收益是愈大愈好，而对支付函数（亏损函数、成本函数等）而言，支付是愈少愈好。因此在定义 4.2.1 中把不等号改变方向可得到类似定义。

4.2.2 决策准则

对给定的决策问题去做决策就是在行动集 $\mathscr{A}=\{a\}$ 中选取一个行动，使其收益达到最大。这种行动往往在 $\mathscr{A}$ 中是找不到的。实际的情况正如在容许性讨论的那样，对某些状态行动 a_1 的收益较大，对另一些状态行动 a_2 的收益较大，如图 4.2.1 所示。对这样复杂交错的情况如何作决策呢？这个问题的研究引出很多新的策略思想。建立了各种决策准则。下面结合收益函数介绍几种常用的准则。在实际中用哪一种准则还要根据具体情况和决策者的态度而定。

1. 悲观准则，又称差中求好准则

悲观准则由下列二步组成：

第一步，对每一个行动选出最小的收益；

第二步，在所有选出的最小收益中选取最大值。此最大值对应的行动就是悲观准则下的最优行动。

例 4.2.2　某厂准备一年后生产一种新产品，如今有三个方案供选择：改建本厂原有生产线(a_1)；从国外引进一条自动化生产线(a_2)；与兄弟厂协助组织“一条龙”生产线(a_3)。厂长预计一年后市场对此新产品的需求量大致可分为三种：较高(θ_1)；一般(θ_2)；较低(θ_3)。厂长还算得其收益矩阵为(单位：万元)

$$
\begin{array}{cc} & \begin{array}{ccc} a_1 & a_2 & a_3 \end{array} \\ \boldsymbol{Q}= & \left(\begin{array}{ccc} 700 & 980 & 400 \\ 250 & -500 & 90 \\ -200 & -800 & -30 \end{array}\right) \begin{array}{c} \theta_1 \\ \theta_2 \\ \theta_3 \end{array} \end{array}
$$

按悲观准则做

第一步，行动 a_1 的最小收益是 -200，行动 a_2 和 a_3 的最小收益分别是 -800 和 -30。用符号表示这一步是

$$
\min_{i=1,2,3} Q(\theta_i, a_j) = \begin{cases} -200, & 当\ j=1 \\ -800, & 当\ j=2 \\ -30, & 当\ j=3 \end{cases}
$$

第二步，在所选出的三个最小值 -200，-800，-30 中，最大收益是 -30，它所对应的行动 a_3 就是按悲观准则选出的最优行动。用符号表示这一步是：a_3 满足

$$
\max_{j=1,2,3} \min_{i=1,2,3} Q(\theta_i, a_j) = -30 = \min_{i=1,2,3} Q(\theta_1, a_3)
$$

在状态和行动都只有有限个的情况下，都可按上述两步求得最优行动，在一般情况下，只要把上述收益矩阵改为收益函数即可，即在悲观准则下，假如 $a' \in \mathscr{A}$，且满足

$$
\max_{a \in \mathscr{A}} \min_{\theta \in \Theta} Q(\theta_i, a_j) = \min_{\theta \in \Theta} Q(\theta_1, a')
$$

那么这个行动 a' 就是最优行动。

悲观准则是一种保守的决策准则。它是在最不利的状态发生情况下，尽量争取较多的收益。它也是一种稳妥的策略，适用于企业较小，资金单薄，经济上经不起大的冲击的企业。

2. **乐观准则**，又称**好中求好准则**

乐观准则由下列两步组成。

第一步，对每一个行动选出量大的收益值；

第二步，在所有选出的最大收益值中选取相对最大值，此最大值所对应的行动就是在乐观准则下寻得的最优行动。

上述两步说明，乐观准则就是设想最有利的状态发生情况下，尽量争取最多的

收益。譬如在例 4.2.2 中,按此乐观准则做:

第一步,行动 a_1,a_2,a_3 的最多收益分别是 700,980,400,用符号表示这一步是

$$\max_{i=1,2,3} Q(\theta_i,a_j)=\begin{cases}700, 当\ j=1\\980, 当\ j=2\\400, 当\ j=3\end{cases}$$

第二步,在所选出的三个最大收益值中最大的是 980,它所对应的行动 a_2 就是按乐观准则选出的最优行动,用符号表示这一步就是:a_2 满足

$$\max_{j=1,2,3}\min_{i=1,2,3} Q(\theta_i,a_j)=980=\max_{i=1,2,3} Q(\theta_i,a_3)$$

在状态和行动都只有有限个的情况下,都可按上述两步求得最优行动。在一般情况下,只要把上述收益矩阵改为收益函数即可,即在乐观准则下,假如 $a'\in\mathscr{A}$,且满足

$$\max_{a\in A}\max_{a\in\theta} Q(\theta_i,a_j)=\max_{\theta\in\Theta} Q(\theta,a')$$

那么这个行动 a' 就是最优行动。

乐观准则是一种冒险策略。采用乐观准则的人常是某种特殊需要而引发的。譬如在例 4.2.2 中,厂长有二步设想,先投入新产品,第二步再生产配套产品。这样可获得更大利润。可实现第二步需要 900 万资金。在此情况下,厂长在第一步决策时,就得冒较大风险。否则无法实现第二步设想。

3. **折中准则**,又称**赫维斯**(Hurwicz)**准则**。

折中准则是赫维斯(L. Hurwicz)提出的,他认为决策者不应该按照某种极端准则行事,而应在两种极端情况之间寻得某种平衡。悲观准则和乐观准则都是极端准则。如何在这两种极端准则之间寻得平衡呢?赫维斯根据这一想法提出**折中准则**,它由下列三步组成:

第一步,在 0 与 1 之间选一个数 α,称为**乐观系数**,用它来表示决策者对面临的决策问题所持的乐观程度,愈接近于 1,决策者愈乐观;愈接近于 0,决策者愈悲观。

第二步,对每一个行动 a 计算

$$H(\alpha)=\alpha\max_{\theta\in\Theta} Q(\theta,a)+(1-\alpha)\min_{\theta\in\Theta} Q(\theta,a)$$

这里 $\max\limits_{\theta\in\Theta} Q(\theta,a)$ 表示行动 a 的最大收益值,$\min\limits_{\theta\in\Theta} Q(\theta,a)$ 表示行动 a 的最小收益值。

第三步,取行动 a_0,使得 $H(a_0)$ 达到最大,即

$$H(a_0)=\max_{a\in\mathscr{A}} H(a)$$

此种 a_0 就是折中准则下的最优行动。

上述三步说明，假如把决策者的乐观乐数 α 看作一种权，或者看作决策者能得到最大收益值的可能性大小(即概率)，那么 $H(\alpha)$ 就是一种平均收益。而使平均收益达到最大的行动就是折中准则下的最优行动。譬如在例 4.2.2 中，按此折中准则做：

第一步，决策者(厂长)对自己厂生产的新产品充满信心，他取乐观系数 $\alpha=0.8$。

第二步，对行动 a_1,a_2,a_3 分别计算：

$H(a_1)=0.8\times700+0.2\times(-200)=520$(万元)

$H(a_2)=0.8\times980+0.2\times(-800)=624$(万元)

$H(a_3)=0.8\times400+0.2\times(-30)=314$(万元)

第三步，比较 $H(a_1),H(a_2),H(a_3)$ 的大小可知，$H(a_2)$ 最大，故 a_2 是折中准则下的最优行动。

折中准则就是克服了乐观准则过于冒险和悲观准则过于保守的缺点，但增加了确定乐观系数 α 的困难，为了确定 α，决策者一定要弄清 α 的含义，然后根据自己的看法给出 α。从第二步可以看出，当 $\alpha=1$ 时，折中准则就是乐观准则；当 $\alpha=0$ 时，折中准则就是悲观准则。从这个角度看，乐观准则和悲观准则都是折中准则的特例。

例 4.2.3　对例 4.2.3 提出的决策问题使用折中准则时，可以换一种思路来考察。先不要求厂长给出乐观系数，而只假设其乐观系数为 α，然后作一些分析后再作决策。为此先算出各行动下的 $H(a_i)$ 。

$$H_1(\alpha)=700a+(-200)(1-\alpha)=900\alpha-200,$$
$$H_1(\alpha)=980a+(-800)(1-\alpha)=1780\alpha-800,$$
$$H_1(\alpha)=400a+(-30)(1-\alpha)-430\alpha-30。$$

它们都是 α 的线性函数(图 4.2.3)，按折中准则，所选行动应使平均收益最大。从图 4.2.3 看出，线段 AB、BC、CD 对应的平均收益最大，其中 A、B、C、D 四点的横坐标分别是 0，0.36，0.68，1.0。由此看出，厂长的决策依赖于厂长的乐观系数 α，具体是：

当 $0\leqslant\alpha<0.36$ 时，厂长采用 a_3(与兄弟厂协作作建生产线)；

当 $0.36\leqslant\alpha<0.68$ 时，厂长采用 a_1(改建本厂生产线)；

当 $0.68\leqslant\alpha\leqslant1$ 时，厂长采用 a_2(引进一条生产线)。

即厂长对未来市场乐观一些($\alpha>0.68$)，就采用 a_2；厂长对未来市场悲观一些($a<0.36$)，就采用 a_3；否则采用 a_1。

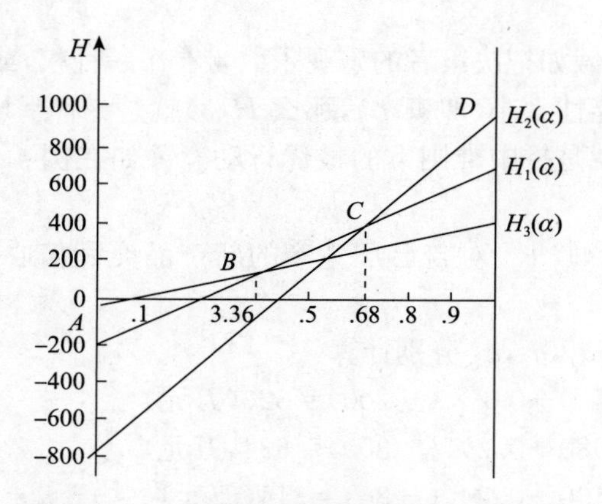

图 4.2.3　各平均收益与乐观系数 a 的关系

§4.3　先验期望准则

4.3.1　先验期望准则

在人与自然然界(或社会)的博弈中人对自然界(或社会)会积累很多的经验与资料,这些先验信息虽不足以确定自然界(或社会)会出现什么状态,但在很多场合可以在状态集 Θ 上给出一个先验分布 $\pi(\Theta)$。从中得知各种状态发生可能性的大小。这种先验信息在做决策时可以使用。这就形成如下的先验期望准则和二阶矩准则。

定义 4.3.1　对给定的决策问题,若在状态集 Θ 上有一个正常的先验分布 $\pi(\theta)$,则收益函数 $Q(\theta,\alpha)$ 对 $\pi(\theta)$ 的期望与方差

$$\overline{Q}(a)=E^{\theta}Q(\theta,a)$$
$$\mathrm{Var}[Q(\theta,\alpha)]=E^{\theta}Q(\theta,a)^2-[E^{\theta}Q(\theta,a)]^2$$

分别称为**先验期望收益**和**收益的先验方差**。使先验平均收益达到最大的行动 a'

$$\overline{Q}(a')=\max_{a\in A}\overline{Q}(a) \tag{4.3.1}$$

称为**先验期望准则下的最优行动**。若此种最优行动不止一个,其中先验方差达到最小的行动称为**二阶矩准则下的最优行动**。

在这个定义中首先强调的是:只能使用正常的先验分布,不能使用广义先验分布(见定义 3.4.1)。因为这里只使用了先验信息,没有抽样信息可用。其次应注意的是:在比较先验期望收益中,若有二个以上行动能使 4.3.1 式成立,则它们的先验期望收益必相等,这时才需考虑其先验方差的大小,比较其收益的分散程度。

在经济活动中常有风险,方差是度量风险的一个尺度,方差大,风险就大,方差小,风险就小。按二阶矩准则选取风险小的行动是合理的。最后,从贝叶斯观点看,使用合理的先验信息,对决策问题做决策只会有好处,先验期望准则和二阶矩准则下的最优行动总比前面几个准则得到的结果较为可信,使用价值更高。

例 4.3.1 在例 4.2.2 中给出的三状态和三行动的决策问题中,收益函数为

$$\begin{array}{c} \\ Q= \end{array}\begin{array}{c} \begin{array}{ccc} \alpha_1 & \alpha_2 & \alpha_3 \end{array} \\ \begin{pmatrix} 700 & 980 & 400 \\ 250 & -500 & 90 \\ -200 & -800 & -30 \end{pmatrix} \end{array}\begin{array}{ll} \\ \theta_1 & 0.6 \\ \theta_2 & 0.3 \\ \theta_3 & 0.1 \end{array}$$

其中最后一列是厂长根据自已对一年后市场需求量是高、中、低给出的主观概率,即

$$\pi(\theta_1)=0.6,\ \pi(\theta_2)=0.3,\ \pi(\theta_3)=0.1$$

据此可算得各行动的先验期望收益

$$\overline{Q}(a_1)=420+75-20=475$$
$$\overline{Q}(a_2)=588-150-80=358$$
$$\overline{Q}(a_3)=240+27-3=264$$

相比之下,a_1 的先验期望收益最大,故 a_1 是先验期望准则下的最优行动。

这个例子在例 4.2.2 中曾算得:

在悲观准则下的最优行动为 a_3。

在乐观准则下的最优行动为 a_2。

在折中准则下的最优行动为 a_2。

它们与先验期望准则下的最优行动 a_1 都是不一样的。这是什么原因呢?从贝叶斯观点看,上述三个决策准则可纳入先验期望准则,只不过他们选用不同的先验分布而已。

譬如,悲观准则是在诸行动的最小收益中择取最大者,这反应他对市场的需求量是悲观的,总认为低的需求量必然发生。故其不自觉地选用了如下先验分布 π_1:

$$\pi_1(\theta_1)=\pi_1(\theta_2)=0,\quad \pi_1(\theta_3)=1$$

由此可算得各行动的先验期望收益

$$\overline{Q}_1(a_1)=-200,\ \overline{Q}_1(a_2)=-800,\ \overline{Q}_1(a_3)=-30$$

相比之下,a_3 的先验期望收益最大,故 a_3 是在先验分布 π_1 下的最优行动。上述诸期望收益和最优行动与例 4.2.2 完全一样。类似地,若选用另一个先验分布 π_2:

$$\pi_2(\theta_1)=1, \quad \pi_2(\theta_2)=\pi_2(\theta_3)=0$$

这反映决策者对市场需求量是很乐观的，认为未来市场需求量是很高的，在这个先验分布下，各先验期望收益为

$$\overline{Q}_2(a-1)=700, \overline{Q}_2(a_2)=980, \overline{Q}_2(a_3)=400$$

相比之下，a_2 的先验期望收益最大，故 a_2 是在先验分布 π_2 下的最优行动。上述诸期望收益与最优行动也与例 4.2.2 完全一样。

在例 4.2.2 中，使用折中准则中决策者的乐观系数为 0.8，它只是在最大收益与最小收益间折中，不涉及中间收益是多少，故其对应的先验分布 π_3 是

$$\pi_3(\theta_1)=0.8, \pi_3(\theta_2)=0, \pi_3(\theta_3)=0.2$$

由此可算得各行动的先验期望收益。

$$\overline{Q}_1(a_1)=520, \overline{Q}_1(a_2)=624, \overline{Q}_1(a_3)=314$$

相比之下，a_2 的先验期望收益最大，故 a_2 又是在先验分布 π_3 下的最优行动。这与例 4.2.2 中所得相应结果是一致的。

上述分析表明：表面上看，使用悲观准则、乐观准则和折中准则都没有使用市场需求量的先验信息，而是出于各自的心理状态在做决策。可从贝叶斯观点看，他们都在不自觉地选用先验分布，都在使用先验期望准则。现在的问题是：市场需求量的先验分布中哪一个是合理的？我们把上面所用的四个先验分布列在表 4.3.1 上。从表 4.3.1 上可以立即看出，前三个先验分布中都认为中等市场需求量是根本不可能发生的，未来市场需求量不是高就是低。这是不符合市场实际情况的。市民对新产品的需求要么很多，要么很少，适中的状态是不可能发生的。这种看法是不合理的。

从上述比较中可以看出，根据先验信息，自觉地选用先验分布（如表 4.3.1 中的第四行）相对是较为合理的，而不自觉地使用先验分布有多么危险和可笑。

表 4.3.1 不同的先验分布（例 4.3.1）

市场需求量		θ_1（高）	θ_2（中）	θ_3（低）
悲观准则下 π_1	:	0	0	1
悲观准则下 π_2	:	1	0	1
折中准则下 π_3	:	0.8	0	0.2
先验期望准则下 π	:	0.6	0.3	0.1

例 4.3.2 现来完成例 4.1.4 的决策工作，在那里某水果商店准备购进一批苹果投放市场，市场需求量 θ 和经理的采购量都在 500 公斤到 2000 公斤之间。所得的收益函数为

$$Q(\theta,a)=\begin{cases}0.8\theta-0.38a & 500\leqslant\theta\leqslant 0.9a\\ 0.34a & 0.9a<\theta\leqslant 2000\end{cases}$$

假如经理采用[500,2000]上的均匀分布作为 θ 的先验分布，那么经理采购量 a 的先验期望收益为

$$\begin{aligned}\overline{Q}(a)&=\int_{500}^{0.9a}(0.8\theta-0.38a)\frac{d\theta}{1500}+\int_{0.9a}^{2000}0.34a\,\frac{d\theta}{1500}\\&=\frac{1}{1500}[-0.324a^2+870a-10000]\end{aligned}$$

方括号中的二次三项式在 $a=1343$ 时达到最大。故经理应购进 1343 公斤苹果可使其先验期望收益最大。

例 4.3.3 某花店主每天从农场以每棵 5 元的价格购买若干棵牡丹花，然后以每棵 10 元之价格出售。如果当天卖不完，余下的牡丹花作垃圾处理。这样店主就要少赚钱，甚至当日要亏本。为了弄清楚市场需求情况，店主连续记录过去 50 天出售牡丹花的棵数，整理的记录见表 4.3.2。试问该店主每天应购进多少棵牡丹花出售，才为最优行动。

表 4.3.2 50 天内每天出售牧丹花棵数统计表(例 4.3.3)

出售量(棵/日)	频数(日)	频率
14	4	0.08
15	11	0.22
16	10	0.20
17	7	0.14
18	7	0.14
19	6	0.12
20	5	0.10
累计	50	1.00

在这个决策问题中，状态集 Θ 和行动集 $\mathscr{A}$ 分别是

$$\Theta=\{\theta_i=13+i,\ i=1,2,\cdots,7\}$$
$$\mathscr{A}=\{a_j=13+j,\ j=1,2,\cdots,7\}$$

其中 θ_i 表示花店主出售牡丹花的棵数，a_j 表示花店主每天从农场购买的牡丹花棵

数。根据花店主 50 天的出售记录，取表 4.3.2 上的频率作为每天出售量 θ 的先验分布是确当的，即

θ	14	15	16	17	18	19	20
$\pi(\theta)$	0.08	0.22	0.20	0.14	0.14	0.12	0.10

不难看出，在状态为 θ_i 时而花店主采用行动 a_j 的收益函数为(单位:元)

$$Q(\theta_i,a_j)=\begin{cases}5a_j, & a_j\leqslant\theta_i\\ 10\theta_i-5a_j, & a_j>\theta_i\end{cases}$$

由此可以算出收益矩阵

$$Q=\begin{pmatrix} 70 & 65 & 60 & 55 & 50 & 45 & 40\\ 70 & 75 & 70 & 65 & 60 & 55 & 50\\ 70 & 75 & 80 & 75 & 70 & 65 & 60\\ 70 & 75 & 80 & 85 & 80 & 75 & 70\\ 70 & 75 & 80 & 85 & 90 & 85 & 80\\ 70 & 75 & 80 & 85 & 90 & 95 & 90\\ 70 & 75 & 80 & 85 & 90 & 95 & 100 \end{pmatrix}\begin{matrix}\theta_1\\ \theta_2\\ \theta_3\\ \theta_4\\ \theta_5\\ \theta_6\\ \theta_7\end{matrix}$$

(列依次对应 $a_1\ a_2\ a_3\ a_4\ a_5\ a_6\ a_7$)

容易算出每个行动的先验期望收益

$$\overline{Q}(a_1)=70.0\quad \overline{Q}(a_2)=74.2$$
$$\overline{Q}(a_3)=76.2\quad \overline{Q}(a_4)=76.2$$
$$\overline{Q}(a_5)=74.8\quad \overline{Q}(a_6)=72.0\quad \overline{Q}(a_7)=68.0$$

故按先验期望准则，a_3 和 a_4 为最优行动，即该花店主每天宜购买 16 或 17 棵牡丹花出售最优。为了在 a_3 和 a_4 两个行动中再选择较优的一个，我们计算其先验方差，先计算

$$E[Q(\theta,a_3)]^2=\sum_{i=1}^{7}[Q(\theta_i,a_3)]^2\pi(\theta_i)=5846$$

$$E[Q(\theta,a_4)]^2=\sum_{i=1}^{7}[Q(\theta_i,a_4)]^2\pi(\theta_i)=5909$$

然后算得先验方差

$$\mathrm{Var}(Q_3)=5846-(76.2)^2=39.56,$$
$$\mathrm{Var}(Q_4)=5909-(76.2)^2=102.56。$$

相比之下,行动 a_3 的先验方差小,故 a_3 是二阶矩准则下的最优行动。

4.3.2 两个性质

最后我们提及先验期望准则下的两个性质。

定理 4.3.1 在先验分布不变的情况下,收益函数 $Q(\theta,a)$ 的线性变换 $kQ(\theta,a)+c(k>0)$ 不会改变先验期望准则下的最优行动。

证明: 记 $Q_1(\theta,a)=kQ(\theta,a)+c$,其中 $k>0$,于是 Q_1 的先验期望收益为

$$\begin{aligned}\overline{Q}_1(a)&=E^{\theta}Q_1(\theta,a)\\&=kE^{\theta}Q(\theta,a)+c\\&=k\overline{Q}_1(a)+c\end{aligned}$$

由于 $k>0$,$\overline{Q}_1(a)$ 与 $\overline{Q}(a)$ 同时达到最大值。故不会改变决策结果。

定理 4.3.2 设 Θ_1 为状态集 Θ 的一个非空子集,假如在 Θ_1 上的收益函数 $Q(\theta,a)$ 都加上一个常数 c,而在 Θ 上的先验分布不变,则在先验期望准则下的最优行动不变。

证明: 根据假设,新的收益函数为

$$Q_2(\theta,a)=\begin{cases}Q(\theta,a)+c, & \text{当 } \theta\in\Theta_1 \text{ 时}\\ Q(\theta,a), & \text{当 } \theta\in\Theta-\Theta_1\end{cases}$$

在状态集 Θ 是连续的情况下,Q_2 的先验期望为

$$\begin{aligned}\overline{Q}_2(a)&=E^{\theta}Q_2(\theta,a)=\int_{\Theta}Q_2(\theta,a)\pi(\theta)d\theta\\&=\int_{\Theta1}[Q(\theta,a)+c]\pi(\theta)d\theta+\int_{\Theta-\Theta_1}Q(\theta-a)\pi(\theta)d\theta\\&=\int_{\Theta}Q(\theta,a)\pi(\theta)d\theta+c\int\Theta_1\pi(\theta)d\theta\\&=\overline{Q}(a)+cP(\theta\in\Theta_1)\end{aligned}$$

可以看出,上式第二项 $cP(\theta\in\Theta_1)$ 是与行动 a 无关的量,故 $\overline{Q}_2(a)$ 与 $\overline{Q}(a)$ 在同一个行动上达到最大值。即在先验期望准则下的最优行动是不变。类似地,在状态集 Θ 为离散场合亦可证得上述结果。

先验期望准则的上述二个性质可以使得寻求最优行动时得以简化。甚至在归纳收益函数时不在乎原点与单位的选取。

例 4.3.4 在 4.3.1 中给出的三状态和三行动的决策问题中,收益函数 $Q(\theta,a)$ 与先验分布分别为

$$Q=\begin{pmatrix} 700 & 980 & 400 \\ 250 & -500 & 90 \\ -200 & -800 & -30 \end{pmatrix}\begin{matrix} \theta_1 & 0.6 \\ \theta_2 & 0.3 \\ \theta_3 & 0.1 \end{matrix}$$

（列依次为 α_1、α_2、α_3，最后一列为 $\pi(\theta)$）

假如把收益矩阵中每个元素除以 100 后得矩阵 Q_1，然后在矩阵 Q_1 的第 3 行上的元素各元素再加以 8 后得矩阵 Q_2，具体是

$$Q\to Q_1=\begin{pmatrix} 7 & 9.8 & 4 \\ 2.5 & -5 & 0.9 \\ -2 & -8 & -0.3 \end{pmatrix}\to Q_2\begin{pmatrix} 7 & 9.8 & 4 \\ 2.5 & -5 & 0.9 \\ 6 & 0 & 7.7 \end{pmatrix}$$

根据定理 4.3.1 和定理 4.3.2，若对 Q_2 施以先验期望准则，则其最优行动是不变的，为说明此点，我们用原来先验分布 $\pi(\theta)$ 和改变后的 Q_2 分别计算各行动的先验期望收益

$$\overline{Q}_2(a_1)=4.2+0.75+0.6=5.55$$
$$\overline{Q}_2(a_2)=5.88-1.5+0=4.38$$
$$\overline{Q}_2(a_3)=2.4+0.27+0.77=3.44$$

相比之下，a_1 的先验期望收益最大，故 a_1 是在先验期望准则下的最优行动。这与例 4.3.1 中的结果是一致。并且 a_1，a_2 和 a_3 在 Q_2 下的先验期望收益的次序也与例 4.3.1 中用 Q 算得的先验期望收益的次序是相同的。

§4.4 损失函数

4.4.1 从收益到损失

决策问题的三要素中收益函数 $Q(\theta,a)$ 是最重要的，它是度量状态为 θ 时，人们采用行动 a 所得的收益。它是把决策与经济效益联系在一起的桥梁。有了它，决策才能进入定量分析阶段。但此种桥梁不仅限于收益函数，实际中还可以亏损函数、成本函数、支付函数等代替。为了以后的统一处理，在决策中常用一个更为有效的概念："损失函数"，在状态集和行动集都为有限场合下用"损失矩阵"。

这里谈的损失函数不是负的收益，也不是亏损。譬如，某商店一个月的经营收益为－1000 元，即亏 1000 元。这是对成本而言的。在这里不称其为损失，而称其为亏损。我们所讲的损失是指：**"该赚而没有赚到的钱"**。譬如，该商店本可以赚 2000 元，由于决策失误而亏损了 1000 元，那我们说，该商店损失了 3000 元。又如，

一次加班只需 5 位工人就可以完成，可去了 7 位工人，工作虽是完成了，可工厂多支付了 2 位工人的加班费就是损失。用这种观点去认识损失对提高决策意识是很有好处的。

按照上述观点从收益函数很容易获得损失函数。先看下面例子。

例 4.4.1 某公司购进某种货物可分为大批、中批和小批三种行动，依次记为 a_1, a_2, a_3。未来市场需求量可分为高、中、低三种状态，依次记为 $\theta_1, \theta_2, \theta_3$。三个行动在不同市场状态下获得的利润如下（单位：千元）

$$
\begin{array}{cccc}
 & a_1 & a_2 & a_3 \\
Q= & \left\{\begin{array}{ccc} 10 & 6 & 2 \\ 3 & 4 & 2 \\ -2.7 & -0.8 & 1 \end{array}\right\} & & \begin{array}{c}\theta_1 \\ \theta_2 \\ \theta_3\end{array}
\end{array}
$$

这是一个收益矩阵。现在我们按损失的含义把它改写为损失矩阵。

当市场处于状态 θ_1 时，从 Q 的第一行可以看出，这时的最优行动是 a_1，可收益 10000 元。倘若经理采取行动 a_2，这时收益仅为 6000 元，与最优行动 a_1 相比，要少得 10000－6000＝4000 元，这 4000 元为公司“该赚而未赚到的钱”，是 θ_1 和 $a=a_2$ 时经理的损失值，即 $L(\theta_1, a_2)=4000$ 元类似地，$L(\theta_1, a_3)=10000-2000=8000$ 元，而 $L(\theta_1, a_1)=0$（即无损失）。这是因为当 θ_1 发生时，经理决策所采取的是最优行动 a_1。用同样的方法可算出 θ 与 a 在不同情况下的其它损失值。把这些损失值按原来次序排成一矩阵（单位：千元）。

$$
\begin{array}{cccc}
 & a_1 \quad a_2 \quad a_3 & \\
L= & \left\{\begin{array}{ccc} 0 & 4 & 8 \\ 1 & 0 & 2 \\ 3.7 & 1.8 & 0 \end{array}\right\} & \begin{array}{c}\theta_1 \\ \theta_2 \\ \theta_3\end{array}
\end{array}
$$

这个矩阵称为经理的损失矩阵。其中每个损失值都是指经理该赚而未赚到的钱。经理在做决策时，要尽量避免大损失，追求无损失，小损失。只有经理的决策为最优时，损失才会为零。

4.4.2 损失函数

在一个决策问题中假设状态集为 $\Theta=\{\theta\}$，行动集为 $\mathscr{A}=\{a\}$，而**定义在 $\boldsymbol{\Theta}\times\boldsymbol{A}$ 上的二元函数 $L(\boldsymbol{\theta},\boldsymbol{a})$ 称为损失函数**，假如它能表示在自然界（或社会）处于状态 θ，而人们采取行动 a 时对人们引起的（经济的）损失。它与收益函数的地位一样，与状态集和行动集组成决策问题的三要素。

由收益函数 $Q(\theta,a)$ 容易获得损失函数。当自然界（或社会）处于 θ 时，最大收益为$\max\limits_{a\in\mathscr{A}}Q(\theta,a)$，此时人们采取行动$a$所引起的损失为

$$L(\theta,a)=\max_{a\in\mathscr{A}}Q(\theta,a)-Q(\theta,a) \tag{4.4.1}$$

类似地，当决策用支付函数$W(\theta,a)$度量时，由于它是越小越好，自然界（或社会）处于θ时的最小支付为$\min\limits_{a\in\mathscr{A}}Q(\theta,a)$。而人们采取行动$a$的损失为

$$L(\theta,a)=W(\theta,a)-\min_{a\in\mathscr{A}}W(\theta,a) \tag{4.4.2}$$

例 4.4.2 某公司购进一批货物投放市场，若购进数量a低于市场需求量θ（即$a\leqslant\theta$），每吨可赚 15 万元。若购进数量a超过市场需求量θ，超过部分每吨反而要亏 35 万元。由此可写出其收益函数

$$Q(\theta,a)=\begin{cases}15a, & a\leqslant\theta\\ 15\theta-35(a-\theta), & a>\theta\end{cases}$$

容易看到，在购销过程无损耗时，购进量a等于市场需求量时，收益达到量大，此时收益为$Q(\theta,a)=15\theta$，再根据(4.4.1)式，立即可写出其损失函数

$$L(\theta,a)=\begin{cases}15(\theta-a), & a\leqslant\theta\\ 35(a-\theta), & a>\theta\end{cases}$$

此损失函数表明：当购进数量a不超过市场需求量θ时，有$15(\theta-a)$万元的钱是该赚而没有赚到。这是一种损失。当购进数量a超过市场需求量θ时，有$35(a-\theta)$万元的钱是不该亏而亏了，这也是损失。

损失函数也可直接从决策问题的研究中获得。

例 4.4.3 某制药厂试制成一种新的止痛剂。为了决定此新药是否投放市场，投放多少，价格如何等问题，需要了解此种新的止痛剂在止痛剂市场中占有率θ是多少。这是一个经营决策问题。

在这个问题中，新止痛剂在市场的状态就是上述占有率θ，所以状态集就是$\Theta=\{\theta|0\leqslant\theta\leqslant1\}=[0,1]$。而决策者所要采取的行动只不过是选一个$a$作为$\theta$的估计值。这个值当然也在$[0,1]$之间，所以行动集$\mathscr{A}=[0,1]$。顺便指出，这里的状态$\theta$可用一个实数表示，故又称为参数。如今要估计$\theta$，那就是参数估计问题。在参数估计问题中常有$\mathscr{A}=\Theta$。

在这个决策问题中，要估计收益较为困难，我们改用直接估算损失。大家知道，偏低估计θ或偏高估计θ都会给工厂带来的损失。如偏低估计θ将会导致供不应求，能赚到的钱没有赚到，造成工厂损失。而偏高估计θ又会导致药物供过于求，会给工厂造成更大的损失。因为供不应求只损失应得到的利润；而供过于求将会造成库存增加，资金积压，原材料和设备浪费，影响再生产。厂长认为供过于求给

工厂带来损失要比供不应求的损失高一倍，即偏高估计 θ 要比偏低估计 θ 给工厂带来的损失高一倍。假如损失与 $|\theta-a|$ 成正比，那么厂长决定采用如下损失函数：

$$L(\theta-a)=\begin{cases}\theta-a, & \text{当 } a\leqslant\theta\leqslant 1 \text{ 时}\\ 2(a-\theta), & \text{当 } 0\leqslant\theta<a \text{ 时}\end{cases}$$

有了这个损失函数，加上状态集 $\Theta=[0,1]$ 和行动集 $A=[0,1]$，就描述了这个新的止痛剂投放市场的决策问题。

4.4.3　损失函数下的悲观准则

在损失函数下做决策就象在收益函数下做决策那样有许多决策准则，只要把“收益愈大愈好”改为“损失愈小愈好”后就可把§4.2所叙述的准则搬到损失函数下使用。但常用的只有二个：悲观准则与先验期望准则，这里先介绍悲观准则。

设有一个决策问题，它的状态集为 $\Theta=\{\theta\}$，行动集为 $\mathscr{A}$，损失函数为 $L(\theta,a)$。这时悲观准则由下列二步组成：

第一步，对每个行动 a，选出最大损失值，记为

$$\max_{\theta\in\Theta}L(\theta,a),a\in\mathscr{A}$$

第二步，在所有选出的最大损失值中再选出其中最小者，假设这个最小者能找到，并且对应的行动为 a'，则 a' 满足

$$\min_{a\in A}\max_{\theta\in\Theta}L(\theta,a)=\max_{\theta\in\Theta}L(\theta,a') \tag{4.4.3}$$

则称 a' 为悲观准则下的最优行动。

上述两步说明，悲观准则是设想最坏状态发生情况下，尽量把损失降到最小。这是一种保守策略。不求零损失，但愿少损失。这与收益函数下的悲观准则具有相同的策略思想，但两种悲观准则在决策结果上有时是一致的，有时是有差别的，下面就是一个有差异的例子。

例 4.4.4　在例 4.4.1 的采购决策问题中，其收益矩阵与损失矩阵都已求出，它们是(单位：千元)

$$Q=\begin{pmatrix}10 & 6 & 2\\ 3 & 4 & 2\\ -2.7 & -0.8 & 1\end{pmatrix},\quad L=\begin{pmatrix}0 & 4 & 8\\ 1 & 0 & 2\\ 3.7 & 1.8 & 0\end{pmatrix}\begin{matrix}\theta_1\\ \theta_2\\ \theta_3\end{matrix}$$

（两矩阵的列依次对应 a_1、a_2、a_3）

其中状态 $\theta_1,\theta_2,\theta_3$ 分别表示市场需求量是高、中、低。行动 a_1,a_2,a_3 分别表示采购数量为大批、中批、小批。

我们首先对收益矩阵 Q 施行悲观准则。

第一步,行动 a_1,a_2,a_3 的最小收益依次是 $-2.7,-0.8,1$。

第二步,在上述三个最小收益中的最大收益是 1,而 1 对应的行动是 a_3。因此在收益函数下悲观准则的最优行动是采购小批量(a_3)。

若对损失矩阵 L 施行悲观准则

第一步,行动 a_1,a_2,a_3 的最大损失值依次为 3.7,4,8。

第二步,在上述三个最大损失值中的最小损失值是 3.7,而 3.7 对应的行动是 a_1。因此在损失矩阵下悲观准则的最优行动是采购大批量(a_1)。

同一个决策问题,施行类似的决策准则,最后得到的结果不同。这个差别是由于收益矩阵 Q 改用损失矩阵 L 后引起的。在收益矩阵 Q 下用悲观准则做决策只涉及 Q 中的最小收益,而对较大收益和大多少从不问津,而在损失函数 L 下用悲观准则做决策虽只涉 L 中的最大损失。但此最大损失是最大收益与最小收益之差。故在做决策时用了较多信息。由于这个原因,使用损失函数做决策更为合理一些。下面的例子虽属人为,但能把此种合理性说得更明白一些。

例 4.4.5 某决策问题的收益矩阵(单位:元)为

$$\begin{array}{cc} & \begin{array}{cc} a_1 & a_2 \end{array} \\ Q= & \begin{pmatrix} 19 & 20 \\ 10000 & 20 \end{pmatrix} \begin{array}{c} \theta_1 \\ \theta_2 \end{array} \end{array}$$

如按悲观准则做决策,最优行动为 a_2。显然此决策不理想。因为采取行动 a_2,无论 θ_1 与 θ_2 哪个出现,决策者总是收益 20 元。但若采取行动 a_1,虽有可能只得 19 元,这只比 20 元少 1 元,但换来一种机会(θ_2 发生的机会),使决策人可得 10000 元。这个数字对人们是有刺激的。在通常情况下,绝大多数人是愿意用 1 元去换这种机会的,哪怕这种机会不大,人们也愿意这样做。相比之下,行动 a_1 要比行动 a_2 更合理一些。

假如把收益矩阵 Q 换算为如下的损失矩阵

$$\begin{array}{cc} & \begin{array}{cc} a_1 & a_2 \end{array} \\ L= & \begin{pmatrix} 1 & 0 \\ 0 & 9980 \end{pmatrix} \begin{array}{c} \theta_1 \\ \theta_2 \end{array} \end{array}$$

再按悲观准则去做决策,其最优行动是 a_1,这个结果是符合人们的心态,这说明,用损失函数去做决策,常常要比用收益函数做决策更合理一些。

4.4.4 损失函数下的先验期望准则

对给定的决策问题,若关于状态 θ 有先验信息可用,并且可在状态集 $\Theta=\{\theta\}$ 上形成一个先验分布 $\pi(\theta)$,则可使用先验期望准则做决策。

定义 4.4.1 对给定的决策问题，若在状态集 Θ 上有一个正常的先验分布 $\pi(\theta)$，则损失函数 $L(\theta,a)$ 对 $\pi(\theta)$ 的期望与方差

$$\overline{L}(a)=E^{\theta}L(\theta,a)$$
$$\mathrm{Var}[L(\theta,a)]=E^{\theta}[L(\theta,a)]^2-[E^{\theta}L(\theta,a)]^2$$

分别称为**先验期望损失**和**损失的先验方差**，使先验期望损失达到最小的行动 a'

$$\overline{L}(a')\max_{a\in\mathscr{A}}\overline{L}(a)$$

称为先验期望准则下的最优行动，若此种最优行动不止一个，其中先验方差达到最小的行动称为**二阶矩准则下的最优行动**。

在这个定义中首先要注意的是：只能使用正常的先验分布。不能使用广义先验分布。其次应注意的是：损失的先验方差常用来度量决策行为的风险，它不仅在先验平均损失发生相等时可用来挑选最优行动。而且在决策中有重要的参考价值。损失的先验方差小可使决策风险减小，方差大就意味着决策风险大，有时决策者宁愿增加一点损失，也要争取小的风险。最后，从贝叶斯观点看，使用合理的先验信息，对决策问题做决策只会有好处。因此要努力去收集和挖掘各种先验信息，形成先验分布。

例 4.4.6 在例 4.4.1 中提出的采购决策问题已导出如下损失矩阵

$$\begin{array}{c} \quad\quad a_1 \quad\ a_2 \quad a_3 \\ L=\begin{pmatrix} 0 & 4 & 8 \\ 1 & 0 & 2 \\ 3.7 & 1.8 & 0 \end{pmatrix}\begin{array}{l}\theta_1\\ \theta_2\\ \theta_3\end{array} \end{array}$$

并在例 4.4.4 中用悲观准则给出最优行动是 a_1。即应大批量采购，在那里没有用任何先验信息，如今公司经理经过专家咨询后认为未来市场对该商品的需求量是中等，不会太高，更不会过低，据此公司经理用主观概率给出如下先验分布分布

$$\pi(\theta_1)=0.2,\ \pi(\theta_2)=0.7,\ \pi(\theta_3)=0.1$$

用此先验分布可以算得行动 a_1,a_2,a_3 的先验期望损失 $\overline{L}(a_i)$ 和损失的先验方差 $V(a_1)$

$$\overline{L}(a_1)=1.07,\ \overline{L}(a_2)=0.98,\ \overline{L}(a_3)=3.00$$
$$V(a_1)=0.9241,\ V(a_2)=2.5636,\ V(a_3)=6.60$$

比较先验期望损失大小可得 a_1（中等采购量）是先验期望损失准则下的最优行动。考虑到 a_1 与 a_2 的先期期望损失仅差 $1.07-0.98=0.09$，而 a_1 的先验方差要比 a_2 的先验方差小得较多，为避免较大的风险，a_1 亦是可采用的行动。

例 4.4.7 在例 4.4.3 中给出的新药市场占有率 θ 的估计问题中已给出如下损失函数

$$L(\theta,a)=\begin{cases}\theta-a, & \text{当 } a\leqslant\theta\leqslant 1 \text{ 时}\\ 2(a-\theta), & \text{当 } 0\leqslant\theta<a \text{ 时}\end{cases}$$

这里状态集 Θ 与行动集 $\mathscr{A}$ 均为区间[0,1]。

如今工厂厂长对市场占有率 θ 无任何先验信息，故采用[0,1]上的均匀分布作为 θ 的先验分布，这时行动 a 的先验期望损失为

$$\overline{L}(a)=\int_0^a 2(a-\theta)d\theta+\int_a^1(\theta-a)d\theta=\frac{3}{2}a^2-a+\frac{1}{2}$$

最后的二次三项式中，$a=1/3$ 时可使 $\overline{L}(a)$ 达到最小，这样 $a=1/3$ 就是先验期望准则下的最优行动，这里 $a=1/3$ 是市场占有率 θ 的估计值，故亦可记为 $\hat{\theta}=1/3$。假如这个行动被采纳，厂长就要按此市场占有率组织生产。

§4.5 常用损失函数

4.5.1 常用损失函数

损失函数 $L(\theta,a)$ 是要根据实际问题而定的，但不论在什么场合，今后总要求损失函数是非负的，即

$$L(\theta,a)\geqslant 0,,\ \theta\in\Theta,a\in\mathscr{A} \tag{4.5.1}$$

这等价于把最小的损失定为零，这不仅不失损失函数的含义，而且对今后研究带来方便。

当 θ 与 a 皆为实数时，总认为行动 a 离状态 θ 愈远而引起的损失愈大，所以损失函数 $L(\theta,a)$ 应是距离 $|a-\theta|$ 的非降函数，常取

$$L(\theta,a)=\lambda(\theta)g(|a-\theta|) \tag{4.5.2}$$

其中 $\lambda(\theta)>0$，且有限，它反映决策中由于 θ 的不同，即使同一个偏差 $|a-\theta|$ 造成的损失常不一样，而 $g(t)$ 是 t 的非降函数，最常见形式是

$$L(\theta,a)=\lambda(\theta)|a-\theta|^k \tag{4.5.3}$$

其中 k 常取非负整数，最常用的形式有如下几种。

1. 平方损失函数(图 4.5.1)

$$L(\theta,a)=(a-\theta)^2 \tag{4.5.4}$$

或加权平方损失函数

$$L(\theta,a)=\lambda(\theta)(a-\theta)^2 \tag{4.5.5}$$

这是在统计决策问题中用得最多的损失函数，人们喜爱用这个损失函数的部分理由是把 $g(t)$ 在零点展开成 Taylor 级数时，二次函数是一种很好的近似。另一部分理由是它与最小二乘法的形式相似，将来计算方便，又有一些很好的性质，它的失真之处在于没有上界，致使损失随着偏差 $a-\theta$ 增大而按平方律增大，直至无穷，这会使人很担忧。

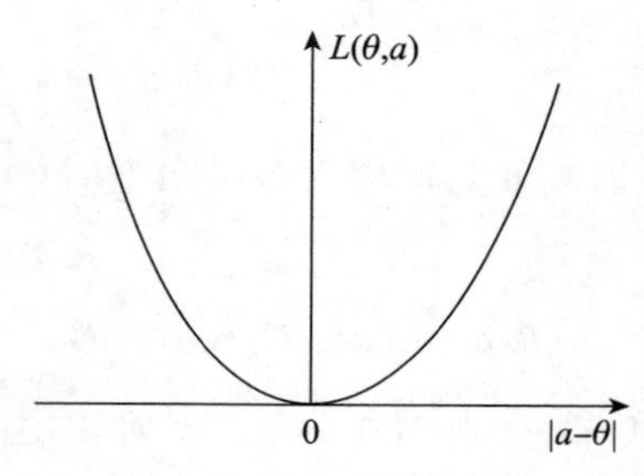

图 4.5.1　二次损失函数

2. 线性损失函数

$$L(\theta,a)=\begin{cases}k_0(\theta-a), & a\leqslant 0\\ k_1(a-\theta), & a>\theta\end{cases} \tag{4.5.6}$$

其中 k_0 与 k_1 是两个常数，它们的选择常反映行动 a 低于状态 θ 和高于状态 θ 的相对重要性，例 4.5.4 和 4.5.5 中损失函数都是线性损失函数。

当 $k_0=k_1$ 时，就得**绝对值损失函数**（图 4.5.2）

$$L(\theta,a)=|a-\theta| \tag{4.5.7}$$

若 k_0 与 k_1 分别是 θ 的函数，则得**加权线性损失函数**

$$L(\theta,a)=\begin{cases}k_0(\theta)(\theta-a), & a\leqslant 0\\ k_1(\theta)(a-\theta), & a>\theta\end{cases} \tag{4.5.8}$$

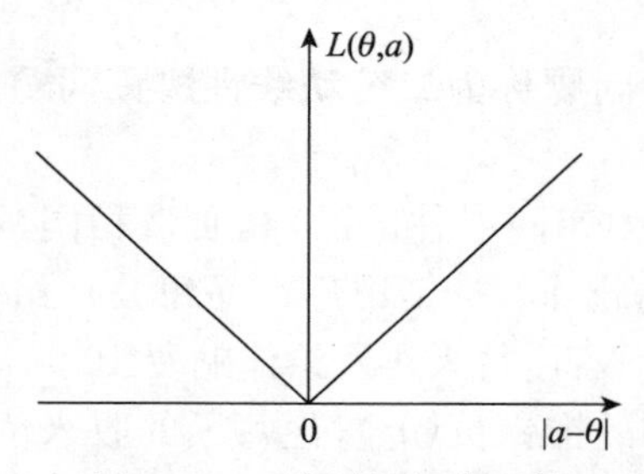

图 4.5.2　绝对值损失函数

3. 0－1 损失函数

$$L(\theta-a)=\begin{cases}0, & |a-\theta|\leqslant\varepsilon\\ 1, & |a-\theta|>\varepsilon\end{cases} \tag{4.5.9}$$

这里 ε 是正数，但可任意小。这里 0 与 1 与其说是损失大小，还不如说是有无损失之意，若在 $|a-\theta|>\varepsilon$ 场合损失需要计量时，更现实的损失函数可能是有如下形式

$$L(\theta,a)=\begin{cases}0, & |a-\theta|\leqslant\varepsilon\\ k(\theta), & |a-\theta|>\varepsilon\end{cases} \tag{4.5.10}$$

其中 $k(\theta)>0$。

4. 多元二次损失函数。当 $\boldsymbol{\theta}$ 与 $\boldsymbol{a}$ 均为多维向量时，可取如下二次型作为损失函数

$$L(\boldsymbol{\theta},\boldsymbol{a})=(\boldsymbol{a}-\boldsymbol{\theta})'A(\boldsymbol{a}-\boldsymbol{\theta}) \tag{4.5.11}$$

其中 $\theta'=(\theta_1,\cdots,\theta_p)$，$a'=(a_1,\cdots,a_p)$，$A$ 为 $p\times p$ 阶正定阵。当 A 为对角阵时，即 $A=diag(\omega_1,\cdots,\omega_p)$，则此 p 元二次损失函数为

$$L(\boldsymbol{\theta},\boldsymbol{a})=\sum_{i=1}^{p}\omega_i(a_i-\theta_i)^2 \tag{4.5.12}$$

其中诸 ω_i 可看作为各参数重要性的权数。

上述几种损失函数大多用于状态 θ 和行动 a 都是连续量场合，而当 θ 和 a 都处于有限场合时，常用损失矩阵。矩阵中每个损失可从实际决策问题中求得。

5. 二行动线性决策问题的损失函数

在实行中常会遇到这样一类决策问题，它的状态 θ 是连续量，也可以是离散量，而行动 a 只能有二个：接受(a_1)与拒绝(a_2)，在每个行动下的收益函数都是状态 θ 的线性函数，即

$$Q(\theta,a)=\begin{cases}b_1+m_1\theta, & a=a_1\\ b_2+m_2\theta, & a=a_2\end{cases} \tag{4.5.13}$$

以上三要素所描述的决策问题称为**二行动线性决策问题**，这是一类既简单又常用的决策问题。

例 4.5.1 甲乙两厂生产同一种产品，其质量相同，零售价也相同，现两厂都在招聘推销员，但所付报酬不同，推销甲厂产品每公斤给报酬 3.5 元；推销乙厂产品每公斤给报酬 3.0 元，但乙厂每天还发给津贴费 10 元，应聘人面临二种选择：当甲厂推销员(a_1)和当乙厂的推销员(a_2)，他每天的收入依赖于每天的销售量 θ(公斤)$\geqslant0$，按题意，其收益函数为(单位：元)

$$Q(\theta,a)=\begin{cases}3.5\theta, & a=a_1\\ 10+3\theta, & a=a_2\end{cases}$$

这是一个二行动线性决策问题

下面来讨论收益函数(4.5.13)的损失函数形式，在这类问题中两个线性收益函数常有一个交点（见图4.5.3），（若无交点，二直线平行，则必有一行动要被剔去，因为它的收益总比另一个行为低，是非容许行动）。此交点容易算得 $\theta_0=(b_1-b_2)/(m_2-m_1)$，并称 θ_0 为 θ 的平衡值（点）。

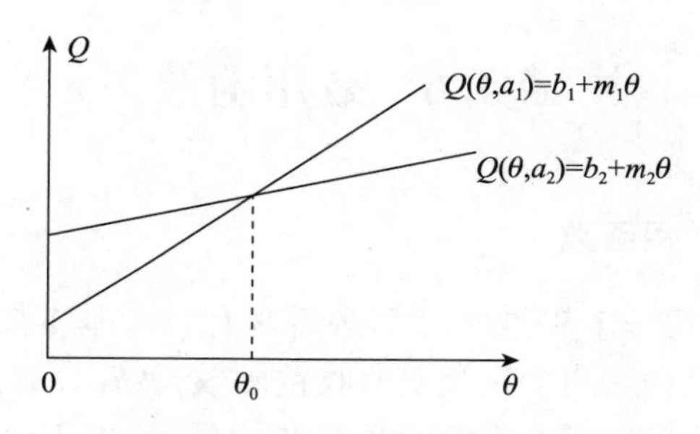

图 4.5.3　线性收益函数($m_1>m_2$)

为了确定起见，这里假设 $m_1>m_2$，这时在 θ_0 的左边（见图4.5.3），$Q(\theta,a_2)>Q(\theta,a_1)$，故在 $\theta\leqslant\theta_0$ 时，由(4.4.1)可得 a_1 和 a_2 处的损失函数

$$\begin{aligned}L(\theta,a_1)&=\max_a Q(\theta,a)-Q(\theta,a_1)\\&=Q(\theta,a_2)-Q(\theta,a_1)\\&=(b_2-b_1)+(m_2-m_1)\theta\\L(\theta,a_2)&=\max_a Q(\theta,a)-Q(\theta,a_2)=0\end{aligned}$$

类似地，当 $\theta>\theta_0$ 时，$Q(\theta,a)>Q(\theta,a_2)$，故有

$$\begin{aligned}L(\theta,a_1)&=\max_a Q(\theta,a)-Q(\theta,a_1)=0\\L(\theta,a_2)&=\max_a Q(\theta,a)-Q(\theta,a_2)\\&=(b_1-b_2)+(m_1-m_2)\theta\end{aligned}$$

综合上述，二行动线性决策问题的损失函数是

$$L(\theta,a_1)=\begin{cases}(b_2-b_1)+(m_2-m_1)\theta, & \theta\leqslant\theta_0\\ 0, & \theta>\theta_0\end{cases}$$

$$L(\theta,a_2)=\begin{cases}0, & \theta\leqslant\theta_0\\ (b_1-b_2)+(m_1-m_2)\theta, & \theta>\theta_0\end{cases}$$

类似地，当 $m_1<m_2$ 时亦可写出类似的损失函数。

例 4.5.1 中的收益函数亦可改写为损失函数，为此先求出平衡值 $\theta_0=20$，然后按上式写出

$$L(\theta,a_1)=\begin{cases}10-0.5\theta, & \theta\leqslant 20\\ 0, & \theta>20\end{cases}$$

$$L(\theta,a_2)=\begin{cases}0, & \theta\leqslant 20\\ -10+0.5\theta, & \theta>20\end{cases}$$

§4.6 效用函数

4.6.1 效用和效用函数

前面已叙述过任何一个决策问题都必需含有三个基本要素：状态集 $\Theta=\{\theta\}$，行动集 $\mathscr{A}=\{a\}$和定义在这两个集合上的收益函数 $Q(\theta,a)$或损失函数 $L(\theta,a)$，其中收益 Q 或损失 L 是三个基本要素中最重要的要素，由于收益和损失的引人，才能对决策施以定量分析，可在两个或两个以上行动中选择最优行动。

在确定收益函数或损失函数时常用的度量尺度是各种货币单位。在决策问题中，货币当然是一种自然的度量尺度，容易为人们所理解和接受，但现实世界中有很多例子说明，货币未必是度量行动效果的合理尺度，下面的例子可以说明这一现象。

例 4.6.1 有一件很不愉快的任务，譬如是一件累而脏的工作，完成它后可得 100 元的报酬。这对收入不高的人是一项够好的工作，但对收入高的人(譬如已储蓄百万元的人)可能就不会接受此任务，这是因为同是 100 元，在收入不高的人心目中的价值要此收入高的人心目中的价值高得多。

此种价值上的差异(不是钱的多少)往往会导致不同的决策，这种现象在现实世界经常会遇到，譬如对某种职业，有的人愿意去做，有的人却不愿去做；对自已的钱，有的人愿意存入银行，有的人愿意购买债券，还有些人愿意购买股票或购买房产；对某项投资，有的人愿冒风险去投资，有的人希望稳妥而不去投资。诸如此类决策上的差异大多是由于价值上的差异引起的。

上述例子说明，同样一笔钱在人们心目中的价值是不同的，所以钱与钱的价值是不同的两个概念，今后我们把**钱在人们心目中的价值称为效用**。如果用 m 表示钱，用 U 表示其效用，那么效用应是钱的函数，即 $U=U(m)$，这个函数 $U(m)$称为**效用函数**，其曲线称为效用曲线。图 4.6.1 是一种典型的效用曲线，当 $m=0$ 时，$U(0)=0$，以后 $U(m)$随 m 的增长而增长，其增长幅度开始较大，而后愈来愈小，譬

如，当 m 在 A，B 二点同样增加 Δm 优时，效用 $U(m)$ 的增长幅度 ΔU_A 要比 ΔU_B 大得多。即对 $m=50$ 增加 100 元与对 $m=10^6$ 元增加 100 元所得的效用是不同的，对前者的效用较大，而对后者几乎没有什么效用，这是符合人们的实际思维的。

由于决策者的个人性格、所处环境以及对未来展望等诸因素的影响，不同的决策者对同一决策问题的反应不一定相同，所以不同的决策者的效用函数一般是不同的，即使同一个决策者，由于时间、环境等条件的变化，对相同机会的反应也不一定相同，这种现象在现实生活中也经常遇到，能解释这种现象的就是效用函数。

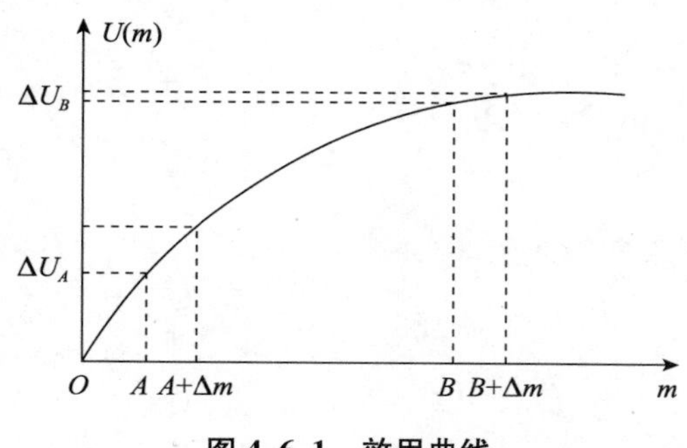

图 4.6.1　效用曲线

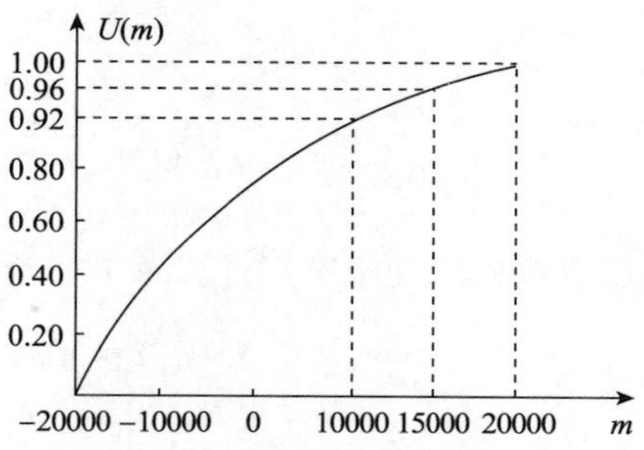

图 4.6.2　经理的效用曲线

例 4.6.2　某经理面临两个合同 a_1 与 a_2 的选择。若执行合同 a_1 在市场急需 (θ_1) 时，可得纯利 15000 元，在市场疲软 (θ_2) 则要亏 20000 元；而若执行合同 a_2，则不管市场如何，总可得纯利 10000 元。该经理认为市场急需的可能性很大，其发生概率 $\pi(\theta_1)=0.9$，而 $\pi(\theta_2)=0.1$，这就是市场状态的先验分布，据此，可获得如下收益矩阵：

$$
\begin{array}{ccc} a_1 & a_2 & \\ \end{array} \quad \pi(\theta)
$$

$$
Q=\begin{pmatrix} 15000 & 10000 \\ -20000 & 10000 \end{pmatrix} \begin{array}{cc} \theta_1 & 0.9 \\ \theta_2 & 0.1 \end{array}
$$

如用先验期望准则，经理必须先计算行动 a_1 和 a_2 的先验期望收益：$\overline{Q}(a_1)=11500$ 元，$\overline{Q}(a_2)=10000$ 元，比较这两个先验期望收益，经理应选择合同 a_1，但是，经理最后还是选择了合同 a_2，并解释说：a_1 的先验平均收益 11500 元不过是选择的指导，但如果选择 a_1，他不是得到 15000 元就是亏 20000 元，一旦 θ_2 发生，他将无法承受 20000 元的亏损。而选择 a_2，则不论 θ_1 还是 θ_2 发生，都能确保 10000 元的收益。由于经理怕承担风险，所以他认为选择 a_2 优于选择 a_1。

如何解释这一现象？先验期望准则无法解释这个问题，但用经理的效用曲线

(图 4.6.2)可以说明这个问题,大家知道,15000 元确比 10000 元高 1.5 倍,但在经理心目中,15000 元的效用不比 10000 元的效用高 1.5 倍,只是略微大一点,从而对经理没有吸引力。可是－20000 元虽只比 10000 元低三倍,但－20000 元的效用却在经理的心目中要比 10000 元的效用低更多倍,从而使经理望而生畏。根据对经理的调查询问,测得经理在－20000 元到 20000 元上的效用曲线(图 4.6.2),其效用值定在 0 与 1 之间,在这条效用曲线上可测得

$$U(-20000)=0, U(10000)=0.92, U(15000)=0.96$$

然后用效用值来替代原来的收益值,得效用矩阵如下:

$$\begin{array}{cc} & \begin{array}{ccc} a_1 & a_2 & \pi(\theta) \end{array} \\ U= & \begin{pmatrix} 0.96 & 0.92 \\ 0 & 0.92 \end{pmatrix} \begin{array}{cc} \theta_1 & 0.9 \\ \theta_2 & 0.1 \end{array} \end{array}$$

最后再按先验期望准则计算每个行动的**先验期望效用**

$$\overline{U}(a_1)=0.96\times0.9+0\times0.1=0.864$$
$$\overline{U}(a_2)=0.92\times0.9+0.92\times0.1=0.92$$

比较这两个先验平均效用后,经理就会选择先验平均效用大的行动 a_2。这就解释了"经理为什么选择 a_2?"这个问题。

这个例子表明,效用和效用函数对决策是很有作用的。这是因为决策结果是由决策者承担的,决策者个人的心理因素(如对风险的态度、个人的性格等)不能不对决策过程发生重要的影响,所以决策就会带有一定的主观性。效用函数概括了这种主观性。但也要看到,效用函数也不是纯主观的东西,它仍然含有一定的客观性,这不仅因为效用大小取决于收益(钱)的多少,而且还受到决策者当前所处环境、本人条件等客观因素的影响,譬如,一个只有少量本钱(如只有一万元)的人,往往不敢去冒亏损几万元的风险,因为对这样的风险造成的不利后果他承受不了;而一个拥有数千万元巨资的企业,就可毫不在乎地去冒亏损几万元的风险,因为即使出现这种不利后果,对企业也只有很小影响。正因为效用函数概括了一定的主观性和客观性,它在决策中才有应用的价值。

4.6.2 效用的测定

由前面的叙述可见,直接用货币金额去评价一个决策的好坏有时是不恰当的,因为它没有反映决策者对货币的态度。所以应测定货币对决策者在某特定条件下的效用,再用效用大小或期望效用大小去评定一个决策的好坏才是较为理想的。

那么,应如何测定在某特定条件下货币对决策者的效用值呢?这方面已有一

些人进行过研究，而且建立了一些效用理论，其中数学家冯·诺伊曼的"新效应理论"被公认为是至今测定效用的较好依据。这里不想介绍新效用理论的全部，只是介绍一个"等效行动"概念和通过一个例子来说明测定效用的方法。

两个效用(或期望效用)相等的行动称为等效行动，这里的"行动 a 的效用"是指决策者采取行动 a 所获收益 m 元的效用。假如一个行动 a 可能有两种收益 m_1 和 m_2，并以概率 α 获得收益 m_1 元，而以概率 $1-\alpha$ 获收益 m_2 元，那么此行动的期望效用是指

$$\alpha U(m_1)+(1-\alpha)U(m_2)$$

例 4.6.3　某人有一万元，可以存入银行(a_1)，可以购买国债(a_2)，也可以购买股票(a_3)，现在考察这三个行动的效用。行动 a_1 和 a_2 都是肯定会获得利息的，是没有风险的行动，只是保值国债的利息高一点，但要到五年后才能提取。该人权衡利弊后认为，这两个行动对他的效用没有什么差别，假如有人劝他购买保值国债，他就会去购买保值国债，假如另一个人劝他去存入银行，他也会去存入银行，这时就可认为 a_1 与 a_2 是等效行动。

可是，a_3 就不同了，它是有风险的行动，它以概率 α 获收益 m_1 元，而以概率 $1-\alpha$获收益 m_2 元，假如其期望效用 $\alpha U(m_1)+(1-\alpha)U(m_2)$与存入银行($a_1$)的效用相等，那么 a_3 与 a_1 就是等效行动。

例 4.6.4　某决策者遇到一决策问题，他可能获得的最小收益是－500 元，最大收益是 1500 元，下面用调查的方法来测定该决策者在[－500,1500]上的效用曲线。

首先我们规定 $U(0)=0$,，$U(1500)=1$。由于效用是一个相对的概念，因此这两个效用值原则上可以任意给定，只要满足 $U(0)<U(1500)$就可以了。实际上，这两个效用值只是用来确定效用的原点和单位，只有在相同原点和单位下的效用才是可比的。

其次为了测定 $m=500$ 元的效用值，特设计如下两个行动：

a_1：以概率 α 可获 0 元，以概率 $1-\alpha$ 可获 1500 元；

a_2：肯定获得 500 元。

然后向决策者提出问题：α 取何值时，你认为这两个行动是等效行动？假如决策者回答是 $\alpha=0.3$，则立即可从等效行动定义列出如下方程

$$U(500)=0.3U(0)+0.7U(1500)$$

解之可得，$U(500)=0.7$。假如决策者一时回答不出上述问题，可改变问题的提法，向决策者提出如下一系列问题。

(1)若取 $\alpha=0.2$，你将会选择哪一个行动，若答选 a_1，就增大 α，再问：

(2)若取 $\alpha=0.4$,你将会选择哪一个行动,若答选 a_2,就减少 α,再问:

(3)若取 $\alpha=0.3$,你将会选择哪一个行动,若答两个都可以,这表明当 $a=0.3$ 时,这两上行动是等效的,于是列出方程:同样能解出 $U(500)=0.7$。

或者设计一个"标准袋",里面放一些红球与白球,总计 100 只。决策者从袋中随机抽取一只球,若抽得红球可得 0 元,若抽得白球可得 1500 元,现在与决策者对话。

测定者:袋中至少有多少红球你才愿意参加抽球博弈?

决策者:袋中有 25 个红球。

测定者:袋中有 26 个红球你愿意参加吗?

决策者:愿意。

测定者:袋中有 30 个红球呢?

决策者:也愿意,但不能再多了。

这时 $\alpha=0.3$,可得两个行动等效。于是列出方程也可解得 $U(500)=0.7$。

重复上述过程,就可测定决策者在[0,1500]中若干个 m_i 的效用值。当然在重复上述过程中,不一定都用 $m=0$ 和 $m=1500$ 的效用值,譬如,在测定 $m=1000$ 的效用值时,可以使用 $m=500$ 和 $m=1500$ 的效用值。

接着来测定 $m=-500$ 元的效用值,由于 $m=-500$ 在区间[0,1500]之外,因此要另外设计两个行动,譬如:

a_1:以概率 α 要亏损 500 元,以概率 $1-\alpha$ 可获 1500 元;

a_2:肯定可获 500 元。

然后向决策者提出问题:α 取何值时,你认为这两个行动是等效的?假如决策者回答是 $\alpha=0.15$,则可从等效行动的定义列出如下方程

$$U(500)=0.15U(-500)+0.85U(1500)$$

解之可得 $U(-500)=-1$。假如决策者一时回答不出上述问题,可如前一样改变问题的提法,再向决策者提问,直到能定出适当的 α 为止。

重复上述过程,也可测得决策者在[0,1500]外的若干个 m_i 的效用值。一般需要测定 6 到 10 个效用值,以便绘出效用曲线

最后还需检查所测得的诸效用是否具有一致性,这可对任意三个效用值进行,譬如对 $U(-500)=-1, U(500)=0.7, U(1000)=0.9$ 进行。由于 $-500<500<1000$,所以一定有一个 α,使得

$$U(500)=\alpha U(-500)+(1-\alpha)U(1500)$$

解之约可得 $\alpha=0.1$。这表明如下两个行动是等效的

a_1:以概率 0.1 要亏 500 元,以概率 0.9 可获 1000 元;

a_2：肯定可获 500 元。

假如决策者认为这两个行动的效用差不多，那么这三个效用值的测定是一致的。类似的检验可进行若干次，若每次回答都是肯定的，就可认为上述测定结果是一致的，否则要作适当调整，直到认为一致时为止，在认为所测定的效用值是一致的之后，就可把这些效用值点在坐标纸上，并用一条光滑曲线联结（见图 4.6.3），这就是该决策者的效用曲线，从这条曲线上可以找到该决策者在各个收益值的效用值 U，也可找到该决策者在各个效用值的收益值。

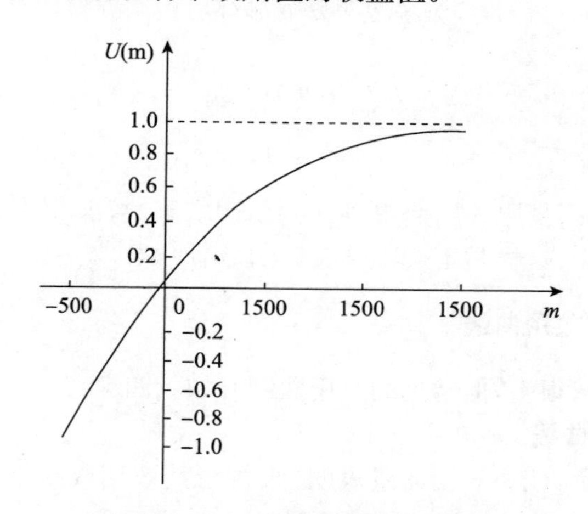

图 4.6.3　决策者的效用曲线

4.6.3　效用尺度

效用是一个相对概念，它的值是在相互比较意义上存在的。对同一决策者来说，只要任意两点（如 $U(0)$ 和（1500））效用值被指定，其它任何点的效用值至少在理论上也将被难一确定，这意味着在坐标系中，效用原点可任意选择，效用尺度可任意改变，而不会影响决策结果。我们对有限个行动和有限个状态场合来具体说明。

设一决策问题有 m 个行动 $a_1, a_2, \cdots, a_m$ 和 n 种状态 $\theta_1, \theta_2, \cdots, \theta_n$。设在状态为 θ_k 而采取行动 a_j 时以 $\pi(\theta_k)$ 的概率获益 Q_{kj}，$k=1,2,\cdots,n$；$j=1,2,\cdots,m$；这里 $\sum_{k=1}^{n}\pi(\theta_k)=1$。设在一种效用尺度下行动 a_j 的效用期望值为 $\bar{u}_j=1,2,\cdots,m$，则

$$\bar{u}_j = \sum_{k=1}^{n}\pi(\theta_k)u(Q_{kj}), \quad j = 1,2,\cdots,m$$

所谓原点与尺度可任意选择，在数学上可表示为对原效用的线性变换，若设原效用

为 $u(m)$，则新效用为

$$u'(m)=a+bu(m)$$

其中 a,b 皆为常数，且 $b>0$。设 a_j 的新效用期望为 $\bar{u}'_j$，则

$$\begin{aligned}\bar{u}'_j &= \sum_{k=1}^{n}\pi(\theta_k)u'(Q_{kj}) \\ &= \sum_{k=1}^{n}\pi(\theta_k)[a+bu(Q_{kj})] \\ &= a+b\sum_{k=1}^{n}\pi(\theta_k)u(Q_{kj}) \\ &= a+b\bar{u}_j,\ j=1,2,\cdots,m.\end{aligned}$$

可见新效用期望值 $\bar{u}'_j$ 是原效用期望值 $\bar{u}_j$ 的单调增函数，即 $\bar{u}_j$ 增加或减少，$\bar{u}'_j$ 也按一定比例增加或减少，这样是不会影响决策的最后结果。

4.6.4 常见的效用曲线

效用曲线的形状很多，但常见的效用曲线有如下四类：

1. 直线型效用曲线

如图 4.6.4 所示，此类效用曲线表明：收益与其效用成线性关系，它对任意的 $\alpha(0<\alpha<1)$，有

$$U[\alpha m_1+(1-\alpha)m_2]=\alpha U(m_1)+(1-\alpha)U(m_2)$$

其中 m_1 和 m_2 是任意给定的两个收益值，上式表明：收益期望值的效用等于收益效用的期望值。收益效用期望值最大的行动也必是收益期望值最大的行动。因此，持有直线型效用的决策者，是对风险无所谓的人，这种人对风险大小在态度上表现无所区别。每一点的收益与亏损对他的效用的增减都是相当的，这是一种富豪所拥有的典型态度，某些大公司常抱此类态度，对这类人就没有必要去寻求效用曲线了，他可直接用收益期望值来选择最优行动。

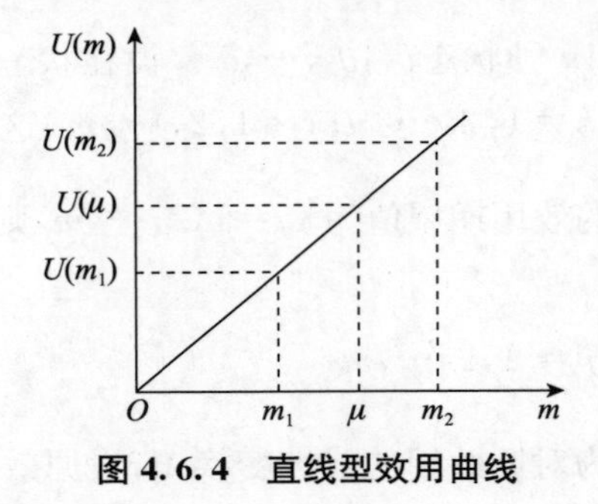

图 4.6.4 直线型效用曲线

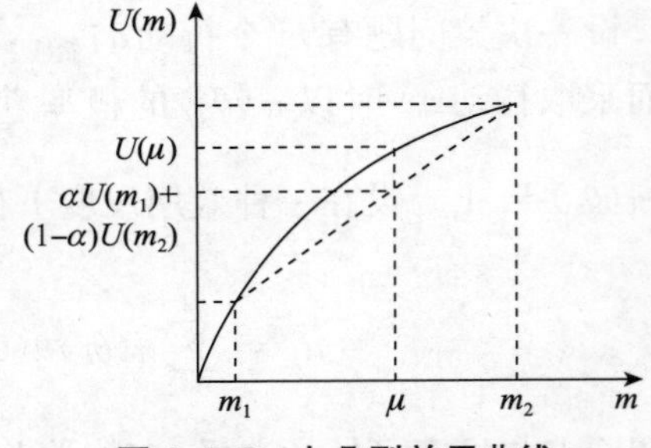

图 4.6.5 上凸型效用曲线

2. 上凸型效用曲线

如图 4.6.5 所示，此类效用曲线开始时效用值增加较快，随后增加速度越来越小，根据上凸函数的性质，对任意的$(0<\alpha<1)$，有

$$U[\alpha m_1+(1-\alpha)m_2]>\alpha U(m_1)+(1-\alpha)U(m_2)$$

其中 m_1 和 m_2 是任意给定的两个收益值。假如根据此不等式两端的含义各构造一个行动：

a_1：以概率 α 获 m_1 元，以概率 $1-\alpha$ 获 m_2 元；

a_2：肯定获 $\mu=\alpha m_1+(1-\alpha)m_2$ 元。

那么此不等式表明：持有上凸型效用曲线的决策者总是选择行动 a_2，因为 a_2 的效用总高于 a_1 的效用。容易看出，a_1 是有风险的行动，a_2 是无风险的行动，决策者往往对无风险行动是感兴趣的，而对有风险行动是厌恶的，他对亏损特别敏感，而对较大收益反应迟钝，即使有较大可能获得高收益的行动 a_1，他还是选择保守行动 a_2，所以这类曲线又称为**保守型效用曲线**。人们作过调查，大多数普通人在大部分时间里都是持此类效用曲线。又如退休基金公司的经理也都持此类效曲线，因为对他们来说，风险就意味着退休人员领不到退休金或少领退休金，这将会影响社会安定。

3. 下凸型效用曲线

如图 4.6.6 所示，此类效用曲线开始时效用值增加较慢，随后增加速度越来越大，根据下凸函数的性质，对于任意的 $\alpha(0<\alpha<1)$，有

$$U[\alpha m_1+(1-\alpha)m_2]<\alpha U(m_1)+(1-\alpha)U(m_2)$$

其中 m_1 和 m_2 是任意给定的两个收益值，假如根据此不等式两端的含义构造如前一样的两上行动，那么此不等式表明：持有下凸型效用曲线的决策者总是选择有风险的行动 a_1，只要有一线希望，此决策者敢于冒风险去争取高收益。他对高收益是特别敏感的，而对亏损比较迟钝，所以这类曲线又称为**冒险型效用曲线**。持这类效用曲线的人常常是不顾后果的，或宁愿投机结果的期望值是负的，也不愿保持现状，为获高额收益是不顾获得这项收益的概率非常小的这一事实。一些投机商和开发商常倾向于此类效用曲线。

4. 混合型的效用曲线

如图 4.6.7 所示，此类效用曲线在收益 $m<m_0$时是下凸的，决策者是敢于冒险的，在收益值 $m>m_0$ 时是上凸的，决策者是保守的。在拐点 m_0 处就是决策者由冒险转为保守型的分界点所以这类曲线又称为有**拐点型效用曲线**。有人作过调查，相当一部分人持此效用曲线。事实上，一般情况下，一个人也并非一点也不敢冒险，有些决策者对在他能承受范围内的风险还是敢冒险的，超过了他的承受能力，

就变为保守型了;另外一些决策者,在他渴望得到一笔钱时,也会孤注一掷,敢于采取冒险行动,但一旦得到这笔钱后,就唯恐失去它,从而转向保守型了。

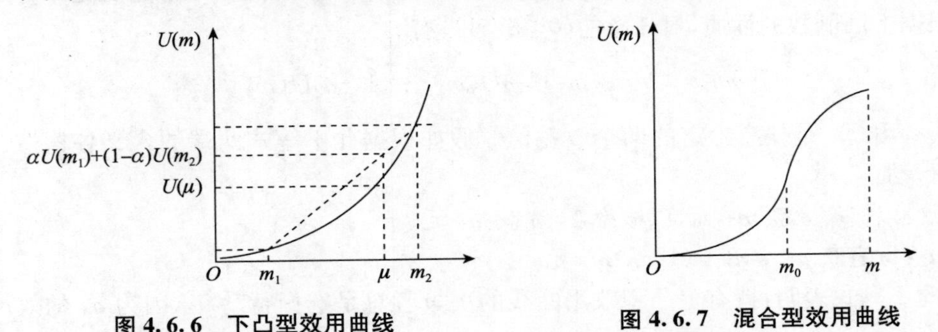

图 4.6.6 下凸型效用曲线

图 4.6.7 混合型效用曲线

从上述四类效用曲线可以清楚看到,效用曲线实质上反映了决策者对于风险的态度:持有直线型效用的决策者对风险持中立态度;持上凸型效用曲线的决策者对风险持厌恶态度;持下凸型效用曲线的决策者敢于冒风险去追求高收益;持混合型效用曲线的决策者对风险的态度随收益增加而由追求转为厌恶。因此,效用不仅反映了决策者的价值观念,也是决策者对待风险态度的数量化表示。所以有时用效用作决策时,更能反应决策者的思想、愿望和性格。在使用效用曲线时要注意:效用曲线一般被认为是有时限的。在条件许可的情况下,作决策应尽量使用效用函数来代替金钱意义下的收益与亏损。

4.6.5 用效用函数作决策的例子

例 4.6.5 为生产新产品,需要建造生产线,生产线的建造有两个可供选择的方案:一是从国外引进一条生产线(a_1),二是国内三个厂联营建一条生产线(a_2)。采取行动 a_1 需要投资 330 万元,如果产品畅销(θ_1),年收益为 110 万元;如果产品带销(θ_2),年亏损为 22 万元。采取行动 a_2 需要投资 176 万元,如果产品畅销,年收益为 44 万元;如果产品滞销,年收益为 11 万元;两者使用期都为 10 年,若用 10 年累积收益值减去投资额作为行动的总收益值,而且估计在此期间,产品畅销的可能为 0.7,如何对此问题作决策呢?

容易算得 10 年收益矩阵(单位:万元)为

$$\begin{array}{cc} \quad a_1 \quad a_2 & \pi(\theta) \\ \boldsymbol{Q}=\begin{pmatrix} 770 & 264 \\ -550 & -66 \end{pmatrix}\begin{matrix}\theta_1 \\ \theta_2\end{matrix} & \begin{matrix}0.7 \\ 0.3\end{matrix} \end{array}$$

该决策问题的最大收益为 770 万元,量大亏损为 550 万元,先规定效用值为 U(一

550)=0,$U(770)=1$,然后如上所述,通过与决策者对话的调查方法,画出该决策者的效用曲线,如图 4.6.8 所示,由效用曲线可找出对应于 264 的效用值为 0.91,对应于−66 的效用值为 0.65,对应收益矩阵的效用矩阵如下:

$$\begin{array}{cc} a_1 & a_2 \end{array} \qquad \pi(\theta)$$

$$Q=\begin{pmatrix} 1 & 0.91 \\ 0 & 0.65 \end{pmatrix} \begin{matrix} \theta_1 & 0.7 \\ \theta_2 & 0.3 \end{matrix}$$

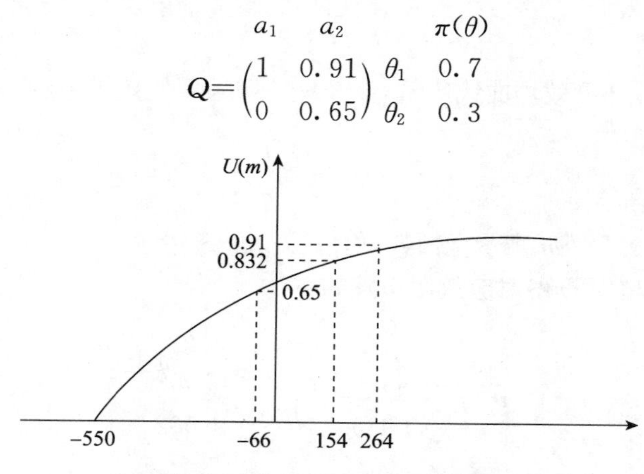

图 4.6.8　该决策者的效用曲线

由此立即可算得 α_1 与 α_2 的期望效用分别为

$$\overline{U}(a_1)=0.7,\ \overline{U}(a_2)=0.832$$

故应选 a_2 为最优行动,即由国内三个厂联营建一条生产线。另外由期望收益的计算可得:$\overline{Q}(a_1)=374$,$\overline{Q}(a_2)=165$。按先验期望准则,应选 a_1 为最优行为,即由国外引进一条生产线。而该决策者选择了行动 a_2,对应的效用值 0.832,从图 4.6.8 上可求得对应收益值为 154 万元,比收益期望值 374 元要小得多,这是因为该对策者属保守型,他不愿冒亏损 550 万元的大风险。如果决策者是属直线型或下凸型效用曲线的决策者,就会得到按先验期望准则所得决策相一致的结果。

例 4.6.6　一个具有 200 万元资产价值的商店,该店经理考虑要不要参加火灾保险,保险费每年为资产价值的千分之三,据历史资料,该商店每年发生火灾的概率为 0.002。

该店若参加保险(a_1),每年支付 200 万元的千分之三的保险费,即付 0.6 万元。火灾发生(θ_2)后,保险公司可以赔偿全部资产;若不参加保险(a_2),每年可节省 0.6 万元保险费,可一旦火灾发生,就会全部烧光,该店经理应承担资产损失责任。根据上面所述,可用交付保险费后所剩下的资产价值为收益,得收益矩阵如下(单位:万元):

$$\begin{array}{cc} a_1 & a_2 \end{array} \qquad \pi(\theta)$$

$$Q=\begin{pmatrix} 199.4 & 200 \\ 199.4 & 0 \end{pmatrix} \begin{matrix} \theta_1 & 0.998 \\ \theta_2 & 0.002 \end{matrix}$$

(1)若按直线型效用曲线决策,根据先验分布可求出每个行动的先验期望收益为 $\overline{Q}(a_1)=199.4$,$\overline{Q}(a_2)=199.6$。因此,最优行动为 a_2,即不参加保险。

据此决策,就不会有企业去参加保险,但事实上企业大都会参加保险,这是因为不保险的风险太大,万一发生火灾,商店损失惨重。事实上大多数人都害怕承担这类风险。

(2)若采用保守型效用曲线决策,该经理按照采用的效用函数

$$U(m)=\sqrt{\frac{m}{200}} \tag{4.6.1}$$

来重新进行决策,其中 m 表示金额数,单位:万元。

根据收益矩阵可算得对应效用矩阵如下

$$\begin{array}{cc} & \begin{array}{ccc} a_1 & a_2 & \qquad \pi(\theta) \end{array} \\ U= & \begin{pmatrix} 0.9985 & 1 \\ 0.9985 & 0 \end{pmatrix} \begin{array}{cc} \theta_1 & 0.998 \\ \theta_2 & 0.002 \end{array} \end{array}$$

利用先验概率可算得每个行动的期望效用为 $\overline{U}(a_1)=0.9985$,$\overline{U}(a_2)=0.9980$。最优行动为 a_1,该商店应参加保险。

如(4.6.1)式的效用函数是人们长期观察所发现的,很多现实中的效用函数与某些曲线的函数形式十分相符,例如

$$U(m)=b\ln(cm+1),c>-1/m$$

$$U(m)=bm^2(c-m);$$

$$U(m)=\sqrt{m+b}-\sqrt{b},-b\leqslant m,b>0。$$

其中 m 表示金额数,b,c 为常数,它们都可用来作为效用函数,与其经历一个困难过程来调查效用函数 $U(m)$,还不如在上述函数中适当地选择一个,然后用最小二乘法来确定其中的未知参数,即常数 b,c。这样确定的效用函数经常在实际中得到使用。

例 4.6.7 某人确定他的财产的效用函数为

$$U(m)=0.62\ln(0.004m+1)$$

在一项投资(a_1)中,他以 1/3 的概率可得利 400 元,而以 2/3 的概率得到 0 元,假如他把这笔钱存入银行(a_2),在同一时期内他可得 100 元利息,容易写出此人的收益矩阵和效用矩阵

$$\begin{array}{cc} & \begin{array}{cc} a_1 & a_2 \end{array} \\ Q= & \begin{pmatrix} 400 & 100 \\ 0 & 100 \end{pmatrix} \begin{array}{c} \theta_1 \\ \theta_2 \end{array} \end{array}$$

$$U=\begin{pmatrix} 0.592 & 0.209 \\ 0 & 0.209 \end{pmatrix}\begin{matrix} \theta_1 & 1/3 \\ \theta_2 & 2/3 \end{matrix}$$

（列：a_1，a_2，$\pi(\theta)$）

其中(θ_1)表示投资成功，θ_2 表示投资失败，按先验期望准则，可算得先验期望效用：$\overline{U}(a_1)=0.197$，$\overline{U}(a_2)=0.209$。故此人应选 a_2，还是把这笔钱存入银行为佳。

效用是钱(物品或其它事物)**在人们心目中的价值**，这是一个高度抽象的概念，理解它要涉及不少社会科学和自然科学的知识，效用和效用函数的概念在学术上确实有趣，很吸引人和富于刺激性。虽然有不少人研究它，获得了一些成果，解释了不少过去不能解释的问题，把人的社会活动引向定量分析阶段，但还存在不少问题影响效用概念的广泛应用，一个最突出的问题是效用函数如何准确地测定。尚需继续研究与实践，但不论如何，“效用”仍是一个重要概念，从事决策研究和应用的人都应了解它，事实上人们都在自觉地或不自觉地把“效用”应用在日常工作与生活中，我们应不断地去完善它。

4.6.6　从效用到损失

效用函数 $U(m)$ 是钱 m 的函数，在决策问题中 m 就表示收益 $Q(\theta,a)$，收益又是状态 θ 和行动 a 的函数，所以在决策问题中效用函数应是状态 θ_1 和行动 a 的函数，即

$$U(\theta,a)=U[Q(\theta,a)]$$

与从收益到损失一样，亦常把效用换算为损失，换算公式也类似于从收益换算到损失的公式，即对状态集 Θ 中任一个 θ 和行动集 $\mathscr{A}$ 中任一个 a 的损失函数定义为

$$L(\theta,a)=\sup_{a\in A}U(\theta,a)-U(\theta,a)$$

譬如在例 4.6.6 中，由效用矩阵 U 容易换算得损失矩阵

$$U=\begin{pmatrix} 0.592 & 0.209 \\ 0 & 0.209 \end{pmatrix}\rightarrow L=\begin{pmatrix} 0 & 0.383 \\ 0.209 & 0 \end{pmatrix}\begin{pmatrix} \theta_1 \\ \theta_2 \end{pmatrix}$$

（两矩阵的列均为 a_1，a_2）

若 θ 的先验分布为

$$\pi(\theta_1)=1/3,\ \pi(\theta_2)=2/3$$

则按先验期望准则可算得 a_1 与 a_2 的先验期望损失

$$\overline{L}(a_1)=0.209\times 2/3=0.139,\overline{L}(a_2)=0.383/3=0.128$$

相比之下，a_2 的期望损失较小，故 a_2 为先验期望准则下最优行动，这与用效用函数做决策的结果相同。

习 题

4.1 某公司准备经营一种新产品，可采取的行动有：大批、中批和小批生产。市场可能出现的销售状态有：畅销、一般和滞销。如大批生产，在畅销时可获利 100 万元，一般时可获利 30 万元，滞销时亏损 60 万元；如中批生产，在三种市场情况下可获利 50 万元、40 万元和亏损 20 万元；如小批生产，在三种情况下可分别获利 10 万元、9 万元和 6 万元。

(1)写出收益矩阵；

(2)在悲观准则下，该公司的最优行动是什么？

(3)在乐观准则下，该公司的最优行动是什么？

(4)若乐观系数 $\alpha=0.8$，该公司的最优行动是什么？

4.2 某作家准备写一本书，为此要与出版社签署一项合同，合同书上规定每千字稿酬与发行量挂钩，如今有二种合同书 a_1 与 a_2，发行量也分三类：5 万册以上(θ_1)、2 万册到 5 万册之间(θ_2)、1 万册以下(θ_3)，两种合同书上对稿酬(单元：元/千字)规定如下：

$$\begin{array}{cc} a_1 & a_2 \end{array}$$
$$\boldsymbol{Q}=\begin{pmatrix} 35 & 30 \\ 23 & 23 \\ 7 & 13 \end{pmatrix}\begin{array}{l} \theta_1 \\ \theta_2 \\ \theta_3 \end{array}$$

(1)若该作家对自己的创作充满信心，在乐观准则下的最优行动是什么？

(2)若该作家对自己的创作把握不大，在悲观准则下的最优行动是什么？

(3)若该作家对自己的创作有七成把握，愿以 $\alpha=0.7$ 作为乐观系数，在折中准则下的最优行动是什么？

4.3 在习题 4.1 中，若已知市场销售状态为畅销、一般和滞销的搬率分别为 0.6、0.3 和 0.1，在先验期望标准下该公司的最优行动是什么？

4.4 一位姑娘自己种花卖花，她每晚摘花第二天去卖，每束花成本为 1 元，售价可达 6 元，若当天卖不掉，因枯萎而不能再卖。据经验她知道一天至少能卖 5 束鲜花，最多能卖 10 束鲜花，现要研究她前一天晚上采摘几束鲜花为量优行动。

(1)写出状态集 Θ 和行动集 $\mathscr{A}$。

(2)写出收益函数，列出收益矩阵。

(3)按悲观准则确定其最优行动。

(4)对乐观系数 α 的不同值，讨论卖花姑娘利用折中准则决策时，每天应采摘几束鲜花为好？

4.5 在习题 4.4 中，写出卖花姑娘的损失矩阵。并在如下先验分布下选择最优行动。

θ	5	6	7	8	9	10
$\pi(\theta)$	0.06	0.09	0.15	0.4	0.2	0.1

4.6 已知如下收益矩阵 Q,写出相应的损失矩阵。

$$
\begin{array}{c}
\quad\quad a_1 \quad\quad\quad a_2 \quad\quad\quad a_3 \\
Q=\begin{pmatrix} 9075 & 6050 & 3025 \\ 4515 & 3010 & 1505 \\ -2753 & -1835 & -917 \end{pmatrix}\begin{matrix}\theta_1\\ \theta_2\\ \theta_3\end{matrix}
\end{array}
$$

4.7 已知损失矩阵

$$
\begin{array}{c}
\quad a_1 \quad\quad a_2 \quad\quad a_3 \\
L=\begin{pmatrix} 0 & 100 & 250 \\ 300 & 0 & 0 \\ 50 & 0 & 100 \end{pmatrix}\begin{matrix}\theta_1\\ \theta_2\\ \theta_3\end{matrix}
\end{array}
$$

请在下面收益矩阵 Q 的空位上填写适当的数字

$$
\begin{array}{c}
\quad a_1 \quad\quad a_2 \quad\quad a_3 \\
L=\begin{pmatrix} 150 & & \\ & 200 & \\ 50 & & \end{pmatrix}\begin{matrix}\theta_1\\ \theta_2\\ \theta_3\end{matrix}
\end{array}
$$

4.8 某厂购买一部机床,此机床有一易损零件。若购进机床时,这种零件作为备件购入,每个250元。机床使用三年后即被淘汰,三年内此种易损零件需更换几个事先不知道,如果买多了,剩下的就要浪费:如果买少了,以后用时再买,每个需750元,现要决策在购买机床时应同时购几 个备件为宜。

(1)写出支付函数 $W(\theta,a)$。

(2)改写为损失函数。

(3)若三年内此种易损零件需更换次数 θ 服从均值为4的泊松分布,请在先验期望损失准则下作出同时购买此种易损零件的量佳个数(提示:在均值为4的泊松分布中有 $P(\theta\leqslant 12)=1.000$),请看泊松分布表)

(4)若三年此种易损零件需更换次数在状态集 $\Theta=\{0,1,2,\cdots,12\}$ 上均匀分布,请作出类似决策。

4.9 某厂考虑是否接受外单位一批原料加工问题,外单位提出两种加工费支付办法。

(1)如果加工的废品率在10%以下,支付加工费100元/吨;如果加工的废品率在10%到20%之间,支付加工费30元/吨;如果加工的废品率在20%以上,工厂应赔偿损失费50元/吨。

(2)不论加工质量如何,支付加工费40元/吨。

该厂决策者根据本厂设备和技术力量认为加工这种原料的废品率 θ 服从贝塔分布 $Be(2,14)$,请问采用哪一种收费办法对工厂有利?

4.10 设二行动线性决策问题的收益函数为

$$
Q(\theta,a)=\begin{cases}18+20\theta, & \theta=a_1\\ -12+25\theta, & \theta=a_2\end{cases}
$$

写出该决策问题的损失函数，假如 θ 服从(0,10)上的均匀分布，请在先验期望损失最小的原则下寻求最优行动。

4.11 设一决策问题中使用平方损失函数

$$L(\theta,a)=(\theta-a)^2$$

在给定先验分布 $\pi(\theta)$ 下，证明：使先验期望损失量小的行动是先验期望。

4.12 设一决策问题中使用绝对值损失函数。

$$L(\theta,a)=|\theta-a|$$

在给定先验分布 $\pi(\theta)$ 下，证明：使先验期望最小的行动是先验中位数。

4.13 为了测定某人的效用，向他提出下面的问题：

"行动 a_1 以概率 p 获益 m_1 元，以概率 $1-p$ 获收益 m_2 元；行动 a_2 肯定获收益 m 元，你认为当 m 为何值时，行动 a_1 与行动 a_2 等效？"

现将他的回答记录如下：

p	m_1	m_2	m
0.5	300	−50	195
0.75	300	−50	255
0.25	300	−50	125
0.02	300	−50	0
0.5	125	0	80

由上表可知，该人的各种经济活动收益都介于−50 元到 300 元之间，不妨假设 $U(-50)=0$。$U(300)=1$。

(1)根据上述回答，计算出效用曲线上若干点，并作出该人的效用曲线；

(2)由效用曲线找出 150 元的效用值是多少？多少元钱的效用值是 0.6？

(3)该人的效用曲线属何类型？

4.14 请考虑如下问题：

a_1：以概率 0.6 获 80 元，以概率 0.4 获 20 元；

a_2：肯定获收益 m 元。

你认为当 m 为何值时，行动 a_1 与 a_2 等效？

a_1：以概率 p 获 80 元，以概率 $1-p$ 获 20 元；

a_2：肯定获收益 56 元。

你认为当 p 为何值时，行动 a_1 与 a_2 等效？

试问：(1)持直线型效用曲线决策者，他所回答的 m 及 p 各等于多少？

(2)如果决策者采用上凸型或下凸型的效用曲线，他所回答的 m 及 p 应在什么范围内？

4.15 某商场经理有两种行动可供选择：

a_1：肯定获利 5 万元。

a_2:有 50%把握获利 10 万元,有 50%可能亏损 1 万元,试问该经理在以下的情形,应选择哪一种行动?

(1)用期望收益决策;

(2)当 $U(10)=10, U(5)=2, U(-1)=1$ 时,用期望效用决策;

(3)对原效用作线性变换;

$$U'=2+5U$$

用新期望效用作决策,且比较(2)、(3)的决策结果。

4.16 某人有 4 百万元财产,考虑是否参加火灾保险,如不参加保险,一旦发生火灾,就会被烧光,如参加保险,每年需付财产价值的 0.25%的保险费,这时若发生火灾,保险公司要赔偿其全部损失。已知每年发生火灾的概率是 0.002。

(1)若此人按直线效用曲线决策,他是否应参加保险?

(2)若此人按如下效用曲线:

$$U(m)=\sqrt{m+400}-20 \quad (-400 \leqslant m)$$

其中 m 表示钱(单位:万元),$U(m)$表示效用,请帮此人决策,他是否应参加火灾保险?问该效用曲线属何种类型?

第五章 贝叶斯决策

§5.1 贝叶斯决策问题

在前一章中我们把人与自然界(或社会)的博奕问题归纳为决策问题,它含有三个要素:

(1)描述自然界(或社会)各种可能状态集 $\Theta=\{\theta\}$。

(2)描述决策者可能采取各种行动的行动集 $\mathscr{A}=\{a\}$。

(3)评价决策者所取行动优劣的损失函数 $L(\theta,a)$。它是定义在 $\Theta\times\mathscr{A}$ 上的二元函数。当然收益函数也可达到类似目的。但这一章主要使用损失函数。

在前一章中我们还看到,仅从这三个要素很难找到一个较理想的决策方法。这里的关键在于缺少对自然界(或社会)更深入的了解。若能对状态集 $\Theta=\{\theta\}$ 有更多一些认识,将会使人们的决策水平提高一步。为此人们想方设法从自然界或社会中再去挖掘各种有用的信息。至今为止,可供决策使用的已归纳为如下二种信息:

(1)先验信息,人们在过去对自然界(或社会)各种状态发生可能性的认识。这可用状态集 $\Theta\{\theta\}$ 上的一个先验分布 $\pi(\theta)$ 来概括出来。先验信息已在前面使用。

(2)试验信息或抽样信息,把自然界(或社会)的状态 θ 放到有关的环境中去观察、或去试验、或去抽样,从获得的样本中去了解当今状态 θ 的最新信息。这里的关键就是要确定一个可观察的随机变量 X,它的概率分布中恰好把 θ 当作未知参数,譬如 X 是服从密度函数 $p(x|\theta)$ 的随机变量,假如对 X 作 n 次观察或 n 次试验,所得的样本 $\boldsymbol{x}=(x_1,\cdots,x_n)$ 可看作是从分布 $p(x|\theta)$ 随机抽取得一个样本。这是样本的联合密度函数(即似然函数)

$$p(x\mid\theta)=\prod_{i=1}^{n}p(x_i\mid\theta)$$

概括了抽样信息(总体信息和样本信息)中一切有关 θ 的信息。

对上述二种信息的使用情况,形成不同的决策问题。

(1)仅使用先验信息的决策问题称为**无数据**(或无样本信息)**的决策问题**。在第四章中对这类决策问题已作了较为详细的讨论。

(2)仅使用抽样信息的决策问题称为**统计决策问题**。这类问题将在以后讨论。

(3)先验信息和抽样信息都用的决策问题称为**贝叶斯决策问题。**本章将讨论这一类决策问题。

例 5.1.1　某工厂的产品每 100 件装成一箱运交顾客。在向顾客交货前面临如下二个行动的选择：

a_1：一箱中逐一检查
a_2：一箱中一件也不检查

若工厂选择行动 a_1，则可保证交货时每件产品都是合格品。但因每件产品的检查费为 0.8 元，为此工厂要支付检查费 80 元/箱。若工厂选择行动 a_2，工厂可免付每箱检查费 80 元。但顾客发现不合格品时，按合同不仅允许更换，而且每件要支付 12.5 元的赔偿费。假如用 θ 表示一箱中的产品不合格率，则容易获得工厂的支付函数

$$W(\theta,a)=\begin{cases}80, & a=a_1\\ 12.5\times100\theta, & a=a_2\end{cases}$$

其中 $\theta\in(0,1)$。这是一个典型的决策问题。这时相应的损失函数可由支付函数换算得

$$L(\theta,a_1)=\begin{cases}80-1250\theta, & \theta\leqslant\theta_0\\ 0, & \theta>\theta_0\end{cases}$$

$$L(\theta,a_2)=\begin{cases}0, & \theta\leqslant\theta_0\\ -80+1250\theta, & \theta>\theta_0\end{cases}$$

其中 $\theta_0=0.064$。

假如工厂从产品检查部门发现，该厂产品的不合格品率 θ 没有超过 0.12 的纪录。若取区间(0,0.12)上的均匀分布作为 θ 的先验分布，又在决策中使用这个先验分布。则就构成一个无数据的决策问题。在这个决策问题中可以分别算得行动 a_1 和行动 a_2 的先验期望损失

$$\begin{aligned}\overline{L}(a_1)&=\frac{1}{0.12}\int_0^{\theta_0}(80-1250\theta)d\theta\\&=8.33(80\theta_0-1250\theta_0^2/2)=21.32(\text{元}/\text{箱})\\ \overline{L}(a_2)&=8.33\int_{\theta_0}^{0.12}(-80+1250\theta)d\theta\\&=8.33[-80(0.12-\theta_0)+1250(0.12^2-\theta_0^2)/2]\\&=16.33(\text{元}/\text{箱})\end{aligned}$$

按先验期望损失愈小愈好原则，应取行动 a_2，即每箱中一件都不检查可使工厂损失小。

假如工厂决定先在每箱中抽取两件进行检查，设 X 为其不合格品数，则 $X\sim b(2,\theta)$。然后工厂根据 X 的取值(可能取 0,1,2 三种)再选择行动 a_1 或行动 a_2。这

时工厂的支付函数为

$$W(\theta,a)=\begin{cases}80, & a=a_1\\1.6+1250\theta, & a=a_2\end{cases}$$

相应的损失函数为

$$L(\theta,a_1)=\begin{cases}78.4-1250\theta, & \theta\leqslant\theta_0\\0, & \theta>\theta_0\end{cases}$$

$$L(\theta,a_2)=\begin{cases}0, & \theta\leqslant\theta_0\\-78.4+1250\theta, & \theta>\theta_0\end{cases}$$

其中 $\theta_0=0.06272$。此种利用抽样信息的决策问题就是统计决策问题。若再使用 θ 的先验分布 $U(0,0.12)$，则就构成一个贝叶斯决策问题。这类决策问题的决策将在下一节中涉及。

例 5.1.2 在例 4.4.3 中曾讨论过一种新的止痛剂的市场占有率 θ 的估计问题，在那里状态集 Θ 与行动集 $\mathscr{A}$ 均为区间[0,1]。而对 θ 的偏低估计($a<\theta$)会导致供不应求，对 θ 的偏高估计($a>\theta$)会导致供过于求。这两种情况都会给制药厂带来损失，并且供过于求给工厂带来的损失比供不应求的损失要高出一倍。假如此种损失与 $|\theta-a|$ 成正比，即可得如下损失函数

$$L(\theta,a)=\begin{cases}2(a-\theta), & 0\leqslant\theta<a\\\theta-a, & a\leqslant\theta\leqslant1\end{cases}$$

这是一个决策问题。假如厂长对市场占有率 θ 无任何先验信息，故采用[0,1]上的均匀分布作为 θ 的先验分布。采用此先验分布作决策就得到无数据的决策问题。在例 4.4.7 中曾在先验期望损失最小要求下获得 θ 的估计值 $\hat{\theta}=1/3$。

如今厂长为获得新鲜的抽样信息特决定试制一批新的止痛剂投放到一个地区，并在该地区做广告宣传。然后从特约经销药店中得知。在 n 个购买止痛剂的顾客中有 x 人买了新的止痛剂。这时 $X\sim b(n,\theta)$。假如厂长再把此抽样信息加入到无数据决策问题中去，就构成贝叶斯决策问题。一般说来，抽样信息在决策中是很重要的信息，获得此种信息的花费也较大，故应予以重视和利用。

以后我们约定，一个贝叶斯决策问题被给定了，假如已知

(1)有一个可观察的随机变量 X，它的密度函数(或概率函数)$p(x|\theta)$依赖于未知参数 θ，且 $\theta\in\Theta$。这里 Θ 就是状态集。通常分布中的 θ 都是数量(连续量或离散量)，故又称 θ 为参数，Θ 称为参数空间。

(2)在参数空间 Θ 上有一个先验分布 $\pi(\theta)$。

(3)有一个行动集 $\mathscr{A}=\{a\}$。在对 θ 做点估计时，一般取 $\mathscr{A}=\Theta$。在对 θ 做区间

估计时,行动 a 就是一个区间,Θ 上的一切可能的区间构成行动集 $\mathscr{A}$。在对 θ 作假设检验时,$\mathscr{A}$ 只含有二个行动:接受(a_1)和拒绝(a_2)。

(4)在 $\Theta\times\mathscr{A}$ 上定义了一个损失函数 $L(\theta,a)$,它表示参数为 θ 时,决策者采用行动 a 所引起的损失。

从上述可以看出,一个贝叶斯决策问题比一个决策问题多了二件东西,一是先验分布;二是总体分布,并从此总体分布抽取一个样本 $x(x_1,x_2,\cdots x_n)$,就容易获得似然函数。另外,从贝叶斯统计看,一个贝叶斯决策问题比一个贝叶斯推断问题多一个损失函数。或者说,把损失函数引进统计推断就构成贝叶斯决策问题。这样就把贝叶斯推断与经济效益联系起来了。以后将按后验平均损失愈小愈好来进行统计推断。从而形成贝叶斯决策。

§5.2　后验风险准则

5.2.1　后验风险

在贝叶斯决策问题中如何做决策呢?由于样本的引入,既给我们带来更多的有关 θ 的新鲜信息,但也给我们增加做决策的复杂性。以下我们来逐步展开这个问题。

首先指出,在贝叶斯决策问题中很容易获得后验分布。事实上,我们对可观察随机变量 X 做 n 次观察,获得一个样本 $\boldsymbol{x}(x_1,x_2,\cdots x_n)$。假如 X 的密度函数(或概率函数)为 $p(x|\theta)$,则样本 $\boldsymbol{x}$ 的联合密度函数为 $p(\boldsymbol{x}|\theta)$。它与参数空间 Θ 上的先验分布 $\pi(\theta)$结合,用贝叶斯公式即可得在样本 $\boldsymbol{x}$ 给定下,θ 的后验密度函数

$$\pi(\theta|\boldsymbol{x})=p(\boldsymbol{x}|\theta)\pi(\theta)/m(x)$$

其中 $m(x)$为边缘密度函数

$$m(x)=\int_{\Theta}p(\boldsymbol{x}\mid\theta)\pi(\theta)d\theta$$

就如第一章那样,这里的后验分布是综合了总体信息、样本信息和先验信息,一切有关 θ 的信息都综合在后验分布之中。要对参数 θ 做决策就要从后验分布中提取。

其次,我们把损失函数 $L(\theta,a)$对后验分布 $\pi(\theta|\boldsymbol{x})$的期望称为**后验风险**,记为 $R(a|\boldsymbol{x})$,即

$$R(a\mid\boldsymbol{x})=E^{\theta|\boldsymbol{x}}[L(\theta,a)]$$
$$=\begin{cases}\sum_{i}L(\theta_i,a)\pi(\theta_i\mid\boldsymbol{x}),\theta\text{ 为离散量}\\ \int_{\Theta}L(\theta,a)\pi(\theta\mid\boldsymbol{x}),\theta\text{ 为连续量}\end{cases}$$

此处后验风险就是用后验分布计算的平均损失,它在样本 $\boldsymbol{x}$ 给定下,不同的行动 a 有不同的后验风险;而在行动 a 固定下,样本 $\boldsymbol{x}$ 的变化也使后验风险随着变化。下面的例子能很好说明后验风险概念。

例 5.2.1 在例 5.1.1 的产品检查问题中,规定从每箱产品中随机抽检二件,得到一个样本 $\boldsymbol{x}=(x_1,x_2)$,其中 x_1 为第 i 件产品的不合格品数,显然 $x_i\sim b(1,\theta)$,$i=1,2$。并且 $x=x_1+x_2$ 为 θ 的充分统计量,且 $x\sim b(2,\theta)$,这就是样本分布。另外从历史资料得知,该厂产品的不合格品率 θ 不超过 0.12。且取均匀分布 $U(0,0.12)$ 作为 θ 的先验分布,由此例即可得 x 与 θ 的联合分布

$$h(x,\theta)=c^{-1}\binom{2}{x}\theta^x(1-\theta)^{2-x},\ x=0,1,2,\quad 0<\theta<0.12$$

其中 $c=0.12$。x 的边缘分布为

$$m(x)=c^{-1}\binom{2}{x}\int_0^c\theta^x(1-\theta)^{2-x}d\theta$$

这个积分并不复杂,但要在 x 给定下才能算出,为此在 $x=0,1,2$ 情况下分别计算

$$\begin{aligned}m(0)&=c^{-1}\int_0^c(1-\theta)^2d\theta=c^{-1}[c-c^2+c^3/3]\\&=1-c+c^3/3=0.8848\\m(1)&=2c^{-1}\int_0^c\theta(1-\theta)d\theta=2c^{-1}[c^2/2-c^3/3]\\&=c-2c^2/3=0.1104\\m(3)&=c^{-1}\int_0^c\theta^2d\theta=c^2/3=0.0048\end{aligned}$$

这样就得到 x 的边际分布

θ	0	1	2
$m(x)$	0.8848	0.1104	0.0048

接着在 $x=0,1,2$ 给定下,容易写出 θ 的后验分布

$$\begin{aligned}\pi(\theta|x=0)&=c^{-1}(1-\theta)^2/0.8848=9.4183(1-\theta)^2,0<\theta<0.12\\\pi(\theta|x=1)&=2c^{-1}(1-\theta)/0.1104\\&=150.9662\theta(1-\theta),0<\theta<0.12\\\pi(\theta|x=2)&=c^{-1}\theta^2/0.0048=1736.1111\theta^2,\ 0<\theta<0.12\end{aligned}$$

最后在损失函数

$$L(\theta,a_1)=\begin{cases}78.4-1250\theta, & \theta\leqslant\theta_0\\0, & \theta>\theta_0\end{cases}$$

$$L(\theta,a_2)=\begin{cases}0, & \theta\leqslant\theta_0\\-78.4+1250\theta, & \theta>\theta_0\end{cases}$$

下进行后验风险 $R(a|x)$ 的计算。由于 a 有二种取法，x 可取三个不同的值，故在这个问题中后验风险有 6 个不同的值，这里计算其中 2 个，其中 $\theta_0=0.06272$

$$\begin{aligned}R(a_1 \mid x=0) &= \int_0^{\theta_0}(78.4-1250\theta)\times 9.4183(1-\theta)^2 d\theta\\&= 9.4183\int_0^{\theta_0}(78.4-1406.8\theta+2578.4\theta^2-1250\theta^3)d\theta\\&= 22.2030\end{aligned}$$

$$\begin{aligned}R(a_2 \mid x=2) &= 1736.1111\times\int_{\theta_0}^{0.12}(-78.4+1250\theta)\theta^2 d\theta\\&= 1736.1111\times[-78.4\theta^3/3+1250\theta^4/4]_{\theta_0}^{0.12}\\&= 36.8924\end{aligned}$$

其余的后验风险可类似算得。现把 6 个后验风险列表如下

表 5.2.1　例 5.2.1 后验风险

R	x		
a	0	1	2
a_1	22.2030	15.0483	2.7986
a_2	15.6159	55.9783	36.8924

如何从表 5.2.1 上按后验风险最小的准则挑选最优行动尼？假如选 a_1，那么在 $x=0$ 时 a_1 的后验风险不是最小的。假如选 a_2，那么 $x=1,2$ 时 a_2 的后验风险不是最小的。这时最优行动应随着样本观察值 x 的变化而变化。即

$$a=\begin{cases}a_2, & x=0\\a_1, & x=1,2\end{cases}$$

这表明最优行动应是样本 x 的函数。为了准确表达这一点，需要建立决策函数的概念。

5.2.2　决策函数

定义 5.2.2　在给定的贝叶斯决策问题中，从样本空间 $\chi=\{\boldsymbol{x}=(x_1,\cdots x_n)\}$ 到行动集 $\mathscr{A}$ 上的一个映照 $\delta(\boldsymbol{x})$ 称为该决策问题的一个**决策函数**。所有从 χ 到 $\mathscr{A}$ 上

的决策函数组成的类称为**决策函数类**，用 $D=\{\delta(\boldsymbol{x})\}$ 表示。

从上述定义可见，当行动集 $\mathscr{A}$ 是某个实数集时，上述决策函数就是统计量。可决策函数还允许其值不是实数而是某个行动。在无数据的决策问题中我们面临的是行动集 $\mathscr{A}$，并要在行动集 $\mathscr{A}$ 中选取行动 a，使其先验期望损失（或者称先验风险）最小。如今在贝叶斯决策问题中我们面临的是决策函数类 D，要在 D 中选取决策函数 $\delta(\boldsymbol{x})$，使其后验风险最小。这样一来，我们就实行了从行动 a 到决策函数 $\delta(\boldsymbol{x})$，从行动集 $\mathscr{A}$ 到决策函数类 D 的过渡。

例 5.2.2 在例 5.2.1 的产品检查问题中所涉及到的样本空间 χ 和行动集 $\mathscr{A}$ 分别是

$$\chi=\{0,1,2\},\mathscr{A}=\{a_1,a_2\}$$

其中 a_1 是“全数检查”，a_2 是“除抽查外一个也不检查”。这时，从 χ 到 $\mathscr{A}$ 上的任一映照都是该问题的决策函数。此类决策函数共有 8 个，详见表 5.2.2 上所列。

表 5.2.2 例 5.2.2 的决策函数

x	0	1	2
$\delta_1(X)$	a_1	a_1	a_1
$\delta_2(X)$	a_1	a_1	a_2
$\delta_3(X)$	a_1	a_2	a_1
$\delta_4(X)$	a_1	a_2	a_2
$\delta_5(X)$	a_2	a_1	a_1
$\delta_6(X)$	a_2	a_1	a_2
$\delta_7(X)$	a_2	a_2	a_1
$\delta_8(X)$	a_2	a_2	a_2

譬如，$\delta_1(x)=a_1,x=0,1,2$ 它表示无论样本 x 取什么值，都采取行动 a_1 即对每箱都全数检查，又如

$$\delta_5(x)=\begin{cases}a_2, & x=0\\ a_1, & x=1,2。\end{cases}$$

它表示在 $x=0$（抽查二件产品全是合格品）时，采取行动 a_2（一件部不查）。而在 x 为 1 或 2 时采取行动 a_1（全数检查）。其他决策函数都可类似解释。

从表 5.2.1 上可以查得每个决策函数的后验风险，譬如对 $\delta_1(x)$ 和 $\delta_5(x)$ 的后验风险分别为

$$R(\delta_1|x)=\begin{cases}22.2030, x=0\\ 15.0483, x=1\\ 2.7986, \ x=2\end{cases}$$

$$R(\delta_1|x)=\begin{cases}15.6159, x=0\\15.0483, x=1\\2.7986,\ x=2\end{cases}$$

比较这二个后验风险可以看出,有

$$R(\delta_5|x)\leqslant R(\delta_1|x), x=0,1,2$$

可见 $\delta_5(x)$要优于 $\delta_1(x)$。因为后验风险是愈小愈好。类似地可算出其它几个决策函数的后验风险。在进行比较后就会发现,无论样本 x 取什么值,$\delta_5(x)$的后验风险总是最小的,即

$$R(\delta_5|x)=\min_{\delta\in D}R(\delta(x)|x)$$

这时 $\delta_5(x)$就是后验风险最小的决策函数。决策者希望使用它。

5.2.3 后验风险准则

定义 5.2.2 在给定的贝叶斯决策问题中 $D=\{\delta(\boldsymbol{x})\}$是其决策函数类,则称

$$R(\delta|\boldsymbol{x})=E^{\theta|\boldsymbol{x}}[L(\theta,\delta(\boldsymbol{x}))], \boldsymbol{x}\in\chi, \theta\in\Theta。$$

为决策函数 $\boldsymbol{\delta}=\boldsymbol{\delta}(\boldsymbol{x})$的后验风险。假如在决策函数类 D 中存在这样的决策函数 $\delta'=\delta'(\boldsymbol{x})$,它在 D 中具有最小的后验风险,即

$$R(\delta'|\boldsymbol{x})=\min_{\delta\in D}R(\delta(x)|\boldsymbol{x})$$

则称 $\delta'(x)$为**后验风险准则下的最优决策函数**,或称**贝叶斯决策函数**,或**贝叶斯解**。当参数空间 Θ 与行动集 $\mathscr{A}$ 相同,均为某个实数集时,满足上式的 $\delta'(x)$又称为 θ 的贝叶斯解或贝叶斯估计,常记为 $\hat{\theta}=\hat{\theta}(\boldsymbol{x})$或 $\hat{\theta}_B=\hat{\theta}_B(\boldsymbol{x})$。

这里应着重强调的是定义 5.2.2 中的前提,即在给定贝叶斯决策问题中讨论贝叶斯解或贝叶斯估计。所谓“给定贝叶斯决策问题”主要是指给定如下三个前提:

- 样本 $\boldsymbol{x}$ 的联合密度函数 $p(\boldsymbol{x}|\theta)$;
- 参数空间 Θ 上的先验分布 $\pi(\theta)$;
- 定义在 $\Theta\times\mathscr{A}$ 上的损失函数 $L(\theta,a)$。

这三个前提中任一个改变了,贝叶斯决策问题就改变了,从而贝叶斯解或贝叶斯估计也会随着改变。顺便指出,这里用的先验分布允许是广义先验分布(见定义 3.4.1),因为我们最终使用的是后验分布,不是直接用先验分布做决策。

例 5.2.3 设 $\boldsymbol{x}=(x_1,\cdots,x_n)$是来自正态分布 $N(\theta,1)$的一个样本。又设参数 θ 的先验分布为共轭先验分布 $N(0,\tau^2)$,其中 τ 已知。而损失函数为 0—1 损失函数

$$L(\theta,\delta)=\begin{cases}0, |\delta-\theta|\leqslant\varepsilon\\1, |\delta-\theta|>\varepsilon\end{cases}$$

要求参数 θ 的贝叶斯估计。

在例 1.3.1 中，我们已求得在给定样本观察 $\underset{\sim}{x}$ 下，θ 的后验分布 $\pi(\theta|x)$ 为正态分布 $N(\sum_{i=1}^{n} x_i/(n+\tau^{-2}),(n+\tau^{-2})^{-1})$ 对任意一个决策函数 $\delta=\delta(\boldsymbol{x})\in D$，其后验风险为

$$\begin{aligned}R(\delta \mid x) &= \int_{-\infty}^{\infty} L(\theta,\delta)\pi(\theta \mid \boldsymbol{x})d\theta\\&= P^{\theta|\boldsymbol{x}}(\mid \delta-\theta \mid > \varepsilon)\\&= 1-P^{\theta|\boldsymbol{x}}(\mid \delta-\theta \mid \leqslant \varepsilon)\end{aligned}$$

要使上述后验风险最小，就要使上式中的条件概率最大，由于后验分布 $\pi(\theta|x)$ 为正态分布，要在定长区间（长度为 2ε）上的概率为最大，$\delta(\boldsymbol{x})$ 只能取后验分布的均值。即在此场合下，μ 的贝叶斯估计为

$$\delta_\tau(\boldsymbol{x}) = \sum_{i=1}^{n} x_i/(n+\tau^{-2})$$

它与经典方法得到的估计 $\bar{x}$ 是不同的，一般有

$$\delta_\tau(\boldsymbol{x})<\bar{x}$$

$\delta_\tau(\boldsymbol{x})$ 要比 $\bar{x}$ 更接近于 0，这是由于先验分布给我们带来一些信息之故，只有当 $\tau\to\infty$ 时，才有 $\delta_\tau(\boldsymbol{x})\to\bar{x}$。

例 5.2.4 在新的止痛剂的市场占有率 θ 的估计问题（例 4.4.3 和例 5.1.2）中已给出损失函数

$$L(\theta,\delta)=\begin{cases}2(\delta-\theta), 0<\theta<\sigma\\\theta-\delta, \quad \sigma\leqslant\theta\leqslant 1\end{cases}$$

药厂厂长对市场占有率 θ 无任何先验信息，当设 $\theta\sim U(0,1)$。另外在市场调查中，在 n 个购买止痛剂的顾客中有 x 人买了新的止痛剂，这时 $x\sim b(n,\theta)$。由此可得 θ 的后验分布

$$\pi(\theta|x)=Be(x+1,n-x+1)$$

现在我们在后验风险准则下对 θ 作出贝叶斯估计。

先计算任一个决策函数 $\delta=\delta(x)\in D$ 的后验风险

$$
\begin{aligned}
R(\delta \mid x) &= \int_0^1 L(\theta,a)\pi(\theta \mid x)d\theta \\
&= 2\int_0^{\delta}(\delta-\theta)\pi(\theta \mid x)d\theta + \int_{\delta}^1(\theta-\delta)\pi(\theta \mid x)d\theta \\
&= 3\int_0^{\delta}(\delta-\theta)\pi(\theta \mid x)d\theta + E(\theta \mid x) - \delta
\end{aligned}
$$

利用积分号下求微分的法则,可得如下方程

$$
\frac{dR(\delta \mid x)}{d\delta} = 3\int_0^{\delta}\pi(\theta \mid x)d\theta - 1 = 0
$$

$$
\int_0^{\delta}\pi(\theta \mid x)d\theta = \frac{1}{3}
$$

这表明所求得 $\delta=\delta(x)$ 是后验分布 $\pi(\theta|x)$ 的 1/3 分位数。

为了获得最后的数值解,我们设 $n=10$ 和 $x=1$,这意味在市场调查中 10 位购买止痛剂的顾客中只有 1 人买了新的止痛剂。这时 θ 的后验分布为

$$
\pi(\theta|x)=110\theta(1-\theta)^9, 0<\theta<1
$$

它的 1/3 分位数 δ 满足如下方程

$$
\int_0^{\delta}\theta(1-\theta)^9 d\theta = 1/330
$$

作变换 $u=1-\theta$ 后,上述积分可得简化,即

$$
\int_{1-\delta}^1 (u^9 - u^{10})du = 1/330
$$

或

$$
\frac{1}{110}-\frac{(1-\delta)^{10}}{10}+\frac{(1-\delta)^{11}}{11}=\frac{1}{330}
$$

$$
30(1-\delta)^{11}-33(1-\delta)^{10}+2=0
$$

若令 $1-\delta=y$,上述方程可改为

$$
30y^{11}-33y^{10}+2=0
$$

容易验证:函数 $f(y)=30y^{11}-33y^{10}+2$ 在区间(0,1)上是严减函数。并且 $f(y)$ 在(0,1)上变号,因为 $f(10)=2, f(1)=-1$。所以 $f(y)$ 在(0,1)内有唯一的零点。利用数值方法容易求得

$$
f(0.892790)=0.000022375
$$

$$
f(0.892795)=-0.000041373
$$

所以可近似认为 $y=0.8928$，从而 $\delta=0.1072$ 是后验分布的 1/3 分位数。这表明，该厂新的止痛剂的市场占有率 θ 的贝叶斯估计为 0.1072。即新的止痛剂只能占止痛剂市场的一成。

例 5.2.5 设样本 x 只能来自密度函数 $p_0(x)$ 或 $p_1(x)$ 中的一个。为了研究该样本到底来自哪个分布，我们来考虑如下的简单假设的检验问题：

$$H_0:x \text{ 来自 } p_0(x), H_1:x \text{ 来自 } p_1(x)$$

此时参数空间可认为是 $\Theta=\{0,1\}$，它只含有两个元素，其中"$\theta=0$"表示 x 来自 $p_0(x)$；"$\theta=1$"表示 x 来自 $p_1(x)$。在 Θ 上的先验分布可设为

$$P(\theta=0)=\pi_0, P(\theta=1)=\pi_1$$

其中 $\pi_0+\pi_1=1$。由贝叶斯公式可算得：在给定样本 x 后，θ 的后验分布为

$$P(\theta=i|x)=\begin{cases}\dfrac{p_0(x)\pi_0}{p_0(x)\pi_0+p_1(x)\pi_1}, i=0\\ \dfrac{p_1(x)\pi_1}{p_0(x)\pi_0+p_1(x)\pi_1}, i=1\end{cases}$$

在这个假设检验问题中也只有接受（用 0 表示）和拒绝（用 1 表示）两个行动，即行动集 $\mathscr{A}=\{0,1\}$。假如再取如下损失函数

$$L(i,j)=1-\delta_{ij}$$

其中

$$\delta_{ij}=\begin{cases}0, i\neq j\\1, i=j\end{cases}$$

这个损失函数可用损失矩阵表示

$$\begin{array}{cc} & a=0 \quad a=1 \\ L= & \begin{pmatrix} 0 & 1 \\ 1 & 0 \end{pmatrix}\begin{matrix}\theta=0\\ \theta=1\end{matrix}\end{array}$$

即决策正确就无损失，决策错误的损失为 1。

在上述假设下，可算得各行动的后验风险

$$R(a=0|x)=P(\theta=1|x)$$
$$R(a=1|x)=P(\theta=0|x)$$

根据后验风险准则，可找到如下贝叶斯决策函数

$$\delta^*(x)=\begin{cases}0, P(\theta=1|x)<P(\theta=0|x)\\1, P(\theta=1|x)\geqslant P(\theta=0|x)\end{cases}$$

或

$$\delta^*(x)=\begin{cases}0,\ p_1(x)\pi_1<p_0(x)\pi_0\\1, p_1(x)\pi_1\geqslant p_0(x)\pi_0\end{cases}$$

在 $p(x)\neq 0$ 时，还可改写为

$$\delta^*(x)=\begin{cases}0, \dfrac{p_1(x)}{p_0(x)}<\dfrac{\pi_0}{\pi_1}\\[2ex]1, \dfrac{p_1(x)}{p_0(x)}\geqslant\dfrac{\pi_0}{\pi_1}\end{cases}$$

这表明：贝叶斯决策函数 $\delta^*(x)$ 所决定的拒绝域

$$W=\left\{x:\frac{p_1(x)}{p_0(x)}\geqslant\frac{\pi_0}{\pi_1}\right\}$$

在形式上与 Neyman-Pearson 引理给出的拒绝域一样。这说明在简单假设对简单假设的检验问题中经典的最优势(MP)检验相当于取特定损失矩阵下的贝叶斯决策函数，其临界值是二个先验概率的比值。

§5.3　常用损失函数下的贝叶斯估计

在常用损失函数下 θ 的贝叶斯估计常有简单形式。现分述如下。

5.3.1　平方损失函数下的贝叶斯估计

定理 5.3.1　在平方损失函数 $L(\theta,\delta)=(\delta-\theta)^2$ 下，θ 的贝叶斯估计为后验均值，即 $\delta_B(x)=E(\theta|\boldsymbol{x})$。

证明：在平方损失函数下，任一个决策函数 $\delta=\delta(\boldsymbol{x})$ 的后验风险为

$$E[(\delta-\theta)^2|\boldsymbol{x}]=\delta^2-2\delta E(\theta|\boldsymbol{x})+E(\theta^2|\boldsymbol{x})$$

此后验风险最小仅在 $\delta_B(x)=E(\theta|\boldsymbol{x})$ 达到。

定理 5.3.2　在加权平方损失函数 $L(\theta,\delta)=\lambda(\theta)(\delta-\theta)^2$ 下，θ 的贝叶斯估计为

$$\delta_B(x)=\frac{E[\lambda(\theta)\theta|\boldsymbol{x}]}{E[\lambda(\theta)|\boldsymbol{x}]}$$

其中 $\lambda(\theta)$ 为参数空间 Θ 上的正值函数。

证明：类似于定理 5.3.1 的证明即可得。

定理 5.3.3 在参数向量 $\theta'=(\theta_1,\cdots,\theta_k)$ 的场合下，对多元二次损失函数 $L(\theta,\delta)=(\delta-\theta)'Q(\delta-\theta)$，其中 Q 为正定阵，则 θ 的贝叶斯估计为后验均值向量

$$\delta_B(\boldsymbol{x})=E(\theta|\boldsymbol{x})=\begin{pmatrix}E(\theta_1|\boldsymbol{x})\\ \vdots \\ E(\theta_k|\boldsymbol{x})\end{pmatrix}$$

证明：在多元二次损失函数下，任一决策函数向量 $\delta(\boldsymbol{x})=(\delta_1(\boldsymbol{x}),\cdots\delta_k(\boldsymbol{x}))'$ 的后验风险为

$$\begin{aligned}E[(\delta-\theta)'Q(\delta-\theta)|\boldsymbol{x}]&=E\{[(\delta-\delta_B)+(\delta_B-\theta)]'Q[(\delta-\delta_B)+(\delta_B-\theta)]\}\\&=(\delta-\delta_B)'Q(\delta-\delta_B)+E[(\delta_B-\theta)'Q(\delta_B-\theta)]\end{aligned}$$

上式最后一个等式成立是因为有 $E[(\delta_B-\theta|\boldsymbol{x})]=0$。上式中第二项为常量，而由假设 Q 为正定阵知，上式中第一项为正，仅在 $\delta=\delta_B(\boldsymbol{x})$ 时为零。而恰在此时后验风险达到最小，这就证明了定理 5.3.3。

例 5.3.1 设 $\boldsymbol{x}=(x_1,\cdots,x_n)$ 是来自泊松分布

$$P(X=x)=\frac{\theta^x}{x!}e^{-\theta},\ x=0,1,\cdots$$

的一个样本。若 θ 的先验分布用其共轭先验分布 $G_a(\alpha,\lambda)$，即

$$\pi(\theta)=\frac{\lambda^\alpha}{\Gamma(\alpha)}\theta^{\alpha-1}e^{\lambda\theta},\theta>0$$

其中参数 α 与 λ 已知。容易看出，在样本 $\boldsymbol{x}$ 给定下，θ 的后验分布为

$$\pi(\theta|\boldsymbol{x})\propto\theta^{n\bar{x}+\alpha-1}c^{-(n+\lambda)\theta},\theta>0$$

可见 θ 的后验分布为 $Ga(n\bar{x}+\alpha,n+\lambda)$，其中 $\bar{x}$ 为样本均值。

若在平方损失函数下录找 θ 的贝叶斯估计，则其为后验均值，

即
$$\delta_B(\boldsymbol{x})=\frac{n\bar{x}+\alpha}{n+\lambda}$$

亦可把它改写为加权平均形式

$$\delta_B(x)=\frac{n}{n+\lambda}\bar{x}+\frac{\lambda}{n+\lambda}\ \frac{\alpha}{\lambda}$$

其中 $\bar{x}$ 为样本均值，α/λ 是先验均值。若把先验分布 $Ga(\alpha,\lambda)$ 中尺度参数 λ 看作伽玛分布中所含 θ 的信息与 λ 个“样本”中所含 θ 的信息相当，那么上述加权平均中的权数就是各自样本量在总样本量 $n+\lambda$ 中的比例。当样本量 n 较大，特别是 $n>>\lambda$ 时，则样本均值 $\bar{x}$ 在贝叶斯估计中起主导作用。当样本量 n 较小，且 $\lambda>>n$ 时，则

先验均值 α/λ 在贝叶斯估计中起主导作用。这些解释很容易为人们接受，所以这个贝叶斯估计是合理的。譬如 $n=400, \bar{x}=300/400=0.75$，而取 $\alpha=\lambda=1$，则在平方损失函数下，θ 的贝叶斯估计为

$$\delta_B(\boldsymbol{x})=(300+1)/(400+1)=0.7506$$

它与样本均值 0.75 相差甚微。

例 5.3.2　设 $x=(x_1,\cdots x_n)$ 是来自均匀分布 $U(0,\theta)$ 的一个样本，又设 θ 的先验分布为 Pareto 分布，其分布函数与密度函数分别为

$$F(\theta)=1-\left(\frac{\theta_0}{\theta}\right)^\alpha, \theta\geqslant\theta_0$$

$$\pi(\theta)=\alpha\theta_0^\alpha/\theta^{\alpha+1}, \theta\geqslant\theta_0$$

其中 $0<\alpha<1$ 和 $\theta_0>0$ 为已知。该分布记为 $Pa(\alpha,\theta_0)$。它的数学期望 $E(\theta)=\alpha\theta_0$ $(\alpha-1)$。

在上述假设下，样本 $\boldsymbol{x}$ 与 θ 的联合分布为

$$h(\boldsymbol{x},\theta)=\frac{\alpha\theta_0^\alpha}{\theta^{\alpha+n+1}}, 0<x_i<\theta, i=1,\cdots,n, 0<\theta_0<\theta$$

设 $\theta_1=\max(x_1,\cdots x_n,\theta_0)$，则样本 $\boldsymbol{x}$ 的边缘分布为

$$m(\boldsymbol{x})=\int_{\theta_1}^{\infty}\frac{\alpha\theta_0^\alpha}{\theta^{\alpha+n+1}}d\theta=\frac{\alpha\theta_0^\alpha}{(\alpha+n)\theta_1^{\alpha+n}}, 0<x_i<\theta_1$$

由此可得 θ 的后验密度函数

$$\pi(\theta|\boldsymbol{x})=\frac{h(\boldsymbol{x},\theta)}{m(\boldsymbol{x})}=\frac{(\alpha+n)\theta_1^{\alpha+n}}{\theta^{\alpha+n+1}}, \theta>\theta_1$$

这仍是 Pareto 分布 $Pa(\alpha,\theta_1)$。在绝对值损失函数下，θ 的贝叶斯估计 $\hat{\theta}_B$ 是后验分布的中位数，即 $\hat{\theta}_B$ 是下列方程的解。

$$1-\left(\frac{\theta_1}{\theta_B}\right)^{\alpha+n}=\frac{1}{2}$$

解之，可得

$$\hat{\theta}_B=\theta_1\times2^{1/(\alpha+n)}$$

若取平方损失函数，则 θ 的贝叶斯估计 $\hat{\theta}_{B1}$ 是后验均值，即

$$\hat{\theta}_{B1}=\frac{\alpha+n}{\alpha+n-1}\max(x_1,\cdots,x_n,\theta_0)$$

这个估计要比经典的最大似然估计 $\hat{\theta}_L=\max(x_1,\cdots,x_n)$ 要大一些，因为 $(\alpha+n)/(\alpha+n-1)>1$。

例 5.3.3 设某产品的寿命 T 服从指数分布，其分布函数为

$$F(t)=1-e^{-\lambda t},t>0$$

对指定时间 t_0 后该产品才失效的概率，$R(t_0)=P(T>t_0)=e^{-\lambda t_0}$ 称为该产品在 t_0 时刻的可靠度。现要设法估计可靠度 $R(t_0)$。

设对 n 个该产品进行寿命试验。n 个产品全失效需要很长时间，一般达到事先规定的失效数(譬如 $r\leqslant n$)试验就停止了。这样的寿命试验称为截尾寿命试验，所得的 r 个失效时间 $t_1\leqslant t_2\leqslant\cdots\leqslant t_r$ 称为次序样本或截尾样本。该次序样本的联合密度函数为

$$\begin{aligned} p(t_1,\cdots,t_r\mid\lambda) &= \frac{n!}{(n-r)!}\prod_{i=1}^{r}p(t_i\mid\lambda)[1-F(t_r)]^{n-r} \\ &= \frac{n!}{(n-r)!}\lambda^r e^{-\lambda(t_1+\cdots+t_r)}[e^{-\lambda t_r}]^{n-r} \\ &= c\lambda^r e^{-\lambda s} \end{aligned}$$

其中 $c=n!/(n-r)!$，$s=t_1+\cdots+t_r+(n-r)t_r$ 称为总试验时间。容易获得 λ 的最大似然估计 $\hat{\lambda}_L=r/s$。下面我们来寻求 λ 的贝叶斯估计。

在无任何先验信息可用场合，我们首先寻求 λ 的 Jeffreys 先验。由上述次序样本的联合密度容易写出对数似然

$$\ln L=c+r\ln\lambda-\lambda s$$

它对 λ 的前二阶导数分别为

$$\frac{\partial\ln L}{\partial\lambda}=\frac{r}{\lambda}-s$$

$$\frac{\partial^2\ln L}{\partial\lambda^2}=-\frac{r}{\lambda^2}$$

于是 Fishe 信息量为

$$I(\lambda)=-E\left(\frac{\partial^2}{\partial^2\lambda}\ln L\right)=\frac{r}{\lambda^2}$$

按 Jeffreys 准则，λ 的无信息先验为

$$\pi(\lambda)\propto\lambda^{-1},\lambda>0$$

相应的后验密度为(记 $\boldsymbol{t}=(t_1,\cdots,t_r)$)

$$\pi(\lambda|\boldsymbol{t}) \propto \lambda^{r-1}e^{-\lambda s}$$

这是伽玛分布的核。即λ的后验分布为伽玛分布$Ga(r,s)$。若取平方损失函数，则λ的贝叶斯估计为

$$\hat{\lambda}_B = r/s$$

这与经典的最大似然估计相同。这表明：在这个问题中λ的最大似然估计就是在平方损失函数下使用无信息先验时的贝叶斯估计。假如有更适合的损失函数和先验分布，则此估计会得到改进(见例 3.3.4)。

现转入讨论可靠度$R(t_0)=e^{-\lambda t_0}$的贝叶斯估计。从λ的后验分布$\pi(\lambda|\boldsymbol{t})$可以获得$e^{-\lambda t_0}$的后验分布，然后在平方损失函数下寻求其后验分布。可按概率法则，用$e^{-\lambda t_0}$对$\pi(\lambda|\boldsymbol{t})$的期望亦可得到结果。所以$R(t_0)=e^{-\lambda t_0}$的贝叶斯估计为

$$\begin{aligned}\hat{R}(t_0) &= E[e^{-\lambda t_0} \mid \boldsymbol{t}] \\ &= \frac{sr}{\Gamma(r)}\int_0^{\infty} e^{-\lambda t_0}\lambda^{r-1}e^{-\lambda s}d\lambda \\ &= \frac{sr}{\Gamma(r)}\,\frac{\Gamma(r)}{(s+t_0)^r} \\ &= \left(\frac{s}{s+t_0}\right)^r\end{aligned}$$

例 5.3.4 设$\boldsymbol{x}=(x_1,\cdots,x_n)$来自伽玛分布$Ga(\gamma,\theta)$的一个样本，其中$\gamma$已知。其期望为$E(x_1)=\gamma/\theta$与$\theta^{-1}$成正比。如今对$\theta^{-1}$有兴趣并要做出估计。为此取伽玛分布$Ga(\alpha,\beta)$作为$\theta$的先验分布。容易获得$\theta$的后验分布

$$\pi(\theta \mid \boldsymbol{x}) \propto \theta^{\alpha+\gamma-1}e^{-\theta(\sum_{i=1}^{n}x_i+\beta)},\theta>0$$

若取如下平方损失函数

$$L(\theta,\delta)=\left(\delta-\frac{1}{\theta}\right)^2$$

则θ的贝叶斯估计为

$$\begin{aligned}\hat{\theta}_B &= E(\theta \mid x) \\ &= \frac{\sum_{i=1}^{n}(x_i+\beta)^{\alpha+\gamma}}{\Gamma(\alpha+\gamma)}\int_0^{\infty}\frac{1}{\theta}\theta^{\alpha+\gamma-1}e^{-\theta(\sum_{i=1}^{n}x_i+\beta)}d\theta \\ &= \frac{\sum_{i=1}^{n}x_i+\beta}{\alpha+\gamma-1}\end{aligned}$$

假如取如下尺度不变损失函数

$$L(\theta,\delta)=\theta^2\left(\delta-\frac{1}{\theta}\right)^2$$

它将不依赖于测量的单位。这时可以得到 θ^{-1} 的更恰当的估计

$$\begin{aligned}\hat{\theta}_1&=\frac{E(\theta^2/\theta \mid \boldsymbol{x})}{E(\theta^2 \mid \boldsymbol{x})}\\&=\frac{\int_0^\infty \theta^{\alpha+\gamma}e^{-\theta(\sum_{i=1}^n x_i+\beta)}d\theta}{\int_0^\infty \theta^{\alpha+\gamma+1}e^{-\theta(\sum_{i=1}^n x_i+\beta)}d\theta}\\&=\frac{\sum_{i=0}^n x_i+\beta}{\alpha+\gamma+1}=\frac{\alpha+\gamma-1}{\alpha+\gamma+1}\hat{\theta}_B\end{aligned}$$

例 5.3.5 设 $\boldsymbol{x}=(x_1,\cdots,x_n)$来自多项分布 $M(n;\theta_1,\cdots,\theta_r)$的一个样本。此多项分布的概率分布为

$$p(\boldsymbol{x} \mid \theta_1,\cdots,\theta_r)=\frac{n!}{x_1!\cdots x_r!}\theta_1^{x_1}\cdots\theta_r^{x_r},\ x_i\geqslant 0,\ \sum_{i=1}^n x_i=n$$

其中$(\theta_1,\cdots,\theta_r)$的共轭先验分布为 Dirichlet 分布 $D(\alpha_1,\cdots,\alpha_r)$(这是推广的贝塔分布)。其联合密度函数为

$$\pi(\theta_1,\cdots,\theta_r)=\frac{\Gamma(\alpha_1+\cdots+\alpha_r)}{\Gamma(\alpha_1)\cdots\Gamma(\alpha_r)}\theta_1^{\alpha_1-1}\cdots\theta_r^{\alpha_r-1},\ \theta_i\geqslant 0,\ \sum_{i=1}^r\theta_i=1$$

其第 j 个分量 θ_j 的期望为 $E(\theta_j)=\alpha_j/\alpha_0,\alpha_0=\sum_{i=1}^n\alpha_i$。若诸 α_i 已给定,则 $\theta_1,\cdots,\theta_r$ 的后验分布为

$$\pi(\theta_1,\cdots,\theta_r \mid \boldsymbol{x},\alpha_1,\cdots,\alpha_r)\propto\prod_{i=1}^r\theta_i^{x_i+\alpha_i-1}$$

这仍是 Dirichlet 分布 $D(x_1+\alpha_1,\cdots,x_r+\alpha_r)$。在多元二次损失函数下,$\theta_j$ 的贝叶斯估计为

$$\hat{\theta}_{jB}=\frac{x_j+\alpha_j}{\sum_{i=1}^r(x_i+\alpha_i)},\ j=1,\cdots,r$$

假如取 $\alpha_1=\cdots=\alpha_r=1$,则 Dirichlet 分布退化为单纯形

$$\Theta = \{(\theta_1, \cdots, \theta_r): \sum_{i=1}^{r} \theta_i = 1, \theta_1, \cdots, \theta_r \geqslant 0\}$$

上的均匀分布。

$$\pi = (\theta_1, \cdots, \theta_r) \propto 1, \ (\theta_1, \cdots, \theta_r) \in \Theta$$

这是一个无信息先验分布。这时 θ_j 的贝叶斯估计为

$$\hat{\theta}_{jB} = (x_j + 1) / \sum_{i=1}^{r} (x_i + r)$$

5.3.2 线性损失函数下的贝叶斯估计

定理 5.3.4 在绝对值损失函数 $L(\theta,\delta)=|\delta-\theta|$ 下，θ 的贝叶斯估计 $\delta_B(\boldsymbol{x})$ 为后验分布 $\pi(\theta|\boldsymbol{x})$ 的中位数

证明：设 m 为 $\pi(\theta|\boldsymbol{x})$ 的中位数，又设 $\delta=\delta(\boldsymbol{x})$ 为 θ 的另一估计。为确定起见，先设 $\delta>m$。由绝对值损失函数定义可得

$$L(\theta,m)-L(\theta,\delta)=\begin{cases} m-\delta, & \theta \leqslant m \\ 2\theta-(m+\delta), & m<\theta<\delta \\ \delta-m, & \delta \leqslant \theta \end{cases}$$

在 $m<\theta<\delta$ 时，上式中 $2\theta-(m+\delta)\leqslant 2\delta-(m+\delta)=\delta-m$。所以上式为

$$L(\theta,m)-L(\theta,\delta)\leqslant\begin{cases} m-\delta, \theta\leqslant m \\ \delta-m, \theta>m \end{cases}$$

另外，由中位数定义知 $P(\theta\leqslant m|\boldsymbol{x})\geqslant 1/2$ 而 $P(\theta\leqslant m|\boldsymbol{x})<1/2$。由此可得

$$\begin{aligned} R(m|\boldsymbol{x})-R(\delta|\boldsymbol{x}) &= E^{\theta|\boldsymbol{x}}[L(\theta,m)-L(\theta,\delta)] \\ &\leqslant (m-\delta)P(\theta\leqslant m|\boldsymbol{x})+(\delta-m)P(\theta>m|\boldsymbol{x}) \\ &\leqslant (m-\delta)/2+(\delta-m)/2=0 \end{aligned}$$

故对 $\delta>m$ 有

$$R(m|\boldsymbol{x})\leqslant R(\delta|\boldsymbol{x})$$

类似地，对 $\delta<m$ 亦类似证得上述不等式。这就表明：对任一个估计 $\delta(\boldsymbol{x})$，后验分布中位数 m 是使后验风险最小，故在绝对值损失函数下 m 是 θ 的贝叶斯估计。

下面的定理是定理 5.3.4 的推广。

定理 5.3.6 在线性损失函数

$$L(\theta,\delta)=\begin{cases}k_0(\theta-\delta),\delta\leqslant\theta\\k_1(\delta-\theta),\delta>\theta\end{cases}$$

下，θ的贝叶斯估计$\delta_n(\boldsymbol{x})$为后验分布$\pi(\theta|\boldsymbol{x})$的$k_0/(k_0+k_1)$分位数。

证明：首先计算任一决策函数$\delta=\delta(\boldsymbol{x})$的后验风险

$$\begin{aligned}R(\delta\mid\boldsymbol{x})&=\int_{-\infty}^{\infty}L(\theta,\delta)\pi(\theta\mid\boldsymbol{x})d\theta\\&=k_1\int_{-\infty}^{\delta}(\delta-\theta)\pi(\theta\mid\boldsymbol{x})d\theta+k_0\int_{\delta}^{\infty}(\theta-\delta)\pi(\theta\mid\boldsymbol{x})d\theta\\&=(k_1+k_0)\int_{-\infty}^{\delta}(\delta-\theta)\pi(\theta\mid\boldsymbol{x})d\theta+k_0(E(\theta\mid\boldsymbol{x})-\delta)\end{aligned}$$

利用积分号下求微分的法则，可得如下方程

$$\frac{dR(\delta\mid\boldsymbol{x})}{d\delta}=(k_0+k_0)\int_{-\infty}^{\delta}\pi(\theta\mid\boldsymbol{x})d\theta-k_0=0$$

$$\int_{-\infty}^{\delta}\pi(\theta\mid\boldsymbol{x})d\theta=\frac{k_0}{k_0+k_1}$$

这表明δ是后验分布$\pi(\theta|\boldsymbol{x})$的$k_0/(k_0+k_1)$分位数。

例 5.3.6 考虑对一个孩子做智商测验。设测验结果x服从正态分布$N(\theta,100)$，其中θ为这个孩子的智商。如果过去对这个孩子做过多次的智商测验，从过去结果可认为θ的先验分布为正态分布$N(100,225)$。由此可获得在给定x下，θ的后验分布是正态分布$N((400+9)/13,8.32^2)$。如果这个孩子在这次智商测验中得115分，则θ的后验分布完全确定为$N(110.38,8.32^2)$。

在估计这个孩子的智商θ时，若认为低估比高估的损失高两倍，那么采用线性损失是适宜的。其损失函数为

$$L(\theta,\delta)=\begin{cases}2(\theta-\delta),\delta\leqslant\theta\\\delta-\theta,\quad\delta>\theta\end{cases}$$

按定理5.5的结果，有$k_0=2$，$k_0/(k_0+k_1)=2/3$。标准正态分布$N(0,1)$的2/3分位数为0.43，故后验分布$N(110.38,8.32^2)$的2/3分位数为

$$110.38+0.43\times8.32=113.96$$

这就是这个小孩的智商θ的贝叶斯估计。

5.3.3 有限个行动问题的假设检验

在估计中，一般有无穷多个行动可供选择。然而有很多统计问题只能在有限个行动中选择。最重要的有限个行动问题是假设检验问题。这类问题使用贝叶斯

决策是容易解决的。例如行动集由 r 个行动组成，即 $\mathscr{A}=\{a_1, \cdots, a_r\}$。在 a_i 下的损失为 $L(\theta,a_i), i=1,\cdots,r$。则贝叶斯决策就是使后验期望损失 $E^{\theta|x}L(\theta,a_i)$ 最小的那个行动，以下我们来仔细考察二个行动的假设检验问题。

设有如下二个假设

$$H_0:\theta\in\Theta_0,\quad H_1:\theta\in\Theta_1$$

和有二个行动 a_0 和 a_1，其中 a_0 表示接受 H_0 的行动，a_1 表示接受 H_1 的行动，即决策者认为，如果 $\theta\in\Theta_0$，行动 a_0 适宜：而如果 $\theta\in\Theta_1$，则行动 a_1 最好。

如果我们选用如下的"$0-k_i$"损失

$$L(\theta,a_0)=\begin{cases}0,\theta\in\Theta_0\\ k_0\,\theta\in\Theta_1\end{cases}$$

$$L(\theta,a_1)=\begin{cases}0,\theta\in\Theta_1\\ k_1\,\theta\in\Theta_0\end{cases}$$

假如后验分布 $\pi(\theta|\boldsymbol{x})$ 已算得，则选用 a_0 的后验期望损失为

$$\begin{aligned}R(a_0\mid\boldsymbol{x})&=E^{\theta|x}L(\theta,a_0)\\&=\int_{\Theta_1}k_0\pi(\theta\mid\boldsymbol{x})d\theta\\&=k_0P(\Theta_1\mid\boldsymbol{x})\end{aligned}$$

类似地有

$$R(a_1|\boldsymbol{x})=k_1P(\Theta_0|\boldsymbol{x})$$

贝叶斯决策仍为其中较小后验期望损失的行动。若

$$k_0P(\Theta_1|\boldsymbol{x})>k_1P(\Theta_0|\boldsymbol{x})$$

则选用 a_1，即拒绝原假设 H_0，假如还有 $\Theta_0\cup\Theta_1=\Theta$，从而有 $P(\Theta_0|\boldsymbol{x})=1-P(\Theta_1|\boldsymbol{x})$。于是上式不等式可改写为

$$P(\Theta_1|\boldsymbol{x})>\frac{k_1}{k_0+k_1}$$

用经典统计的术语，贝叶斯检验的原假设拒绝域为

$$W=\left\{x:P(\Theta_1|\boldsymbol{x})>\frac{k_1}{k_0+k_1}\right\}$$

这与经典检验（如似然比检验）的拒绝域有完全一样的形式，只不过在经典检验中拒绝域的"临界值"由显著性水平 α 确定，而在贝叶斯检验中则由损失和先验信息

决定。这里贝叶斯决策方法提供了一个选择检验的显著性水平大小的合理方法，而在经典统计中无这种准则，常常是在“标准的”大小(0.10,0.05,0.01)中“主观地”选择一个，可见主观地选择在经典统计中也常被采用。

多于两个行动的决策问题也是常见，下面就是一个三个行动的决策问题。

例 5.3.7 在孩子智商的例 5.3.6 中，对那个孩子的智商作出如下三个假设

$$H_1:\theta<90,H_2:90\leqslant\theta\leqslant110,H_3:\theta>100$$

又设有三个行动：a_1,a_2,a_3，其中 α_i 表示接受 H_i，$i=1,2,3$。又设相应的损失为

$$L(\theta,a_1)=\begin{cases}0, & \theta<90\\ \theta-90, & 90\leqslant\theta\leqslant110\\ 2(\theta-90), & \theta>110\end{cases}$$

$$L(\theta,a_2)=\begin{cases}90-\theta, & \theta<90\\ 0, & 90\leqslant\theta\leqslant110\\ \theta-110 & \theta>110\end{cases}$$

$$L(\theta,a_3)=\begin{cases}2(110-\theta), & \theta<90\\ 110-\theta, & 90\leqslant\theta\leqslant110\\ 0, & \theta>110\end{cases}$$

在例 5.3.6 中已算得 θ 的后验分布为 $N(110.38,8.32^2)$，故 a_1 的后验期望损失为

$$\begin{aligned}R(a_1\mid x=115)&=E^{\theta|x}L(\theta,a_1)\\&=\int_{90}^{110}(\theta-90)\pi(\theta\mid x)d\theta\\&\quad+\int_{110}^{\infty}2(\theta-90)\pi(\theta\mid x)d\theta\\&=6.49+27.83=34.32\end{aligned}$$

类似地可算得

$$R(a_2\mid x=115)=E^{\theta|x}L(\theta,a_2)=3.55$$
$$R(a_3\mid x=115)=E^{\theta|x}L(\theta,a_3)=3.27$$

相比之下，行动 a_3 为贝叶斯决策。

§5.4 抽样信息期望值

前面几节，我们介绍了利用抽样信息进行贝叶斯决策分析的过程，说明经抽样

或试验等手段对状态获得最新信息后再作决策会改善决策结果。但因抽样要推迟作决策的时间,又要花费人力、物力、财力及增加决策分析难度等,对把经济效益放在重要地位的企业家来讲,不得不考虑对所作决策问题进行抽样或试验是否值得的问题,为此事先需做完善的经济分析,把为取得抽样信息而需支付的费用与获得信息后带来的收益进行比较,这就要用到抽样信息期望值概念。为此先介绍完全信息和完全信息期望值的概念。

5.4.1 完全信息期望值

对需要作决策的问题,假如决策者所获得的信息足以肯定那一个状态即将发生,则该信息就称为(该状态的)**完全信息**。譬如,有一投资项目,其收益 Q 与未来市场情况有关,把市场情况分为两种状况:销售量高(记为 θ_1)与销售量低(记为 θ_2),决策者按自己的经营经验,认为销售量高 θ_1 发生的可能性较大,譬如,他认为 θ_1 发生的先验概率为 0.8,后来,决策者又通过各种手段(如专家咨询,试产试销等)获得一些信息(记为 S),假如这些信息已足以使他深信未来的市场销售量肯定是高的。即在已知 S 的条件下,θ_1 发生的概率为 1,即 $P(\theta_1|S)=1$,在这里 S 就是完全信息。

假如决策者掌握了这个完全信息,他就可以根据完全信息进行决策,选择最优行动,获得最大收益。

完全信息在实际工作中预先是不知道的,人们可以通过试产、试销、试验等手段获取较多信息,但一般得到的亦不是完全信息,所以在相当多的风险决策问题中是不易获得任一状态发生与否的完全信息的。从这个意义上说,完全信息是一个理想的概念,但它还是一个有用的概念,因为完全信息虽不易达到,但人们可通过各种努力尽可能地接近它,从而获得尽可能大的收益。假如我们能估算出完全信息带来的收益,那就告诉人们在信息方面还可以有多大潜力可挖,决策者能获得的最大收益会是多少。

前面谈的完全信息只涉及到一个状态,即能肯定发生的状态 θ_1 的完全信息,不是指别的状态(如 θ_2)的完全信息。假如一个风险决策问题中有若干个状态,每一状态各有一个完全信息存在,这样就有一个完全信息组,为了不增加新的名称,我们仍称它们为完全信息。这在具体问题中是容易区分的。下面将结合一个例子引入完全信息期望值这个概念。

例 5.4.1 某工厂准备生产一种新产品,产量可以采取小批、中批、大批三种行动,分别记为 a_1, a_2, a_3,市场销售可为畅销、一般、滞销三种状态,分别记为 θ_1, θ_2, θ_3。前三种行动在不同市场状态下可获利润如下(单位:万元):

$$Q=\begin{matrix} & a_1 & a_2 & a_3 & \\ & \left[\begin{matrix} 10 & 50 & 100 \\ 9 & 40 & 30 \\ 6 & -20 & -60 \end{matrix}\right. & & & \left.\begin{matrix} \\ \\ \\ \end{matrix}\right] \begin{matrix}\theta_1\\ \theta_2 \\ \theta_3\end{matrix}\end{matrix}$$

这个决策问题的完全信息有三种，第一种就是完全可以肯定未来市场是畅销 θ_1 的信息。假如决策者掌握了此种信息，根据收益矩阵 Q，决策者肯定选择行动 a_1，因为这使他收益最大，即 a_3 使得

$$\max_{a_j} Q(\theta_1,a_j)=Q(\theta_1,a_3)=100$$

类似地，另外两种完全信息分别是肯定未来市场是 θ_2 或 θ_3 发生的信息，根据收益矩阵 Q，决策者肯定选择行动 a_2 或 a_1，因为这也可使他收益最大，即

$$\max_{a_j} Q(\theta_2,a_j)=Q(\theta_2,a_2)=40$$

$$\max_{a_j} Q(\theta_3,a_j)=Q(\theta_3,a_1)=6$$

从上述分析来看，完全信息是使决策者收益最大的信息。

由于完全信息不易获得，上述几种最大收益也是不易得到的，假如市场的销售状态的先验分布是

θ	θ_1	θ_2	θ_3
π	0.6	0.3	0.1

由此可求得在有了完全信息时的收益期望值为

$$E^{\theta}[\max_{a_j} Q(\theta,a_j)]=100\times 0.6+40\times 0.3+6\times 0.1-72.6$$

如果决策者掌握了完全信息，那么他据此可以获的平均最大收益 72.6 万元，如果他没有掌握完全信息，那只能按先验期望准则作决策，这时 a_3 是它的最优行动，相应的收益为

$$\max_{a_j} E^{\theta}[Q(\theta,a_j)]=E^{\theta}[Q(\theta,a_3)]=63(\text{万元})$$

这两者之差 72.6－63＝9.6(万元)就是这个完全信息给决策者带来的好处，由于它是在平均意义下算出的，故称为**完全信息**(收益)**期望值**(Expected Value of Perect Information)，**记为 *EVPI*。**

一般地，设某决策问题有 n 种状态，$\theta_1,\theta_2,\cdots,\theta_n$，且各状态的先验概率 $\pi(\theta_1)$ $(i=1,2,\cdots,n)$已给定，又有 m 种行动 $a_1,a_2,\cdots,a_m$。设 Q_{ij} 为出现 θ_1，采取行动 a_j

之收益，为使 $E^{\theta}Q(\theta_i,a_j)$ 取最大时的行动，则完全信息期望值定义为

$$EVPI=E^{\theta}[\max_{a_j}\{Q(\theta_i,a_j)\}]-\max_{a_j}\{E^{\theta}[Q(\theta_i,a')]\} \tag{5.4.1}$$

通过简单运算可以看出，$EVPI$ 也可用 a'（以下设 $a'=a_k\in\mathscr{A}$）的损失函数的期望值表示，因为

$$\begin{aligned}EVPI &=[(\max_{a_j}Q_{1j})\pi(\theta_1)+(\max_{a_j}Q_{2j})\pi(\theta_2)+\cdots+(\max_{a_j}Q_{nj})\pi(\theta_n)]-[Q_{1k}\pi\\&\quad(\theta_1)+Q_{2k}\pi(\theta_2)+\cdots+Q_{nk}\pi(\theta_n)]\\&=(\max_{a_j}Q_{1j}-Q_1k)\pi(\theta_1)+(\max_{a_j}Q_{2j}-Q_2k)\pi(\theta_2)+\cdots+(\max_{a_j}Q_{nj}-Q_nk)\pi(\theta_n)\\&=L_{1k}\pi(\theta_1)+L_{2k}\pi(\theta_2)+\cdots+L_{nk}\pi(\theta_n)\\&=E^{\theta}[L(\theta_i,a_k)]\end{aligned} \tag{5.4.2}$$

可见完全信息期望值又可用最优行动 a_k 的先验期望损失来定义和计算。譬如，在例 5.4.1 中，由收益矩阵不难算得其损失矩阵

$$\begin{array}{ccc} a_1 & a_2 & a_3 \end{array}$$
$$\begin{pmatrix}90 & 50 & 0\\31 & 0 & 10\\0 & 26 & 66\end{pmatrix}\begin{array}{cc}\theta_1 & 0.6\\\theta_2 & 0.3\\\theta_3 & 0.1\end{array}$$

利用(5.4.2)式知 a_3 是这个决策问题在先验期望准则下的最优行动，同样可算得 $EVPI=E^{\theta}[L(\theta,a_3)]=9.6$（万元）。由此可见用先验期望准则下的最优行动的平均损失来计算 $EVPI$ 是很方便的。这一想法在状态 θ 和行动 a 都是连续场合也适用，由此可引出如下定义：

定义 5.4.1　在一个决策问题中 $\pi(\theta)$ 是状态集 $\Theta=\{\theta\}$ 上的先验分布。a' 是先验期望准则下的最优行动，则在 a' 下的损失函数 $L(\theta,a')$ 的先验期望 $E^{\theta}[L(\theta,a')$ 称为**完全信息先验期望值**，记为先验 $EVPI=E^{\theta}L(\theta,\alpha')$。

5.4.2　抽样信息期望值

上述定义 5.4.1 给出的先验 $EVPI$ 表示决策者若能掌握完全信息时的期望损失是多少，这种讨论对后验分布也可类似进行。设 $\pi(\theta|\boldsymbol{x})$ 为样本 $\boldsymbol{x}=(x_1,\cdots x_n)$ 给定下 θ 的后验分布，$\delta'(\boldsymbol{x})$ 为据此后验分布所确定的贝叶斯决策函数，用此后验分布计算在 $\delta'(\boldsymbol{x})$ 下损失函数 $L(\theta,\delta'(\boldsymbol{x}))$ 的后验期望 $E^{\theta|x}L(\theta,\delta'(\boldsymbol{x}))$，此后验期望可称为**完全信息后验期望值**，记为

$$\text{后验 } EVPI=E^{\theta|x}L(\theta,\delta'(\boldsymbol{x})) \tag{5.4.3}$$

应该看到，后验 $EVPI$ 只有在样本 x 给定时才能计算。若我们想进行抽样但还未

执行时,后验 $EVPI$ 仍是依赖于样本 x 的随机量。而我们在讨论抽样是否值得进行时,抽样尚未发生,所以后验 $EVPI$ 仍是随机量。这对事先评估抽样会给决策带来多少增益时不方便的,消除此种随机性的最好办法是用样本($\boldsymbol{x}$)的边缘分布 $m(\boldsymbol{x})$ 对 $E^{\theta|\boldsymbol{x}}L(\theta,\delta'(\boldsymbol{x}))$ 再求一次期望,并称为**后验 EVPI 期望值**,即

$$\text{后验 } EVPI \text{ 期望值} = E^{\boldsymbol{x}}E^{\theta|\boldsymbol{x}}L(\theta,\delta'(\boldsymbol{x})) \tag{5.4.4}$$

一般说来,抽样信息的获得总会增加决策者对状态的了解,从而期望损失会减少,这个减少的量就称为**抽样信息期望值**(Expected Value of Sampling Information),记为 $EVSI$,它的一般定义如下:

定义 5.4.2 在一个贝叶斯决策问题中 a' 是先验期望准则下的最优行动,$\delta'(\boldsymbol{x})$ 时后验风险准则下的最优决策函数。则先验 $EVPI$ 与后验 $EVPI$ 期望值的差称为**抽样信息期望值**,记为

$$EVSI = E^{\theta}L(\theta,a') - E^{\boldsymbol{x}}E^{\theta|\boldsymbol{x}}L(\theta,\delta'(\boldsymbol{x})) \tag{5.4.5}$$

从上述定义看出,(5.4.5)规定的 $EVSI$ 是在抽样前后各用最优行动(或最优决策函数)而使决策者蒙受期望损失的减少量。或者说 $EVSI$ 是由于抽样给决策者带来的增益。下面的例子可以帮助我们理解上述一些概念和计算。

例 5.4.2 一机器制造厂的某一零件由某街道厂生产,每批 1000 只,其次品率 θ 的概率分布如下所示:

θ	0.02	0.05	0.10
$\pi(\theta)$	0.45	0.39	0.16

机器制造厂在整机装配时,如发现装上零件是次品,必须更换,每换一只,由街道厂赔赏损失费 2.20 元,但也可以在送装前采取全部检查的办法,使每批零件的次品率降为 1%,但街道厂必须支付检查费每只 0.10 元。现街道厂面临如下两个行动的选择的问题:

a_1:一批中不检查任何一只零件;

a_2:一批中检查每一只零件。

若选择行动 a_1,每批零件街道厂需支付的赔偿费为

$$W(\theta,a_1) = 1000\theta \times 2.20 = 2200\theta;$$

若选择行动 a_2,每批零件街道厂需支付的检查费和赔偿费共为

$$W(\theta,a_2) = 1000 \times 0.10 + 1000 \times 1\% \times 2.20 = 122。$$

由此可写出支付矩阵与损失矩阵

$$
\begin{array}{cc} & \begin{array}{cc} a_1 & a_2 \end{array} \\ W= & \begin{pmatrix} 44 & 122 \\ 110 & 122 \\ 220 & 122 \end{pmatrix} \end{array}
\quad
\begin{array}{cc} & \begin{array}{cc} a_1 & a_2 \end{array} \\ L= & \begin{pmatrix} 0 & 78 \\ 0 & 12 \\ 98 & 0 \end{pmatrix} \begin{array}{c} \theta_1 \\ \theta_2 \\ \theta_3 \end{array} \end{array}
$$

由此可算得 a_1 与 a_2 下的先验期望损失：$E^{\theta}L(\theta,a_1)=15.68$ 元，$E^{\theta}L(\theta,a_2)=39.78$。在先验期望准则下，$a_1$ 是最优行动，从而

$$\text{先验 } EVPI=15.68(\text{元})$$

如今决策者想从每批中任取三只零件进行检查，根据不合格品的个数(用 x 表示)来决定是采取行动 a_1，还是行动 a_2，并想知道如此抽样能否给决策者带来增益？增益是多少？

为研究这个问题我们首先要确定这个贝叶斯决策问题的最优决策函数是什么？由于试验结果 x 可能取 0,1,2,3 等 4 个值中任一个，所以由 $\{0,1,2,3\}$ 到 $\{a_1,a_2\}$ 上的任一映照 $\delta(x)$ 都是这个问题的决策函数。此种决策函数共有 16 个，为了寻找最优决策函数和抽样信息期望值，我们分以下几步进行：

第一步，计算 θ 的后验分布

我们知道，抽样结果 x 服从二项分布 $b(3,\theta)$，即

$$P(x|\theta)=\binom{3}{x}\theta^{x}(1-\theta)^{3-x},x=0,1,2,3$$

利用给出的先验分布 $\pi(\theta)$ 可以算出 x 的边缘分布

$$m(x)=\sum_{i-1}^{3}P(x\mid\theta_i)\pi(\theta_i)$$

譬如 $x=0$ 时，

$$
\begin{aligned}
m(0)&=(1-\theta_1)^3\pi(\theta_1)+(1-\theta_2)^3\pi(\theta_2)+(1-\theta_3)^3\pi(\theta_3)\\
&=0.98^3\times0.45+0.95^3\times0.39+0.90^3\times0.16\\
&=0.8745
\end{aligned}
$$

类似地可算得 $x=1,2,3$ 处的 $m(x)$，现列表如下

x	0	1	2	3
$m(x)$	0.8745	0.1176	0.0076	0.0002

利用 x 的边缘分布很容易算得各 x 值下的后验分布 $\pi(\theta|x)$，详见下表

x	0	1	2	3
$\theta_1=0.02$	0.4843	0.2202	0.0658	0.0028
$\theta_2=0.05$	0.3824	0.4490	0.3684	0.0190
$\theta_3=0.10$	0.1333	0.3308	0.5658	0.9782
和	1.0000	1.0000	1.0000	1.0000

第二步，计算各行动的后验期望损失 $E^{\theta|x}L(\theta,a)$

譬如，在 $x=0$ 时用后验分布 $\pi(\theta|x=0)$ 可算得行动 a_1 与 a_2 的后验期望损失

$$E^{\theta|x=0}L(\theta,a_1)=0\times0.4843+0\times0.3824+98\times0.1333$$
$$=13.0634$$
$$E^{\theta|x=0}L(\theta,a_2)=78\times0.4843+12\times0.3824+0\times0.1333$$
$$=42.3642$$

类似地可算得 $x=1,2,3$ 时的各行动的后验期望损失，详见下表

x	0	1	2	3
$E^{\theta|x}[L(\theta,a_1)]$	13.0634	32.4184	55.4484	95.8636
$E^{\theta|x}[L(\theta,a_2)]$	42.3642	22.5636	9.5532	0.4464

第三步，定出最优决策函数

根据后验风险愈小愈好的准则，对抽验结果 x 的每个可能制定出最优行动，这样就得到最优决策函数为

$$\delta'(x)=\begin{cases}a_1, x=0;\\ a_1, x=1,2,3。\end{cases}$$

第四步，计算后验 $EVPI$

因为抽样结果有四个，故有四个后验 $EVPI$，它们分别为第二步表中每个 x 值下的最小后验期望损失。即

在 $x=0$ 时，后验 $EVPI=13.0634$

在 $x=1$ 时，后验 $EVPI=22.5636$

在 $x=2$ 时，后验 $EVPI=9.5532$

在 $x=3$ 时，后验 $EVPI=0.4494$

第五步，计算后验 $EVPI$ 期望值

利用 x 的边缘分布 $m(x)$ 可算得

$$
\begin{aligned}
E^{x}E^{\theta|x}L(\theta,\delta'(x)) &= 13.0634\times 0.8745+22.5636\times 0.1176 \\
&\quad +9.5532\times 0.0076+0.4494\times 0.0002 \\
&= 14.1501
\end{aligned}
$$

第六步，计算抽样信息期望值

$$EVSI=15.68-14.15=1.53(\text{元})$$

这表明：在每批产品(1000 只)中随机抽了 3 只进行检查，根据抽检结果 x 定出的最优决策函数 $\delta'(x)$ 要比抽样前的最优行动可减少损失 1.53 元。

最后我们还要指出，抽样信息期望值 $EVSI$ 与样本量 n 有关。譬如在上面例子中，若每次仅抽一只零件进行检查，其不合格品 x 只能取 0 或 1，类似地可算得最优决策函数为

$$\delta'(x)=\begin{cases}a_1, x=0\\ a_2, x=1\end{cases}$$

最后算得的 $EVSI=0.63$(元)。可见 $EVSI$ 是随着样本量 n 变化而变化。

§5.5 最佳样本量的确定

5.5.1 抽样净益

在一个具体的决策问题中，抽样往往可以给决策者增加信息，从而可以减少在决策中的失误，但抽样也需费用。一个好的决策者在抽样前就得权衡二者利弊，从而决定是否值得抽样？如果要抽样，那样本容量多大为宜？要回答这些问题，就必须从数量上对这二者利弊做出估计，使决策者心中有数。这里先引进"抽样净益"概念，后面再引进"最佳样本量"的概念及其计算方法。

我们把抽样费用称为抽样成本，一般抽样成本有固定成本 C_f 与可变成本 $C_v\cdot n$(C_v表示单位可变成本)两部分组成，则抽样成本可用下式表示

$$C(n)=C_f+C_v\cdot n\quad (n\geqslant 1) \tag{5.5.1}$$

显然，抽样成本是样本容量 n 的函数。注意上式仅对 $n\geqslant 1$ 成立，当 $n=0$ 时，$C(n)$ 规定为零，这是符合实际的。

另外，决策者从抽样得到多少好处呢？这可用 §5.4 中抽样信息期望值($EVSI$)来度量，从抽样信息期望值中扣取抽样成本后，余下的就是由抽样所能获得的净收益，这个净收益称为**抽样净益**(Expected Net Gain from Sampling)，记为

$ENGS$,即

$$ENGS(n)=EVSI(n)-C(n), \tag{5.5.2}$$

这里 n 是样本量。由于抽样费用和抽样信息期望值都是样本量 n 的函数,一般说来,它们都随 n 的增大而增大的,问题是增加速度可能不一样,以至于会使抽样净益出现负值。如果对任何自然数 n,都有 $ENGS(n)\leqslant 0$,这表明:用抽样来获取信息在费用上是不合算得,因而不宜进行抽样。如果能找到一个 n,使 $ENGS(n)>0$,则可考虑进行抽样,其样本量为此 n。

例 5.5.1 在例 5.4.2 中,设每批产品抽样检验的固定成本为 1 元,可变成本为 0.10 元/件,于是抽 3 件的抽样总成本 $C(3)$ 为 1.30 元。由例 5.4.2 已得知 $EVSI(3)=1.53$ 元,即

$$ENGS(3)=EVSI(3)-C(3)=0.23\text{ 元}>0$$

故可考虑采用样本量为 3 的抽样检验获取新的信息。

5.5.2 最佳样本量及其上界

假如我们能找到满足 $ENGS(n)>0$ 的某个 n,这说明该问题中进行样本容量为此 n 的抽样是值得的。假如满足 $ENGS(n)>0$ 的 n 有两个,譬如说是 n_1 和 n_2,那应该用那一个呢?一般说来,样本量越大,抽样费用也愈大。但是,若样本量大的抽样能给我们带来大的抽样净益,那样本量大一些也无妨。从这个角度看,使得抽样净益达到最大的样本量 n^* 称为量佳样本量,即 n^* 满足

$$ENGS(n^*)=\max_{n>0}ENGS(n) \tag{5.5.3}$$

假如最佳样本量不止一个(这种情况少见),那就选其中最小的一个作为最佳样本量。

要使抽样成为可行,抽样成本 $C(n)$ 不应超过抽样信息期望值 $EVSI(n)$,而 $EVSI(n)$ 也不会超过先验完全信息期望值 $EVPI$。由此可知,最佳样本容量 n^* 应满足如下不等式

$$C(n^*)\leqslant EVSI(n^*)\leqslant \text{先验 } EVPI$$

上式第一个等号仅在 $n^*=0$ 是成立。若将(5.5.1)式代入上式,可得最佳样本容量 n^* 的一个上界

$$n^*\leqslant\frac{\text{先验 } EVPI-C_f}{C_v} \tag{5.5.4}$$

如果上式右端$\leqslant 0$,则取 $n^*=0$,即不宜进行抽样。如果上式右端>0,但非正整数,则取其整数部分作为 n^* 的上界。

例 5.5.2 某商店考虑是否向一县办厂订购一种家用电器(以下简称电器)。该厂生产的电器有一等品和二等品两个等级,一等品与二等品的数量之比有 1∶1 和 2∶1 两种可能,其概率分别为 0.45 和 0.55。如果买到的是一等品,与一般市场价格相比较,每只可赚 10 元。如果买到二等品,每只要亏 15 元。假如该厂允许在一批电器中抽取若干只进行检验,根据抽样结果决定是否订购该批(900 只)电器。但抽样总的费用为每只 20 元。这时商店必须考虑抽多少只最合算? 记

a_1 表示订购该厂生产的电器;

a_2 表示不订购该厂生产的电器。

如果这两个等级电器数量之比是 1∶1,则行动 a_1 的每只收益期望值为

$$10\times\frac{1}{2}+(-15)\times\frac{1}{2}=-2.5$$

如果数量之比是 2∶1,则行动 a_1 的每只净收益期望值为

$$10\times\frac{2}{3}+(-15)\times\frac{1}{3}=\frac{5}{3}$$

因为商店打算订购 900 只,于是可以算得收益矩阵和损失矩阵如下(单位:元)

$$\begin{array}{cc} & \begin{array}{cc} a_1 & a_2 \end{array} \\ Q= & \begin{pmatrix} -2250 & 0 \\ 1500 & 0 \end{pmatrix} \end{array} \quad \begin{array}{cc} & \begin{array}{cc} a_1 & a_2 \end{array} \\ L= & \begin{pmatrix} 2250 & 0 \\ 0 & 1500 \end{pmatrix} \begin{array}{ll} \theta_1 & 0.45 \\ \theta_2 & 0.55 \end{array} \end{array}$$

从而可算得行动 a_1 和 a_2 的先验期望损失:

$$E[L(\theta,a_1)]=1012.5, E[L(\theta,a_2)]=825。$$

由此看出,a_2 是最优行动,这时的

$$先验\ EVPI=\min_{a_j}E[L(\theta,a_j)]=825$$

再由公式(5.5.4)得

$$n^*<\frac{825}{20}=41.25$$

即 $n^*\leqslant 41$。这里 41 就是本例中最佳样本量的上界。

5.5.3 最佳样本量的求法

公式(5.5.4)所给出的 n^* 的上界告诉人们,假如 n^* 的上界为 n_0,那只要在 $1,2,\cdots,n_0$ 中寻找即可。若对每一个 n 值,都算得 $EVSI(n)$ 和抽样成本 $C(n)$,再由

(5.5.2)式便可计算出所有的 $ENGS(n)$，然后选其中最大正值 $EVGS(n)$ 所对应的 n 即为最佳样本量 n^*。由于上述运算只涉及有限个，故上述算法总是可行的。

例 5.5.3 在例 5.5.2 中已寻找出最佳样本量 n^* 的上界为 41，以下来计算各种 $n(\leqslant 41)$ 下的抽样净益，从中寻找 n^*。

(1)如果抽取一只电器，用 x_1 表示检查这一只电器中二等品的个数。求抽样净益的具体步骤如下：

第一步 计算 θ 的后验分布

先利用公式 $P(x_1|\theta)=\theta^{x_1}(1-\theta)^{1-x_1}$，计算出 x_1 的分布，如表 5.5.1，再计算 θ 的后验分布，如表 5.5.2 所示

表 5.5.1 x_1 的分布

θ	$\pi(\theta)$	$P(x_1=0\|\theta_i)$	$P(x_1=1\|\theta_i)$
$\theta_1=0.5$	0.45	0.5000	0.5000
$\theta_2=0.3333$	0.55	0.6667	0.3333

表 5.5.2 θ 的后验分布

x_1	$m(x_1)$	$\pi(\theta_1\|x_1)$	$\pi(\theta_2\|x_1)$
0	0.5917	0.3803	0.6197
1	0.4083	0.5510	0.4490

注：$m(x_1)=\sum_i P(x_1 \mid \theta_i)\pi(\theta_i)$

第二步 计算后验完全信息期望值

用后验分布对每一个行动 a 求得后验期望损失值，如表 5.5.3 所示

表 5.5.3 后验期望损失

x_1	$E^{\theta\|x_1}[L(\theta,a_1)]$	$E^{\theta\|x_1}[L(\theta,a_2)]$
0	856	930
1	1240	674

这时，在抽样信息值 x_1 下的后验最优决策函数为

$$\delta'(x_1)=\begin{cases}a_1, x_1=0\\a_2, x_1=1\end{cases}$$

故

后验 $EVSI$ 的期望值 $=E^{x_1}\{E^{\theta|x_1}[L(\theta,a(x_1))]\}$

$=856\times0.5917+674\times0.4083$

$=782$

第三步 计算抽样信息期望值

在例 5.4.2 中已算得先验 $EVPI=825$。由公式(5.4.5),得

$$EVSI(1)=825-782=43$$

第四步 计算抽样净益

已知抽样成本 $C(1)=20$,由公式(5.5.2),得

$$ENGS(1)=43-20=23$$

(2)如果抽取两只电器,用 x_2 表示这两只中二等品的个数,类似(1)可求得抽样净益如下:

第一步 计算 θ 的后验分布。

先利用公式 $P(x_2|\theta)=\binom{2}{x_2}\theta^{x_2}(1-\theta)^{2-x_2}$,计算出 x_2 的分布如表 5.5.4,再计算 θ 的后验分布如表 5.5.5 所示

表 5.5.4 x_2 的分布

θ $\pi(\theta_i)$	$\theta_1=0.5$ 0.45	$\theta_2=0.3333$ 0.55
$P(X_2=0\|\theta_i)$	0.2500	0.4444
$P(X_2=1\|\theta_i)$	0.5000	0.4444
$P(X_2=2\|\theta_i)$	0.2500	0.1111

表 5.5.5 θ 的后验分布

x_2	$m(x_2)$	$\pi(\theta_1\|x_2)$	$\pi(\theta_2\|x_2)$
0	0.3569	0.3152	0.6848
1	0.4695	0.4793	0.5207
2	0.1736	0.6480	0.3520

第二步 计算后验完全信息期望值。

用后验分布对每一个行动 a 求得损失的后验期望值,如表 5.5.6。这时,在信息值 x_2 下的后验最优行动为

表 5.5.6 后验期望损失

x_2	$E^{\theta\|x_2}[L(\theta,a_1)]$	$E^{\theta\|x_2}[L(\theta,a_2)]$
0	709	1027
1	1078	781
2	1458	528

表 5.5.7 电器抽样净益值

n	后验 $EVPI(n)$ 的期望值	$EVSI(n)=825-$ 后验 $EVPI(n)$的期望值	$ENGS(n)=EVSI(n)-20n$
0	825	0	0
1	782	43	23
2	711	114	74
3	707	118	58
4	652	173	93
5	634	191	91
6	612	213	93
7	584	241	101
8	581	244	84
9	546	279	99
10	538	287	87
11	516	309	89
12	500	325	85
13	493	332	72
14	471	354	74
15	468	357	57
16	447	378	58
17	437	388	48
18	428	397	37
19	412	413	33
20	412	413	13
21	392	433	13
22	387	438	−2
23	375	450	−10
24	365	460	−20
25	362	463	−37
26	347	478	−42
27	345	480	−60
28	332	493	−67
29	326	499	−81
30	320	505	−95
⋮	⋮	⋮	⋮

$$a(x_2)=\begin{cases}a_1, & x_2=0,\\ a_2, & x_2=1,2。\end{cases}$$

故

$$\begin{aligned}后验 EVPI(2)的期望值&=E^{x_2}\{E^{\theta|x_2}[L(\theta,a(x_2))]\}\\&=709\times0.3569+781\times0.4695+528\times0.1736\\&=711\end{aligned}$$

第三步　计算抽样信息期望值。

由例 5.5.2 已知先验 $EVPI=825$。由公式(5.4.5),得

$$EVIS(1)=825-711=114$$

第四步　计算抽样净益

已知抽样成本 $C(2)=40$,由公式(5.5.2),得

$$ENGS(2)=114-40=74$$

接着可以类似计算抽 3 件、抽 4 件、…的抽样净益,这些都可在计算机上进行,最后把结果列于表 5.5.7 中。

从表 5.5.7 中可以看出,抽样净益最大为 101,相应的样本量为 $n^*=7$ 为最佳样本量,这时抽样信息期望值为 241。

从表 5.5.7 中还可看出,$ENGS(n)$开始随 n 增加而增加,到一定 n 后,$ENGS(n)$开始下降,以致降为负值。这是具有一般性的,因为开始抽样时,随着样本量 n 的增加,后验完全信息期望值不断减少,说明余下的可挖潜力越来越小,抽样信息期望值不断增加,在若干 n 上,抽样净益值虽有波动,但总的趋势是增加的。随后,抽样信息期望值 $EVSI(n)$的增加渐渐趋缓,而抽样成本增加量是一个定值,它就是单位可变成本 C_v,当出现抽样信息期望值增加量小于抽样成本增加量时,抽样净益开始减少,随后出现负值。

我们还可以类似于(1)、(2)中的前两步求得 x_7(7 个电器中二等品的个数)下的后验最优行动如下:

首先利用公式 $P(x_7|\theta)=\binom{7}{x_7}\theta^{x_7}(1-\theta)^{7-x_7}$,计算出 x_7 的分布如表 5.5.8。再计算 θ 的后验分布如表 5.5.9 所示。

然后用后验分布对每一行动 a 求得损失的后验期望值,如表 5.5.10 所示。

从表 5.5.10 上可以看出,在抽样值 x_7 下的后验最优行动为

$$a(x_7)=\begin{cases}a_1, x_7\leqslant2,\\ a_2, x_7\geqslant3。\end{cases}$$

表 5.5.8 x_7 的分布

θ $\pi(\theta_i)$	$\theta_1=0.5$ 0.45	$\theta_2=0.3333$ 0.55
$P(X_7=0\|\theta_i)$	0.0078	0.0580
$P(X_7=1\|\theta_i)$	0.0547	0.2048
$P(X_7=2\|\theta_i)$	0.1641	0.3071
$P(X_7=3\|\theta_i)$	0.2734	0.2560
$P(X_7=4\|\theta_i)$	0.2734	0.1280
$P(X_7=5\|\theta_i)$	0.1641	0.0385
$P(X_7=6\|\theta_i)$	0.0547	0.0065
$P(X_7=7\|\theta_i)$	0.0078	0.0005

表 5.5.9 $\boldsymbol{\theta}$ 的后验分布

x_7	$K(x_2)$	$\pi(\theta_1\|x_7)$	$\pi(\theta_2\|x_7)$
0	0.0357	0.0980	0.9020
1	0.1373	0.1794	0.8206
2	0.2428	0.3042	0.6958
3	0.2638	0.4663	0.5337
4	0.1934	0.6360	0.3640
5	0.0950	0.7773	0.2227
6	0.0282	0.8730	0.1270
7	0.0038	0.9236	0.0764

表 5.5.10 后验期望损失

x_7	$E^{\theta\|x_7}[L(\theta,a_1)]$	$E^{\theta\|x_7}[L(\theta,a_2)]$
0	220.500	1353.00
1	403.650	1230.90
2	684.450	1043.70
3	1049.450	800.55
4	1431.000	546.00
5	1748.925	334.05
6	1964.250	190.50
7	2078.100	114.60

顺便可得到相应的后验 $EVPI$ 的期望值$=E^{x_7}\{E^{\theta|x_7}[L(\theta,\alpha(x_7))]\}=584$。

从上述例子中可以看到当 n^* 的范围最大时，总计算量是很大的，只有通过计算机才能实现，否则只好改用近似方法。譬如，在 n^* 的范围中，挑选若干 n_i，如：$n_1=2,n_2=5,n_3=8,\cdots,n_{\max}=k$。$n_{\max}$为 n^* 的上界。计算出诸 $ENGS(n_i)$，然后以抽样数 n 为横坐标，抽样净益值为纵坐标，在坐标纸上画出这些点$(n_i,ENGS(n_i))$，最后将这些点连成一条平滑曲线。在这条曲线上找出使 $ENGS(n)$达到最大值时的 n，记为最佳样本量 n^* 之近似值。如图 5.5.1，这是一个实例，我们从 $ENGS(n)$曲线上，可以找到使 $ENGS(n)$达到最大的样本量为 4，所以 $n^*=4$ 为近似的最佳样本量。

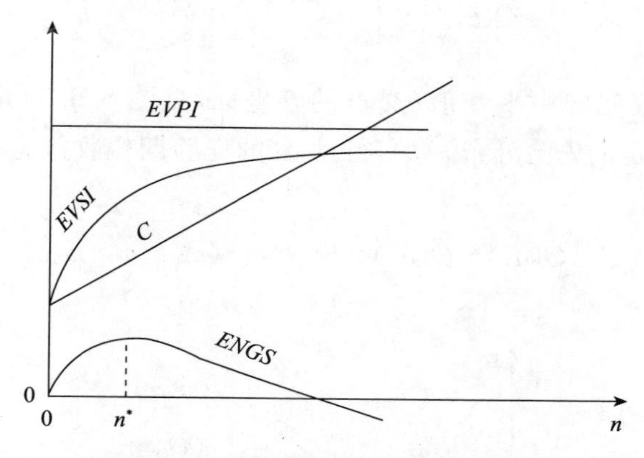

图 5.5.1　抽样净益期望值曲线实例之一

本例的固定成本 $G_f=0$，更一般的情况如图 5.5.2 所示。同样从 $ENGS(n)$曲线上可以大致定出 n^* 来。

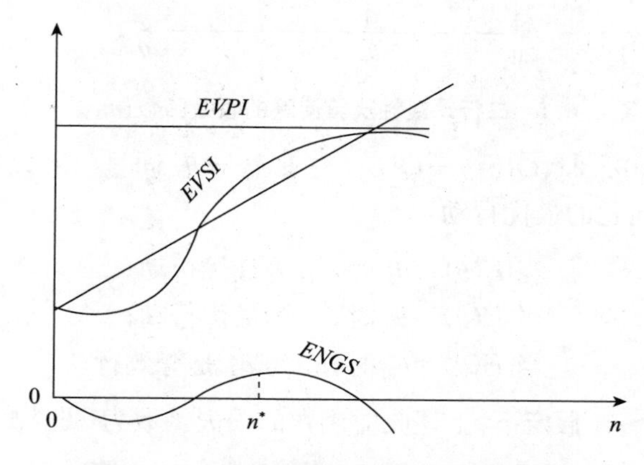

图 5.5.2　抽样净益期望值曲线实例之二

§5.6 二行动线性决策问题的 *EVPI*

在前二节讨论了完全信息期望值与抽样信息期望值的概念及其应用。但要计算它们还是一件复杂的事，在状态参数 θ 的先验分布为密度函数场合，二行动线性决策问题有一些计算先验 *EVPI* 的结果可以简化计算。在介绍这些结果以前，先回忆一下二行动线性决策问题。

收益函数为

$$Q(\theta,a)=\begin{cases}b_1+m_1\theta, & a=a_1\\ b_2+m_2\theta, & a=a_2\end{cases} \tag{5.6.1}$$

的二行动线性决策问题中平衡值（交点的 θ 坐标，见图 5.6.1）是 $\theta_0=(b_2-b_1)/(m_1-m_2)$。对给定的先验分布 $\pi(\theta)$，行动 a_i 的先验期望收益为 $\overline{Q}(\alpha_i)=b_i+m^iE(\theta)$，$i=1,2$。则有

$$\begin{aligned}\overline{Q}(a_1)-\overline{Q}(a_2)&=b_1-b_2+(m_1-m_2)E(\theta)\\ &=(m_1-m_2)[E(\theta)-\theta_0]\end{aligned}$$

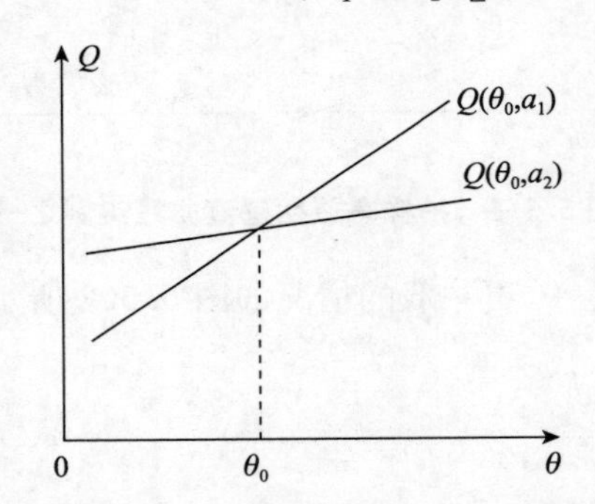

图 5.6.1 二行动线性决策问题的收益函数($m_1>m_2$)

可见，当 $m_1>m_2$ 时，$\overline{Q}(a_1)-\overline{Q}(a_2)$ 与 $E(\theta)-\theta_0$ 同号。所以按先验期望准则立即可找到这类问题的最优行动：

当 $E(\theta)<\theta_0$ 时，a_2 为最优行动；
当 $E(\theta)>\theta_0$ 时，a_1 为最优行动；
当 $E(\theta)=\theta_0$ 时，a_1 与 a_2 是等效行动。

另外，在 $m_1>m_2$ 假定下，上述收益函数的损失函数为（见§4.5）

$$L(\theta,a_1)=\begin{cases}(m_1-m_2)(\theta_0-\theta), & \theta\leqslant\theta_0\\ 0, & \theta>\theta_0\end{cases}$$

$$L(\theta,a_2)=\begin{cases}0, & \theta\leqslant\theta_0\\(m_1-m_2)(\theta-\theta_0), & \theta>\theta_0\end{cases} \tag{5.6.2}$$

5.6.1　正态分布下二行动线性决策问题的先验 *EVPI*

定理 5.6.1　在上述二行动线性决策函数($m_1>m_2$)中，若状态参数 θ 的先验分布为正态分布 $N(\mu,\tau^2)$，则该决策问题的先验 $EVPI$ 为

$$\text{先验 } EVPI=t\tau L_N(D_0) \tag{5.6.3}$$

其中

$$t=|m_1-m_2|,$$
$$D_0=|\theta_0-\mu|/\tau,\theta_0 \text{ 为 } \theta \text{ 的平衡值},$$
$$L_N(D_0)=(2\pi)^{-1/2}e^{-D_0^2/2}-D_0[1-\Phi(D_0)],$$
$\Phi(\cdot)$为标准正态分布函数。

证明：分 $\mu>\theta_0$，$\mu<\theta_0$ 和 $\mu=\theta_0$ 三种情况来证明(式 5.6.3)。

(1)$\mu>\theta_0$，这时最优行动为 a_1，于是由损失函数(5.6.2)可得

$$\begin{aligned}\text{先验 } EVPI &= E[L(\theta,a_1)]\\&=\int_{-\infty}^{\theta_0}(m_1-m_2)(\theta_0-\theta)\frac{1}{\tau\sqrt{2\pi}}e^{-\frac{(\theta-\mu)^2}{2\tau^2}}d\theta\end{aligned}$$

对上述积分作变换 $u=(\theta-\mu)/\tau$，上式可改写为

$$\begin{aligned}\text{先验 } EVPI &= (m_1-m_2)\int_{-\infty}^{\frac{\theta_0-\mu}{\tau}}(\theta_0-\mu-\tau\mu)\frac{1}{\sqrt{2\pi}}e^{-\frac{u^2}{2}}du\\&=(m_1-m_2)\left[-(\mu-\theta_0)\int_{\frac{\mu-\theta_0}{\tau}}^{\infty}\frac{1}{\sqrt{2\pi}}e^{-\frac{u^2}{2}}du+\frac{\tau}{\sqrt{2\pi}}e^{-\frac{(\theta_0-\mu)^2}{2\tau^2}}\right]\\&=(m_1-m_2)\tau\left[\frac{1}{\sqrt{2\pi}}e^{-\frac{D_0^2}{2}}-\frac{\mu-\theta_0}{\tau}\left(1-\int_{-\infty}^{\frac{\mu-\theta_0}{\tau}}\frac{1}{\sqrt{2\pi}}e^{-\frac{u^2}{2}}du\right)\right]\\&=t\tau\left[\frac{1}{\sqrt{2\pi}}e^{-\frac{D_0^2}{2}}-D_0(1-\Phi(D_0))\right]\\&=t\tau L_N(D_0)\end{aligned} \tag{5.6.4}$$

(2)$\mu<\theta_0$，这时最优行动为 a_2，于是由上述损失函数可得

$$\text{先验 } EVPI = E[L(\theta,a_2)]$$
$$= \int_{\theta_0}^{\infty}(m_1-m_2)(\theta_0-\theta)\frac{1}{\tau\sqrt{2\pi}}e^{-\frac{(\theta-\mu)^2}{2\tau^2}}d\theta$$

作变换 $u=(\theta-\mu)/\tau$，上式可改写为

$$\text{先验 } EVPI = (m_1-m_2)\int_{\frac{\theta_0-\mu}{\tau}}^{\infty}(\mu+\tau\mu-\theta_0)\frac{1}{\sqrt{2\pi}}e^{-\frac{u^2}{2}}du$$
$$= (m_1-m_2)\left[-(\theta_0-\mu)\int_{\frac{\theta_0-\mu}{\tau}}^{\infty}\frac{1}{\sqrt{2\pi}}e^{-\frac{u^2}{2}}du+\frac{\tau}{\sqrt{2\pi}}e^{-\frac{(\theta_0-\mu)^2}{2\tau^2}}\right]$$
$$= (m_1-m_2)\tau\left[\frac{1}{\sqrt{2\pi}}e^{-\frac{D_0^2}{2}}-D_0\left(1-\int_{-\infty}^{D_0}\frac{1}{\sqrt{2\pi}}e^{-\frac{u^2}{2}}du\right)\right]$$
$$= t\tau L_N(D_0) \qquad (5.6.5)$$

(3)$\mu=\theta_0$，这时，a_1 与 a_2 均为最优行动。若取 a_1 为最优行动，(5.6.4)式成立；若取 a_2 为最优行动，(5.6.3)式成立。

综合(1)，(2)，(3)证明，先验 $EVSI=t\tau L_N(D_0)$均成立。

该定理对 $m_1<m_2$ 和 $m_1>m_2$ 皆成立，为便于实际使用，函数 $L_N(D)$的值已编制成表(见表 5.6.1)，使用时可直接查阅。

表 5.6.1 $L_N(D)$函数表

D	.00	.01	.02	.03	.04	.05	.06	.07	.08	.09
.0	.3989	.3940	.3890	.3841	.3793	.3744	.3697	.3649	.3602	.3556
.1	.3509	.3464	.3418	.3373	.3328	.3284	.3240	.3197	.3154	.3111
.2	.3069	.3027	.2986	.2944	.2901	.2863	.2824	.2784	.2745	.2706
.3	.2668	.2630	.2592	.2555	.2518	.2481	.2445	.2409	.2374	.2339
.4	.2304	.2270	.2236	.2203	.2169	.2137	.2104	.2072	.2040	.2009
.5	.1978	.1947	.1917	.1887	.1857	.1828	.1799	.1771	.1742	.1714
.6	.1687	.1659	.1633	.1606	.1580	.1554	.1528	.1503	.1478	.1453
.7	.1429	.1405	.1381	.1358	.1334	.1312	.1289	.1267	.1245	.1223
.8	.1202	.1181	.1160	.1140	.1120	.1100	.1080	.1061	.1042	.1023
.9	.1004	.09860	.09680	.09503	.09328	.09156	.08986	.08819	.08654	.08491
1.0	.08332	.08174	.08019	.07866	.07716	.07568	.07422	.07279	.07138	.06999
1.1	.06862	.06727	.06595	.06465	.06336	.06210	.06086	.05964	.05844	.05726
1.2	.05610	.05496	.05384	.05274	.05165	.05059	.04954	0.04851	.04750	.04650

续表

D	.00	.01	.02	.03	.04	.05	.06	.07	.08	.09
1.3	.04553	.04457	.04363	.04270	.04179	.04090	.04002	.03916	.03831	.03748
1.4	.03667	.03587	.03508	.03431	.03356	.03281	.03208	.03137	.03067	.02998
1.5	.02931	.02865	.02800	.02736	.02674	.02612	.02552	.02494	.02435	.02380
1.6	.02324	.02270	.02217	.02165	.02114	.02064	.02015	.01967	.01920	.01874
1.7	.01829	.01785	.01742	.01699	.01658	.01617	.01578	.01589	.01501	.01464
1.8	.01428	.01392	.01357	.01323	.01290	.01257	.01226	.01195	.01164	.01134
1.9	.01105	.01077	.01049	.01022	.029957	.029698	.029445	.029198	.028957	.028721
2.0	$.0^{2}8491$	$.0^{2}8266$	$.0^{2}8046$	$.0^{2}7832$	$.0^{2}7623$	$.0^{2}7418$	$.0^{2}7219$	$.0^{2}7024$	$.0^{2}6835$	$.0^{2}6649$
2.1	$.0^{2}6468$	$.0^{2}6292$	$.0^{2}6120$	$.0^{2}5952$	$.0^{2}5788$	$.0^{2}5628$	$.0^{2}5472$	$.0^{2}5320$	$.0^{2}5172$	$.0^{2}5028$
2.2	$.0^{2}4887$	$.0^{2}4750$	$.0^{2}4616$	$.0^{2}4486$	$.0^{2}4358$	$.0^{2}4235$	$.0^{2}4114$	$.0^{2}3996$	$.0^{2}3882$	$.0^{2}3770$
2.3	$.0^{2}3662$	$.0^{2}3556$	$.0^{2}3453$	$.0^{2}3352$	$.0^{2}3255$	$.0^{2}3159$	$.0^{2}3067$	$.0^{2}2977$	$.0^{2}2889$	$.0^{2}2804$
2.4	$.0^{2}2720$	$.0^{2}2640$	$.0^{2}2561$	$.0^{2}2484$	$.0^{2}2410$	$.0^{2}2337$	$.0^{2}2267$	$.0^{2}2199$	$.0^{2}2132$	$.0^{2}2067$
2.5	$.0^{2}2004$	$.0^{2}1943$	$.0^{2}1883$	$.0^{2}1826$	$.0^{2}1769$	$.0^{2}1715$	$.0^{2}1662$	$.0^{2}1610$	$.0^{2}1560$	$.0^{2}1511$
3.0	$.0^{3}3822$	$.0^{3}3689$	$.0^{3}3560$	$.0^{3}3436$	$.0^{3}3316$	$.0^{3}3199$	$.0^{3}3087$	$.0^{3}2978$	$.0^{3}2873$	$.0^{3}2771$
3.5	$.0^{4}5848$	$.0^{4}5620$	$.0^{4}5400$	$.0^{4}5188$	$.0^{4}4984$	$.0^{4}4788$	$.0^{4}4599$	$.0^{4}4417$	$.0^{4}4242$	$.0^{4}4073$
4.0	$.0^{5}7145$	$.0^{5}6835$	$.0^{5}6538$	$.0^{5}6253$	$.0^{5}5980$	$.0^{5}5718$	$.0^{5}5468$	$.0^{5}5227$	$.0^{5}4997$	$.0^{5}4777$

注：表中 $.0^{5}7145=0.000007145$

例 5.6.1　在二行动决策中，设其收益函数（单位：元）为

$$Q(\theta,a)=\begin{cases}125\theta, & a=a_1,\\ 25000+25\theta, & a=a_2,\end{cases}$$

其平衡值 $\theta_0=250$。再设状态 $\theta\sim N(260,90^2)$。由于 $E(\theta)=260>\theta_0$，$m_1=125>25=m_2$，故最优行动为 a_2，这时决策者的先验平均收益为 $E(a_1)=125$，$E(\theta)=125\times260=32500$ 元。决策者想要知道尚有多少潜力可挖，故需计算其先验 $EVPI$，如今已知

$$t=|125-25|=100,\tau=90,\mu=260,\theta_0=250$$

由于 $D_0=|250-260|/90=0.1111$，查表 5.6.1，再用线性插值，得 $L_N(0.1111)=0.3459$，故由定理 5.6.1 可得先验 $EVPI=100\times90\times0.3459=3113.1$ 元。

假如我们改变状态 θ 的正态先验分布中的标准差 τ，譬如 τ 取 70，50，30，10 其

它皆不变,观察其对先验 $EVPI$ 的影响。具体计算同上,结果列于表 5.6.2,从表 5.6.2 可以看出,随着标准差 τ 的减少,先验 $EVPI$ 也减少,而 τ 的减少意味着用来描述状态 θ 的先验分布愈精确,可见先验 $EVPI$ 中有相当部分是由于先验分布估计得不够精确引起的。所以,若能提高先验分布精度,即减少其方差就等于增加了先验信息,从而也就减少了先验完全信息及其期望值。

表 5.6.1 例 5.18 的先验 *EVPI*

τ	D_0	$L_N(D_0)$	先验 $EVPI$
90	0.1111	0.3459	3113.1
70	0.1429	0.3315	2320.5
50	0.2000	0.3069	1534.5
30	0.3333	0.2542	762.5
10	1.0000	0.08332	83.32

例 5.6.2 某汽车客运公司计划开辟一条新路线,所需新投资 200 万元。每位乘客的票价定为 25 元,其中 5 元为运输成本。该公司的决策者有如下二个行动供选择:

a_1:开辟新路线;

a_1:不开辟新路线。

设行动 a_i 的收益函数为 $Q(\theta,a_i)$,则有

$$\begin{aligned} Q(\theta,a_1) &= -2\times10^6+(25-5)\times365\theta \\ &= -2\times10^6+7300\theta \\ Q(\theta,a_2) &= 0 \end{aligned}$$

其中 θ 为该路线每天乘客平均数。

这是二行动性决策问题,其平衡值 $\theta_0=274$,且 $m_1=73>0=m_2$。对类似于新路线的老路线的营运状况的研究发现每天乘客的平均数 θ 服从正态分布 $N(250,100^2)$,即先验期望 $\mu=250$,先验方差 $\tau^2=100^2$。若不作抽样即做决策,由于 $E(\theta)=250<274=\theta_0$,他将选择 a_2(不开辟新路线)为最优行动。

如果决策者想在抽样后再做决策,首先需计算先验 $EVPI$,这可由定理 5.6.1 获得。现已知

$$t=|73-0|=73$$

$$D_0=|\mu-\theta_0|/\tau=(274-250)/100=0.24$$

查表 5.6.1 得 $L_N(0.24)=0.2904$,故

$$\text{先验 } EVPI=73\times100\times0.2904=2119.92$$

由此看来，用于抽样费用不宜超过 2119.92 元，接着本应按§5.5 中的方法确定最佳样本量后再行抽样，可决策者决定先运行一周，纪录 7 天的乘客实际数目，x_1，…，x_7。此样本均值 $\bar{x}=300$ 样本方差 $s^2=50^2$。若设每日乘客数 x 服从正态分布 $N(\mu_1,\sigma_1^2)$，其中($\sigma_0^2=\sigma^2/7=50^2/7=18.9^2$)

$$\begin{aligned}\mu_1&=E(\theta|\bar{x}=300)=\frac{\mu\sigma_0^2+\bar{x}\tau^2}{\sigma_0^2+\tau^2}\\&=\frac{250\times18.9^2+300\times100^2}{18.9^2+100^2}=298.4\end{aligned}$$

$$\begin{aligned}\sigma_1^2&=\mathrm{Var}(\theta|\bar{x}=300)=\frac{1}{\tau^{-2}+\sigma_0^{-2}}\\&=\frac{100^2\times18.9^2}{100^2+18.9^2}=344.7=18.6^2\end{aligned}$$

即在已知 $\bar{x}=300$ 的情况下，θ 的后验分布为 $N(298.4,18.6^2)$。若基于此后验分布作决策，因后验均值 $\mu_1=298.4>274=\theta_0$，决策者将改变注意，选择 a_1(开辟路线)。此时的后验 $EVPI$ 仍可用定理 5.6.1 求得，只需把定理 5.6.1 中的先验期望 $E(\theta)=\mu$ 改为后验期望 $E(\theta|\bar{x}=300)=\mu_1$，把先验方差 τ^2 改为后验方差 $\mathrm{Var}(\theta|\bar{x}=300)=\sigma_1^2$ 即可。此时有

$$\begin{aligned}&t=|73-0|=73,\\&D_1=|\mu_1-\theta_0|/\sigma_1=|274-298.4|/18.6=1.31\end{aligned}$$

查表 5.6.1，可得 $L(D_1)=L(1.31)=0.04457$。故

$$\text{后验 } EVPI=t\sigma_1L_N(D_1)=73\times18.6\times0.04457=60.53$$

由此可得出抽样信息期望值(在样本已给定下)

$$\begin{aligned}EVSI&=\text{先验 } EVPI-\text{后验 } EVPI\\&=2119.92-60.53\\&=2059.39\end{aligned}$$

假如在拟开辟新路线上试运行成本为每天 180 元，抽样总成本 $C=180\times7=1260$。最后的抽样净益

$$ENGS=2059.39-1260.00=799.39 \text{ 元}$$

所以这次抽样(试运行)从成本上看也是值得的，何况还推翻了原先基于先验信息所做的决策。

5.6.2 贝塔分布下二行动线性决策问题的先验 *EVPI*

定理 5.6.2 在收益函数为 5.6.1 的二行动线性决策问题中，若状态参数 θ 的先验分布为贝塔分布 $Be(\alpha,\beta)$，则该决策问题的先验 *EVPI* 如下

(1)当 $\alpha/(\alpha+\beta)\leqslant\theta_0$ 时

$$\text{先验 }EVPI=(m_1-m_2)\left[\theta_0 P_B(\theta\leqslant\theta_0;\alpha,\beta)-\frac{\alpha}{\alpha+\beta}P_B\left(\theta\leqslant\theta_0;\alpha+1,\beta\right)\right]-(m_1-m_2)\left(\theta_0-\frac{\alpha}{\alpha+\beta}\right) \tag{5.6.5}$$

(2)当 $\alpha/(\alpha+\beta)>\theta_0$ 时

$$\text{先验 }EVPI=(m_1-m_2)\left[\theta_0 P_B(\theta\leqslant\theta_0;\alpha,\beta)-\frac{\alpha}{\alpha+\beta}P_B(\theta\leqslant\theta_0;\alpha+1,\beta)\right] \tag{5.6.6}$$

其中 $m_1>m_2$，θ_0 为 θ 的平衡值。$P_B(A;\alpha,\beta)$ 表示用贝塔分布 $Be(\alpha,\beta)$ 计算事件 A 的概率。

证明：当 $E(\theta)=\alpha/(\alpha+\beta)\leqslant\theta_0$ 时，最优行动为 a_2，于是由 a_2 的损失函数可得

$$\begin{aligned}
\text{先验 }EVPI &= \int_0^1 L(\theta,a_2)\pi(\theta)d\theta \\
&= \int_{\theta_0}^1 (m_1-m_2)(\theta-\theta_0)\frac{\Gamma(\alpha+\beta)}{\Gamma(\alpha)\Gamma(\beta)}\theta^{\alpha-1}(1-\theta)^{\beta-1}d\theta \\
&= (m_1-m_2)\left[\frac{\alpha}{\alpha+\beta}\int_{\theta_0}^1 \frac{\Gamma(\alpha+\beta+1)}{\Gamma(\alpha+1)\Gamma(\beta)}\theta^{\alpha}(1-\theta)^{\beta-1}d\theta\right. \\
&\quad \left.-\theta_0\int_{\theta_0}^1 \frac{\Gamma(\alpha+\beta)}{\Gamma(\alpha)\Gamma(\beta)}\theta^{\alpha-1}(1-\theta)^{\beta-1}d\theta\right] \\
&= (m_1-m_2)\left[\frac{\alpha}{\alpha+\beta}P_B(\theta\geqslant\theta_0;\alpha+1,\beta)-\theta_0 P_B(\theta\geqslant\theta_0;\alpha,\beta)\right] \\
&= (m_1-m_2)\left\{\frac{\alpha}{\alpha+\beta}[1-P_B(\theta\leqslant\theta_0;\alpha+1,\beta)]-\right. \\
&\quad \left.\theta_0[1-P_B(\theta\leqslant\theta_0;\alpha,\beta)]\right\} \\
&= (m_1-m_2)\left[\theta_0 P_B(\theta\leqslant\theta_0;\alpha,\beta)-\frac{\alpha}{\alpha+\beta}P_B(\theta\leqslant\theta_0;\alpha+1,\beta)\right]- \\
&\quad (m_1-m_2)\left(\theta_0-\frac{\alpha}{\alpha+\beta}\right)
\end{aligned}$$

当 $\alpha(\alpha+\beta)>\theta_0$，最优行动为 a_1，于是

$$\text{先验 }EVPI=\int_0^1 L(\theta,a_1)\pi(\theta)d\theta$$

$$= \int_0^{\theta_0} (m_1 - m_2)(\theta - \theta_0) \frac{\Gamma(\alpha+\beta)}{\Gamma(\alpha)\Gamma(\beta)} \theta^{\alpha-1}(1-\theta)^{\beta-1} d\theta$$

$$= (m_1 - m_2)\Big[\theta_0 \int_0^{\theta_0} \frac{\Gamma(\alpha+\beta)}{\Gamma(\alpha)\Gamma(\beta)} \theta^{\alpha-1}(1-\theta)^{\beta-1} d\theta - \frac{\Gamma(\alpha+\beta)\Gamma(\alpha+1)}{\Gamma(\alpha)\Gamma(\alpha+\beta+1)}$$

$$\int_0^{\theta_0} \frac{\Gamma(\alpha+\beta+1)}{\Gamma(\alpha+1)\Gamma(\beta)} \theta^{\alpha}(1-\theta)^{\beta-1} d\theta\Big]$$

$$= (m_1 - m_2)\Big[\theta_0 P_B(\theta \leqslant \theta_0; \alpha, \beta) - \frac{\alpha}{\alpha+\beta} P_B(\theta \leqslant \theta_0; \alpha+1, \beta)\Big]$$

这样就完成定理 5.6.2 的证明。

注 1 定理 5.6.2 中收益函数中规定 $m_1 > m_2$，假如 $m_1 < m_2$ 定理 5.6.2 仍然成立，只要求定理的结论(5.6.5)和(5.6.6)中的 $m_1 - m_2$ 改为 $m_2 - m_1$，或改为 $|m_1 - m_2|$ 即可。

注 2 利用 Beta 分布与二项分布之间的关系，在 α 与 β 皆为正整数时，用 $Be(\alpha,\beta)$分布计算事件"$\theta \leqslant \theta_0$"的概率可以转化为用二项分布计算，具体公式如下：

$$P_B(\theta \leqslant \theta_0; \alpha, \beta) = \sum_{x=\alpha}^{n} \binom{n}{x} \theta_0^x (1-\theta_0)^{n-x}$$

$$= 1 - \sum_{x=0}^{\alpha-1} \binom{n}{x} \theta_0^x (1-\theta_0)^{n-x}$$

其中 $n = \alpha + \beta - 1$。下面的例子中将要用到这个精确的等式。

例 5.6.3 某美术厂与外单位商谈一批美术品绘制任务，如果绘制成功，每张美术作品可得 600 元；若绘制不成，每张要赔偿损失 1800 元。该美术厂经理考虑到图案复杂，据本厂技术力量估计废品率 θ 不会很低，认为 $\theta \sim Beta(1,4)$。那么该厂是否应接受这批绘制任务？

设 a_1 和 a_2 分别表示接受和不接受这批绘制任务。故其行动集 $\mathscr{A} = \{a_1, a_2\}$，而其状态集 $\Theta = \{\theta: 0 < \theta < 1\}$，按题意，其收益函数为

$$Q(\theta, a) = \begin{cases} 600(1-\theta) - 1800\theta, & a = a_1 \\ 0 & a = a_2; \end{cases}$$

$$= \begin{cases} 600 - 2400\theta, & a = a_1 \\ 0, & a = a_2。 \end{cases}$$

这是一个典型的二行动线性决策问题，这类问题在企业经营中常会出现。由收益函数可算得平衡值 $\theta_0 = 1/4$。从 Beta(1,4)分布中可算得平均废品率 $E(\theta) = 1/(1+4) = 1/5$。由于在这个问题中 $m_1 < m_2$，又 $E(\theta) < \theta_0$，故其最优行动是 α_1，即接受这批任务。

直观上看这个问题，由 $\theta_0 = 1/4$ 可看出，平均绘制 4 张有一张废品，那还可保本(假如材料费不记)。如今平均废品率 $E(\theta) = 1/5$，即绘制 5 张有一张废品，所以

接受这批任务还是有利可图的。可该美术厂经理想知道,假如该厂绘制人员充分发挥其才能,还有多少潜力可挖呢?为此要计算其先验 $EVPI$ 值。

在这个例子中 $E(\theta)<\theta_0$,故应使用定理 5.6.2 中(5.6.5)式来计算其先验 $EVPI$,即

$$先验\ EVPI=2400\left[\frac{1}{4}P_B\left(\theta\leqslant\frac{1}{4};1,4\right)-\frac{1}{5}P_B\left(\theta\leqslant\frac{1}{4};2,4\right)\right]-2400\left(\frac{1}{4}-\frac{1}{5}\right)$$

按注 2 说明,

$$\begin{aligned}P_B\left(\theta\leqslant\frac{1}{4};1,4\right)&=\sum_{x=1}^{4}\binom{4}{x}\left(\frac{1}{4}\right)^x\left(\frac{3}{4}\right)^{4-x}\\&=1-\left(\frac{3}{4}\right)^4\\&=0.6836;\\P_B\left(\theta\leqslant\frac{1}{4};2,4\right)&=\sum_{x=2}^{5}\binom{5}{x}\left(\frac{1}{4}\right)^x\left(\frac{3}{4}\right)^{5-x}\\&=1-\left(\frac{3}{4}\right)^5-5\cdot\left(\frac{1}{4}\right)\cdot\left(\frac{3}{4}\right)^4\\&=0.3672。\end{aligned}$$

代回原式,可得

$$\begin{aligned}先验\ EVPI&=2400\left[\frac{1}{4}\times0.6836-\frac{1}{5}\times0.3672\right]-2400\times\frac{1}{20}\\&=233.9-120=113.9\ 元\end{aligned}$$

这个结果表明,只要该厂绘制人员的技术发挥较好,平均每张还有 113.9 元的潜力可挖。

5.6.3 伽玛分布下二行动线性决策问题的先验 *EVPI*

定理 5.6.3 在收益函数为(5.6.1)的二行动线性决策问题中,若状态参数 θ 的先验分布为伽玛分布 $Ga(\alpha,\beta)$,则该决策问题的先验 $EVPI$ 如下

(1)当 $\alpha/\beta\leqslant\theta_0$ 时

$$\begin{aligned}先验\ EVPI=&(m_1-m_2)\left[\theta_0P_G(\theta\leqslant\theta_0;\alpha,\beta)-\frac{\alpha}{\beta}\right.\\&\left.P_G(\theta\leqslant\theta_0;\alpha+1,\beta)\right]-(m_1-m_2)\left(\theta_0-\frac{\alpha}{\beta}\right)\end{aligned}\tag{5.6.7}$$

(2)当 $\alpha/\beta>\theta_0$ 时

$$\text{先验 } EVPI=(m_1-m_2)\left[\theta_0 P_G(\theta\leqslant\theta_0;\alpha,\beta)-\frac{\alpha}{\beta} P_G(\theta\leqslant\theta_0;\alpha+1,\beta)\right] \tag{5.6.8}$$

其中 $m_1>m_2$，θ_0 为 θ 的平衡值。$P_G(A;\alpha,\beta)$表示用伽玛分布 $Ga(\alpha,\beta)$计算事件 A 的概率。

证明:类似于定理 5.6.2,这里略去。

注 1　定理 5.6.3 中收益函数中规定 $m_1>m_2$，假如 $m_1<m_2$ 定理 5.6.3 仍然成立，只要求定理的结论(5.6.7)和(5.6.8)中的 m_1-m_2 改为 m_2-m_1，或改为 $|m_1-m_2|$ 即可。

注 2　利用伽玛分布与泊松分布之间的关系，在 α 为正整数时，可将伽玛分布 $\Gamma(\alpha,\beta)$计算事件"$\theta\leqslant\theta_0$"的概率可以转化为用泊松分布计算，具体分式如下：

$$\begin{aligned} P_\Gamma(\theta\leqslant\theta_0;\alpha,\beta) &= \sum_{x=\alpha}^{\infty}\frac{\lambda^x}{x\,!}e^{-\lambda} \\ &= 1-\sum_{x=0}^{\alpha-1}\frac{\lambda^x}{x\,!}e^{-\lambda} \end{aligned}$$

其中 $\lambda=\theta_0\beta$。

例 5.6.4　在某二行动线性决策问题中，收益函数(单位:万元)为

$$Q(\theta,a)=\begin{cases}-1200+2500\theta, & a=a_1\\ 1800+2000\theta, & a=a_2\end{cases}$$

其中 $\theta>0$，这意味着状态集为半直线，又设 θ 的先验分布为伽玛分布 $Ga(3,1)$。现求其先验 $EVPI$。

在这个二行动线性决策问题中，$m_1=2500>2000=m_2$，平衡值 $\theta_0=6$，伽玛分布的均值 $E(\theta)=\alpha/\beta=3$，由于 $E(\theta)<\theta_0$，故可用(5.6.7)来计算其先验 $EVPI$。因为 $m_1-m_2=500$，$\theta_0\beta=6$，故由(5.6.7)可得

$$\text{先验 } EVPI=500[6P_G(\theta\leqslant 6;3,1)-3P_G(\theta\leqslant 6;4,1)]-500(6-3)$$

按注 2 说明，

$$\begin{aligned} P_G(\theta\leqslant 6;3,1) &= \sum_{x=3}^{\infty}\frac{6^x}{x\,!}e^{-6} \\ &= 1-\sum_{x=0}^{2}\frac{6^x}{x\,!}e^{-6} \\ &= 1-e^{-6}\left(1+6+\frac{6^2}{2}\right) \\ &= 0.9380 \end{aligned}$$

$$P_G(\theta \leqslant 6;4,1) = 1 - e^{-6}\left(1+6+\frac{6^2}{2}+\frac{6^3}{3!}\right)$$
$$= 0.8488$$

代回原式可得

$$\text{先验 } EVPI = 500[6\times 0.9380 - 3\times 0.8488] - 1500$$
$$= 40.80$$

习　题

5.1 在例 5.1.1 和例 5.2.1 中，工厂决定先在每箱中抽检三件产品，请在其它条件不变情况下，考虑如下问题：

(1)设 x 为抽检的三件产品中的不合格品数，在给定 x 下，写出不合格品率 θ 的后验分布($x=0,1,2,3$)。

(2)写出所有的决策函数。

(3)计算每个决策函数的后验风险。

(4)选出后验风险最小的决策函数。

5.2 考察如下损失函数

$$L(\theta,d)=e^{c(\theta-d)}-c(\theta-d)-1,$$

(1)证明 $L(\theta,d)>0$，

(2)对 $c=0.1,0.5,1.2$，画出(作为 $\theta-d$ 的函数)此损失函数图形。

(3)在这个损失函数下给出贝叶斯估计的表达式。

(4)设 $x_1,\cdots,x_n$ 是来自正态总体 $N(\theta,1)$的一个样本，θ 的先验取无信息先验，即 $\pi(\theta)=1$，请给出 θ 的贝叶斯估计。

5.3 设 $x\sim N(\theta,1)$，$\theta\sim N(0,1)$，而损失函数如下

$$L(\theta,\delta)=c^{3\theta^2/2}(\theta-\delta)^2$$

证明：θ 的贝叶斯估计 $\delta_B(x)=2x$。并且它一致地优于 $\delta_0(x)=x$，即 $\delta_B(x)$的后验风险一致地小于 $\delta_0(x)=x$ 的后验风险。

5.4 在缺少损失函数信息场合，可用参数 θ 处的密度函数值 $p(x|\theta)$与行动 a 处的密度函数值 $p(x|a)$之间的距离来度量损失。如下二个距离较为常用

a. 熵的距离：$L_e(\theta,a)=E^{x|\theta}\left[\ln\frac{p(x|\theta)}{p(x|a)}\right]$

b. Hellinger 距离：$L_H(\theta,a)=\frac{1}{2}E^{x|\theta}\left[\sqrt{\frac{p(x|a)}{p(x|\theta)}}-1\right]^2$

假如 $X\sim N(\theta,1)$，证明：

$$L_e(\theta,a)=\frac{1}{2}(a-\theta)^2$$

$$L_H(\theta,a)=1-\exp\{-a(a-\theta)^2/8\}$$

5.5　在习题 5.4 中，设 $X\sim N(0,\theta)$，写出损失函数 L_e 和 L_H 的表达式。

5.6　在习题 5.4 中，设 $X\sim Ga(\alpha,\theta)$，α 已知，又设 $\theta\sim Ga(\gamma,x_0)$，$\gamma$ 与 x_0 已知。在 Hellinger 距离作为损失函数下寻求 θ 的贝叶斯估计。

5.7　设后验分布 $\pi(\theta|x)$ 为正态分布 $N(\mu(x),1)$。在损失函数

$$L(\theta,\delta)=\begin{cases}\omega(\theta-\delta)^2, & \delta<\theta\\ (1-\omega)(\theta-\delta)^2, & \delta\geqslant\theta\end{cases}$$

下寻求 θ 的贝叶斯估计。

5.8　设随机变量 $X\sim N(\theta,100)$，θ 的先验分布为 $N(100,225)$，在线性损失函数

$$L(\theta,\delta)=\begin{cases}3(\theta-\delta), & \delta\leqslant\theta\\ \delta-\theta, & \delta>\theta\end{cases}$$

下寻求 θ 的贝叶斯估计。

5.9　设 $X=(X_1,\cdots,X_p)'\sim(\boldsymbol{\theta},\sum)$，其中 $\sum$ 为已知的 $p\times p$ 阶正定阵，又设 $\boldsymbol{\theta}$ 的先验分布为 $N_p(\boldsymbol{\mu},\mathscr{A})$，其中 $\boldsymbol{\mu}$ 为已知 p 维向量，$\mathscr{A}$ 为已知 $p\times p$ 阶正定阵，在正定二次损失函数

$$L(\boldsymbol{\theta},\boldsymbol{\delta})=(\boldsymbol{\delta}-\boldsymbol{\theta})'Q(\boldsymbol{\delta}-\boldsymbol{\theta})$$

下寻求 $\boldsymbol{\theta}$ 的贝叶斯估计。

5.10　设有一批产品，其不合格品率为 p，若将每 N 件装为一箱，然后从一箱中随机抽检 n 件产品，得知不合格品数是 r。求这箱的不合格品率 $q=\omega/N$ 的贝叶斯估计。其中 ω 是这箱中的不合格品数，假如取平方损失函数 $L(\omega,\delta)=(\delta-\omega/N)^2$。

5.11　设 $X\sim b(n,\theta)$，$\theta\sim Be(\alpha,\beta)$，在损失函数

$$L(\theta,a)=\frac{(\theta-a)^2}{\theta(1-\theta)}$$

下录求 θ 的贝叶斯估计（注意：处理 $x=0$ 及 $x=n$ 时要谨慎）。

5.12　设 θ，x 和 a 皆为实数，$\pi(\theta|x)$ 对称、单峰，L 为 $|\theta-a|$ 的增函数。证明：θ 的贝叶斯决策为 $\pi(\theta|x)$ 的众数。

5.13　接到船运来的一大批零件，从中抽检 5 件，假设其中不合格品数 $x\sim b(5,\theta)$，又从以往各批的情况中已知 θ 的先验分布为 $Be(1,9)$。若观察值 $x=0$，在以下各损失函数下分别给出 θ 的贝叶斯估计。

(1) $L(\theta,a)=(\theta-a)^2$

(2) $L(\theta,a)=|\theta-a|$

(3) $L(\theta,a)=(\theta-a)^2/[\theta(1-\theta)]$

(4) $L(\theta,a)=\begin{cases}\theta-a, & \theta>a\\ 2(a-\theta), & \theta\leqslant a\end{cases}$

5.14 在习题 5.13 中，若建立如下二个假设

$$H_0:0\leqslant\theta\leqslant 0.15,\quad H_1:\theta>0.15$$

和二个行动：a_0（接受 H_0）和 a_1（接受 H_1）。在以下各损失函数下作出贝叶斯检验

(1)0—1 损失函数

(2)
$$L(\theta,a_0)=\begin{cases}1, & \theta>0.15\\ 0, & \theta\leqslant 0.15\end{cases}$$

$$L(\theta,a_1)=\begin{cases}2, & \theta\leqslant 0.15\\ 0, & \theta>0.15\end{cases}$$

(3)
$$L(\theta,a_0)=\begin{cases}1, & \theta>0.15\\ 0, & \theta\leqslant 0.15\end{cases}$$

$$L(\theta,a_1)=\begin{cases}0.15-\theta, & \theta\leqslant 0.15\\ 0, & \theta>0.15\end{cases}$$

5.15 在测定儿童智商的例子中，设 $X\sim N(\theta,100)$，$\theta\sim N(100,225)$。在测定儿童智商中发现特别高或低的智商是很重要的，于是认为加权损失

$$L(\theta,a)=(\theta-a)^2e^{(\theta-100)^2/900}$$

是适宜的（注意：这意味着智商 θ 为 145 或 55 要比 θ 值为 100 约重要 9 倍）。求 θ 的贝叶斯估计。

5.16 设 $X=(x_1,\cdots x_k)'$ 服从多项分布 $M(n;\boldsymbol{\theta})$，其中 $\boldsymbol{\theta}=(\theta_1,\cdots,\theta_k)$。又设 $\boldsymbol{\theta}$ 的先验分布为 Dirichlet 分布 $D(\alpha_1,\cdots,\alpha_k)$，在损失函数

$$L(\boldsymbol{\theta},\boldsymbol{a})=\sum_{i=1}^{k}(\theta_i-a_i)^2$$

下寻求 $\boldsymbol{\theta}$ 的贝叶斯估计。并给出这个贝叶斯估计的后验风险。

5.17 设 $X\sim N_2(\boldsymbol{\theta},\boldsymbol{I}_2)$，$\theta\sim N_2(\boldsymbol{\mu},B)$，其中 $\boldsymbol{\mu}$ 与 B 为已知。若设行动集 $A=\{(a_1,a_2)':a_1\geqslant 0,a_2\geqslant 0,a_1+a_2=1\}$。在损失函数 $L(\theta,a)=(\theta'a-1)^2$ 下寻求 $\boldsymbol{\theta}$ 的贝叶斯估计。

5.18 某工厂的产品每 1000 件装成一箱运送到商店。每箱中不合格品率有如下两种状态：

$$\theta_1=0.05,\quad \theta_2=0.10$$

根据过去的经验，工厂厂长认为这两种状态发生的主观概率为

$$\pi(\theta_1)=0.7,\quad \pi(\theta_2)=0.3$$

按合同，商店发现一件不合格品，厂方要赔赏 1.50 元。若该厂进行全数检查，每件的检查费是 0.1 元。如今厂长要在如下二个行动中作出选择：

a_1：一箱中全数检查；

a_2：一箱中一件也不检查。

(1)写出工厂的支付矩阵和损失矩阵，并按先验期望准则给出最优行动和先验 $EVPI$。

(2)若厂长决定从每箱中任取两件进行检查，检查结果用 x 表示不合格品个数。写出所

有可能的决策函数。

(3)用后验风险准则选出最优决策函数,并计算后验 $EVPI$。

(4)求抽样信息期望值 $EVSI$ 和抽样净益 $ENGS$。

5.19 有四个外表完全相同的盒子,可分为两类,甲类盒子只有一个,其中装有 80 个白球和 20 个红球;乙类盒子有三个,每个盒子都装有 20 个白球和 80 个红球。

(1)从中任取一盒,请你猜它是那一类盒子。如果猜中,给你一元钱;如果猜不中,不给你钱。你怎么猜法?

(2)如果从你任取的那个盒子中再任取一球,让你观察球的颜色,你如何根据这个球的颜色来猜这个盒子属于那一类?(用后验风险准则)

(3)从抽取的一盒中再抽取容量为 1 的样本时,写出所有可能的决策函数。

(4)计算每个决策函数的后验风险,并求出贝叶斯决策函数。

(5)从抽出的一盒中再抽取容量为 1 的样本时,求此抽样信息期望值。

5.20 某种植桔子的专业户,由于急需一笔现金,决定将自己拥有的 10000 棵桔子树上桔子出卖,售价为 40 万元。某水果公司派人察看了这片桔林,估计平均每棵树能收 3.9 筐桔子,该人这一估计的标准差为 0.8 筐。当时树上桔子的一般市场价格为每筐 10 元。假定树上桔子的产量及这片桔林平均每棵树的产量都服从正态分布。

(1)按察看人的先验估计,公司是否应购买这片桔林的桔子?

(2)完全信息期望值在这里指什么?求完全信息期望值。

(3)如果任选 100 棵树作为样本,把这些树上的桔子采摘下来,每棵树上的桔子平均为 4.1 筐,标准差为 2 筐,但由于桔子的提前采摘,每棵树要造成 25 元损失。

(i)进行这样的抽样是否值得?

(ii)利用后验正态分布作决策,水果公司是否购买这片桔林的桔子?

(4)如果计算机求得最佳样本量为 $N^*=58$,抽样净益 $ENGS(58)=24135$ 元。比抽样 100 棵树时能多收获收益多少?

5.21 在二行动线性决策问题中,其收益函数为

$$Q(\theta,a)=\begin{cases}-12+25\theta, & a=a_1,\\ 18+20\theta, & a=a_2。\end{cases}$$

(1)若取 $\theta\sim N(10,4^2)$,请计算先验 $EVPI$。

(2)若取 $\theta\sim N(10,\tau^2)$,对 $\tau=4,3,2,1$ 分别计算先验 $EVPI$。

(3)对上述结果给出合理解释。

5.22 某保险公司原本没有设立车祸保险项目。为考虑增设此项目,需了解车祸发生情况。设一年中每千人发生车祸人次数 $\theta\sim P(\lambda)$(泊松分布)。公司估计 λ 的先验分布为 $Ga(35,1)$。为更慎重此,通过对愿意购买车祸保险的 2000 人调查,发现他们在一年中有 85 人次车祸发生。假定每次车祸,公司平均要付出赔偿费 200 元。公司增设广告,发展这个项目每年需 10 万元费用。保险公司估计,每张保险单每年收保险费 10 元,可卖出保险单 10 万张。如果按这样收费,公司每年盈利多少?

第六章 统计决策理论

决策论也有贝叶斯决策论与经典(或频率)决策论之分,前二章已介绍了贝叶斯决策论。本章前二节将介绍经典决策论的基本观点与基本方法,然后从贝叶斯观点来看待经典决策论。

§6.1 风险函数

6.1.1 风险函数

无论贝叶斯决策论,还是经典决策论,他们都认为状态集 $\Theta=\{\theta\}$、行动集 $\mathscr{A}=\{a\}$和损失函数 $L(\theta,a)$是描述决策问题的三个基本要素,但在做决策时两派所定义的期望损失是完全不同的。贝叶斯学派是利用先验分布 $\pi(e)$和后验分布计算期望损失,即先验期望损失(第四章)

$$\overline{L}(a)=\int_{\Theta}L(\theta,a)\pi(\theta)d\theta \tag{6.1.1}$$

和后验期望损失(第五章)

$$R(\delta\mid \boldsymbol{x})=\int_{\Theta}L(\theta,\delta(\boldsymbol{x}))\pi(\theta\mid \boldsymbol{x})d\theta \tag{6.1.2}$$

其中 $\delta(\boldsymbol{x})$是样本空间 $x=\{\boldsymbol{x}\}$到行动集 $\mathscr{A}$ 上的决策函数,在样本 $\boldsymbol{x}$ 给定下,先验期望损失 $\overline{L}(a)$和后验期望损失 $R(\delta|\boldsymbol{x})$都是一个数,即一个行动对应一个 $\overline{L}(a)$,或一个决策函数 $\delta(\boldsymbol{x})$对应一个数 $R(\delta|\boldsymbol{x})$。根据这个数的大小来评定一个行动或一个决策函数的优与劣。

在经典决策论中不认为参数 θ 是随机变量,只认为是未知常数。当使用抽样信息获得决策函数 $\delta(\boldsymbol{x})$后,损失函数 $L(\theta,\delta(\boldsymbol{x}))$的不确定性完全是由样本 $\boldsymbol{x}$ 引起的,为了消除这种不确定性可用样本空间 $X=\{\boldsymbol{x}\}$上的分布 $p(\boldsymbol{x}|\theta)$求期望来实现,这就形成风险函数概念,具体定义如下。

定义 6.1.1 仅使用抽样信息的决策问题称为统计决策问题(见§5.1)。设 $\delta(\boldsymbol{x})$是某一统计决策问题中的决策函数,那么损失函数 $L(\theta,\delta(\boldsymbol{x}))$对样本分布 $p(\boldsymbol{x}|\theta)$的期望值

$$R(\theta,\delta)=E^{x|\theta}L(\theta,\delta(\boldsymbol{x}))$$
$$=\int_x L(\theta,\delta(\boldsymbol{x}))p(\boldsymbol{x}\mid\theta)d\boldsymbol{x} \tag{6.1.3}$$

称为$\delta(\boldsymbol{x})$的**风险函数**。若样本空间为离散的，则只要把上式积分号改为求和号即可。

从上述定义可见，风险函数也是一种平均损失，它是在样本空间 X 上的平均，故只有在样本 $\boldsymbol{x}$ 可作大量重复下才有意义，而大量重复在实际中是一个有争论的问题。

平均损失是愈小愈好，它是在频率观点下用来衡量决策函数优劣的一把尺子，不同的决策函数有不同的风险函数，当决策函数给定时，风险函数仍是 θ 的函数，比较两个决策函数 $\delta_1(\boldsymbol{x})$和 $\delta_2(\boldsymbol{x})$的优劣就要观其风险函数 $R(\theta,\delta_1)$和 $R(\theta,\delta_2)$的大小，大家知道，比较两个实数的大小是容易实现的，而比较两个函数的大小是困难的，少数场合（见图 6.1.1a）可以立即看出谁优谁劣，多数场合（见图 6.1.1b）是不易区分优劣的，面对风险函数呈现交叉情况时，决策者是选不出最优的决策函数，而对一个决策函数类 $\mathscr{D}=\{\delta(\boldsymbol{x})\}$来说，其风险函数常常呈现交叉情况。所以风险函数还不能供决策者立即使用，但给统计学家留下诸多须作进一步研究的问题，受到统计学家的注意。

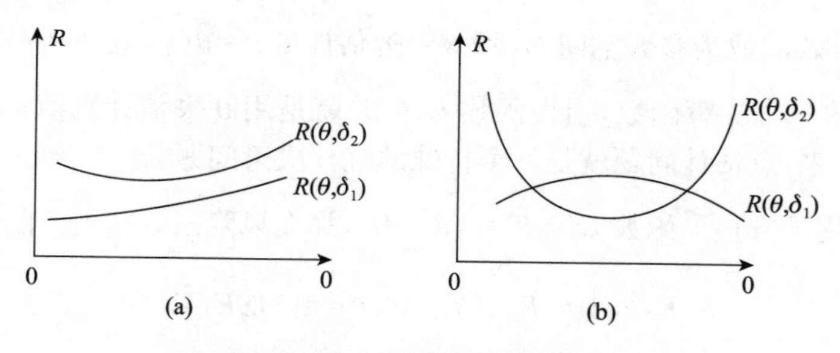

图 6.1.1　两个风险函数的比较

6.1.2　决策函数的最优性

几种可比较风险函数大小的场合可由下面定义给出。

定义 6.1.2　设 $\delta_1(\boldsymbol{x})$和 $\delta_2(\boldsymbol{x})$是统计决策问题中的两个决策函数，假如其风险函数在参数空间 Θ 上一致地有

$$R(\theta,\delta_1)\leqslant R(\theta_1,\delta_2),\ \forall\,\theta\in\Theta$$

且至少在一个 θ 上使上述严格不等式成立，则称决策函数 $\delta_1(\boldsymbol{x})$一致优于 $\delta_2(\boldsymbol{x})$，假如其风险函数间有

$$R(\theta,\delta_1)=R(\theta_1,\delta_2),\forall\theta\in\Theta$$

则称决策函数 $\delta_1(\boldsymbol{x})$与 $\delta_2(\boldsymbol{x})$等价。

定义 6.1.3 设 $\mathscr{D}=\{\delta(\boldsymbol{x})\}$是一统计决策问题中所考察的决策函数的全体。假如在决策函数类 $\mathscr{D}$ 中存在这样一个决策函数 $\delta^*=\delta^*(\boldsymbol{x})$,使得对 $\mathscr{D}$ 中任一个决策函数 $\delta(\boldsymbol{x})$总有

$$R(\theta,\delta^*)\leqslant R(\theta,\delta),\quad \forall\theta\in\Theta, \tag{6.1.4}$$

则称 $\delta^*(\boldsymbol{x})$为 $\mathscr{D}$ **中的一致最小风险决策函数**,或称为一致最优决策函数,假如所讨论的统计决策问题是点估计问题,则满足(6.1.4)的 δ^* 称为 $\mathscr{D}$ 中的一致最优估计。

上述二个定义都是对某个给定的损失函数而言的,当损失函数改变了,相应结论也可能随之而变,后一个定义还要对某个决策函数类而言的,当决策函数类改变了,一致最优性也可能改变,作为例子我们从决策角度来考察经典统计推断的三种基本形成:点估计、区间估计和假设检验,它们在特定的损失函数下和特定的决策函数类下都可看作是一种特殊类型的统计决策问题。

6.1.3 统计决策中的点估计问题

设 $\boldsymbol{x}=(x_1,\cdots x_n)$是来自总体 $p(x|\theta)$的一个样本,在寻求参数 θ 的点估计问题中,常把行动集 $\mathscr{A}$ 取为参数空间 Θ,即 $\mathscr{A}=\Theta$,估计量 $\hat{\theta}=\hat{\theta}(\boldsymbol{x})$就是从样本空间 $X=\{x\}$到 $\mathscr{A}$ 上的一个决策函数,损失函数 $L(\theta,\hat{\theta})$就是用 $\hat{\boldsymbol{\theta}}$ 去估计真值 θ 时所引起的损失,这样一来,点估计问题就是一个特殊的统计决策问题。

假设选用平方损失函数 $L(\theta,\hat{\theta})=(\hat{\theta}-\theta)^2$,那么风险函数就是 $\hat{\theta}$ 的均方误差

$$R(\theta,\hat{\theta})=E^{x|\theta}(\hat{\theta}(x)-\theta)^2=MSE(\hat{\theta})$$

这时最小均方估计就是 θ 的一切决策函数类 $\mathscr{D}$ 中的一致最优决策函数,遗憾的是,这样的估计在 $\mathscr{D}$ 中不存在。倘若这样的估计存在,并记为 θ^*,它是 θ 的一致最优决策函数,我们可对 Θ 中任一点 θ_0 构造一个决策函数

$$\delta_0(\boldsymbol{x})\equiv\theta_0$$

从而风险函数 $R(\theta,\delta_0)$在 $\theta=\theta_0$ 处为零,而 θ^* 是一致最优决策函数,故 θ^* 在 $\theta=\theta_0$ 处的风险值必为零。由于 θ_0 的任意性,可知

$$R(\theta,\theta^*)=0,\quad \forall\theta\in\Theta$$

这表明 $\theta^*(\boldsymbol{x})=\theta$ 处处成立,这样的 θ^* 是不存在。

假如把决策函数类限于 θ 的无偏估计类 $\mathscr{D}_1$ 中,那么其风险函数就是 $\hat{\theta}$ 的方

差，这时 θ 的一致最小方差无偏估计(UMVUE)就是 $\mathscr{D}_1$ 中的一致最优决策函数，寻找 θ 的 UMVUE 在经典统计学教科书中都有详细的叙述。

从统计决策理论看，最小方差不是一个估计的“最优”的唯一标准，改变损失函数后就可得另一种意义下的最优估计，譬如，Pitman 考虑寻找这样一个估计 $\hat{\theta}(\boldsymbol{x})$ 使得 $|\hat{\theta}-\theta|\leqslant c$ 的概率为最大，其中 c 为事先给定的某个正数，这种估计问题也可以看作一个特殊的统计决策问题，这只要取 0—1 损失函数

$$L(\theta,\hat{\theta})=\begin{cases}0, & |\hat{\theta}-\theta|\leqslant c\\ 1, & |\hat{\theta}-\theta|>c\end{cases}$$

于是寻找 Pitman 意义下的最优估计就是 0—1 损失函数下寻找最小风险决策函数问题。

6.1.4　统计决策中的区间估计问题

设 $\boldsymbol{x}=(x,\cdots,x_n)$ 是来自总体 $p(x|\theta)$ 的一个样本，在寻求参数 θ 的区间估计问题中，可把行动集取为某个给定的区间类，如

$\mathscr{A}$：直线上所有的有界区间类

这时 $\mathscr{A}$ 中每个行动就是一个区间，决策函数就是定义在 $\mathscr{X}$ 上而在 $\mathscr{A}$ 中取值的区间函数

$$\delta(\boldsymbol{x})=(d_1(\boldsymbol{x}),d_2(\boldsymbol{x}))$$

其中 $d_1(\boldsymbol{x})$ 和 $d_2(\boldsymbol{x})$ 为区间的二个端点，若取如下损失函数

$$L(\theta,\delta(\boldsymbol{x}))=m_1(d_2-d_1)+m_2[1-I(d_1,d_2)(\theta)]$$

其中 m_1 和 m_2 为某二个给定正常数。第一项表示这个区间 (d_1,d_2) 长短引起的损失，第二项表达了当 θ 不属于区间 (d_1,d_2) 时而引起的损失，这时其风险函数为

$$R(\theta,\delta(\boldsymbol{x}))=m_1E^{x|\theta}(d_2-d_1)+m_2P^{x|\theta}[\theta\overline{\in}(d_1,d_2)]$$

其中第一项与平均长度成比例，第二项与区间不包含真值的概率成比例。

假如 $x_1\cdots,x_n$ 是来自正态总体 $N(\theta,\sigma^2)$ 的一个样本，那么在给定置信水平 $1-\alpha(0<\alpha<1)$ 后，可用 t 统计量获得 θ 的置信区间

$$(d_1(x),d_2(x))=\left(\overline{x}-\frac{s}{\sqrt{n}}t_{\frac{\alpha}{2}}(n-1),\overline{x}+\frac{s}{\sqrt{n}}t_{\frac{\alpha}{2}}(n-1)\right)$$

其中 $\overline{x}$ 为样本均值，$s^2=\sum\limits_{i=1}^{n}(x_i-\overline{x})^2/(n-1)$，$t_{\frac{\alpha}{2}}(n-1)$ 是自由度为 $n-1$ 的 t 分

布的 $\alpha/2$ 上侧分位数，于是其平均长度为

$$E(d_2-d_1)=\frac{2}{\sqrt{n}}t_{\alpha/2}(n-1)E(S)$$

$$=\frac{2\sqrt{2}}{\sqrt{n(n-1)}}\sigma t_{\alpha/2}(n-1)\frac{\Gamma\left(\frac{n}{2}\right)}{\Gamma\left(\frac{n-1}{2}\right)}$$

而该区间不包含真值 θ 的概率为

$$P[\theta\overline{\in}(d_1,d_2)]=\alpha$$

所以最后的风险函数为

$$R(\theta,(d_1,d_2))=\frac{2\sqrt{2}}{\sqrt{n(n-1)}}m_1\sigma t_{\frac{\alpha}{2}}(n-1)\frac{\Gamma\left(\frac{n}{2}\right)}{\Gamma\left(\frac{n-1}{2}\right)}+m_2\alpha$$

在这样的统计决策问题中要寻找一致最优决策函数是不易办到的，即使在 $m_1=0$ 或 $m_2=0$ 场合，寻找一致最优（平均长度最短或包含错误值的概率最小）决策函数也只在特定的区间类中才能实现。

6.1.5 统计决策中的假设检验问题

设 $\boldsymbol{x}=(x_1,\cdots,x_n)$ 是来自总体 $p(x|\theta)$ 的一个样本，又设 Θ_0 与 Θ_1 为参数空间 $\Theta=\{\theta\}$ 中两个不相交的非空子集。在原假 H_0 对备择假设 H_1 的检验问题中，常把行动集 $\mathscr{A}$ 取作为仅有二个行动（接受与拒绝）组成的集合，即

$$\mathscr{A}=\{0(\text{接受}),1(\text{拒绝})\}$$

这时决策函数 $\delta(\boldsymbol{x})$ 就是样本空间 x 到行动集 $\mathscr{A}$ 上的一个函数，所有这种决策函数的全体记为 $\mathscr{D}$，若对给定的决策函数 $\delta(\boldsymbol{x})\in\mathscr{A}$，记

$$W=\{\boldsymbol{x}:\delta(\boldsymbol{x})=1\}\subset X$$

则决策函数 $\delta(\boldsymbol{x})$ 可表示为拒绝域 W 上的示性函数，即

$$\delta(\boldsymbol{x})=\begin{cases}1, \boldsymbol{x}\in W\\ 0, \boldsymbol{x}\overline{\in} W\end{cases}$$

反之，若取样本空间 $\mathscr{X}$ 的任一子集 W，则 W 的示性函数就是该检验问题的一个决策函数。

最后来确定损失函数 $L(\theta,\delta)$，它可看作 θ 为真时，而采取行动 $\delta=\delta(\boldsymbol{x})$ 所引起

的损失、此种损失函数常采取 0—1 损失函数，即

$$L(\theta,0)=\begin{cases}0,\theta\in\Theta_0\\1,\theta\in\Theta_1\end{cases}$$

$$L(\theta,1)=\begin{cases}0,\theta\in\Theta_1\\1,\theta\in\Theta_0\end{cases}$$

在上述这些假设下，一个检验问题就可看作一个统计决策问题，这时任一决策函数 $\delta(\boldsymbol{x})$ 的风险函数为

$$\begin{aligned}R(\theta,\delta) &= E^{x|\theta}L(\theta,\delta(\boldsymbol{x})\\ &= \int_{\delta(\boldsymbol{x})=1} L(\theta,\delta(\boldsymbol{x}))p((\boldsymbol{x})\mid\theta)d\boldsymbol{x}\\ &\quad + \int_{\delta(\boldsymbol{x})=0} L(\theta,\delta(\boldsymbol{x}))p(\boldsymbol{x}\mid\theta)d\boldsymbol{x}\\ &= \int_W L(\theta,1)p(\boldsymbol{x}\mid\theta)d\boldsymbol{x} + \int_{\overline{W}} L(\theta,0)p(\boldsymbol{x}\mid\theta)d\boldsymbol{x}\\ &= \begin{cases}P^{x|\theta}(\boldsymbol{x}\in W),\theta\in\Theta_0\\ P^{x|\theta}(\boldsymbol{x}\overline{\in} W),\theta\in\Theta_0\end{cases}\end{aligned}$$

这表明：当 $\theta\in\Theta_0$ 时，其风险函数就是犯第Ⅰ类错误（拒真错误）的概率；当 $\theta\in\Theta_1$ 时，其风险函数就是犯第Ⅱ类错误（存伪错误）的概率。

Neyman-Pearson 假设检验理论的基本思想是在限制犯第Ⅰ类错误概率不超过某一个正数 α 的条件下，寻找使犯第Ⅱ类错误概率尽可能小的拒绝域，这在统计决策理论中等价于寻找这样的决策函数 $\delta^*(\boldsymbol{x})$，在满足

$$\operatorname*{Sup}_{\theta\in\Theta_0}R(0,\delta^*(x))\leqslant\alpha$$

条件下，使得对样本空间 $\mathscr{X}$ 中任一子集的示性函数 $\delta(\boldsymbol{x})$ 有

$$R(\theta,\delta^*(\boldsymbol{x}))\leqslant R(\theta,\delta),\ \forall\,\theta\in\Theta_1,\delta\in\mathscr{D}$$

所以寻找一致最优势检验的问题仍是特定损失函数下的统计决策问题。

至此我们已看到，经典统计推断的三种基本形式都可纳入统计决策的框架，都可看作是特定行动集和特定损失函数下的统计决策问题，只不过用风险函数概念和决策函数语言重新把它们表达出来，而对寻找一致最优决策函数并无多大帮助。

§6.2 容许性

6.2.1 决策函数的容许性

对给定的统计决策问题,按风险函数愈小愈好的原则,在某个决策函数类 $\mathscr{D}$ 中挑选一致最优决策函数常常难以实现,于是统计学家建议,降低要求,用容许性代替一致最优性,决策函数容许性的一般定义如下。

定义 6.2.1 对给定的统计决策问题和决策函数类 $\mathscr{D}$,决策函数 $\delta_1=\delta_1(\boldsymbol{x})\in\mathscr{D}$ 称为**非容许的**,假如在 $\mathscr{D}$ 中存在另一个决策函数 $\delta_2=\delta_2(\boldsymbol{x})$满足如下两个条件

(1)$R(\theta,\delta_2)\leqslant R(\theta,\delta_1)$, $\forall\,\theta\in\Theta$

(2)在 Θ 中至少有一个 θ_0,有 $R(\theta,\delta_2)<R(\theta,\delta_1)$

假如在 $\mathscr{D}$ 中不存在满足上述两条件的决策函数,则称 $\delta_1(\boldsymbol{x})$为**容许的**,在点估计问题中,相应的估计量称为非容许估计和容许估计。

从上述定义可见,非容许决策函数是不应该使用的,但这并不意味着任一容许决策函数都可使用,譬如,不依赖于样本的常数值 $\delta(\boldsymbol{x})=\theta_0$ 常常是参数 θ 的容许估计,只要 θ_0 是参数空间 Θ 中一点即可,因为它在 $\theta=\theta_0$ 处给出了 θ 的精确估计值,这种只顾 θ_0 一点而不顾其它的估计是不会被人们采用的,下面的例子将进一步说明容许性概念。

例 6.2.1 设 $x_1,\cdots,x_n$ 是来自正态总体 $N(0,\sigma^2)$的一个样本,大家知道,σ^2 的常用估计是

$$\hat{\sigma}_1^2=\frac{1}{n-1}\sum_{i=1}^{n}(x_i-\bar{x})^2,$$

其中 $\bar{x}$ 是样本均值,它在平方损失函数下的风险函数为

$$R(\sigma^2,\hat{\sigma}_1^2)=E^{x|\theta}(\hat{\sigma}_1^2-\sigma^2)^2=\frac{2\sigma^4}{n-1}$$

假如我们仅考虑形如 $\delta_c(\boldsymbol{x})=c\,\hat{\sigma}_1^2$ 的估计,其中 c 为正实数,在同样的二次损失函数下,$\delta_c(\boldsymbol{x})$的风险函数为

$$\begin{aligned}R(\sigma^2,\delta_c(\boldsymbol{x}))&=E^{x|\theta}(c\,\hat{\sigma}_1^2-\hat{\sigma}^2)^2\\&=c^2E^{x|\theta}(\hat{\sigma}_1^2-\sigma^2)^2+\sigma^4(1-c)^2\\&=\sigma^4\left[\frac{2c^2}{n-1}+(1-c)^2\right]\end{aligned}$$

上式方括号内是 c 的二次三项式,它在 $c_0=(n-1)/(n+1)$处达到最小,所以令

$$\hat{\sigma}_2^2 = \frac{1}{n+1}\sum_{i=1}^{n}(x_i - \overline{x})^2$$

则有

$$R(\sigma^2,\hat{\sigma}_1^2) > R(\sigma^2,\hat{\sigma}_2^2) = \frac{2\sigma^4}{n+1}$$

这就证明了估计 $\hat{\sigma}_1^2$ 是非容许的，但要注意，这并不意味着估计 $\hat{\sigma}_2^2$ 一定是容许的，譬如取

$$\hat{\sigma}_3^2 = \frac{1}{n+2}\sum_{i=1}^{n}x_i^2$$

它的风险函数为

$$\begin{aligned}
R(\sigma^2,\hat{\sigma}_3^2) &= E^{x|\theta}(\hat{\sigma}_3^2)^2 \\
&= E^{x|\theta}\left(\frac{1}{n+2}\sum_{i=1}^{n}x_1^2 - \sigma^2\right)^2 \\
&= \left(\frac{1}{n+2}\right)^2 E^{x|\theta}(\sum_{i=1}^{n}x_i^2)^2 - \frac{2\sigma^2}{n+2}\sum_{i=1}^{n}E^{x|\theta}(x_i^2) + \sigma^4 \\
&= \frac{3n+n(n-1)}{(n+2)^2}\sigma^4 - \frac{2n}{n+2}\sigma^4 + \sigma^4 \\
&= \frac{2}{n+2}\sigma^4
\end{aligned}$$

由于 $R(\sigma^2,\hat{\sigma}_3^2) < R(\sigma^2,\hat{\sigma}_2^2)$，$\forall\,\sigma^2>0$，所以 $\hat{\sigma}_2^2$ 仍是非容许估计。

例 6.2.2 在例 5.1.1 中我们讨论了一个二行动线性统计决策问题，在那里有二个行动可供选择，一是每箱 100 件产品逐一检查(a_1)；另一是每箱中一件都不检查(a_2)，工厂决定：先从每箱中任取二件检查，然后根据检查结果再作决策，这里抽样检查结果为 0,1,2 等不合格品件数。由此可见，从 $\mathscr{X}=\{0,1,2\}$ 到 $\mathscr{A}=\{a_1,a_2\}$ 上的任一变换都是该统计决策问题的决策函数，此种决策函数共有 8 个，它们已列于表 5.2.2。

在抽检二件产品后，工厂为每箱的支付函数 $W(\theta,a)$ 已在例 5.1.1 中指出，在例 5.1.1 中还把它改写为如下损失函数

$$L(\theta,a_1) = \begin{cases} 78.4 - 1250\theta, & \theta \leqslant \theta_0 \\ 0, & \theta > \theta_0 \end{cases}$$

$$L(\theta,a_2) = \begin{cases} 0, & \theta \leqslant \theta_0 \\ -78.4 + 1250\theta, & \theta > \theta_0 \end{cases}$$

其中 $\theta_0=0.06272$，另外若设 X 为抽取二件产品中的不合格品的件数，则 X 服从二项分布 $b(2,\theta)$，即

$$P_\theta(X=x)=\binom{2}{x}\theta^x(1-\theta)^{2-x},x=0,1,2$$

在例 5.2.1 和例 5.2.2 中，利用 θ 的先验分布 $U(0,0.12)$ 已算出上述 8 个决策函数的后验期望损失，经过简单比较，就看出其中 $\delta_5(x)$ 是后验期望损失最小的决策函数。现在我们转而计算这 8 个决策函数的风险函数。譬如，$\delta_5(x)$ 的风险函数为

$$\begin{aligned}R(\theta,\delta_5)&=E^{x|\theta}L(\theta,\delta_5(x))\\&=L(\theta,\delta_5(0))P_\theta(x=0)+L(\theta,\delta_5(1))P_\theta(x=1)+L(\theta,\delta_5(2)P_\theta(x=2)\\&=L(\theta,a_2)(1-\theta)^2+L(\theta,a_1)\cdot 2\theta(1-\theta)+L(\theta,a_1)\theta^2\end{aligned}$$

把损失函数代入，当 $\theta\leqslant\theta_0$ 时

$$R(\theta,\delta_5)=(78.4-1250\theta)[1-(1-\theta)^2]$$

当 $\theta>\theta_0$ 时，

$$R(\theta,\delta_5)=(-78.4+1250\theta)(1-\theta)^2$$

类似地可写出其它几个决策函数的风险函数。它们是

$$R(\theta,\delta_1(x))=\begin{cases}78.4-1250\theta, & \theta\leqslant\theta_0\\0, & \theta>\theta_0\end{cases}$$

$$R(\theta,\delta_2(x))=\begin{cases}(78.4-1250\theta)(1-\theta^2), & \theta\leqslant\theta_0\\(-78.4+1250\theta)\theta^2, & \theta>\theta_0\end{cases}$$

$$R(\theta,\delta_3(x))=\begin{cases}(78.4-1250\theta)[1-2\theta(1-\theta)], & \theta\leqslant\theta_0\\(-78.4+1250\theta)\cdot 2\theta(1-\theta), & \theta>\theta_0\end{cases}$$

$$R(\theta,\delta_4(x))=\begin{cases}(78.4-1250\theta)(1-\theta)^2, & \theta\leqslant\theta_0\\(-78.4+1250\theta)[1-(1-\theta)^2], & \theta>\theta_0\end{cases}$$

$$R(\theta,\delta_6(x))=\begin{cases}(78.4-1250\theta)\cdot 2\theta(1-\theta), & \theta\leqslant\theta_0\\(-78.4+1250\theta)[1-2\theta(1-\theta)], & \theta>\theta_0\end{cases}$$

$$R(\theta,\delta_7(x))=\begin{cases}(78.4-1250\theta)\theta^2, & \theta\leqslant\theta_0\\(-78.4+1250\theta)(1-\theta^2), & \theta>\theta_0\end{cases}$$

$$R(\theta,\delta_8(x))=\begin{cases}0, & \theta\leqslant\theta_0\\(-78.4+1250\theta), & \theta>\theta_0\end{cases}$$

这些风险函数在 $\theta=0(0.02)0.12$ 的值列在表 6.2.1 上

表 6.2.1　8 个风险函数在 $\theta=0(0.02)0.12$ 上的值　　(单位:元)

$R(\theta,\delta(x))$	0	0.02	0.04	0.06	0.08	0.10	0.12
$R(\theta,\delta_1(x))$	78.4	53.40	28.40	3.40	0	0	0
$R(\theta,\delta_2(x))$	78.4	53.38	28.35	3.39	0.14	0.47	1.03
$R(\theta,\delta_3(x))$	78.4	51.31	26.22	3.02	3.14	8.39	15.12
$R(\theta,\delta_4(x))$	78.4	51.29	26.17	3.00	3.32	8.85	16.15
$R(\theta,\delta_5(x))$	0	2.11	2.23	0.10	18.68	37.75	55.15
$R(\theta,\delta_6(x))$	0	2.09	2.18	0.38	18.42	38.21	56.48
$R(\theta,\delta_7(x))$	0	0.02	0.05	0.01	21.46	46.13	70.57
$R(\theta,\delta_8(x))$	0	0	0	0	21.60	46.60	71.60

从表 6.2.1 上可以看出:当该厂的不合格品率 θ 在 0 与 0.12 之间,那在此 8 个决策函数组成的类中不存在一致最优决策函数,但也没有一个是非容许决策函数,面对这 8 个容许的决策函数,决策者仍是无所适从,要注意到,容许性的讨论不在于选优,而在于排劣,即排除非容许性。

6.2.2　Stein 效应

正态均值用其样本均值去估计有很好的性质,人们都经常使用它,当把这样的估计推广到 p 元正态分布场合时出现了意想不到的结果。Stein 在 1955 年指出,在多元二次损失函数下,$p\geqslant 3$ 时,样本均值向量是正态均值向量的非容许估计,这个结果在当时统计界引起轰动效应,产生了研究容许性的热潮,并持续二、三十年之久,如今把这个效应称为 Stein 效应(Stein effect),这里先用例子形式来叙述 Stein 的结果,然后叙述其影响。

例 6.2.3　p 元正态总体均值的估计

设 $\boldsymbol{x}=(x_1,\cdots,x_p)'$ 服从 p 元正态分布 $N_p(\boldsymbol{\mu},\boldsymbol{I}_p)$,其中 $\boldsymbol{\mu}=(\mu_1,\cdots,\mu_p)'\in R^p$,$I_p$ 为 p 阶单位阵。如今对 $\boldsymbol{x}$ 仅作一次观察,并用观察结果

$$\delta(\boldsymbol{x})=(x_1,\cdots,x_p)'$$

去估计总体均值向量 $\boldsymbol{\mu}$,现在 p 元二次损失函数

$$L(\boldsymbol{\mu},\boldsymbol{\delta})=(\boldsymbol{\delta}-\boldsymbol{\mu})'(\boldsymbol{\delta}-\boldsymbol{\mu})$$

下研究 $\delta(\boldsymbol{x})$ 的容许性问题,Stein 在 1955 年指出 $\delta(\boldsymbol{x})$ 在 $p\geqslant 3$ 时是 $\boldsymbol{\mu}$ 的非容许估计,但证明不是结构性的,到 1961 年,James 和 Stein 给出了比 $\delta(\boldsymbol{x})$ 一致更优的估计。

$$\delta^{JS}(\boldsymbol{x})=\left(1-\frac{p-2}{\boldsymbol{x}'\boldsymbol{x}}\right)\boldsymbol{x} \tag{6.2.1}$$

这个估计被称为 James-Stein 估计，选用这个估计的直观想法出自于

$$E(\boldsymbol{x}'\boldsymbol{x})=E(x_1^2+\cdots+x_p^2)=p+\boldsymbol{\mu}'\boldsymbol{\mu}$$

这就告诉我们，当用 $\boldsymbol{x}$ 去估计 $\boldsymbol{\mu}$ 时，$\boldsymbol{x}$ 的平均长度 $E(\boldsymbol{x}'\boldsymbol{x})$ 实际上比 $\boldsymbol{\mu}$ 的长度大，这是一种系统偏差，需要改进，改进的方法就是将 $\boldsymbol{x}$ 乘以某一个修正因子，Stein 考虑到这个修正因子与 $\boldsymbol{x}$ 和 p 有关，故选用 $\left(1-\frac{p-2}{\boldsymbol{x}'\boldsymbol{x}}\right)$ 作为修正因子。

为了在 $p\geqslant 3$ 时证明 $\delta(\boldsymbol{x})=\boldsymbol{x}$ 是 $\boldsymbol{\mu}$ 的非容许估计，我们只要证明

$$R(\boldsymbol{\mu},\delta(\boldsymbol{x}))>R(\boldsymbol{\mu},\delta^{JS}(\boldsymbol{x})),\ \forall\,\boldsymbol{\mu}\in R^p,\ p\geqslant 3$$

即可。为此需要进行一系列的计算。

$$\begin{aligned}
&R(\boldsymbol{\mu},\delta(\boldsymbol{x}))-R(\boldsymbol{\mu},\delta^{JS}(\boldsymbol{x}))\\
&=E(\boldsymbol{x}-\boldsymbol{\mu})'(\boldsymbol{x}-\boldsymbol{\mu})-E\left[\boldsymbol{x}-\frac{p-2}{\boldsymbol{x}'\boldsymbol{x}}\boldsymbol{x}-\boldsymbol{\mu}\right]'\left[\boldsymbol{x}-\frac{p-2}{\boldsymbol{x}'\boldsymbol{x}}\boldsymbol{x}-\boldsymbol{\mu}\right]\\
&=(p-2)\left\{2-2E\left(\frac{\boldsymbol{\mu}'\boldsymbol{x}}{\boldsymbol{x}'\boldsymbol{x}}\right)-(p-2)E\left(\frac{1}{\boldsymbol{x}'\boldsymbol{x}}\right)\right\}
\end{aligned}$$

其中数学期望是用 $\boldsymbol{x}$ 的分布 $N_p(\boldsymbol{\mu},\boldsymbol{I}_p)$ 计算的，进一步的计算需要如下二个恒等式

$$E\left(\frac{1}{\boldsymbol{x}'\boldsymbol{x}}\right)=E_r\left(\frac{1}{p+2K-2}\right)$$

$$E\left(\frac{\boldsymbol{\mu}'\boldsymbol{x}}{\boldsymbol{x}\boldsymbol{x}}\right)=E_\gamma\left(\frac{2K}{p+2K-2}\right)$$

其中 K 是一个服从参数为 $\gamma=\frac{1}{2}\sum_{i=1}^{p}\mu_i^2$ 的泊松变量。用此泊松分布计算数学期望用 E_γ 符号表示，把上述两个期望代回原式，可得

$$\begin{aligned}
&R(\boldsymbol{\mu},\delta(\boldsymbol{x}))-R(\boldsymbol{\mu},\delta^{JS}(\boldsymbol{x}))\\
&=(p-2)\left\{2-2E_\gamma\left(\frac{2K}{p+2K-2}\right)-(p-2)E_\gamma\left(\frac{1}{p+2K-2}\right)\right\}\\
&=(p-2)E_\gamma\left\{2-\frac{4K}{p+2K-2}-\frac{p-2}{p+2K-2}\right\}\\
&=(p-2)^2E_\gamma\left(\frac{1}{p+2K-2}\right)
\end{aligned}$$

由此看出，当 $p\geqslant 3$ 时，上式大于零，从而证明了 $\delta(\boldsymbol{x})=\boldsymbol{x}$ 在 $p\geqslant 3$ 时是非容许估计。

这个结果发表以后，引起各国统计学家的思索，考虑了很多的问题，如类似的

现象是否在其它分布族中亦会出现吗？常用的统计量是否都是容许的？对一些分布族的参数，其容许估计的充分条件或充要条件是什么？这种现象是否是由于损失函数引起的？Stein 的这个结果给人们留下了极其深刻的印象，引起了一系列的研究。

譬如在研究 James-Stein 估计中，人们发现，当观察向量 $\boldsymbol{x}$ 接近于零时，因子 $[1-(p-2)/\boldsymbol{x}'\boldsymbol{x}]$ 会出现负值，甚至当 $\boldsymbol{x}'\boldsymbol{x}\to 0$ 时，这个因子会趋向 $-\infty$，对此 Baranchick(1970)提出如下的截尾估计进行改进。

$$\delta_c^+(\boldsymbol{x})=\left(1-\frac{c}{\boldsymbol{x}'\boldsymbol{x}}\right)^+\boldsymbol{x}=\begin{cases}\left(1-\dfrac{c}{\boldsymbol{x}'\boldsymbol{x}}\right)\boldsymbol{x}, & \boldsymbol{x}'\boldsymbol{x}>c\\ 0, & \text{其它}\end{cases} \tag{6.2.2}$$

其中满足 $p-2\leqslant c\leqslant 2(p-2)$ 这个估计被称为截尾 $J-S$ 估计，它一致地比不截尾 $J-S$ 估计(6.2.1)要优，特别 δ_{p-2}^+ 对 δ^{JS} 作了改进，但是对不同的 c 值，(6.2.2)的风险函数仍不可比较，再想对截尾 $J-S$ 估计作改进已很困难了，对 $p=9$ 和 $c=2p-1$ 时，δ_c^+ 的风险函数如图 6.2.1 所示。图中的水平线是 $\delta(\boldsymbol{x})=\boldsymbol{x}$ 的风险函数 $R(\boldsymbol{\mu},\boldsymbol{\delta})=9$。

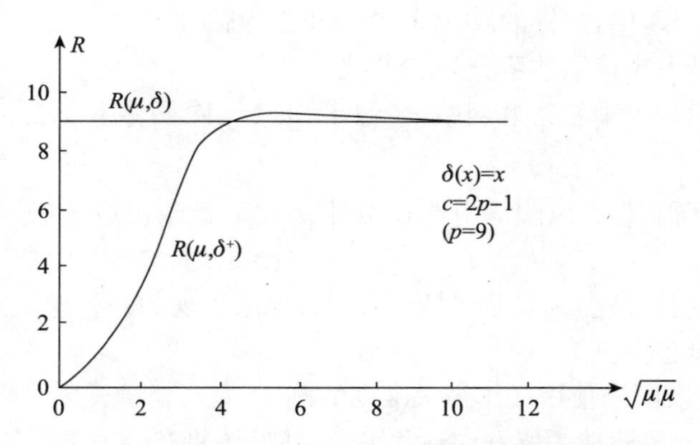

图 6.2.1　截尾 $J-S$ 估计与均值的风险函数的比较

§6.3　最小最大准则

6.3.1　最小最大准则

假如在决策函数类中剔去非容许决策函数后，对容许决策函数的风险函数进行逐点比较还是选不出最优决策函数的。假如只对风险函数某一侧面进行比较。从中选出这一侧面上的最优决策函数是可行的，最引人注目的侧面是风险函数 R

(θ,δ)在参数空间Θ上的最大值$\text{Max}R(\theta,\delta)$，它表示决策者选用决策函数$\delta=\delta(\boldsymbol{x})$后可能引发的最大风险，这是决策者最不愿看到的风险，但也决不能回避的事实，从最坏处着眼，决策者不能不防。如何防备呢？考虑到每个风险函数在Θ上都有一个最大风险，这些最大风险都是一些实数，可以比较其大小，最大风险最小化准则由此产生，这个准则的英文名是 Minimax 我们把它译为"最小最大"，于是最大风险最小化准则又称为最小最大准则，它的一般定义如下。

定义 6.3.1 设$\boldsymbol{x}=(x_1,\cdots,x_n)$是来自总体$p(x|\theta)$的一个样本，$\theta\in\Theta$，$\mathscr{D}=\{\delta\}$是样本空间$X=\{\boldsymbol{x}\}$到行动集$\mathscr{A}=\{a\}$上的某个决策函数类，在损失函数$L(\theta,\delta)$下，下面的数值

$$\widetilde{R}=\underset{\delta\in\mathscr{A}}{\text{Min}}\ \underset{\theta\in\Theta}{\text{Max}}R(\theta,\delta)=\underset{\delta\in\mathscr{A}}{\text{Min}}\ \underset{\theta\in\Theta}{\text{Max}}E^{X|\theta}L(\theta,\delta(\underset{\sim}{\boldsymbol{X}}))\tag{6.3.1}$$

称为**最小最大风险**。假如在$\mathscr{D}$中可选出这样的决策函数δ^*，使得

$$\underset{\Theta}{\text{Max}}R(\theta,\delta^*)=\widetilde{R},$$

则称δ^*为该统计决策问题在**最小最大准则下的最优决策函数**，或称**最小最大决策函数**，在点估计问题中，这样的δ^*还称为最小最大估计。

寻求最小最大决策函数可分为二步：

第一步，对$\mathscr{D}$中每个决策函数$\delta(\boldsymbol{x})$求出其风险函数在Θ上的最大风险值$\underset{\theta\in\Theta}{\text{Max}}R(\theta,\delta)$。

第二步，在所有最大风险值中选取相对最小值，此值对应的决策函数便是最小最大决策函数。

从策略观点看，最小最大准则是预防特大风险出现的一种稳妥策略，实际中常使用这种策略思想作决策。

例 6.3.1 实际中使用最小最大准则的例子。

(1)在海洋上要建造一座石油钻井平台，其设计要充分考虑到所建平台能抵御十一级大风和特大暴雨同时袭击，假如仅考虑这些，那安全的平台的造价一定是很昂贵的，现代的平台的设计师还要充分考虑各种天气现象的可能性。在保证安全的前提下选择造价尽量能减少的设计方案，此种设计思想就是最小最大策略。

(2)防洪堤霸设计也要按最小最大准则进行，以保证百年一遇的条件下使建造费用尽量减少。

(3)城市道路宽度的设计也要用到最小最大准则，很多调查数据表明，在路口停止等待通过的汽车数(在一定的观察时间内，如一分钟等)服从泊松分布$P(\lambda)$，假如用样本均值去估计泊松均值参数λ，据此设计道路宽度，那么路口停止等待通过的汽车数是不会减少下来的，这时取λ的最小最大估计是适当的，这会有利于减

少路口停止等待的汽车数，这对道路的设计者是很重要的。

(4)对较小规模企业，由于资金单薄，经济上常经不起大的冲击，在投资方向上常采用最小最大策略，为了回避大的风险宁可少赚钱。

(5)很多人参加人寿保险或财产保险也出于此种策略，他们宁可平时无事花点钱，免招突如其来的灭顶之灾。

另外，最小最大准则也有保守一面，这一点常引起人们的争论，譬如，在例 6.2.3 中给出的 p 元正态均值向量 $\boldsymbol{\mu}$ 的估计有如下两种

$$\delta(\boldsymbol{x})=\boldsymbol{x}$$

$$\delta_c^+(\boldsymbol{x})=\left(1-\frac{2p-1}{\boldsymbol{x}'\boldsymbol{x}}\right)^+\boldsymbol{x}$$

它们的风险函数如图 6.2.3 所示，假如仅从这两种估计中选择的话，$\boldsymbol{\mu}$ 的最小最大估计是 $\delta(\boldsymbol{x})=\boldsymbol{x}$，可另一估计 δ_c^+ 在 $\boldsymbol{\mu}'\boldsymbol{\mu}$ 较小时的风险明显地低于 δ 的风险；而在 $\boldsymbol{\mu}'\boldsymbol{\mu}$ 较大时，δ_c^+ 的风险虽比 δ 的风险大一点，但其超过量是微小的，甚至可忽略不计，所以选用 δ 是难于接受的。

例 6.3.2　在例 6.2.2 中我们遇到有 8 个决策函数组成类

$$\mathscr{D}=\{\delta_1,\delta_2,\delta_3,\delta_4,\delta_5,\delta_6,\delta_7,\delta_8\}$$

假如参数空间 Θ 选为[0,0.12]，即不合格品率 θ 在 0 到 0.12 之间，那从表 6.2.1 上容易看出 $\mathscr{D}$ 中每个决策函数所具有的最大风险值(见表 6.3.1)，从中立即可得 $\delta_5(x)$ 是最小最大风险准则下的最优决策函数。其中 $\delta_5(x)$ 为

$$\delta_5(x)=\begin{cases}\delta_2, x=0\\ \delta_1, x=1,2\end{cases}$$

即从每箱中随机抽取二个产品进行检查，当其中没有一件是不合格品时就不再检查其它产品；当其中至少有一件是不合格品时就对全箱产品逐一检查。采用 $\delta_5(x)$ 所引起的最大平均损失是 55.45 元/箱，这是它的最小最大风险。

表 6.3.1　8 个风险函数的最大值

$\delta(x)$	$\text{Max}R(0,\delta(x))$	δ	$\text{Max}R(0,\delta(x))$
$\delta_1(x)$	78.4	δ_5	55.45
$\delta_2(x)$	78.4	δ_6	56.48
$\delta_3(x)$	78.4	δ_7	70.57
$\delta_4(x)$	78.4	δ_8	71.60

例 6.3.3　设 x 是正态总体 $N(\theta,1)$ 抽取的(容量为 1)样本，

$$\mathscr{D}_1=\{\delta_c:\delta_c(x)=cx, c\text{ 为任意实数}\}$$

要寻找 θ 的估计，若取平方损失，则 $\mathscr{D}_1$ 中任一个估计 δ_c 的风险函数为

$$\begin{aligned}R(\theta,\delta_c)&=E^{x|\theta}(cx-\theta)^2\\&=E^{x|\theta}[c(x-\theta)+(c-1)\theta]^2\\&=c^2+(c-1)^2\theta^2\end{aligned}$$

容易看出，当 $c=1$ 时，$R(\theta,\delta_1)=1$。而当 $c>1$ 时，有

$$R(\theta,\delta_1)<R(\theta,\delta_c),\ \forall\,\theta\in R$$

所以当 $c>1$ 时，δ_1 是一致优于 δ_c。可当 $c\leqslant 1$ 时，诸 δ_c 的风险函数呈交叉状态，故对诸风险函数逐点比较，在 $\mathscr{D}_1$ 中没有一致最小风险估计，但它们在 R 上的最大风险可以算出

$$\operatorname*{Sup}_{\theta\in R}R(\theta,\delta_c)=\operatorname*{Sup}_{\theta\in R}[c^2+(c-1)^2\theta^2]=\begin{cases}1, & c=1\\ \infty, & c\neq 1\end{cases}$$

可见，按最小最大准则，$\delta_1(x)=x$ 是 θ 在 D_1 中的最小最大估计，其最小最大风险为 1。

6.3.2 最小最大估计的容许性

下面二个定理表明了最小最大估计与容许性间的关系。

定理 6.3.1 在一个统计决策问题中，假如 $\delta_0(\boldsymbol{x})$ 是参数 θ 的唯一最小最大估计，则 $\delta_0(\boldsymbol{x})$ 也是 θ 的容许估计。

证明： 倘若 $\delta_0(\boldsymbol{x})$ 是非容许的，则应存在另一个估计 $\delta_1(\boldsymbol{x})(\neq\delta_0(x))$，使得

$$R(\theta,\delta_1)\leqslant R(\theta,\delta_0),\ \forall\,\theta\in\Theta$$

且在 Θ 中至少有一个 θ 可使上述严格不等式成立，因此有

$$\operatorname*{Max}_{\theta\in\Theta}R(\theta,\delta_1)\leqslant\operatorname*{Max}_{\theta\in\Theta}R(\theta,\delta_0)$$

从而 $\delta_1(\boldsymbol{x})$ 也是 θ 的最小最大估计，这与 δ_0 是唯一的最小最大估计矛盾。故此种 $\delta_1(\boldsymbol{x})$ 不存在，证毕。

从上述证明过程中可以看出，定理 6.3.1 对任一指定的决策函数（估计）类都成立，故没有再指出具体的决策函数类，下面的定理也是这样。

定理 6.3.2 在一个统计决策问题中，假如 $\delta_0(\boldsymbol{x})$ 是参数 θ 的容许估计，且在参数空间 Θ 上有常数风险，则 $\delta_0(\boldsymbol{x})$ 也是 θ 的最小最大估计。

证明： 由于 δ_0 的风险函数是常数，故对 Θ 中任一个 θ_0 有

$$\underset{\theta\in\Theta}{\mathrm{Max}} R(\theta,\delta_0)=R(\theta_0,\delta_0)$$

倘若 δ_0 不是 θ 的最小最大估计，则应存在另一个估计 $\delta_1(x)$，其在 Θ 上的最大风险不应超过 δ_0 的常数风险，即

$$\underset{\theta\in\Theta}{\mathrm{Max}} R(\theta,\delta_1)\leqslant R(\theta_0,\delta_0)$$

从而有

$$R(\theta,\delta_1)\leqslant R(\theta_0,\delta_0)\quad \forall\,\theta\in\Theta$$

假如上述严格不等式哪怕对 Θ 中某一个 θ 成立，则说明 δ_0 不是容许估计，假如在 Θ 上上述等式处处成立，这也与 δ_0 是容许估计矛盾，这些矛盾说明此种 δ_1 不存在，证毕。

例 6.3.4　设随机变量 Y 服从伽玛分布 $G_a(\alpha,1/\theta)$，其中 $\alpha>0$ 已知，θ 未知，利用 Karlin(1958)定理可在平方损失函数 $L(\theta,\delta)=(\delta-\theta)^2$ 下求得 θ 的容许估计 $\hat{\theta}(y)=y/(1+\alpha)$，现来计算这个容许估计的风险函数

$$\begin{aligned}R(\theta,\hat{\theta}) &= \frac{1}{\theta^{\alpha}\Gamma(\alpha)}\int_0^{\infty}\left(\frac{y}{1+\alpha}-\theta\right)^2 y^{\alpha-1}e^{-y/\theta}dy\\ &= \frac{\theta^2}{\Gamma(\alpha)}\int_0^{\infty}\left(\frac{u}{1+\alpha}-1\right)^2 u^{\alpha-1}e^{-u}du\\ &= \frac{\theta^2}{\Gamma(\alpha)}\left[\frac{\Gamma(\alpha+2)}{(1+\alpha)^2}-\frac{2\Gamma(\alpha+1)}{1+\alpha}+\Gamma(\alpha)\right]\\ &= \frac{\theta^2}{1+\alpha}\end{aligned}$$

这个风险函数仍是 θ 的函数，假如取如下的加权平方损失函数 $L(\theta,\delta)=(\delta-\theta)^2/\theta^2$，那么 $\hat{\theta}$ 的风险函数为 $(1+\alpha)^{-1}$，这与 θ 无关，由定理 6.2.2 知，$\hat{\theta}(y)$ 在上述加权平方损失函数下是 θ 的最小最大估计，由此可见，寻求最小最大估计时，损失函数形式有较大关系。

§ 6.4　贝叶斯风险

6.4.1　贝叶斯风险

假如把先验信息加入到统计决策问题中去，我们立即会看到一些有趣的现象。

定义 6.4.1　对给定的统计决策问题和给定的决策函数类 $\mathscr{D}$，设决策函数 $\delta(\boldsymbol{x})(\in\mathscr{D})$ 的风险函数为 $R(\theta,\delta(\boldsymbol{x}))$，又设 θ 的先验分布为 $\pi(\theta)$，则风险函数对先

验分布的期望

$$R(\delta)=\begin{cases}\int_{\Theta}R(\theta,\delta)\pi(\theta)d\theta,\theta\text{ 为连续}\\ \sum_{i}R(\theta_i,\delta)\pi(\theta_i),\theta\text{ 为离散}\end{cases}\tag{6.4.1}$$

称为$\delta(\boldsymbol{x})$的**贝叶斯风险**，假如在决策函数类$\mathscr{D}$中存在这样的决策函数$\delta^*(\boldsymbol{x})$，使得

$$R(\delta^*)=\mathop{\mathrm{Min}}_{\delta\in\mathscr{D}}R(\delta)\tag{6.4.2}$$

则称$\delta^*(\boldsymbol{x})$为$\boldsymbol{\theta}$**在贝叶斯风险准则下的最优决策函数。**

从上述定义可见，贝叶斯风险$R(\delta)$是一个实数，$\mathscr{D}$中每个决策函数都有一个贝叶斯风险，其中具有最小贝叶斯风险的决策函数就是贝叶斯准则下的最优决策函数。

例 6.4.1 在例 6.2.2 的产品检查的例子中对可能的 8 个决策函数分别计算了相应的风险函数，若取(0,0.12)上的均匀分布作为θ的先验分布，现在来计算它们的贝叶斯风险，先计算δ_1与δ_2的贝叶斯风险。

$$\begin{aligned}R(\delta_1)&=\int_0^{\theta_0}(78.4-1250\theta)d\theta/0.12\\&=20.4885\\R(\delta_2)&=\int_0^{\theta_0}(78.4-1250\theta)(1-\theta^2)d\theta/0.12\\&\quad+\int_{\theta_0}^{0.12}(-78.4+1250\theta)\theta^2d\theta/0.12\\&=20.7596\end{aligned}$$

其余 6 个贝叶斯风险的计算结果列于表 6.4.1 上。

表 6.4.1 8 个贝叶斯风险

δ_1	$R(\delta_i)$
δ_1	20.4885
δ_2	20.7596
δ_3	22.7401
δ_4	22.9168
δ_5	14.6601
δ_6	14.8370
δ_7	16.9249
δ_8	17.0885

从表 6.4.1 上可见，按贝叶斯风险准则，θ 的最优决策函数应是 $\delta_5(x)$，这与用后验风险准则获得的结果(见例 5.2.1 与例 5.2.2)是一样的，这一现象并非偶然，下面将要说明其间的内在联系。

6.4.2　贝叶斯风险准则与后验风险准则的等阶性

为了讨论这个问题，我们首先建立贝叶斯风险 $R(\delta)$ 与后验风险 $R(\delta|\boldsymbol{x})$ 之间的关系，由贝叶斯风险和风险函数的定义知

$$\begin{aligned} R(\delta) &= \int_\Theta R(\theta,\delta)\pi(\theta)d\theta \\ &= \int_\Theta \{\int_x L(\theta,\delta)p(\boldsymbol{x} \mid \theta)d\boldsymbol{x}\}\pi(\theta)d\theta \end{aligned}$$

由贝叶斯公式知

$$p(\boldsymbol{x}|\theta)\pi(\theta)=\pi(\theta|\boldsymbol{x})m(\boldsymbol{x})$$

其中 $\pi(\theta|\boldsymbol{x})$ 为 θ 的后验密度函数，$m(\boldsymbol{x})$ 为样本 $\boldsymbol{x}$ 的边缘密度函数，把上式代回原式，并交换积分次序，即可得

$$\begin{aligned} R(\delta) &= \int_x \{\int_\Theta (\theta,\delta)\pi(\theta \mid \boldsymbol{x})d\theta\}m(\boldsymbol{x})d\boldsymbol{x} \\ &= \int_x R(\delta \mid \boldsymbol{x})m(\boldsymbol{x})dx \end{aligned} \tag{6.4.3}$$

其中 $R(\delta|\boldsymbol{x})$ 是 δ 的后验风险，最后等式表明：贝叶斯风险是后验风险对边缘分布 $m(\boldsymbol{x})$ 的数学期望，这里为保证上述积分次序可交换性成立需要一个条件，这个条件就是贝叶斯风险在整个决策函数类 $\mathscr{D}$ 上的最小值是有限的，即要求有

$$\operatorname*{Min}_{\delta\in\mathscr{D}} R(\delta) < \infty \tag{6.4.4}$$

这个要求在实际中是容易满足的，因为当条件(6.4.4)不满足时，那就意味着 $\operatorname*{Min}_{\delta\in\mathscr{D}} R(\delta)=\infty$，使贝叶斯风险为无穷大的决策函数，无论在理论上或实际上，都是意义不大的。

下面转入等价性的讨论，为此设

δ^* 为使贝叶斯风险准则下的最优决策函数。

δ^{**} 为使后验风险准则下的最优决策函数。

由 δ^* 定义和(6.4.3)式可知

$$R(\delta^*) = \operatorname*{Min}_{\delta\in\mathscr{D}} R(\delta) = \operatorname*{Min}_{\delta\in\mathscr{D}} \int_x R(\delta \mid \boldsymbol{x})m(\boldsymbol{x})dx$$

由积分性质知：

$$\underset{\delta\in\mathscr{D}}{\mathrm{Min}}\int_x R(\delta\mid \boldsymbol{x})m(\boldsymbol{x})d\boldsymbol{x}\geqslant\int_x \underset{\delta\in\mathscr{D}}{\mathrm{Min}}R(\delta\mid \boldsymbol{x})m(\boldsymbol{x})dx$$

再由 δ^{**} 的定义知

$$\underset{\delta\in\mathscr{D}}{\mathrm{Min}}R(\delta|\boldsymbol{x})=R(\delta^{**}|\boldsymbol{x})$$

综合上述，可得

$$\begin{aligned}R(\delta^*)&\geqslant\int_x R(\delta^{**}\mid \boldsymbol{x})m(\boldsymbol{x})dx\\&=R(\delta^{**})\\&\geqslant\underset{\delta\in\mathscr{D}}{\mathrm{Min}}R(\delta)=R(\delta^*)\end{aligned}$$

即

$$R(\delta^{**})=\underset{\delta\in\mathscr{D}}{\mathrm{Min}}R(\delta)$$

这表明：使后验风险量小的决策函数 δ^{**} 同时也使贝叶斯风险最小。

另外，由上述推理还可得

$$R(\delta^*)=R(\delta^{**})$$

再由(6.4.3)可得

$$\int_x [R(\delta^*\mid \boldsymbol{x})-R(\delta^{**}\mid \boldsymbol{x})]m(\boldsymbol{x})d\boldsymbol{x}=0$$

由于 δ^{**} 是使后验风验最小，所以上述积分中的被积函数非负，故得

$$R(\delta^*|\boldsymbol{x})=R(\delta^{**}|\boldsymbol{x})=\underset{\delta\in\mathscr{D}}{\mathrm{Min}}R(\delta|\boldsymbol{x})$$

这表明：使贝叶斯风险最小的决策函数 δ^* 同时也使后验风险最小，综合上述，我们已证明了如下定理。

定理 6.4.1 对给定的统计决策问题和决策函数类 $\mathscr{D}$，若对给定的先验分布 $\pi(\theta)$ 使贝叶斯风险满足条件(6.4.4)，则贝叶斯风险准则与后验风险准则等价。即使后验风险最小的决策函数 δ^{**} 同时也使贝叶斯风险最小。反之，使贝叶斯风险最小的决策函数 δ^* 同时也使后验风险最小。

前面的证明虽只对 X 和 θ 都是在连续场合给出的，但只要把积分号改为求和号，上述证明都仍然成立，所以定理 6.4.1 在更一般场合下都是成立的。

定理 6.4.1 告诉我们，寻求 θ 的贝叶斯决策函数可有两条途径，一条是使后验风险最小，另一条是使贝叶斯风险最小。实际中，人们常使用后验风险途径，因为

它的计算相对简单和方便。但在讨论贝叶斯估计性质时常使用贝叶斯风险。

§6.5　贝叶斯估计的性质

本节是在贝叶斯决策框架下讨论贝叶斯估计的容许性以及与最小最大估计的关系。先讨论贝叶斯估计的容许性。

定理 6.5.1　在贝叶斯决策问题中，设先验分布 $\pi(\theta)$ 在 Θ 上处处为正，θ 的贝叶斯估计为 $\delta_0=\delta_0(\boldsymbol{x})$，假如 δ_0 的风险函数 $R(\theta,\delta_0)$ 是 θ 的连续函数，δ_0 的贝叶斯风险 $R(\delta_0)$ 是有限的，则 δ_0 是容许的。

证明：倘若 δ_0 是非容许的，则存在另一个估计 $\delta=\delta(\boldsymbol{x})$，使得

$$R(\theta,\delta)\leqslant R(\theta,\delta_0),\ \forall\,\theta\in\Theta$$

且至少对某个 $\theta_1\in\Theta$，使得上述严格不等式成立，即

$$R(\theta_1,\delta)<R(\theta_1,\delta_0)$$

由 R 的连续性可知，存在一个正数 ε 及 θ_1 的邻域 S_ε，使得

$$R(\theta,\delta)<R(\theta,\delta_0)-\varepsilon,\ \forall\,\theta\in S_\varepsilon$$

于是 δ 的贝叶斯风险为

$$\begin{aligned} R(\delta) &= \int_{S_\varepsilon} R(\theta,\delta)\pi(\theta)d\theta+\int_{\overline{S}_\varepsilon} R(\theta,\delta)\pi(\theta)d\theta \\ &\leqslant \int_{S_\varepsilon}[R(\theta,\delta_0)-\varepsilon]\pi(\theta)d\theta+\int_{\overline{S}_\varepsilon} R(\theta,\delta_0)\pi(\theta)d\theta \\ &= R(\delta_0)-\varepsilon P(\theta\in S_\varepsilon) \end{aligned}$$

由假设知 $P(\theta\in S_\varepsilon)>0$，故有 $R(\delta)<R(\delta_0)$。这与 δ_0 是贝叶斯估计矛盾，所以 δ_0 是容许估计。

这个定理虽然简单，却有很大的实用价值，首先它可说明一大批贝叶斯估计是容许的，譬如，使用共轭先验分布得到的贝叶斯估计都是容许的，另外这个定理还指出：要证明"一个估计是容许的"，只要能找到满足定理 6.5.1 的先验分布，使得在此先验分布下的贝叶斯估计就给定的估计即可。

定理 6.5.2　在给定的贝叶斯决策问题中，若在给定先验分布 $\pi(\theta)$ 下，θ 的贝叶斯估计 $\delta_0(\boldsymbol{x})$ 是唯一的，则它也是容许是。

证明：倘若 $\delta_0(\boldsymbol{x})$ 是非容许的，则存在另一个估计 $\delta_1(\boldsymbol{x})$，使得

$$R(\theta,\delta_1)\leqslant R(\theta,\delta_0),\ \forall\,\theta\in\Theta$$

且至少对某一个 θ 有严格不等式成立，上式两边对先验分布积分，立刻可看出，$\delta_1(x)$ 亦应是 θ 的贝叶斯估计，这与唯一性矛盾，故 δ_0 是容许的。

下面我们转入讨论贝叶斯估计与最小最大估计的关系。

定理 6.5.3 在给定的贝叶斯决策问题中，若 δ_0 是在先验分布 $\pi_0(\theta)$ 下的贝叶斯估计，且其风险函数为常数，即

$$R(\theta,\delta_0)=\rho(\text{常数}),\ \forall\,\theta\in\Theta$$

则 δ_0 也是 θ 的最小最大的估计。

证明：记 $\mathscr{H}$ 为 Θ 上一切可能的先验分布组成的分布族，显然 $\pi_0\in\mathscr{H}$，又记 $\mathscr{D}$ 为一切可能的决策函数类，显然 $\delta_0\in\mathscr{D}$。考虑到 δ_0 的风险函数为常数，故有

$$\begin{aligned}\rho&=\int_\Theta R(\theta,\delta_0)\pi_0(\theta)d\theta=\operatorname*{Min}_{\delta\in\mathscr{D}}\int_\Theta R(\theta,\delta)\pi_0(\theta)d\theta\\&\leqslant\operatorname*{Max}_{\pi\in\mathscr{H}}\operatorname*{Min}_{\delta\in\mathscr{D}}\int_\Theta R(\theta,\delta)\pi(\theta)d\theta\\&=\operatorname*{Max}_{\pi\in\mathscr{H}}\operatorname*{Min}_{\delta\in\mathscr{D}}R_n(\delta)\end{aligned}\tag{6.5.1}$$

其中 $R_\pi(\delta)$ 是在先验分布 $\pi(\theta)(\in\mathscr{H})$ 下 δ 的贝叶斯风险。由于对每个 $\delta\in\mathscr{D}$，总有

$$\begin{aligned}&R_\pi(\delta)\leqslant\operatorname*{Max}_{\pi\in\mathscr{H}}R_\pi(\delta)\\&\operatorname*{Min}_{\delta\in\mathscr{D}}R_\pi(\delta)\leqslant\operatorname*{Min}_{\delta\in\mathscr{D}}\operatorname*{Max}_{\pi\in\mathscr{H}}R_\pi(\delta)\\&\operatorname*{Max}_{\pi\in\mathscr{H}}\operatorname*{Min}_{\delta\in\mathscr{D}}R_\pi(\delta)\leqslant\operatorname*{Min}_{\delta\in\mathscr{D}}\operatorname*{Max}_{\pi\in\mathscr{H}}R_\pi(\delta)\end{aligned}\tag{6.5.2}$$

不等式(6.5.2)有一个直观解释：从最小中取最大的总不会超过从最大中取最小的。另外由贝叶斯风险定义知

$$R_\pi(\delta)=\int_\Theta R(\theta,\delta)\pi(\theta)d\theta\leqslant\operatorname*{Max}_{\theta\in\Theta}R(\theta,\delta)$$

上式对任一个先验分布 $\pi\in\mathscr{H}$ 都成立，故总有

$$\begin{aligned}&\operatorname*{Max}_{\pi\in\mathscr{H}}R_\pi(\delta)\leqslant\operatorname*{Max}_{\theta\in\Theta}R(\theta,\delta)\\&\operatorname*{Min}_{\delta\in\mathscr{D}}\operatorname*{Max}_{\pi\in\mathscr{H}}R_\pi(\delta)\leqslant\operatorname*{Min}_{\delta\in\mathscr{D}}\operatorname*{Max}_{\theta\in\Theta}R(\theta,\delta)\end{aligned}\tag{6.5.3}$$

由(6.5.1)，(6.5.2)，(6.5.3)等不等式传递性，可得

$$\rho\leqslant\operatorname*{Min}_{\delta\in\mathscr{D}}\operatorname*{Max}_{\theta\in\Theta}R(\theta,\delta)$$

另一方面，由于 $R(\theta,\delta_0)$ 在 Θ 上为常数 ρ，故有

$$\rho=\operatorname*{Max}_{\theta\in\Theta}R(\theta,\delta_0)\geqslant\operatorname*{Min}_{\delta\in\mathscr{D}}\operatorname*{Max}_{\theta\in\Theta}R(\theta,\delta)$$

比较上面两个方向不同的不等式，即证得 δ_0 是 θ 的最小最大估计。

例 6.5.1　设随机变量 $X \sim b(n,\theta)$，$0<\theta<1$，又设 θ 的先验分布为贝塔分布 $Be(\sqrt{n}/2,\sqrt{n}/2)$，若从此二项分布仅获得一个观察值 x，则其后验分布仍为贝塔分布 $Be(x+\sqrt{n}/2,n-x+\sqrt{n}/2)$。于是在平方损失函数下，$\theta$ 的贝叶斯估计为

$$\delta_0(x)=\frac{x+\sqrt{n}/2}{n+\sqrt{n}}$$

由于先验分布 $Be(\sqrt{n}/2,\sqrt{n}/2)$ 在 $(0,1)$ 上处处为正，故由定理 6.5.1 知，此贝叶斯估计 $\delta_0(x)$ 是容许的。另外，其风险函数为

$$\begin{aligned}R(\theta,\delta_0)&=E^{x|\theta}\left[\frac{x+\sqrt{n}/2}{n+\sqrt{n}}-\theta\right]^2\\&=\frac{1}{4(1+\sqrt{n})^2}\end{aligned}$$

这个风险与 θ 无关，故由定理 6.5.3 知，此 δ_0 还是 θ 的最小最大估计。

定理 6.5.4　在给定的贝叶斯决策问题中，设 $\{\pi_k,k\geqslant 1\}$ 为 Θ 上的一个先验分布列，相应的贝叶斯估计列和贝叶斯风险列分别记为 $\{\delta_k:k\geqslant 1\}$ 和 $\{R(\delta_k):k\geqslant 1\}$。假如 δ_0 是 θ 的一个估计，且它的风险函数满足

$$\operatorname*{Max}_{\theta\in\Theta}R(\theta,\delta_0)\leqslant\lim_{k\to\infty}R(\delta_k)$$

则 δ_0 是 θ 的最小最大估计。

证明：倘若 δ_0 不是 θ 的最小最大估计，则存在这样的一个估计 δ'，它的最大风险要小于 δ_0 的最大风险，即

$$\operatorname*{Max}_{\theta\in\Theta}R(\theta,\delta')<\operatorname*{Max}_{\theta\in\Theta}R(\theta,\delta_0)$$

另外，由假设知，δ_k 是在先验分布 π_k 下的贝叶斯估计($k\geqslant 1$，故其贝叶斯风险最小，从而

$$R(\delta_k)\leqslant R_k(\delta')=\int_\Theta R(\theta,\delta')\pi_k(\theta)d\theta\leqslant\operatorname*{Max}_{\theta\in\Theta}R(\theta,\delta')$$

比较上面两个不等式，可得

$$\begin{gathered}R(\delta_k)<\operatorname*{Max}_{\theta\in\Theta}R(\theta,\delta_0),\ \forall k\geqslant 1\\\lim_{k\to\infty}R(\delta_k)<\operatorname*{Max}_{\theta\in\Theta}R(\theta,\delta_0)\end{gathered}$$

这与假设的条件矛盾，这说明 δ_0 是 θ 的最小最大估计。

定理 6.5.5 在给定的贝叶斯决策问题中,若 θ 的一个估计 δ_0 的风险函数 $R(\theta,\delta_0)$ 在 Θ 上为常数 ρ,且存在一个先验分布列 $\{\pi_k\}$,使得相应贝叶斯估计 δ_k 的贝叶斯风险满足

$$\lim_{k\to\infty}R_k(\delta_k)=\rho$$

则 δ_0 是 θ 的最小最大估计。

证明:对任意的 $\theta\in\Theta$,有

$$\operatorname*{Max}_{\theta\in\Theta}R(\theta,\delta_0)=R(\theta,\delta_0)=\rho=\lim_{k\to\infty}R_k(\delta_k)$$

这表明定理 6.5.4 的条件满足,故 δ_0 为 θ 的最小最大估计。

例 6.5.2 设 $\boldsymbol{x}=\{x_1,\cdots,x_n\}$ 是来自正态总体 $N(\theta,1)$ 的一个样本。在例 5.2.3 中,我们曾选用 $N(0,\tau^2)$ 作为 θ 的先验分布,并在 0-1 损失函数下获得 θ 的贝叶斯估计

$$\delta_\tau(\boldsymbol{x})=\bar{x}_n\Big/\left(1+\frac{1}{n\tau^2}\right)$$

现利用定理 6.5.5 证明:样本均值 $\bar{x}_n$ 是 θ 的最小最大估计。

应用定理 6.5.5 的关键在于选取先验分布列。如今可选用正态分布列 $\{N(0,\tau_i^2),\tau_1<\tau_2<\cdots<\tau_i<\cdots\to\infty\}$ 作为先验分布列,相应的贝叶斯估计列为 $\{\delta_{\tau_i}(\boldsymbol{x}),i=1,2,\cdots\}$。为了计算 $\delta_\tau(\boldsymbol{x})$ 的贝叶斯风险,需要先作一些计算。由于 δ_τ 仍服从正态分布,其期望与方差分别为

$$E(\delta_\tau)=\frac{\theta}{1+\frac{1}{n\tau^2}},\operatorname{Var}(\delta_\tau)=\frac{1}{n}\left(1+\frac{1}{n\tau^2}\right)^{-2}$$

而 δ_τ 的风险函数为

$$\begin{aligned}R(\theta,\delta_\tau)&=p^{x|\theta}(|\delta_\tau-\theta|\geqslant\varepsilon)\\&=1-p^{x|\theta}(\theta-\varepsilon<\delta_\tau<\theta+\varepsilon)\\&=2-\Phi\left(\sqrt{n}\left[\varepsilon\left((1+\frac{1}{n\tau^2}\right)+\frac{\theta}{n\tau^2}\right]\right)\\&\quad-\Phi\left(\sqrt{n}\right)\left[\varepsilon\left(1+\frac{1}{n\tau^2}\right)-\frac{\theta}{n\tau^2}\right]\right)\end{aligned}$$

并且,有

$$\lim_{\tau\to\infty}R(\theta,\delta_\tau)=2-2\Phi(\sqrt{n}\varepsilon)$$

而对序列 $\tau_1<\tau_2<\cdots\to\infty$，有 $R(\theta,\delta_{\tau_i})<2$，于是利用勒贝格控制收敛定理知

$$\begin{aligned}\lim_{i\to\infty}R(\delta_{\tau_i})&=\lim_{i\to\infty}E^{\theta}R(\delta_{\tau_i})\\&=E^{\theta}\lim_{i\to\infty}R(\delta_{\tau_i})\\&=E^{\theta}[2-2\Phi(\sqrt{n}\varepsilon)]\\&=2[1-\Phi(\sqrt{n}\varepsilon)]=\rho\end{aligned}$$

其中 ρ 是不依赖于 θ 的常数，定理 6.5.5 的条件全部满足，故得知，样本均值 $\overline{x}_n$ 在 0－1 损失函数下是 θ 的最小最大估计。

习　题

6.1　设 $x_1,\cdots,x_n$ 是来自正态总体 $N(\mu,\sigma^2)$ 的一个样本，其中 σ^2 的估计有以下几种

$$\hat{\sigma}_1^2=\frac{1}{n-1}\sum_{i=1}^{n}(x_i-\overline{x})^2$$

$$\hat{\sigma}_2^2=\frac{1}{n+1}\sum_{i=1}^{n}(x_i-\overline{x})^2$$

$$\hat{\sigma}_3^2=\frac{1}{n+2}\sum_{i=1}^{n}x_i^2$$

试在损失函数

$$L(\sigma^2,\hat{\sigma}_i^2)=\left(\frac{\hat{\sigma}_i^2}{\sigma^2}-1\right)^2$$

下分别计算它们的风险函数，并作出比较。

6.2　设 x 是来自二项分布 $b(n,\theta)$ 的一个观察值，

$$\delta_1(x)=\frac{x}{n},\delta_2(x)=\frac{x+\sqrt{n}/2}{n+\sqrt{n}}$$

是 θ 的两个估计，试在平方损失函数下比较它们的风险函数。

6.3　设 $x_1,\cdots,x_n$ 是来自正态分布 $N(\mu,\sigma_0^2)$ 的一个样本，其中 σ_0^2 已知，在给定显著性水平 α 下，对假设检验问题

$$H_0:\mu=\mu_0,H_1:\mu\neq\mu_0$$

作 u 检验，若记行动集 $\mathscr{A}=\{0(\text{接受}),I(\text{拒绝})\}$，试在损失函数

$$L(\mu,a)=\begin{cases}0,\text{当 }\mu=\mu_0,a=0\text{ 或 }\mu\neq\mu_0\text{ 或 }a=1,\\1,\text{其它}\end{cases}$$

下计算 u 检验的风险函数。

6.4 在贝努里试验中记成功为1,失败为0,成功概率θ是未知的,但知有两种可能:$\theta_1=1/4$或$\theta_2=1/2$。

(1)通过一次贝努里试验结果x有如下四个决策函数

$$\delta_1(x)=\theta_1, x=0,1$$

$$\delta_2(x)=\begin{cases}\theta_1, x=0\\ \theta_2, x=1\end{cases}$$

$$\delta_3(x)=\begin{cases}\theta_2, x=0\\ \theta_1, x=1\end{cases}$$

$$\delta_4(x)=\theta_2, x=0,1$$

若取如下损失函数

$L(\theta,a)$	$a=1/4$	$a=1/2$
$\theta=1/4$	1	4
$\theta=1/2$	3	2

试寻求θ的最小最大决策函数。

(2)通过两次贝努里试验结果之和$x=x_1+x_2$可作出8个决策函数,试在相同损失函数下寻求θ的最小最大决策函数。

6.5 在例6.2的产品检查的问题中,若不合格品率θ的先验分布为

$$\pi(\theta)=\begin{cases}2.5, & 0<\theta\leqslant 0.04\\ 20.0, & 0.04<\theta\leqslant 0.08\\ 2.5, & 0.08<\theta\leqslant 0.12\\ 0, & \text{其它}\end{cases}$$

试计算其中8个决策函数的贝叶斯风险,并对它们作之比较。

6.6 设$x_1,\cdots x_n$是来自正态总体$N(\mu,\sigma^2)$的一个样本。又设$y_1,\cdots,y_n$是来自另一正态总体$N(\mu,\rho\sigma^2)$的一个样本,这两个样本相互独立,这两个总体有相同的均值,方差成比例,但参数μ,σ^2和$\rho(0<\rho<\infty)$都是未知的,试在损失函数

$$L(\mu,\hat{\mu})=\frac{(\hat{\mu}-\mu)^2}{\sigma^2\max(1,\rho)}$$

下验证:$\hat{\mu}=\frac{1}{2}(\bar{x}_n+\bar{y}_n)$是$\mu$的最小最大估计。

6.7 设$x_1,\cdots,x_n$是来自正态总体$N(\theta,1)$的一个样本,又设$\theta\sim N(0,n)$,寻求θ的贝叶斯估计,并讨论它的容许性和是否是最小最大估计。

6.8 设x是来自参数为λ的泊松分布的一个样本,证明:$\delta_0(X)=X$是λ的最小最大估计。

第七章 贝叶斯计算

§7.1 MCMC 介绍

现代统计分析涉及大量的模拟分析、数值积分、非线性方程迭代求解等问题，贝叶斯统计分析更为突出，通常都需要借助**马氏链蒙特卡罗**(Markov Chain Monte Carlo)方法(简称为 MCMC 方法)完成计算，其理论框架的最早描述可见 Metropolis 等(1953)和 Hastings(1970)。本章仅价绍 MCMC 方法的基本思想及其在贝叶斯统计分析中的应用。

在贝叶斯统计分析中，一个统计模型可概括为先验分布 $\pi(\theta)$ 与样本分布(或称为似然函数) $p(x_1, x_2, \cdots, x_n | \theta)$，其中 $\mathbf{x} = (x_1, x_2, \cdots, x_n)$ 为容量为 n 的样本，$\theta = (\theta_1, \theta_2, \cdots, \theta_p)$ 为参数(向量)。样本与参数都是随机的。为方便起见，这一章我们仅考虑先验分布与样本分布都为连续的情形。在第一章中我们已经讲过，贝叶斯统计分析的基本框架就是综合先验信息、总体信息与样本信息为后验信息，或者说通过观测到的样本(数据)更新参数 θ 的分布。由贝叶斯定理，更新后的分布用后验分布表示为

$$\begin{aligned}\pi(\theta \mid \mathbf{x}) &= \frac{\pi(\theta) p(\mathbf{x} \mid \theta)}{\int_{\Theta} \pi(\theta) p(\mathbf{x} \mid \theta) d\theta} \\ &\propto \pi(\theta) p(\mathbf{x} \mid \theta).\end{aligned} \tag{7.1.1}$$

由此我们可以得到(至少形式上可以得到)参数 θ(在二次损失函数下)的贝叶斯估计

$$\hat{\theta} = \frac{\int_{\Theta} \theta \pi(\theta) p(\mathbf{x} \mid \theta) d\theta}{\int_{\Theta} \pi(\theta) p(\mathbf{x} \mid \theta) d\theta}, \tag{7.1.2}$$

或得到更为一般的参数的函数 $g(\theta)$ 的贝叶斯估计

$$\widehat{g(\theta)} = \frac{\int_{\Theta} g(\theta) \pi(\theta) p(\mathbf{x} \mid \theta) d\theta}{\int_{\Theta} \pi(\theta) p(\mathbf{x} \mid \theta) d\theta}. \tag{7.1.3}$$

由此还可以解决参数的区间估计(可信区间)或假设检验(模型选择)等问题。

可以看到，要得到参数 θ 或其函数 $g(\theta)$ 的估计，或更为一般地，它们的后验分布，需要求得公式中的积分。除了第一章中提到的共轭先验分布和一些简单的情形外，对于实际问题，通常都是很难得到参数的贝叶斯估计或后验分布的显式表示。在维数不是很高时可以采用数值积分或正态近似的方法，见 Tanner(1996)第一章与第二章的讨论。然而，在参数的维数较大时，这些方法也很难实现的。随着计算机计算速度的不断加快，统计计算理论与方法的不断发展，特别是高效快速抽样方法的出现，贝叶斯分析中涉及的大量复杂的计算问题已不再成为解决实际问题的障碍。

下面通过 $g(\theta)$ 在二次损失函数下的估计来说明贝叶斯统计分析中一个积分问题的解决方案。(7.1.3)可用后验分布表示为

$$\widehat{g(\theta)} = \int_{\Theta} g(\theta)\pi(\theta \mid \mathbf{x})d\theta, \tag{7.1.4}$$

即 $g(\theta)$ 的后验均值 $E[g(\theta)|x]$。显然，它可以用下面的平均值近似求得。

$$\bar{g} = \frac{1}{m}\sum_{i=1}^{m} g(\theta^{(i)}), \tag{7.1.5}$$

其中 $\theta^{(1)},\theta^{(2)},\cdots,\theta^{(m)}$ 为来自后验分布 $\pi(\theta|\mathbf{x})$ 的容量为 m 的样本。如果此样本为独立的，则由大数定律，样本均值 $\bar{g}$ 依概率收敛到 $E[g(\theta)|\mathbf{x}]$。因此，只要样本容量 m 足够大，此估计可以达到任意所需的精度。这样的估计称为蒙特卡罗(Monte Carlo)估计，它已经成为贝叶斯统计分析中最为常用的近似方法。这里我们只用到“MCMC”中后面的 MC，指的就是蒙特卡罗方法。

但是在有些问题中，从 $\pi(\theta|\mathbf{x})$ 中抽取独立的样本是非常困难的。然而，如果通过某种方法可以获得从 $\pi(\theta|\mathbf{x})$ 的一个非独立“样本”(严格地讲它是一条链在一些状态下的值)，但具有一些好的性质，且与从 $\pi(\theta|\mathbf{x})$ 中抽取的独立样本的作用是一样的，那么上面的蒙特卡罗方法仍然可以使用。这就是“MCMC”中前面的 MC (Markov Chain)，即马氏链所做的工作。因此，蒙特卡罗方法就是用平均值(7.1.5)估计积分(7.1.4)，而马氏链提供从目标分布 $\pi(\theta|\mathbf{x})$ 中抽取随机“样本”的方法。这样的链 $\{\theta^{(0)},\theta^{(1)},\theta^{(2)},\cdots,\}$ 需要满足一些基本的要求才可使用，这些要求包括马氏性、不可约性、非周期性、遍历性，具体如下。

7.1.1 马氏性

链 $\{\theta^{(0)},\theta^{(1)},\theta^{(2)},\cdots,\}$ 具有马氏性是指 $\theta^{(t+1)}$ 只依赖于 $\theta^{(t)}$，而不依赖于 $\{\theta^{(0)},\theta^{(1)},\cdots,\theta^{(t-1)}\}$ $(t\geqslant 1)$。具有马氏性的链的获得可表示为：给定初始值 $\theta^{(0)}$，通过条件分布

$$p(\theta|\theta^{(t)}),\ t=0,1,2,\cdots, \tag{7.1.6}$$

产生新的随机数 $\theta^{(t+1)}$，其中 $p(\cdot|\cdot)$又称为转移核。

例 7.1.1 正态转移核如下：

$$\theta^{(t+1)}|\theta^{(t)} \sim N(0.5\theta^{(t)}, 1.0)$$

取初始值为 $\theta^{(0)}=-5$ 和 $\theta^{(0)}=5$，得到的链如图 7.1.1 所示。可见经过 5－7 步迭代后链已经忘记初始值，并趋于平稳。

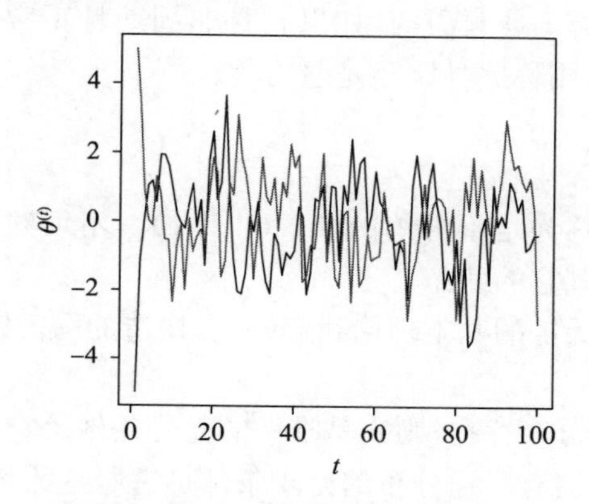

图 7.1.1 具有马氏性的链

7.1.2 平稳性(收敛性)

链的平稳性是指，当 $t\to\infty$时，马氏链$\{\theta^{(0)},\theta^{(1)},\theta^{(2)},\cdots,\}$依分布收敛到某个概率分布，此分布称为此马氏链的**平稳分布**(stationary distribution)。

在上面的例 7.1.1 中，

$$\theta^{(t+1)}|\theta^{(0)} \sim N(0, 1.33), t\to\infty,$$

它不依赖于初始值 $\theta^{(0)}$。

7.1.3 正常返性

状态 i 是正常返的(positive recurrent)，如果

$$M_i=E[T_i]<\infty,$$

其中 $T_i=\inf\{n\geqslant 1:\theta^{(n)}=i|\theta^{(0)}=i\}$为首次返回状态 i 的时间。

7.1.4 非周期性

一个状态 i 有周期 k，如果经过 k 的倍数步后一定可以返回到状态 i。数学上表示为

$$k=gcd\{n:P(\theta^{(n)}=i|\theta^{(0)}=i)>0\},$$

其中 gcd 表示最大公约数。如果返回任一状态的次数的最大公约数是 1,则称此(仅取有限值的)马氏链是非周期的(aperiodic)。

7.1.5 遍历性

一个马氏链的状态 i 是遍历的,如果它是非周期且正常返的。如果马氏链的所有状态都是遍历的,则称此马氏链是遍历的。

7.1.6 不可约性

遍历的马氏链也称为是不可约的(irreducible)。不可约性意味着从任一状态出发总可以到达任一其它的状态。

从上述概念及马氏链的基本理论我们知道,构造的马氏链必须是不可约、正常返和非周期的,因为

1. 假设链的平稳分布存在,则它是唯一的充分条件是它是不可约的;
2. 不可约的马氏链有平稳分布的充要条件是它所有的状态都是正常返的;
3. 非周期的马氏链可以保证其不会陷入循环中;
4. 不可约的非周期的马氏链存在唯一的平稳分布。

基于 MCMC 方法进行贝叶斯统计分析的理论依据在于下面的一些极限定理。

定理 7.1.1 设$\{\theta^{(t)},t\geqslant 0\}$为一不可约的非周期的马氏链,$\pi$ 为其平稳分布,π_0 为其初始分布,则有

$$\pi_t\to\pi,t\to\infty,$$

其中 π_t 为马氏链在时刻 t 的(边际)分布。

此定理表明:当马氏链运行充分长时间 $t=n$ 后,$\theta^{(n)}$ 的分布近似为 π。

定理 7.1.2 (马氏链大数定律)。设$\{\theta^{(1)},\theta^{(2)},\cdots,\theta^{(n)},\cdots\}$为一遍历的(即不可约的)平稳分布为 π 的马氏链,则 $\theta^{(n)}$ 依分布收敛到分布为 π 的随机变量 θ,且对任意函数 g,当 $E_\pi[g(\theta)|x]$存在时,有

$$\overline{g}=\frac{1}{n}\sum_{i=1}^{n}g(\theta^{(i)})\to E_\pi[g(\theta)\mid x],n\to\infty.$$

另外,如果 $\sigma_g^2=Var_\pi[g(\theta)|x]<\infty$,则 $\overline{g}$ 的标准差(称为数值标准差,记为 nse)可用下式估计

$$nse(\overline{g}_n)\approx\sqrt{\frac{\sigma_g^2}{n}\left\{1+2\sum_{h=1}^{n-1}\rho_h(g)\right\}},\tag{7.1.7}$$

其中 $\rho_h(g)$ 为 $\{g(\theta^{(i)})\}$ 的滞后 h 阶自相关系数，即 $g(\theta^{(i)})$ 与 $g(\theta^{(i+h)})$ 的相关系数。特别地，如果 $\{g(\theta^{(i)})\}$ 可用一阶自回归过程来近似，那么

$$nse(\overline{g}_n)\approx\sqrt{\frac{\sigma_g^2}{n}\frac{1+\rho}{1-\rho}}, \tag{7.1.8}$$

其中 ρ 为 $\{g(\theta^{(i)})\}$ 的滞后 1 阶自相关系数。上式根号中的第一项即为独立样本的方差，而第二项通常大于 1，反映了与马氏链对应的惩罚项：nse 并不一定是有限的；如果链是几何收敛的(即转移概率以速度 λ^t，$0<\lambda<1$ 收敛)，则 nse 是有限的，且可通过增大 n 使 nse 尽可能得小。

定理 7.1.3 若链 $\{\theta^{(1)},\theta^{(2)},\cdots,\theta^{(n)},\cdots\}$ 是一致几何遍历的，g 关于平稳分布 π 是平方可积的，则有

$$\sqrt{n}\left[\frac{\overline{g}_n-E_\pi g(\theta)}{\sigma_g}\right]\to N(0,1),n\to\infty,$$

其中 σ_g^2 为遍历均值 $\overline{g}_n$ 的方差，即

$$\sigma_g^2=\frac{\sigma_g}{n}\left[1+2\sum_{i=1}^{\infty}\rho_i(g)\right]. \tag{7.1.9}$$

从上面的定理我们可以得到：

1. 马氏链的实值函数的遍历均值依概率收敛到其极限分布(平稳分布)下的均值；

2. 马氏链的实值函数的遍历均值标准化后依分布收敛到标准正态分布。

因此，在贝叶斯分析中我们所要做的是建立一个以后验分布 $\pi(\theta|\mathbf{x})$ 为平稳分布的马氏链，在此链运行足够长时间后取值，它们就相当于从 $\pi(\theta|\mathbf{x})$ 中抽取的样本。再根据遍历性定理对贝叶斯分析涉及的积分用蒙特卡罗方法进行估计。

§7.2 贝叶斯分析中的直接抽样方法

这一节介绍贝叶斯分析中一些较为简单的抽样方法，下一节介绍更复杂的 MCMC 抽样方法。

7.2.1 格子点抽样法

格子点抽样法就是将连续的密度函数进行离散化近似，然后根据离散分布进行抽样。这种抽样要求参数空间格子点较多，以达到足够好的近似程度。因此这种方法适合于低维参数后验分布的抽样，一般仅用于一维与二维。

设 $\boldsymbol{\theta}$ 是一维或二维的参数，其后验密度为 $\pi(\boldsymbol{\theta}|\mathbf{x})$，$\boldsymbol{\theta}\in\Theta$。格子点抽样的基本

思想与方法如下：

1. 确定格子点抽样的一个有限区域 Θ^*，它包括后验密度众数，且覆盖了后验分布几乎所有的可能，即 $\int_{\Theta^*}\pi(\theta\mid\mathbf{x})d\theta\approx 1$。若后验分布的支撑是有限的，则抽样区域就取这个支撑。

2. 将 Θ^* 分割成一些小区域（称为格子），并计算后验密度（似然函数与先验密度的乘积）在格子点上的值；

3. 正则化（即将上述后验密度在各格子点上的值除以其总和）得到离散的后验分布；

4. 用有放回的抽样方法从上述离散后验分布中抽取一定数量的样本；这样的样本就可视为后验分布的一个近似样本。

这里我们举一个生物毒性试验的例子（Albert，2009）加以说明。

例 7.2.1 在新药研发时，经常用动物进行生物毒性试验。一次试验取一批动物注入一定剂量的药物，用成功与失败记录试验的结果，例如动物对药物的反映是阳性的还是阴性的。Gelman 等（2004）给出了 4 组试验数据，见表 7.2.1，其中 Dose 表示药物的剂量水平的对数，用 x_i 表示，单位为 log(g/ml)；Sample Size 为每一组的样本容量，用 n_i 表示；Deaths 为一组中死亡的动物数，用 y_i 表示。假定 y_i 服从二项分布 $b(n_i,p_i)$，其中 p_i 表示这组试验中动物的死亡率，它满足 logistic 模型

表 7.2.1 生物毒性试验数据

Dose (x_i)	Deaths (y_i)	Sample Size (n_i)
−0.86	0	5
−0.30	1	5
−0.05	3	5
0.73	5	5

$$\log\left(\frac{p_i}{1-p_i}\right)=\beta_0+\beta_1 x_i, i=1,2,3,4.$$

下面我们分步展示对此数据进行贝叶斯分析的过程。

(1)求极大似然估计

参数 β_0,β_1 的似然函数（即 (y_1,y_2,y_3,y_4) 的联合分布）为

$$L(\beta_0,\beta_1)\propto\prod_{i=1}^{4}p_i^{y_i}(1-p_i)^{n_i-y_i},$$

其中

$$p_i=\frac{\exp(\beta_0+\beta_1 x_i)}{1+\exp(\beta_0+\beta_1 x_i)}$$

利用极大似然法可以得到参数 β_0 和 β_1 的极大似然估计：$\hat{\beta}_0=0.8466$，$\hat{\beta}_1=7.7488$。

(2)先验分布的确定

这里用第三章的方法确定先验分布。假设我们(或专家)知道药物在一个较低(对数)剂量水平 $x_L=-0.7$ 下相应的死亡率 p_L 的中位数与90%分位数值分别为0.2和0.5；又药物在一个较高水平 $x_H=0.6$ 下，相应的死亡率 p_H 的中位数与90%分位数值分别为0.8与0.98. 我们用贝塔分布来刻画 p_L 与 p_H 的先验分布。利用上述信息可以得到 p_L 和 p_H 的先验分布分别为 Beta(1.12，3.56)和 Beta(2.10，0.74)。从而(p_L，p_H)的联合先验分布为

$$\pi(p_L\cdot p_H)\propto p_L^{1.12-1}(1-p_L)^{3.56-1}p_H^{2.10-1}(1-p_H)^{0.74-1}.$$

由 logistic 模型及变换

$$p_L=\frac{\exp(\beta_0+\beta_1 x_L)}{1+\exp(\beta_0+\beta_1 x_L)},p_H=\frac{\exp(\beta_0+\beta_1 x_H)}{1+\exp(\beta_0+\beta_1 x_H)},$$

的雅可比行列式

$$\frac{\partial(p_L,p_H)}{\partial(\beta_0,\beta_1)}=p_L(1-p_L)p_H(1-p_H)(x_H-x_L)$$

得到(β_0，β_1)相应的先验分布为

$$\pi(\beta_0,\beta_1)\propto p_L^{1.12}(1-p_L)^{3.56}p_H^{2.10}(1-p_H)^{0.74}.$$

可以看出，先验分布与似然函数有相同的函数形式，我们可将先验信息视为药物在(对数)剂量水平 x_L 与 x_H 下做的二次(先验)试验，见表7.2.2。

表7.2.2　生物毒性试验中的先验信息

Dose (x_i)	Deaths (y_i)	Sample Size (n_i)
−0.70	1.12	4.68
0.60	2.10	2.84

(3)后验分析

令 $x_5=x_L$，$x_6=x_H$，$y_5=1.12$，$y_6=2.10$，$n_5=4.68$，$n_6=2.84$，则(β_0，β_1)的后验分布可表示为

$$\pi(\beta_0,\beta_1\mid \boldsymbol{y})\propto\prod_{i=1}^{6}p_i^{y_i}(1-p_i)^{n_i-y_i}.$$

从此后验分布很难获得样本，我们采用格子点抽样的方法(你也可以尝试用后面一节介绍的 MCMC 方法)。我们通过后验分布的众数及等高线图(见图 7.2.1)发现格子点抽样的区域可取为$-3\leqslant\beta_0\leqslant3$，$-1\leqslant\beta_1\leqslant9$。然后将区域等分为均匀的小区域(格子)，这里共取 50×50=2500 个，在这些格子点上计算后验密度函数的值，正则化后就可得到离散化的后验密度的近似。从这二维的离散分布上按格子点上的概率值有放回地随机抽取 1000 个点，画在上面的等高线图上得到图 7.2.2。可以看出格子点抽样方法与实际的密度函数具有很好的一致性。在此基础上很容易进行一些后验分析，例如

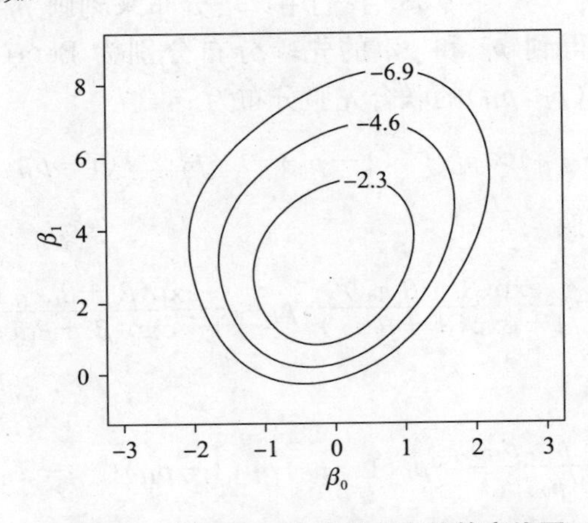

图 7.2.1 例 7.2.1 中后验分布的等高线图

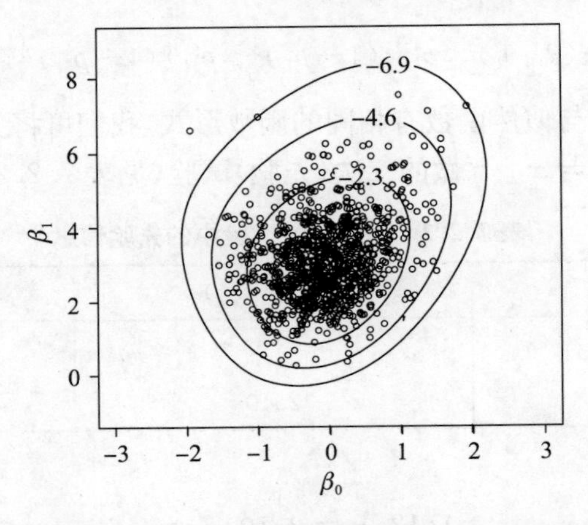

图 7.2.2 例 7.2.1 中由格子点抽样法产生的随机点

1. 计算得到参数 β_1 的后验均值估计为 3.1215，其后验密度函数见图 7.2.3。β_1 都大于 0 说明剂量的增加会导致死亡率明显的增加。

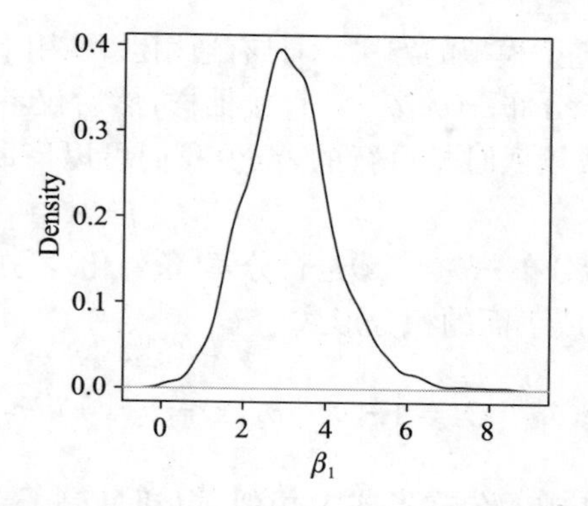

图 7.2.3 例 7.2.1 中 β_1 的后验密度的估计

2. 死亡的概率达到 50%时药物的剂量在生物学上称为半致死量，记为 LD_{50}，这里 $LD_{50}=-\beta_0/\beta_1$。由 β_0 与 β_1 的后验样本得到 LD_{50} 的后验样本，由此可以得到 LD_{50} 的 95%的可信区间为(−0.335,0.530)，LD_{50} 的直方图如图 7.2.4 所示。

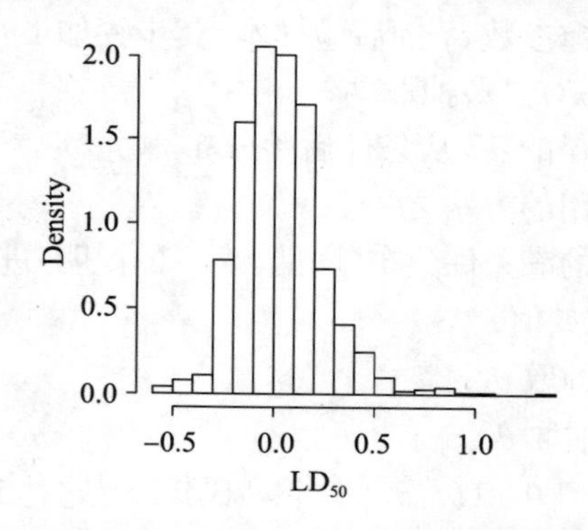

图 7.2.4 例 7.2.1 中 LD_{50} 的后验密度的直方图

7.2.2 多参数模型中的抽样

大量的实际问题都会涉及多个未知参数，通常在模型中仅有一部分参数是我们感兴趣的，不妨设 $\boldsymbol{\theta}=(\theta_1,\theta_2)$，其中 θ_1 和 θ_2 可以是一维的，也可以是参数向量。在此设 θ_1 是我们感兴趣的参数，而 θ_2 称为讨厌参数。对于多参数模型的处理方法有如下几种：

方法 1：由联合后验分布 $\pi(\theta_1,\theta_2|\mathbf{x})$ 对 θ_2 积分，获得 θ_1 的边际分布

$$\pi(\theta_1 \mid \mathbf{x}) = \int \pi(\theta_1,\theta_2 \mid \mathbf{x}) d\theta_2.$$

若此积分有显式表示，则可用传统的贝叶斯方法处理，但是对于许多实际问题(例如上面的药物毒性试验的例子)，上述积分无法或很难得到显式表示，因此传统的

贝叶斯分析(指不借助随机模拟的方法)不具有通用性,要用下面诸方法之一处理。

方法 2:由联合后验分布 $\pi(\theta_1,\theta_2|\mathbf{x})$ 直接抽样,然后仅考查感兴趣参数的样本。这种方法当参数的维数较低时是可行的,至少我们可以借助上面提到的格子点抽样方法。

方法 3:将联合后验分布 $\pi(\theta_1,\theta_2|\mathbf{x})$ 进行分解(条件化),写成 $\pi(\theta_2|\mathbf{x})\times\pi(\theta_1|\theta_2,\mathbf{x})$,这时可将 $\pi(\theta_1|\mathbf{x})$ 表示成下面的积分形式

$$\pi(\theta_1 \mid \mathbf{x}) = \int \pi(\theta_1 \mid \theta_2,\mathbf{x})\pi(\theta_2 \mid \mathbf{x})d\theta_2.$$

这个公式与第一种方法中的公式形式上相似,但却具有了新的含义:$\pi(\theta_1|\mathbf{x})$ 是给定讨厌参数 θ_2 下条件后验分布 $\pi(\theta_1|\theta_2,\mathbf{x})$ 与 $\pi(\theta_2|x)$ 形成的混合分布,或者说是 $\pi(\theta_1|\theta_2,\mathbf{x})$ 的加权平均 $E^{\theta_2|\mathbf{x}}[\pi(\theta_1|\theta_2,\mathbf{x})]$,权函数为 θ_2 的边际后验分布 $\pi(\theta_2|\mathbf{x})$。"平均化"是贝叶斯统计分析中最为常用的一种思想。

这里我们的目的自然不是获得积分的显式表示(否则与第一种方法就没有差异了),而是要获得感兴趣参数 θ_1 的后验样本,其步骤如下:

a)从边际后验分布 $\pi(\theta_2|\mathbf{x})$ 抽取 θ_2;

b)给定上面已经抽得的 θ_2,从条件后验分布 $\pi(\theta_1|\theta_2,\mathbf{x})$ 中抽取 θ_1。

这是处理多参数模型常用的方法之一。

方法 4:利用各参数的满条件分布(详见 § 7.3 的说明)进行迭代抽样,步骤如下:

a)给定 θ_1 的一个初始值;

b)从 $\pi(\theta_2|\theta_1,\mathbf{x})$ 中抽取 θ_2;

c)从 $\pi(\theta_1|\theta_2,\mathbf{x})$ 中抽取 θ_1。

重复后面的二步就可得到 $\boldsymbol{\theta}=(\theta_1,\theta_2)$ 一个马氏链,当它达到平稳状态后其值就视为从联合后验分布中得到的样本。这就是 MCMC 抽样方法中的 Gibbs 抽样方法,具体我们将在后面一节中讲述。

由于第三种方法中从边际后验 $\pi(\theta_2|\mathbf{x})$ 获得 θ_2 的随机数仍会有一种难度,甚至无法获得,因为理论上,它同样涉及联合后验分布关于 θ_1 的积分可否显式表示。因此 MCMC 方法(第四种方法)已经成为现代贝叶斯分析,特别是复杂模型分析时最为重要的方法。

下面我们通过三个具体的例子来说明上述处理多参数模型的方法。第一个例子涉及多维 Dirichlet 分布的抽样,通过适当的变换就可直接得到后验分布抽样,故采用第二种方法;第二个例子是一维正态分布方差未知时均值的贝叶斯分析,其中均值是感兴趣的参数,而方差是讨厌参数。由于二个参数的边际后验和条件后验都可显式表示,因此可以采用第一、第三和第四种方法进行贝叶斯分析。在此除使用第一种方法外采用后二种方法只是为了说明或验证它们的有效性;第三个例子

是多层贝叶斯分析，抽样分布是正态的，其中方差已知，均值的先验为正态分布，而超参数使用无信息先验。我们采用第三种方法解决此问题。

例 7.2.2　Gelman 等(2004)给出了一个 CBS NEWS(美国哥伦比亚广播公司新闻部)在 1988 年总统大选之前所作的一次抽样调查。在 1447 个成年人中有 $x_1=727$ 人支持 George Bush，有 $x_2=583$ 人支持 Michael Dukakis，其余 $x_3=137$ 人支持其他的总统候选人或没有表示意见。这里假定 x_1,x_2,x_3 服从多项分布，其中的样本量为 $n=1447$，概率为 $\theta_1,\theta_2,\theta_3$。如果使用无信息的均匀分布作为参数向量 $\theta=(\theta_1,\theta_2,\theta_3)$ 的先验分布，那么 θ 的后验分布为

$$\pi(\theta|\mathbf{x})\propto\theta_1^{x_1}\theta_2^{x_2}\theta_3^{x_3},\tag{7.2.1}$$

它实际上是参数为 (x_1+1,x_2+1,x_3+1) 的 Dirichlet 分布。我们的目的是比较支持 Bush 与 Dukakis 的比例的差异，这个可归结为考查 $\theta_1-\theta_2$ 的后验分布。

我们把问题的求解分二步进行：

1. Dirichlet 后验分布(7.2.1)的抽样；

2. 得到 $\theta_1-\theta_2$ 的后验样本。

其中第一步是关键，这可通过下面的一个基本事实解决：如果 W_1,W_2,W_3 为独立的分别服从 Gamma 分布 $Ga(\alpha_1,1)$，$Ga(\alpha_2,1)$，$Ga(\alpha_3,1)$ 的随机变量，且 $T=W_1+W_2+W_3$，那么比例 $(W_1/T,W_2/T,W_3/T)$ 的联合分布就是参数为 $(\alpha_1,\alpha_2,\alpha_3)$ 的 Dirichlet 分布。这样，Dirichlet 后验分布(7.2.1)的抽样变成三个独立的 Gamma 分布的抽样。在我们的例子中 Dirichlet 后验分布的参数为(728,584,138)。在此我们抽取容量为 1000 的 $(\theta_1,\theta_2,\theta_3)$ 的后验样本，进而得到 $\theta_1-\theta_2$ 的后验样本。我们在此仅给出支持率差异的直方图，见图 7.2.5。可以看出，此分布基本上都落在正的区域中，这表明 Bush 的支持者显著超过 Dukakis。

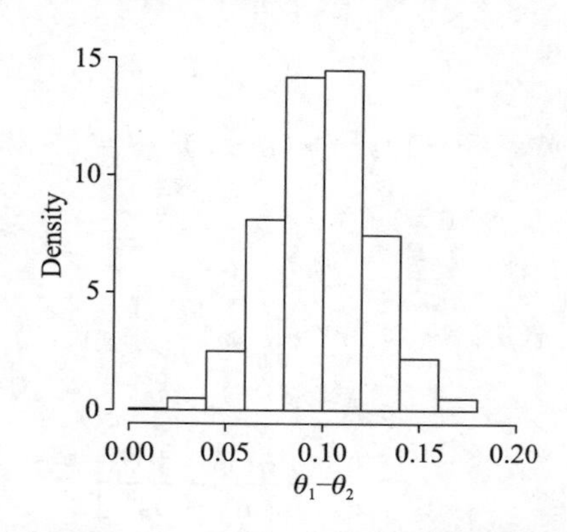

图 7.2.5　例 7.2.2 中 $\theta_1-\theta_2$ 的后验样本的直方图

例 7.2.3 正态分布方差未知时的统计分析是实际中最常用的。在一次纽约举行的男子马拉松比赛中，抽取年龄在 20 至 29 岁的 20 位选手，记录其完成整个赛程所用的时间（单位为分钟），数据如表 7.2.3 所示。

表 7.2.3 20 位纽约男子马拉松比赛的成绩

182	201	221	234	237	251	261	266	267	273
286	291	292	296	296	296	326	352	359	365

记 20 位选手马拉松比赛的成绩为 $x_1,x_2,\cdots,x_{20}$。假定它们为来自正态分布 $N(\mu,\sigma^2)$ 的样本（可以进行分布的检验），并取 (μ,σ^2) 的先验分布为 Jeffreys(1961) 推荐的无信息先验分布①

$$\pi(\mu,\sigma^2)\propto\frac{1}{\sigma^2},$$

则 (μ,σ^2) 后验分布具有形式

$$\pi(\mu,\sigma^2\mid\mathbf{x})\propto\frac{1}{(\sigma^2)^{n/2+1}}\exp\left\{-\frac{1}{2\sigma^2}[(n-1)s^2+n(\mu-\bar{x})^2]\right\},\qquad(7.2.2)$$

其中 n 为样本容量，$\bar{x}=\sum_{i=1}^{n}x_i/n$ 为样本均值，$s^2=\sum_{i=1}^{n}(x_i-\bar{x})^2/(n-1)$ 为样本方差。在此它们分别为 $n=20,\bar{x}=277.6,\sigma^2=2454.042$。

进一步的分析分以下几步进行。

(1)计算 μ 的边际后验分布

要得到感兴趣参数 μ 的边际后验分布，需要将 (μ,σ^2) 的联合后验分布中的 σ^2 积分积掉。

$$\pi(\mu\mid\mathbf{x})=\int_0^\infty\pi(\mu,\sigma^2\mid\mathbf{x})d\sigma^2.$$

令

$$A=(n-1)s^2+n(\mu-\bar{x})^2,z=\frac{A}{2\sigma^2},$$

则

$$\begin{aligned}\pi(\mu\mid\mathbf{x})&\propto A^{-n/2}\int_0^\infty z^{(n-2)/2}\exp(-z)dz\\&\propto A^{-n/2}\\&\propto\left[1+\frac{n(\mu-\bar{x})^2}{(n-1)s^2}\right]^{-n/2}\end{aligned}\qquad(7.2.3)$$

① 更一般的共轭先验下的讨论见第一章例 1.5.1，多维正态分布的贝叶斯分析见例 1.5.2。

它是自由度为 $n-1$,位置参数为 $\bar{x}$,刻度参数为 s^2/n 的 t 分布,即

$$\left.\frac{\mu-\bar{x}}{s/\sqrt{n}}\right|\mathbf{x}\sim t(n-1).$$

其中 $t(n-1)$ 为自由度为 $n-1$ 的标准的 t 分布。它与频率学派的分析是一致的。因此,我们可以用上面的方法一解决此问题。μ 的后验分布见图 7.2.6,其中的直方图是由此后验分布产生的 1000 个随机数得到。

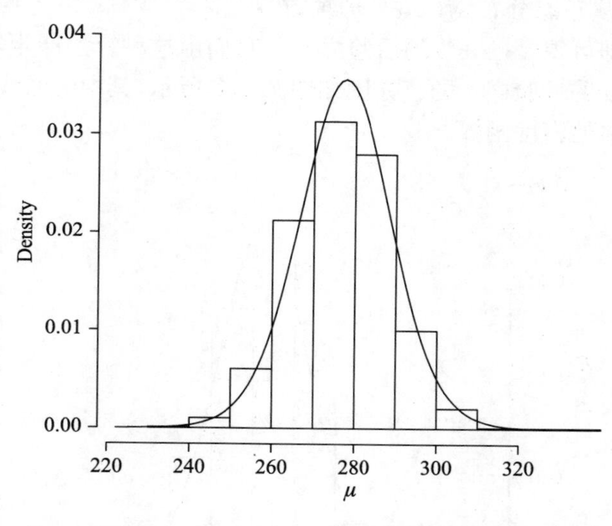

图 7.2.6 例 7.2.3 中 μ 的后验分布

(2)联合后验分布的分解

为了利用第三种方法进行贝叶斯分析,我们需要将联合后验分布分解为

$$\pi(\mu,\sigma^2\,|\,\mathbf{x})=\pi(\sigma^2\,|\,\mathbf{x})\times\pi(\mu\,|\,\sigma^2,\mathbf{x}).$$

不难直接看出

$$\pi(\mu\,|\,\sigma^2,\mathbf{x})=N(\bar{x},\sigma^2/n). \tag{7.2.4}$$

注意到

$$\int_{-\infty}^{\infty}\exp\left(-\frac{n(\bar{x}-\mu)^2}{2\sigma^2}\right)d\mu=\sqrt{2\pi\sigma^2/n},$$

因此由(7.2.2)得到 σ^2 的边际后验分布

$$\pi(\sigma^2\,|\,x)\propto(\sigma^2)^{-\left(\frac{n-1}{2}+1\right)}\exp\left(-\frac{(n-1)s^2}{2\sigma^2}\right), \tag{7.2.5}$$

它是倒卡方分布(或倒 Gamma 分布)的核,整理后得到

$$\frac{(n-1)s^2}{\sigma^2}\bigg|\mathbf{x}\sim\chi^2(n-1),$$

其抽样可由卡方分布得到。这个边际后验分布与我们在经典统计分析中的结果也是一致的。由此联合后验分布的抽样也可分解为如下二步：

1. 从自由度为 $n-1$ 的卡方分布中抽取 Y,令 $\sigma^2=(n-1)s^2/Y$；
2. 给定 σ^2,从正态分布 $N(\bar{x},\sigma^2/n)$抽取 μ。

重复上述过程,即可得到(μ,σ^2)的后验样本。我们由这种算法产生容量 1000 的后验样本,得到的 μ 的后验样本的直方图如图 7.2.7 所示,其中的曲线为对应于 μ 的后验分布(7.2.3)的密度函数。

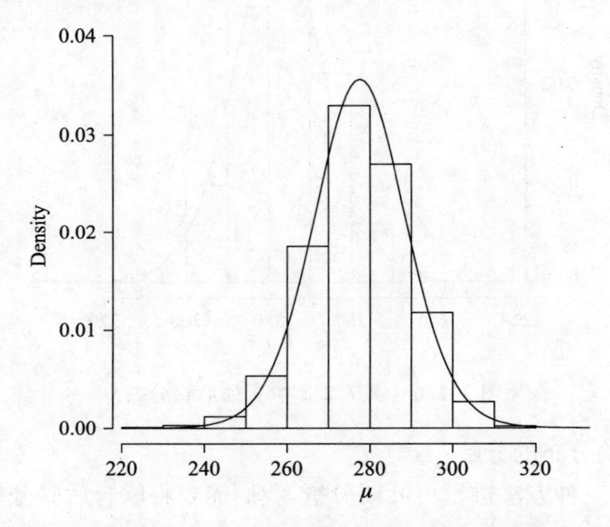

图 7.2.7 例 7.2.3 中由分解法得到的 μ 的后验样本的直方图

(3)计算满条件后验分布

上面已经得到给定 σ^2 下 μ 的条件后验分布为正态分布 $N(\bar{x},\sigma^2/n)$。而由(7.2.2),给定 μ 下 σ^2 条件后验分布为

$$\pi(\sigma^2|\mu,\mathbf{x})=\frac{\pi(\mu,\sigma^2|\mathbf{x})}{\pi(\mu|\mathbf{x})}\propto\frac{1}{(\sigma^2)^{[n/2+1]}}\exp\left(-\frac{A}{2\sigma^2}\right),$$

即

$$\frac{A}{\sigma^2}\bigg|\mathbf{x}=\frac{(n-1)s^2+n(\bar{x}-\mu)^2}{\sigma^2}\bigg|\mathbf{x}\sim\chi^2(n).$$

因此,可以用后面讲的 Gibbs 的抽样方法产生马氏链$\{(\mu^{(0)},(\sigma^2)^{(0)}),(\mu^{(1)},$

$(\sigma^2)^{(1)}),\cdots,(\mu^{(t)},(\sigma^2)^{(t)}),\cdots\}$,算法如下

1. 给定初值$(\mu^{(0)},(\sigma^2)^{(0)})$,

2. 对于$t=1,2,\cdots$,

a)从卡方分布$\chi^2(n)$产生随机数Y,并令

$$(\sigma^2)^{(t+1)}=\frac{(n-1)s^2+n(\bar{x}-\mu^{(t)})^2}{Y};$$

b)由正态分布$N(\bar{x},(\sigma^2)^{(t+1)}/\sqrt{n})$产生$\mu^{(t+1)}$。

图 7.2.8 为从初始值$\bar{x}/2=138.8$出发产生的长度为 1500 的马氏链,从图中可以看出它经过 5 步就马上就收敛了,我们取其中的第 6 至第 1500 个值作为后验样本,由此得到的μ的后验样本的直方图如图 7.2.9 所示,其中的曲线仍为对应于μ的后验分布(7.2.3)的密度函数。

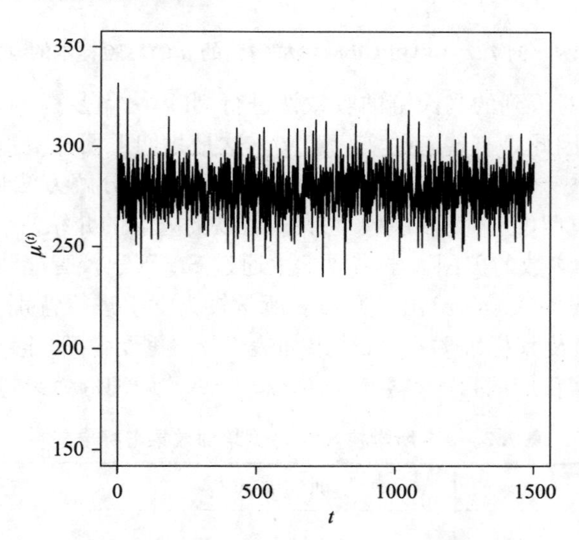

图 7.2.8 例 7.2.3 中由 Gibbs 抽样得到的μ的后验样本的样本路径图

从上面的分析可以看出,三种方法得到的分析结果是一致的,例如直接用后验分布得到μ的后验均值估计为$\bar{x}=277.6$,而用利用后验分布分解后再分步抽样得到的样本计算得到的后验样本均值为 277.45,用 Gibbs 抽样得到的样本计算得到的后验样本的均值为 277.55,三者几乎没有什么差异。

在多参数模型中,一般先考虑是否可以直接得到某参数或参数的函数的后验分布:若无法得到其显示表示,则再考虑是否可以将联合后验分布进行分解,然后进行分步抽样,其优点是无需进行收敛性判断,这在多参数模型与分层模型中用得较多:在分解方法都无法进行时再考虑 Gibbs 抽样等 MCMC 方法,但需要特别小

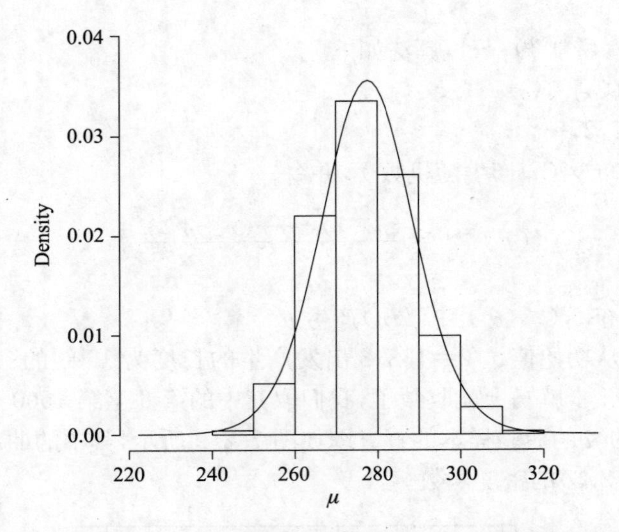

图 7.2.9 例 7.2.3 中由 Gibbs 抽样得到的 μ 的后验样本的直方图

心的是，我们必须对得到的马氏链的收敛性进行判断，大量复杂的统计模型都用这种方法才能解决，因此具有普遍的实际意义。这是我们下面几节重点阐述的内容。

下面我们再举一个正态分布分层模型的例子，说明分解方法成功应用的一个例子。有关分层模型(或称为多层模型)的介绍见§3.5 的介绍。

例 7.2.4 大多数的美国大学需要学生通过 SAT(学校智能测试)考试后才能进入大学，Gelman 等(2004)给出了衡量 8 所学校为学生进行特别培训后效果综合指标的平均值(y_i)及其标准差(σ_i)，结果如表 7.2.4 所示。假定 $y_j, j=1,2,\cdots,8$ 均服从正态分布。我们的目的是要对 8 所学校 SAT 培训的效果进行分析。

表 7.2.4 8 所学校 SAT 考试培训效果与标准差

学校(j)	培训效果(y_j)	标准差(σ_j)
A(1)	28	15
B(2)	8	10
C(3)	−3	16
D(4)	7	11
E(5)	−1	9
F(6)	1	11
G(7)	18	10
H(8)	12	18

我们先对此问题给出一般的描述。假设我们做了 J 组独立试验，其中第 j 组试验得到观测值为 $y_{ij}, i=1,2,\cdots,n_j$，且 $y_{ij}\overset{iid}{\sim}N(\theta_j,\sigma^2)$，其中 $\theta_j, j=1,2,\cdots,J$ 代表第 j 组试验的平均效果，σ^2 已知。令 $\bar{y}_{\cdot j}=\sum_{i=1}^{n_j}y_{ij}/n_j, \sigma_j^2=\sigma^2/n_j$，则

$$\bar{y}_{\cdot j}\mid\theta_j\sim N(\theta_j,\sigma_j^2).$$

如果 n_j 较大，则可用样本均值 $\bar{y}_{\cdot j}$ 作为 θ_j 的估计。但当 n_j 较小(例如 $n_j=2$)时，显然上述估计不合适。一种相当无奈(认为 J 组试验间的差异不大时)的办法是用合并估计(即样本均值关于精度的加权平均)

$$\bar{y}_{\cdot\cdot}=\frac{\sum_{j=1}^{J}\frac{1}{\sigma_j^2}\bar{y}_{\cdot j}}{\sum_{j=1}^{J}\frac{1}{\sigma_j^2}}.$$

作为所有 $\theta_j, j=1,2,\cdots,J$ 的共同估计(上面例子中 $\hat{\theta}=7.9$，标准差为 4.2)。然而当这 J 组试验的关系不是很密切时，这种简单的合并也是不太合理的。如果只有“完全分开”与“完全合并”这二种选择，那么只能通过方差分析的方法进行均值的相等性检验来决定选用哪一种(在上面的 SAT 例子中，方差分析检验表明 $\theta_1,\cdots,\theta_8$ 是有显著性差异的)。那么是否还有第三种选择，使得 θ_j 的估计介于上述二个结果之间，为此考察

$$\hat{\theta}_j=\lambda_j\bar{y}_{\cdot j}+(1-\lambda_j)\bar{y}_{\cdot\cdot},$$

这就是分层贝叶斯模型的思想，即认为这 J 组试验之间是相对独立的，但又存在着一定的联系。换而言之，$\theta_1,\cdots,\theta_J$ 之间存在着某种相关结构，这种相关性可用一个共同的分布，在此用正态分布 $N(\mu,\tau^2)$ 来刻画，而超参数 (μ,τ^2) 通常用无信息先验来刻画。τ 的大小反映了这 J 组试验结果可以溶合的程度：当 $\tau=0(\lambda_j=0)$ 时，相当于这 J 组试验可以合并起来，即认为 $\theta_1=\theta_2=\cdots=\theta_J$，所以 $\hat{\theta}_j=\bar{y}_{\cdot\cdot}$；当 $\tau=\infty(\lambda_j=1)$ 时，相当于 J 组试验是完全无关的，这时 $\hat{\theta}_j=\bar{y}_{\cdot j}$；其他场合对应了诸 θ_j 的某一种加权估计。

为方便起见，我们用 y_j 记上面的 $\bar{y}_{\cdot j}$，这时可将上面的分层贝叶斯模型重新表示为

$$y_j\mid\theta_j\overset{ind}{\sim}N(\theta_j,\sigma_j^2), j=1,\cdots,J,$$
$$\theta_j\mid\mu,\tau\overset{iid}{\sim}N(\mu,\tau^2), j=1,\cdots,J,$$
$$\pi(\mu\mid\tau)\propto 1,$$

$$\pi(\tau)\propto 1,$$

其中$\stackrel{ind}{\sim}$表示“独立地服从”，$\stackrel{iid}{\sim}$表示“独立且同分布于”。

这里有一点要说明，按无信息先验选择的几个基本准则（如 Jeffreys 准则），对于刻度参数 τ，我们应该取 $\pi(\tau)\propto 1/\tau$ 作为超参数 τ 的先验分布。但是正如 Gelman(2006)指出的，使用这种无信息先验会导致后验分布是不正常的，而采用 Laplace 先验（贝叶斯假设），即 $\pi(\tau)\propto 1$，可得到的后验分布是正常的（即在整个参数空间上的积分是有限的）。这里我们选择平坦的先验分布 $\pi(\tau)\propto 1$ 叙述正态一正态分层模型的贝叶斯分析，并用于求解 SAT 问题。

记 $\boldsymbol{\theta}=(\theta_1,\cdots,\theta_J)$，$\mathbf{y}=(y_1,\cdots,y_J)$。由此$(\boldsymbol{\theta},\mu,\tau)$的联合后验分布可表示为

$$\begin{aligned}\pi(\boldsymbol{\theta},\mu,\tau\mid\mathbf{y}) &\propto \pi(\mu,\tau)\pi(\boldsymbol{\theta}\mid\mu,\tau)p(\mathbf{y}\mid\boldsymbol{\theta})\\ &\propto \prod_{j=1}^{J}\varphi(\theta_j\mid\mu,\tau^2)\prod_{j=1}^{J}\varphi(y_j\mid\theta_j,\sigma_j^2)\\ &\propto \tau^{-J}\exp\left[-\frac{1}{2}\sum_{j=1}^{J}\frac{1}{\tau^2}(\theta_j-\mu)^2\right]\\ &\quad\times\exp\left[-\frac{1}{2}\sum_{j=1}^{J}\frac{1}{\sigma_j^2}(y_j-\theta_j)^2\right],\end{aligned}\tag{7.2.6}$$

其中 $\varphi(\cdot)$为正态分布的密度函数。下面我们设法将此分布重新分解为

$$\pi(\boldsymbol{\theta},\mu,\tau|\mathbf{y})\propto\pi(\mu,\tau|\mathbf{y})\pi(\theta_j|\mu,\tau,\mathbf{y})\tag{7.2.7}$$

$$\propto\pi(\tau|\mathbf{y})\pi(\mu|\tau,\mathbf{y})\pi(\theta_j|\mu,\tau,\mathbf{y})\tag{7.2.8}$$

下面考虑上面二个式子中四个分布 $\pi(\theta_j|\mu,\tau,\mathbf{y})$，$\pi(\mu,\tau|\mathbf{y})$，$\pi(\mu|\tau,\mathbf{y})$及$\pi(\tau|\mathbf{y})$的表示。

(1)条件后验分布 $\pi(\theta_j|\mu,\tau,\mathbf{y})$

在(μ,τ)已知条件下，由 θ_j 的独立性及例 1.3.1 知

$$\theta_j|\mu,\tau,\mathbf{y}\sim N(\hat{\theta}_j,V_j),\tag{7.2.9}$$

其中

$$\hat{\theta}_j=\frac{\frac{1}{\sigma_j^2}y_j+\frac{1}{\tau^2}\mu}{\frac{1}{\sigma_j^2}+\frac{1}{\tau^2}},V_j=\frac{1}{\frac{1}{\sigma_j^2}+\frac{1}{\tau^2}}.$$

(2)超参数的边际后验 $\pi(\mu,\tau|\mathbf{y})$

要得到 $\pi(\mu,\tau|\mathbf{y})$，有二种办法

1. 直接由联合后验(7.2.6)通过对 $\boldsymbol{\theta}$ 积分；

2. 由(7.2.7)得到(注意到 $y_j, j=1,\cdots,J$ 及 $\theta_j, j=1,\cdots,J$ 的独立性)

$$\pi(\mu,\tau \mid \mathbf{y}) = \frac{\pi(\boldsymbol{\theta},\mu,\tau \mid \mathbf{y})}{\pi(\boldsymbol{\theta} \mid \mu,\tau,\mathbf{y})} = \prod_{j=1}^{J} \frac{\pi(\theta_j,\mu,\tau \mid \mathbf{y})}{\pi(\theta_j \mid \mu,\tau,\mathbf{y})}.$$

在 θ 的先验是共轭的场合，使用后者更易得到，但是通常不能获得显式表示。对于正态分层模型上面的二种方法都可以得到

$$\begin{aligned}\pi(\mu,\tau \mid \mathbf{y}) &\propto \prod_{j=1}^{J} \varphi(y_j \mid \mu,\sigma_j^2+\tau^2) \\ &\propto \prod_{j=1}^{J} (\sigma_j^2+\tau^2)^{-1/2} \exp\left(-\frac{(y_j-\mu)^2}{2(\sigma_j^2+\tau^2)}\right)\end{aligned} \tag{7.2.10}$$

这相当于由数据 y_j 的边际分布(对 θ_j 平均后)为

$$y_j \mid \mu,\tau \sim N(\mu,\sigma_j^2+\tau^2), j=1,2,\cdots,J,$$

而(μ,τ)的先验为无信息均匀分布 $\pi(\mu,\tau)\propto 1$ 时得到的(边际)后验。这一点请读者自己证明。

至此，我们可以按下面的抽样方法得到参数 $\boldsymbol{\theta}=(\theta_1,\cdots,\theta_J)$ 和超参数(μ,τ)的后验样本

1. 由(7.2.10)得到(μ,τ)的后验样本。这可以通过前面介绍的格子点抽样法或后面将要介绍的 Gibbs 抽样法及 Metropolis－Hastings 抽样法得到；

2. 由(7.2.9)得到 $\boldsymbol{\theta}=(\theta_1,\cdots,\theta_J)$ 的后验样本。

由于从(7.2.10)抽取二维的随机变量不是那么容易，下面考虑它的分解

$$\pi(\mu,\tau \mid \mathbf{y}) \propto \pi(\tau \mid \mathbf{y})\pi(\mu \mid \tau,\mathbf{y}),$$

即将联合后验分布分解为(7.2.8)的形式。

(3)超参数 μ 的条件后验分布 $\pi(\mu \mid \tau,\mathbf{y})$

由(7.2.10)知，在 τ 已知时，其对数是 μ 的二次型，因此 $\pi(\mu \mid \tau,\mathbf{y})$ 一定是正态的。其次，我们可以将(7.2.10)(τ 给定下)看成是由数据 y_j 服从正态分布 $N(\mu,\sigma_j^2+\tau^2)$，$\pi(\mu \mid \tau)$ 为均匀先验下得到的后验分布。由此可以得到

$$\mu \mid \tau,\mathbf{y} \sim N(\hat{\mu},V_\mu), \tag{7.2.11}$$

其中

$$\hat{\mu} = \frac{\sum_{j=1}^{J} \frac{y_j}{\sigma_j^2+\tau^2}}{\sum_{j=1}^{J} \frac{1}{\sigma_j^2+\tau^2}}, \frac{1}{V_\mu} = \sum_{j=1}^{J} \frac{1}{\sigma_j^2+\tau^2}. \tag{7.2.12}$$

$\hat{\mu}$ 可以视为 μ 的合并估计，是其单个估计(y_j)关于精度的加权平均，$1/V_\mu$ 是总的精度。

(4)后验分布 $\pi(\tau|\mathbf{y})$

$$\pi(\tau \mid \mathbf{y}) = \frac{\pi(\mu,\tau \mid \mathbf{y})}{\pi(\mu \mid \tau, y)} = \frac{\prod_{j=1}^{J}\varphi(y_j \mid \mu,\sigma_j^2+\tau^2)}{\varphi(\mu \mid \hat{\mu},V_\mu)},$$

这是个恒等式，它对所有的 μ 都成立，特别可用 $\hat{\mu}$ 代替 μ 得到

$$\begin{aligned}\pi(\tau \mid \mathbf{y}) &\propto \frac{\prod_{j=1}^{J}\varphi(y_j \mid \hat{\mu},\sigma_j^2+\tau^2)}{\varphi(\hat{\mu} \mid \hat{\mu},V_\mu)} \\ &\propto V_\mu^{1/2}\prod_{j=1}^{J}(\sigma_j^2+\tau^2)^{-1/2}\exp\left(-\frac{(y_j-\hat{\mu})^2}{2(\sigma_j^2+\tau^2)}\right). \end{aligned} \tag{7.2.13}$$

至此，根据联合后验分布的第二种分解(7.2.8)，我们可以得到下面更有效快速的抽样算法，其中每一步都是一维随机数的抽样。

1. 由(7.2.13)抽取 τ 的后验样本。这可以使用格子点抽样或 Metropolis－Hastings 抽样方法等；

2. 由正态分布(7.2.11)，抽取 μ 的样本；

3. 由正态分布(7.2.9)，抽取 $\boldsymbol{\theta}=(\theta_1,\cdots,\theta_J)$ 的样本。

另外基于前面已经得到的二个条件分布 $\pi(\theta_j|\mu,\tau)$ 和 $\pi(\mu|\tau)$，我们可以证明在给定 τ 下 θ_j 的条件期望与条件方差分别为

$$E(\theta_j|\tau,y)=\frac{\frac{1}{\sigma_j^2}y_j+\frac{1}{\tau^2}\hat{\mu}}{\frac{1}{\sigma_j^2}+\frac{1}{\tau^2}}, \tag{7.2.14}$$

$$\mathrm{Var}(\theta_j|\tau,y)=\frac{1}{\frac{1}{\sigma_j^2}+\frac{1}{\tau^2}}+\left[\frac{\frac{1}{\tau^2}}{\frac{1}{\sigma_j^2}+\frac{1}{\tau^2}}\right]^2 V_\mu. \tag{7.2.15}$$

下面我们回到前面要分析的 SAT 培训效果的分析上来。我们利用格子点抽样的思想，将区间(0,30)进行分割，并计算 $\pi(\tau|y)$ 在格子点上的值(并正则化)，其结果见图 7.2.10。给定 τ 下，由(7.2.14)和(7.2.15)即可计算出 θ_j，$j=1,2,\cdots,8$ 的条件后验均值与标准差、结果见图 7.2.11 和图 7.2.12。

比较图 7.2.11，图 7.2.12 与图 7.2.10，我们发现

1. 对于那些最为可能的 τ 值，培训效果的估计相当接近；而当 τ 越来越大时，学校之间的差异也就越大，估计值也越接近最初的值 y_j，$j=1,2,\cdots,8$；

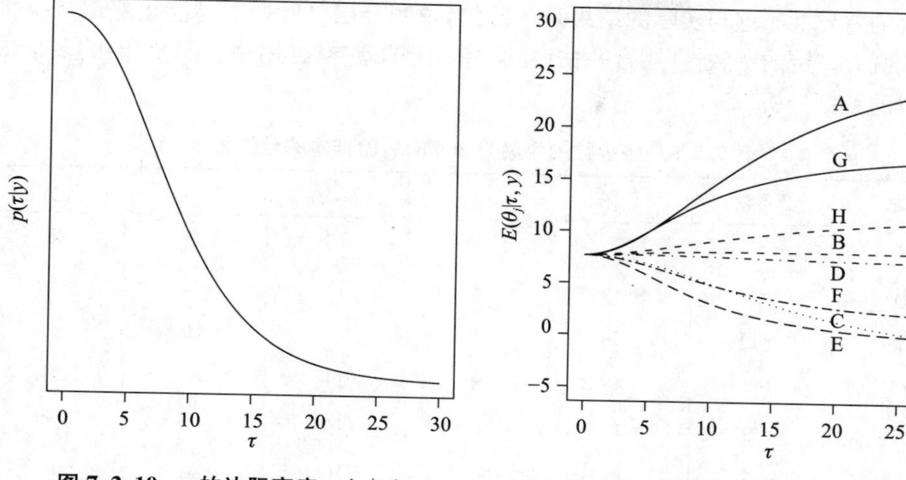

图 7.2.10　τ 的边际密度，$p(\tau|y)$

图 7.2.11　θ_j 的条件后验均值，$E(\theta_j|\tau,y)$

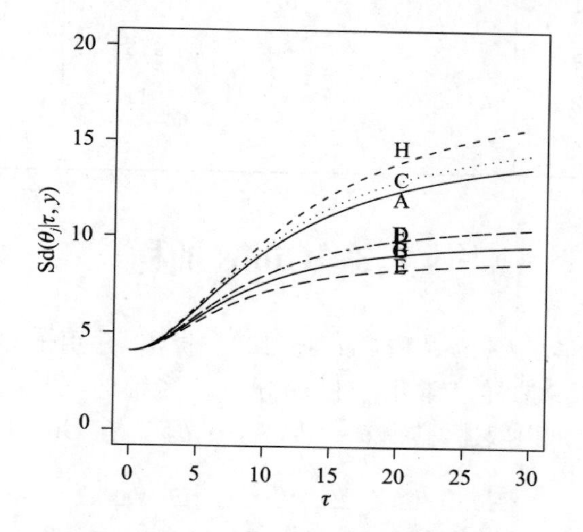

图 7.2.12　θ_j 的条件后验标准方差，$Sd(\theta_j|\tau,y)$

2. 随着 τ 的增加，各 θ_j 的后验的不确定性增大，也就越接近最初的值 σ_j，$j=1,2,\cdots,8$。

表格 7.2.5 为根据分解(7.2.8)分别通过后验分布(7.2.9)、(7.2.11)和(7.2.13)抽取容量为 200 的样本计算得到的 θ_j，$j=1,2,\cdots,8,\mu,\tau$ 的主要的一些分位数值。可以看出，各学校培训效果的中位数在 5 到 10 之间，而它们的 95%的可信区间有较多的重叠，说明各效果一定程度上的一致性；另一方面，各培训效果的 95%的可信区间与单个可信区间相比，差不多是二倍，且有较大的概率超过值 16 (特别是学校 A)，也有较大的概率值是负的(特别是学校 C)—说明培训效果在一定程度上的差异性。这与实际的结果是一致的，说明分层贝叶斯模型能很好地解决多个参数既有一定的一致性(用合并估计)又有一定的差异性(用独立的估计)的多个试验结果的数据分析。

表 7.2.5 各参数的容量为 200 的后验样本的分位数

学校	2.5%	25%	50%	75%	97.5%	y_j
A	−2	7	10	16	31	28
B	−5	3	8	12	23	8
C	−11	2	7	11	19	−3
D	−7	4	8	11	21	7
E	−9	1	5	10	18	−1
F	−7	2	6	10	28	1
G	−1	7	10	15	26	18
H	−6	3	8	13	33	12
μ	−2	5	8	11	18	
τ	0.3	2.3	5.1	8.8	21.0	

§ 7.3 Gibbs 抽样

Gibbs 抽样最早由 Geman 和 Geman(1984)提出，并用于 Gibbs 格子点分布，由此而得名。Gibbs 抽样经常用于目标分布是多维的场合。在此以后验分布 $\pi(\boldsymbol{\theta}|\mathbf{x})$ 的抽样为例加以叙述，其中 $\boldsymbol{\theta}=(\theta_1,\theta_2,\cdots,\theta_p)$。在 Gibbs 抽样中，称

$$\pi(\theta_j \mid \theta_{-j},\mathbf{x}) = \frac{\pi(\theta_j \mid \theta_1,\cdots,\theta_{j-1},\theta_j,\theta_{j+1},\cdots,\theta_p \mid \mathbf{x})}{\int \pi(\theta_j \mid \theta_1,\cdots,\theta_{j-1},\theta_j,\theta_{j+1},\cdots,\theta_p \mid \mathbf{x})d\theta_j}, j = 1,2,\cdots,p$$

为 θ_j 的满条件后验分布(full conditional distribution)，$j=1,2,\cdots,p$，其中 $\theta_{-j}=(\theta_1,\cdots,\theta_{j-1},\theta_{j+1},\cdots,\theta_p)$。假如 $\boldsymbol{\theta}$ 的 p 个满条件分布均可容易抽样，则 Gibbs 抽样可以实施，具体是从某个初始点出发通过满条件分布的循环抽样产生马氏链，其算法如下

1. 给定参数的初始值：$\theta_1^{(0)},\theta_2^{(0)},\cdots,\theta_p^{(0)}$

2. 对 $t=0,1,2,\cdots$，进行下面的迭代更新

a)从分布 $\pi(\theta_1|\theta_2^{(t)},\cdots,\theta_p^{(t)},\mathbf{x})$ 中产生 $\theta_1^{(t+1)}$；

b)从分布 $\pi(\theta_2|\theta_1^{(t+1)},\theta_3^{(t)},\cdots,\theta_p^{(t)},\mathbf{x})$ 中产生 $\theta_2^{(t+1)}$；

……

c)从分布 $\pi(\theta_p|\theta_1^{(t+1)},\theta_2^{(t+1)},\cdots,\theta_{p-1}^{(t+1)},\mathbf{x})$ 中产生 $\theta_p^{(t+1)}$;
由此产生马氏链 $\theta^{(0)},\theta^{(1)},\cdots,\theta^{(t)},\cdots$。

在一定的条件下可以证明

- $(\theta_1^{(t)},\cdots,\theta_p^{(t)})$ 的联合分布以几何速度收敛到后验分布 $\pi(\theta_1,\cdots,\theta_p|\mathbf{x})$;
- $\frac{1}{n}\sum_{i=1}^{n}g(\theta^{(i)})\xrightarrow{a.s}\int g(\boldsymbol{\theta})\pi(\boldsymbol{\theta}\mid\mathbf{x})d\theta$;
- $\sqrt{n}(\sum_{i=1}^{n}g(\theta^{(i)})-\int g(\boldsymbol{\theta})\pi(\boldsymbol{\theta}\mid\mathbf{x})d\boldsymbol{\theta})\xrightarrow{W}N(0,\sigma_g^2)$,其中 σ_g^2 由(7.1.9)给出。

如果某个满条件分布不太容易抽样,则可以借助下一节讲的 MH 算法进行抽样,整个抽样过程转化为逐分量 MH 算法,这样不仅带来抽样的便利,也可以提高抽样效率;

例 7.2.3 给出了正态分布场合在均值与方差均未知,且参数为独立的无信息先验时基于 Gibbs 抽样的贝叶斯分析,其中 μ 和 σ^2 的满条件后验分布分别为正态分布和卡方分布,均容易抽样。然而,在许多实际问题中,若直接使用 Gibbs 抽样,某些参数分量的满条件分布会较难抽样,这时可使用如下几种解决方案:

1. 由于满条件分布通常是一维(或低维)的,因此可以采用 §7.2.1 小节介绍的格子点抽样,其缺点是:当模型的参数维数较高时,会导致格子点抽样在整个 Gibbs 抽样中消耗的时间过多,而且格子点取得太少会影响抽样的精度。因此,格子点抽样并不是 Gibbs 抽样中首选的解决满条件后验分布不易抽样的方案。通常使用下面三种方案中的一种。

2. 如果满条件后验分布对数上凸的(concave),这时可以借助 Gilks 和 Wild(1992)的自适应拒绝抽样方法进行抽样,其抽样效率高。限于篇幅限制,本书不作介绍。

3. 采用下面一节即将介绍的 Metropolis－Hastings 算法,具体参见的 §7.4.4 小节的逐分量 MH 算法。

4. 通过引入辅助变量,拆分后验分布中复杂的项,使得辅助变量与模型参数的满条件后验分布变得容易抽样。这实际上是一种参数空间扩充的方法。我们将通过一个具体的例子说明它给 Gibbs 抽样带来的便利。

5. 另一种参数空间扩充的方法是所谓的切片抽样(Slice sampling),一般的切片抽样方法较为复杂(见 Neal,2003),我们在后面仅介绍一种通过引入均匀分布辅助变量,使得 Gibbs 抽样中的参数的满条件分布易于抽样的切片 Gibbs 抽样方法,并在 §7.7 节的应用中说明它的具体使用过程。

下面先举例说明通过引入辅助变量拆分后验分布来简化 Gibbs 抽样的例子。

例 7.3.1(基因连锁模型,Genetic Linkage Model)。Gelfand 和 Smith(1990)推广了 Rao(1913)的 Genetic Linkage Model(见习题 7.11)。某试验有 5 个可能的

结果，出现的概率$(p_1,\cdots,p_5)$分别为

$$\left(\frac{\theta}{4}+\frac{1}{8}\right),\frac{\theta}{4},\frac{\eta}{4},\left(\frac{\eta}{4}+\frac{3}{8}\right),\frac{1}{2}(1-\theta-\eta),$$

其中$0\leqslant\theta,\eta\leqslant1$为未知参数。现在进行了22次独立的试验，出现各结果的次数为$\mathbf{y}=(y_1,\cdots,y_5)=(14,1,1,1,5)$。

由于$Y=(Y_1,\cdots,Y_5)$服从多项分布，若取(θ,η)的先验为无信息平坦先验

$$\pi(\theta,\eta)\propto1,$$

则(θ,η)的后验分布为

$$\pi(\theta,\eta|\mathbf{y})\propto(2\theta+1)^{y_1}\theta^{y_2}\eta^{y_3}(2\eta+3)^{y_4}(1-\theta-\eta)^{y_5}.$$

尽管我们可以使用格子点抽样等方法获得参数(θ,η)的后验样本，但更为巧妙的办法是通过引入辅助变量将概率p_1和p_4进行拆分。Gelfand和Smith(1990)的做法是引入二个辅助变量Z_1和Z_2，使得Y_1和Y_4作如下分解

$$Y_1=Z_1+(Y_1-Z_1) \tag{7.3.1}$$

$$Y_4=Z_2+(Y_4-Z_2), \tag{7.3.2}$$

这样$(Z_1,Y_1-Z_1,Y_2,Y_3,Z_2,Y_4-Z_2,Y_5)$服从多项分布

$$M\left[22;\frac{\theta}{4},\frac{1}{8},\frac{\theta}{4},\frac{\eta}{4},\frac{\eta}{4},\frac{3}{8},\frac{1}{2}(1-\theta-\eta)\right],$$

其中$M(n;p_1,\cdots,p_k)$表示试验次数为n，参数为$(p_1,\cdots,p_k)$的多项分布，$\mathbf{Z}=(Z_1,Z_2)$是不可观测的，可看作缺失数据，在贝叶斯分析中可看作参数。在(θ,η)为无信息平坦先验下，(θ,η,Z_1,Z_2)的联合后验分布为

$$\pi(\theta,\eta,Z_1,Z_2|\mathbf{y})\propto\left(\frac{\theta}{4}\right)^{Z_1+y_2}\left(\frac{1}{8}\right)^{y_1-Z_1}\left(\frac{\eta}{4}\right)^{y_3+Z_2}\left(\frac{3}{8}\right)^{y_4-Z_2}\left(\frac{1-\theta-\eta}{2}\right)^{y_5}.$$

下面求θ,η,Z_1,Z_2的满条件后验分布。首先，由于

$$\begin{aligned}\pi(\theta|\eta,\mathbf{Z},\mathbf{y})&\propto\theta^{Z_1+y_2}(1-\eta-\theta)^{y_5}\\&\propto\left(\frac{\theta}{1-\eta}\right)^{(Z_1+y_2+1)-1}\left(1-\frac{\theta}{1-\eta}\right)^{(y_5+1)-1},\end{aligned}$$

所以

$$\left.\frac{\theta}{1-\eta}\right|\eta,\mathbf{Z},\mathbf{y}\sim Beta(Z_1+y_2+1,y_5+1),\theta\in[0,1-\eta],$$

并记为

$$\theta|\eta,\mathbf{Z},\mathbf{y}\sim(1-\eta)Beta(Z_1+y_2+1,y_5+1),\theta\in[0,1-\eta].$$

同理可得

$$\eta|\theta,Z,\mathbf{y}\sim(1-\theta)Beta(Z_2+y_3+1,y_5+1),\eta\in[0,1-\eta].$$

其次，由于 $\theta/4+1/8=(2\theta+1)/8$，所以

$$\pi(Z_1|\theta,\eta,Z_2,\mathbf{y})\propto\left(\frac{\theta}{4}\right)^{Z_1}\left(\frac{1}{8}\right)^{y_1-Z_1}$$
$$\propto\left(\frac{2\theta}{2\theta+1}\right)^{Z_1}\left(\frac{1}{2\theta+1}\right)^{y_1-Z_1},$$

从而

$$Z_1|\theta,\eta,Z_2,\mathbf{y}=Z_1|y_1,\theta\sim b\left(y_1,\frac{2\theta}{2\theta+1}\right).$$

同理

$$Z_2|\theta,\eta,Z_1,\mathbf{y}=Z_2|y_4,\eta\sim b\left(y_4,\frac{2\eta}{2\eta+3}\right).$$

这样就可得到进行后验推断的 Gibbs 抽样算法：

1. 给定初值 $\theta^{(0)},\eta^{(0)},Z_1^{(0)},Z_2^{(0)}$

2. 对 $t=1,2,\cdots$，进行下面的迭代更新

a)从 Beta 分布 $Beta(Z_1^{(t-1)}+y_2+1,y_5+1)$ 产生随机数 W，并令 $\theta^{(t)}=(1-\eta^{(t-1)})W$；

b)从 Beta 分布 $Beta(Z_2^{(t-1)}+y_3+1,y_5+1)$ 产生随机数 V，并令 $\eta^{(t)}=(1-\theta^{(t)})V$；

c)从二项分布 $b(y_1,2\theta^{(t)}/(2\theta^{(t)}+1))$ 中产生随机数 $Z_1^{(t)}$；

d)从二项分布 $b(y_4,2\eta^{(t)}/(2\eta^{(t)}+3))$ 中产生随机数 $Z_2^{(t)}$.

由此经过反复迭代产生参数 (θ,η) 的马氏链 $(\theta^{(0)},\eta^{(0)}),(\theta^{(1)},\eta^{(1)}),\cdots$。

这里我们取 θ 的初值为 0.1，η 的初值为 0.8，Z_1 的初值为 7，Z_2 的初值为 0.1。迭代 5000 次后 θ,η 的遍历均值如图 7.3.1 所示。可以看到二者都快速收敛达到平稳状态。剔除前面的 1000 个点的散点图与直方图如图 7.3.2 所示。θ 的后验均值估计为 0.5201，η 的后验均值估计为 0.1232。

通过引入辅助变量来拆分后验分布并不总是可行的。这时还可考虑切片 Gibbs 抽样方法，它是 Neal(2003)切片抽样与 Geman 和 Geman(1984)Gibbs 抽样的结合，它和逐分量 MH 算法一样，是解决较复杂满条件后验分布抽样更为一般的方法。这种方法是通过添加一些辅助变量把参数空间扩大，但感兴趣参数的边

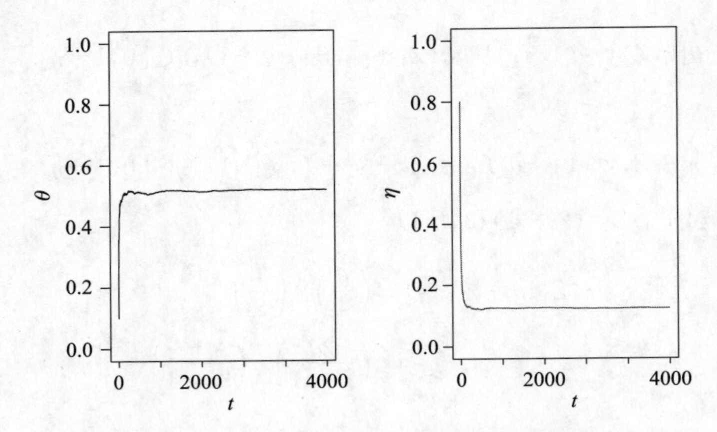

图 7.3.1 例 7.3.1 中 $\boldsymbol{\theta},\boldsymbol{\eta}$ 的 Gibbs 样本的遍历均值

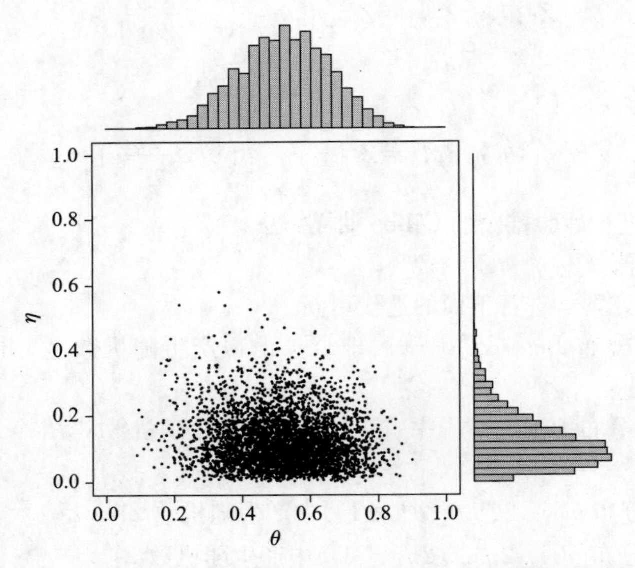

图 7.3.2 例 7.3.1 中 $\boldsymbol{\theta},\boldsymbol{\eta}$ 的 Gibbs 样本后 4000 个点的散点图与直方图

际分布不变，从而把所有的条件分布转化为可以容易抽样的分布，然后再使用标准的 Gibbs 抽样方法。

设 $x_1,\cdots,x_n\overset{iid}{\sim}p(x|\boldsymbol{\theta})$，$\pi(\boldsymbol{\theta})$为参数 $\boldsymbol{\theta}=(\theta_1,\cdots,\theta_p)$ 的先验分布，$\pi(\boldsymbol{\theta}|\mathbf{x})$为参数 $\boldsymbol{\theta}$ 的后验分布，在此假设 $\pi(\boldsymbol{\theta}|\mathbf{x})$难于用简单的方法抽样。引入辅助变量 u，使得条件分布 $\pi(u|\boldsymbol{\theta},\mathbf{x})$容易抽样。这时，$u$ 和 $\boldsymbol{\theta}$ 的联合后验分布为

$$\pi(u,\boldsymbol{\theta}|\mathbf{x})\propto\pi(\boldsymbol{\theta}|\mathbf{x})\pi(u|\boldsymbol{\theta},\mathbf{x}),$$

而 θ 的边际后验为 $\pi(\boldsymbol{\theta}|\mathbf{x})$。利用 Gibbs 抽样,我们将抽样顺序调整为

1. 产生 $u\sim\pi(u|\boldsymbol{\theta},\mathbf{x})$;

2. 产生 $\boldsymbol{\theta}\sim\pi(\boldsymbol{\theta}|u,\mathbf{x})\propto\pi(\boldsymbol{\theta}|\mathbf{x})\pi(u|\boldsymbol{\theta},\mathbf{x})$。

常用的一个选择是取 $\pi(u|\boldsymbol{\theta},x)$ 为均匀分布 $U(0,\pi(\boldsymbol{\theta}|\mathbf{x}))$,则 $(u,\boldsymbol{\theta})$ 的联合后验分布和 $\boldsymbol{\theta}$ 的边缘检验分布分别为

$$\pi(u,\boldsymbol{\theta}\mid\mathbf{x})=I(0<u<\pi(\boldsymbol{\theta}\mid\mathbf{x})),\int_0^1\pi(u,\boldsymbol{\theta}\mid\mathbf{x})du=\pi(\boldsymbol{\theta}\mid\mathbf{x}).$$

所以 $\pi(\mathrm{u}|\boldsymbol{\theta},\mathbf{x})$ 满足我们的要求。此时 Gibbs 抽样中的迭代算法可叙述如下:

1. 给定初值 $\boldsymbol{\theta}^{(0)}$

2. 对 $t=1,2,\cdots$,完成下面的迭代,直到 $\boldsymbol{\theta}^{(t)}$ 收敛为止。令 $\boldsymbol{\theta}=\boldsymbol{\theta}^{(t-1)}$,

a)从均匀分布 $U(0,\pi(\boldsymbol{\theta}|\mathbf{x}))$ 产生 $u^{(t)}$;

b)从(分段)均匀分布 $U(\boldsymbol{\theta}:0\leqslant u^{(t)}\leqslant\pi(\boldsymbol{\theta}|\mathbf{x}))$ 产生 $\boldsymbol{\theta}^{(t)}$。

更具可操作性的是取

$$u_i\sim U(0,p(x_i|\boldsymbol{\theta})),i=1,2,\cdots,n,$$

令 $\mathbf{u}=(u_1,\cdots,u_n)$,则 $(\mathbf{u},\boldsymbol{\theta})$ 的联合后验分布为

$$\pi(\mathbf{u},\boldsymbol{\theta}\mid\mathbf{x})\propto\pi(\boldsymbol{\theta})\Big[\prod_{i=1}^{n}I(0\leqslant u_i\leqslant p(x_i\mid\boldsymbol{\theta}))\Big],$$

从而 Gibbs 抽样算法变成

1. 给定初值 $\boldsymbol{\theta}^{(0)}$

2. 对 $t=1,2,\cdots$,完成下面的迭代,直到 $\theta^{(t)}$ 收敛为止。令 $\boldsymbol{\theta}=\boldsymbol{\theta}^{(t-1)}$,

a)对 $i=1,2,\cdots,n$,从均匀分布 $U(0,p(x_i|\boldsymbol{\theta}))$ 产生 $u_i^{(t)}$;

b)对 $j=1,2,\cdots,d$,从 θ_j 的边际先验 $\pi_j(\boldsymbol{\theta})$ 的截断分布

$$\pi_j(\boldsymbol{\theta})\prod_{i=1}^{n}I(0\leqslant u_i^{(t)}\leqslant p(x_i\mid\boldsymbol{\theta}))$$

产生 $\theta_j^{(t)}$。

§7.4 Metropolis-Hastings 算法

Metropolis-Hastings 算法(简称 MH 算法,或 MH 抽样法)是一类最为常用的 MCMC 方法,它先由 Metropolis 等(1953)提出,后由 Hastings(1970)进行推广,它包括了上一节讲的 Gibbs 抽样,还包括另外三个特殊的 MH 抽样法:Metropolis 抽样、独立性抽样、随机游动 Metropolis 抽样等。MCMC 方法的精髓是构造合适的

马氏链，使其平稳分布就是待抽样的目标分布。在贝叶斯分析中此目标分布就是后验分布 $\pi(\boldsymbol{\theta}|\mathbf{x})$。因此 MH 算法的主要任务是产生满足上述要求的马氏链$\{\theta^{(t)},t=0,1,2,\cdots\}$，即在给定状态 $\theta^{(t)}$ 下，产生下一个状态 $\theta^{(t+1)}$。所有 MH 算法的构造框架如下：

1. 构造合适的建议分布(proposal distribution)$q(\cdot|\theta^{(t)})$；

2. 从 $q(\cdot|\theta^{(t)})$产生候选点 θ'；

3. 按一定的接受概率形成的法则去判断是否接受 θ'。若 θ' 被接受，则令 $\theta^{(t+1)}=\theta'$(马氏链在时刻 $t+1$ 转换到状态 θ')；否则令 $\theta^{(t+1)}=\theta^{(t)}$。

建议分布又称为跳跃分布(jumping distribution)，它对应于马氏链中状态转移的一个跳跃规则。它的选取是 MH 算法实现的关键，由上面的结论，任何在参数空间上可产生不可约非周期马氏链的建议分布都是可行的，它可使得产生的马氏链的平稳分布为目标抽样分布，在此即为后验分布 $\pi(\boldsymbol{\theta}|\mathbf{x})$。在实际中，建议分布的好坏会影响 MCMC 抽样的效率，它可直接通过接受概率的大小来反映。

关于接受概率要注意以下几点：

1. Robert 和 Casella(1999)指出，接受概率并非越大越好，因为这很可能会导致较慢的收敛性；

2. Gelman 等(1996)建议，当参数的维数是 1 时，接受概率略小于 0.5 是最优的；当参数的维数大于 5 时，接受概率应降至 0.25 左右。

理想的建议分布满足的条件包括：

1. 建议分布容易抽样，通常取为已知的分布，如 t 分布或正态分布等；

2. 建议分布应使接受概率容易计算。

3. 建议分布的尾部要比目标分布的尾部厚；

4. 建议分布的支撑包含目标分布的支撑；

5. 建议分布产生的前后二个点的距离恰当(即在参数空间中的每次跳跃幅度适当)；

6. 新的候选点被拒绝的频率不高。

MH 抽样方法通过如下方式产生马氏链$\{\theta^{(t)},t=0,1,2,\cdots\}$

1. 构造合适的建议分布 $q(\cdot|\theta^{(t)})$；

2. 从某个分布 g 中产生 $\theta^{(0)}$(通常直接给定)；

3. 重复下面过程，直至马氏链达到平稳状态

a)从 $q(\cdot|\theta^{(t)})$中产生候选点 θ'；

b)从均匀分布 $U(0,1)$中产生 U

c)判断：若

$$U\leqslant r(\theta^{(t)},\theta')\triangleq\frac{\pi(\theta'|\mathbf{x})q(\theta^{(t)}|\theta')}{\pi(\theta^{(t)}|\mathbf{x})q(\theta'|\theta^{(t)})},$$

则接受 θ'，并令 $\theta^{(t+1)}=\theta'$，否则令 $\theta^{(t+1)}=\theta^{(t)}$；

d)增加 t，返回到 a)。

上述算法的接受概率为

$$\alpha(\theta^{(t)},\theta')=\min\left(1,\frac{\pi(\theta'|\mathbf{x})q(\theta^{(t)}|\theta')}{\pi(\theta^{(t)}|\mathbf{x})q(\theta'|\theta^{(t)})}\right).$$

因此，只需要知道目标分布的核即可，正则化常数可以未知。这就是著名的 MH 算法。

显然，通过 MH 算法构造的链具有马氏性。进一步可以证明，如果所取的建议分布使得到的链满足§7.1 节的不可约性、非周期性和正常返性（称为正则条件），则由 MH 算法得到的马氏链收敛到唯一的平稳分布 $\pi(\theta|\mathbf{x})$（Robert 和 Casella，2004）。

Gibbs 抽样法是一种特殊的 MH 抽样法，其中的每一个候选点都被接受。下面再介绍另外几个特殊又常用的 MH 算法。

7.4.1　Metropolis 抽样

Metropolis 抽样是 MH 算法（抽样）的一种特殊抽样方法，其中的建议分布 $q(\cdot|\theta^{(t)})$是对称的，即满足

$$q(X|Y)=q(Y|X),$$

相应的接受概率变成

$$\alpha(\theta^{(t)},\theta')=\min\left\{1,\frac{\pi(\theta'|\mathbf{x})}{\pi(\theta^{(t)}|\mathbf{x})}\right\}.$$

7.4.2　随机游动 Metropolis 抽样

随机游动 Metropolis 抽样是 Metropolis 抽样的一个特例，其中对称的建议分布为

$$q(Y|X)=q(|X-Y|).$$

实际使用时可先从 $q(\cdot)$中产生一个增量 Z，然后取候选点为 $\theta'=\theta^{(t)}+Z$。例如从分布 $N(\theta^{(t)},\sigma^2)$中产生的候选点 θ'可表示为 $\theta'=\theta^{(t)}+\sigma Z$，其中 Z 从标准正态分布中产生，$\sigma^2>0$ 已知。关于 σ 的选取要注意以下二点：

1. 由大样本性质，后验分布通常都有较好的正态性，因此常选择正态分布为 MH 算法的建议分布，其均值为上一个状态的值，而方差的大小决定了所得马氏链在参数空间支撑上的混合程度。因此，建议分布的好坏常受此刻度参数 σ 的影响。

2. 随机游动 Metropolis 抽样方法下，当增量的方差太大时，大部分的候选点会被拒绝，会导致算法的效率很低：而当增量的方差太小时，几乎所有的候选点都被接受，这时得到的链几乎就是随机游动，但因从一个状态到另一状态跨度太小而无法实现在整个支撑上的快速移动。因此(建议分布)太大的方差与太小的方差都会导致算法效率较低。通常的做法是在实施抽样时监视接受概率。Robert，Gelman，Gilks(1996)建议选择的刻度参数应使候选点的接受概率在[0.15，0.5]内，这样的链有较好的性质。习题 7.9 给出了一个很好的例子。

例 7.4.1 假设某投资者持有 5 种有价证券(股票)，跟踪 250 天交易的表现，其中相对市场(指数)收益最大的股票标记为 5 种股票中的胜者。用 X_i 表示股票 i 在 250 个交易日中胜出的天数。基于历史数据，假设这 5 种股票在任何给定的一个交易日能够胜出的几率比为 $1:(1-\beta):(1-2\beta):2\beta:\beta$，这里 $\beta\in(0,0.5)$是一个未知参数。设观测到的数据为$(x_1,\cdots,x_5)=(82,72,45,34,17)$。取 β 的先验分布为无信息的均匀分布 $U(0,0.5)$。我们的目的是对参数 β 进行贝叶斯分析，在此仅讨论其后验抽样问题。

解 给定 β 下，$(X_1,\cdots,X_5)$服从多项分布，概率向量为

$$\mathbf{p}=(p_1,p_2,p_3,p_4,p_5)=\left(\frac{1}{3},\frac{1-\beta}{3},\frac{1-2\beta}{3},\frac{2\beta}{3},\frac{\beta}{3}\right).$$

因此后验分布为

$$\pi(\beta|\mathbf{x})\propto p_1^{x_1}p_2^{x_2}p_3^{x_3}p_4^{x_4}p_5^{x_5}.$$

我们不能直接从此后验分布中产生随机数。在此使用随机游动 Metropolis 抽样方法产生马氏链，其平稳分布即为此后验分布，然后从此链中取样来对 β 进行估计。这里我们取建议分布为均匀分布 $U(-0.25,0.25)$，此时的接受概率为

$$\alpha(\beta^{(t)},\theta')=\min\left\{1,\frac{\pi(\beta'|\mathbf{x})}{\pi(\beta^{(t)}|\mathbf{x})}\right\},$$

其中

$$\frac{\pi(\theta'|\mathbf{x})}{\pi(\beta^{(t)}|\mathbf{x})}=\frac{(1/3)^{x_1}((1-\theta')/3)^{x_2}((1-2\theta')/3)^{x_3}(2\theta'/3)^{x_4}(\theta'/3)^{x_5}}{(1/3)^{x_1}((1-\beta^{(t)})/3)^{x_2}((1-2\beta^{(t)})/3)^{x_3}(2\beta^{(t)}/3)^{x_4}(\beta^{(t)}/3)^{x_5}}.$$

取初始值为 $\beta^{(0)}=0.25$，由此算法产生长度为 5000 的马氏链，如图 7.4.1 所示。可以看出此链很快收敛到我们的后验分布。舍去前面的 1000 个值，由后面的 4000 个计算得到 β 的贝叶斯估计为 0.2087。实际上我们的数据是由 $\beta=0.2$ 时的多项分布产生的，可见结果相当理想。但是，此算法的拒绝率达到 86%，因此算法的效率一般。

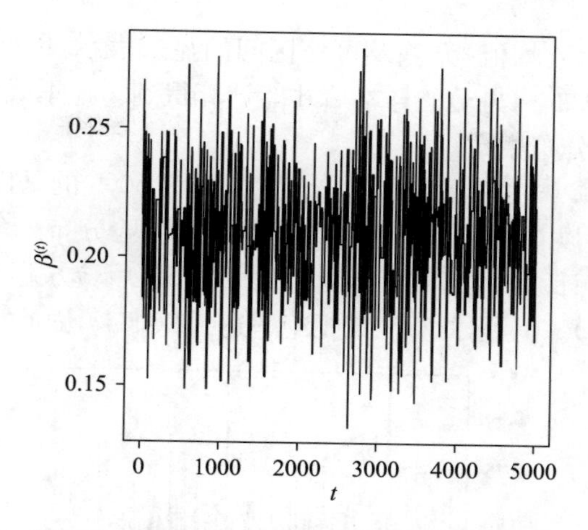

图 7.4.1　例 7.4.1 中由随机游动 Metropolis 抽样法产生的马氏链的样本路径图

7.4.3　独立性抽样法

独立性抽样法(Independence sampler)也是 MH 抽样法的特殊情况，其建议分布并不依赖于链前面的值，即 $q(\cdot\,|\theta^{(t)})=q(\cdot)$，这时的接受概率为

$$\alpha(\theta^{(t)},\theta')=\min\left(1,\frac{\pi(\theta'\,|\,\mathbf{x})q(\theta^{(t)})}{\pi(\theta^{(t)}\,|\,\mathbf{x})q(\theta')}\right).$$

注：

- 要实现几何收敛，建议分布的尾部必须比目标分布的尾部更厚；
- 独立性抽样法容易实施，但仅在建议分布与目标很接近时表现较好。因此在实际中很少单独使用。

例 7.4.2. 设 $x=(x_1,x_2,\cdots,x_n)$ 为来自正态分布 $N(\theta,1)$ 的观测值，其中 $n=20,\bar{x}=0.0675$。根据以往的经验，θ 的先验分布为柯西分布

$$\pi(\theta)=\frac{1}{\pi(1+\theta^2)},$$

试估计

1. 后验均值 $E(\theta|\mathbf{x})$；
2. 后验方差 $Var(\theta|\mathbf{x})$；
3. 95%可信区间 $(\underline{\theta}(x),\bar{\theta}(x))$：$Pr(\underline{\theta}(x)\leqslant\theta\leqslant\bar{\theta}(x)\,|\,\mathbf{x})=0.95$。

解　θ 的后验分布为

$$\pi(\theta|\mathbf{x})\propto\exp\left\{-\frac{n(\theta-\bar{x})}{2}\right\}\times\frac{1}{1+\theta^2}.$$

我们无法获得 θ 的后验均值、方差及可信区间的显式表示，因此必须借助 MCMC 抽样方法获得后验分布 $\pi(\theta|\mathbf{x})$的样本后才能计算得到。这里我们采用独立抽样方法，建议分布与先验分布相同。

取初始值 $\theta^{(0)}=0.5$，由独立性抽样法产生长度为 5000 的马氏链，其样本路径图见图 7.4.2 所示。可以看到此链很快收敛到我们的后验分布。舍去前面的 1000 个值，由后面的 4000 个计算得到 θ 的后验均值为 0.6750，后验方差为 0.0027，95%可信区间为(0.590，0.763)。但是，此算法的拒绝率达到 96.6%，因此算法的效率较低。

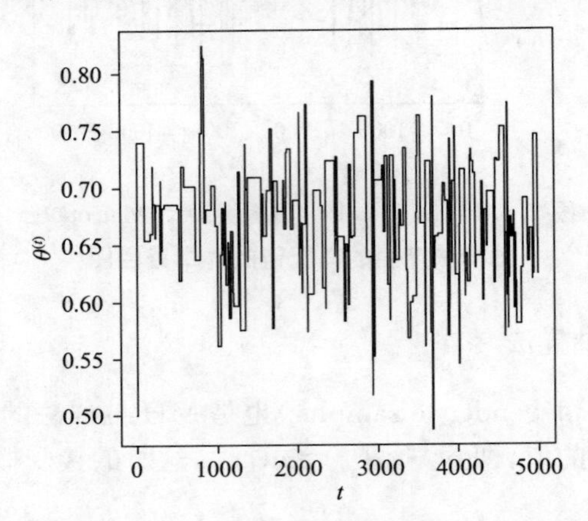

图 7.4.2 例 7.4.2 中由独立性抽样法产生的马氏链的样本路径图

7.4.4 逐分量 MH 算法

当目标分布是多维时，用 MH 算法进行整体更新往往比较困难，转而对其分量进行逐个更新，这就是所谓的逐分量 MH 算法的思想，分量的更新通过满条件分布的抽样来完成，故这种方法又称为 Metropolis 中的 Gibbs(Gibbs within Mettropolis)算法。这种抽样方法更方便，更有效率。我们仍用后验分布 $\pi(\theta_1,\cdots,\theta_p|\mathbf{x})$为目标分布来进行叙述。记 $\boldsymbol{\theta}=(\theta_1,\cdots,\theta_p)$，$\boldsymbol{\theta}_{-i}=(\theta_1,\cdots,\theta_{i-1},\theta_{i+1},\cdots,\theta_p)$，则

$$\boldsymbol{\theta}^{(t)}=(\theta_1^{(t)},\cdots,\theta_p^{(t)}),$$
$$\boldsymbol{\theta}_{-i}^{(t)}=(\theta_1^{(t)},\cdots,\theta_{i-1}^{(t)},\theta_{i+1}^{(t)},\cdots,\theta_p^{(t)}).$$

它们分别表示在第 t 步链的状态和除第 i 个分量外其他分量在第 t 步的状态，$\pi(\theta_i|\boldsymbol{\theta}_{-i},\mathbf{x})$为 θ_i 的满条件分布。在逐分量的 MH 算法中从 t 步的 $\boldsymbol{\theta}^{(t)}$ 更新到 $t+1$ 步的 $\boldsymbol{\theta}^{(t+1)}$ 分 p 个小步来完成：对 $i=1,2,\cdots,p$，

1. 选择建议分布 $q_i(\cdot|\theta_i^{(t)},\boldsymbol{\theta}_{-i}^{(t)*})$，其中

$$\boldsymbol{\theta}_{-i}^{(t)*}=(\theta_1^{(t+1)},\cdots,\theta_{i-1}^{(t+1)},\theta_{i+1}^{(t)},\cdots,\theta_p^{(t)}).$$

2. 从建议分布 $q_i(\cdot\mid\theta_i^{(t)},\boldsymbol{\theta}_{-i}^{(t)*})$ 中产生候选点 θ'_i，并以概率

$$\alpha(\theta_i^{(t)},\boldsymbol{\theta}_{-i}^{(t)*},\theta'_i)=\min\left\{1,\frac{\pi(\theta'_i\mid\boldsymbol{\theta}_{-i}^{(t)*},\mathbf{x})q_i(\theta_i^{(t)}\mid\theta'_i,\boldsymbol{\theta}_{-i}^{(t)*})}{\pi(\theta_i^{(t)}\mid\boldsymbol{\theta}_{-i}^{(t)*},\mathbf{x})q_i(\theta'_i\mid\theta_i^{(t)},\boldsymbol{\theta}_{-i}^{(t)*})}\right\}$$

接受 θ'_i：若 θ'_i 被接受，则令 $\theta_i^{(t+1)}=\theta'_i$；否则令 $\theta_i^{(t+1)}=\theta_i^{(t)}$。

注：Gibbs 抽样是一种逐分量的 MH 抽样方法，其建议分布选为满条件分布 $\pi(\cdot\mid\boldsymbol{\theta}_{-i}^{(t)*})$；

§7.5　MCMC 收敛性诊断

不管是使用一般的 MH 抽样方法还是使用特殊的 Gibbs 抽样方法，都需要确定所得到的马氏链的收敛性，即需要确定马氏链达到收敛时迭代的次数（之前一段链称为 burn-in 样本）。这通常没有一个全能统一的方法。在有些问题中马氏链的收敛速度会很慢，特别是多参数场合（Gelman 和 Rubin，1992）；有时候常因初始点的选择不当会产生虚假的收敛性，因为马氏链会因算法不当可能会陷入目标分布的一个局部支撑上。这一节将介绍二类办法，分别从图形与数量二个角度对马氏链的收敛性给出判断。

7.5.1　收敛性诊断图

理论上，MH 抽样方法（包括 Gibbs 抽样方法）得到的马氏链的平稳分布与初始值的选取无关，但马氏链的收敛速度有时会对初始点较敏感，实际中我们通常使用下面的两种图形方法进行收敛性的判断。

一、样本路径图

将所生成的马氏链按迭代次数作图就得到此马氏链的样本路径图（trace plot）。为了避免链陷入目标分布的某个局部区域，通常从不同的初始点出发同时产生多个马氏链，在经过一段时间后，如果它们的样本路径图都稳定下来了，并且无法区别彼此（混合在一起），这时就可认为抽样已经收敛了。

二、遍历均值图

MCMC 方法的理论基础是遍历均值定理，因此我们可以监视遍历均值是否达到收敛。将所生成的马氏链的累积均值对迭代次数作图就得到此链的遍历均值图（ergodic mean plot）。达到平稳状后的马氏链的遍历均值会趋于一条水平的直线。同样，为了避免链陷入目标分布的某个局部区域，我们也可以考查从不同初始点出发的多条马氏链的遍历均值是否收敛。如果仅使用一条马氏链，则要求迭代次数足够多，使链能够到达支撑的每一个部分。

例 7.5.1　设数据 (y_1,y_2) 来自二元正态分布 $N(\boldsymbol{\theta},\sum)$，其中 $\boldsymbol{\theta}=(\theta_1,\theta_2)$ 为

均值向量，$\sum=\begin{pmatrix}\sigma_1^2 & \rho\sigma_1\sigma_2\\ \rho\sigma_1\sigma_2 & \sigma_2^2\end{pmatrix}$为已知的协方差阵。而取$(\theta_1,\theta_2)$的先验分布为无信息的平坦先验分布，则$(\theta_1,\theta_2)$的联合后验分布为仍是二元正态的，即

$$\begin{pmatrix}\theta_1\\ \theta_2\end{pmatrix}\Bigg|\mathbf{y}\sim N\left(\begin{pmatrix}y_1\\ y_2\end{pmatrix},\begin{pmatrix}\sigma_1^2 & \rho\sigma_1\sigma_2\\ \rho\sigma_1\sigma_2 & \sigma_2^2\end{pmatrix}\right). \tag{7.5.1}$$

(1)使用 Gibbs 抽样法

取$\sigma_1=\sigma_2=1,\rho=0.8$，并设$(y_1,y_2)$的观测值为$(0,0)$，由(7.5.1)及多元正态分布的边际分布仍为正态分布易得，θ_1 和 θ_2 的满条件后验分布分别为

$$\theta_1\,|\,\theta_2,\mathbf{y}\sim N(y_1+\rho(\theta_2-y_2),1-\rho^2)$$
$$\theta_2\,|\,\theta_1,\mathbf{y}\sim N(y_2+\rho(\theta_1-y_1),1-\rho^2)$$

我们从 4 个初始点$(\pm3,\pm3)$出发进行 Gibbs 抽样，得到 4 个马氏链；经过 10 次迭代得到图 7.5.1(a)，经过 1000 次后的 4 条链完全混合在一起，见图 7.5.1(b)，因此认为已经达到平稳状态。我们取后面的 500 个作为后验样本进行计算，相应的散点见图 7.5.1(c)。θ_1 与 θ_2 的后验均值估计分别为 0.086 和 0.105，后验方差的估计分别为 1.13 和 1.02，而二者的相关系数的估计为 0.789。

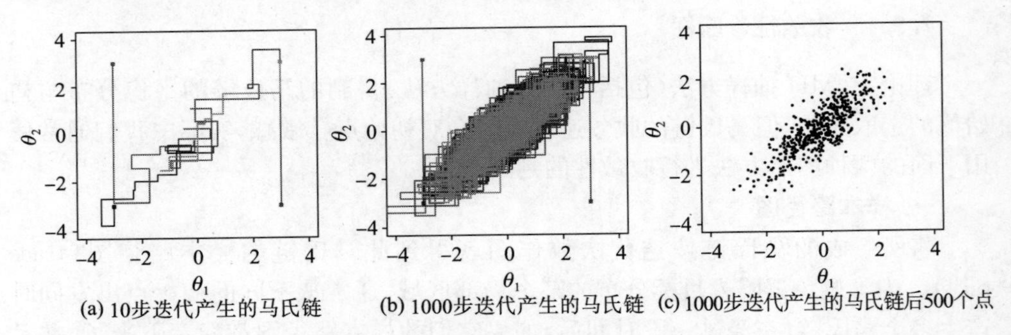

图 7.5.1 例 7.5.1 中从 4 个初始点出发由 Gibbs 抽样产生的马氏链($\sigma_1=\sigma_2=1,\rho=0.8$)

(2)使用 MH 抽样法

取$\sigma_1=\sigma_2=1,\rho=0$，并设$(y_1,y_2)$的观测值仍为$(0,0)$，使用随机游动的 MH 抽样方法，建议分布取为$N(\boldsymbol{\theta}^{(t)},0.2^2I)$，其中 I 为 2×2 的单位矩阵。

我们从 5 个初始点$(\pm3,\pm3)$和$(0,0)$出发按 MH 算法进行迭代抽样得到 5 个马氏链，经过 50 次迭代得到图 7.5.2(a)，经过 1000 步后的 4 条链完全混合在一起，见图 7.5.2(b)，因此认为已经达到平稳状态。我们取后面的 500 个作为后验样本进行计算，相应的散点见图 7.5.2(c)。

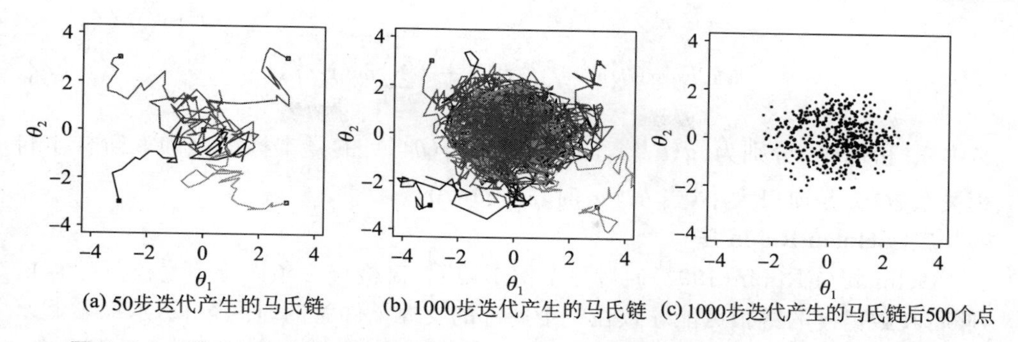

(a) 50步迭代产生的马氏链　(b) 1000步迭代产生的马氏链　(c) 1000步迭代产生的马氏链后500个点

图 7.5.2　例 7.5.1 中从 5 个初始点出发由 MH 抽样产生的马氏链($\sigma_1=\sigma_2=1,\rho=0$)

我们再用 θ_1 和 θ_2 的遍历均值来考查它们的收敛性。以 MH 抽样法为例，从(−3,−3)和(3,3)出发经过 1000 步迭代后它们的遍历均值如图 7.5.3(a)和图 7.5.3(b)所示。可以看出，到第 500 步时，迭代得到的马氏链已经基本收敛。

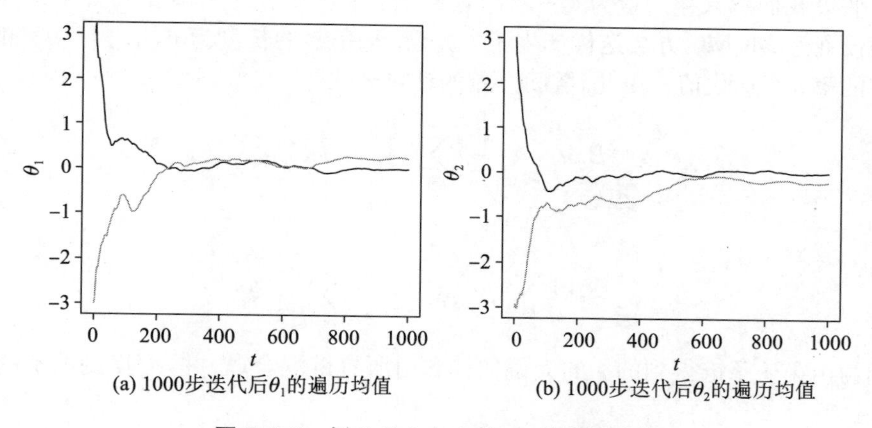

(a) 1000步迭代后θ_1的遍历均值　(b) 1000步迭代后θ_2的遍历均值

图 7.5.3　例 7.5.1 中 θ_1 和 θ_2 的遍历均值

7.5.2　收敛性指标

一、MC 误差

收敛的马氏链从初始点出发会随着迭代次数的增加，波动会越来越小。遍历均值趋于稳定意味着方差越来越小，因此我们可以用感兴趣参数或其函数的估计(即后验样本均值)的方差或标准差(称为 MC 误差)的大小来衡量对应马氏链的收敛性。

设 $\pi(\theta|\mathbf{x})$是参数 θ 的后验分布，通过某种抽样方法(如 MH 抽样方法)得到的马氏链为$\{\theta^{(1)},\theta^{(2)},\cdots,\theta^{(n)},\cdots\}$，$g(\theta)$是感兴趣参数的函数，关于 $\pi(\theta|\mathbf{x})$平方可积，则由定理 7.1.3 中公式(7.1.9)，$g(\theta)$的 MC 误差(也称为数值标准差)的估计为

$$MCE(g(\theta))=\sqrt{\frac{\hat{\sigma}_g^2}{n}\left\{1+2\sum_{h=1}^{w}\hat{\rho}_h(g)\right\}},\tag{7.5.2}$$

其中 $\hat{\sigma}_g$ 和 $\hat{\rho}_h(g)$ 分别为 $\{g(\theta^{(1)}),g(\theta^{(2)}),\cdots,g(\theta^{(n)})\}$ 的样本标准差和 h 阶样本自相关系数，w 是窗口大小，当 $h>w$ 时，$\hat{\rho}_h(g)\approx0$。

二、Gelman-Rubin 法

Gelman 与 Rubin(1992)通过一个例子说明：仅检查一条链很容易产生错误的判断：收敛很慢的链很可能导致在一个局部的支撑上停留的时间很长，从而看起来已经收敛(MC 误差也很小)，但实际上在目标分布的整个支撑上却远未达到收敛。这时通过检查初值非常分散的几个平行的链的样本路径图就能发现不同链的混合的快慢。Gelman-Rubin 方法就是通过不同链的充分混合的程度考查链的收敛性——达到平稳后的链的表现应该是充分混合的，其基本原理是方差分析(ANOVA)的思想，即达到平稳后链内方差与链间方差应该是(近似)相等的。

假设我们感兴趣的量为 $\phi=g(\theta)$，其在目标分布下的期望 μ 和方差 σ^2 存在。再假设通过 MCMC 方法迭代产生了 k 条链，每条链的长度为 n，记 $\phi_j^{(t)}$ 为 ϕ 的第 j 条链的第 t 个迭代值。由此，链间方差的计算公式为

$$B/n=\frac{1}{k-1}\sum_{j=1}^{k}(\bar{\phi}_{j\cdot}-\bar{\phi}_{\cdot\cdot})^2,\tag{7.5.3}$$

其中

$$\hat{\phi}_{j\cdot}=\frac{1}{n}\sum_{t=1}^{n}\phi_j^{(t)},\hat{\phi}_{\cdot\cdot}=\frac{1}{nk}\sum_{j=1}^{k}\sum_{t=1}^{n}\phi_j^{(t)}$$

分别为由第 j 条链得到的 ϕ 的无偏估计和由所有链混合(合并)后得到的 ϕ 的无偏估计。

链内方差 W 为

$$W=\frac{1}{k}\sum_{i=1}^{k}s_i^2,\tag{7.5.4}$$

其中

$$s_i^2=\frac{1}{n-1}\sum_{t=1}^{n}(\phi_j^{(t)}-\bar{\phi}_{j\cdot})^2$$

为由第 j 条链得到的 σ^2 的无偏估计。最后，我们可以使用 B 和 W 的加权平均来估计 σ^2

$$\hat{\sigma}_{+}^2=\frac{n-1}{n}W+\frac{1}{n}B。\tag{7.5.5}$$

如果初始值是从目标分布中抽取的，则 $\hat{\sigma}_+^2$ 就是 σ^2 的无偏估计，但若 k 条链的初始值过度分散，则会高估 σ^2。此外，如果迭代到 n 次时，各条链没有收敛，从而没有充分混合，那么链内方差 W 会低估 σ^2 的。因此当 $n\to\infty$ 时，$\hat{\sigma}_+^2$ 会从上面收敛到 σ^2，而 W 从下面收敛到 σ^2。这样迭代到 n 次时，如果 $\hat{\sigma}_+^2$ 相对于 W 较大，就表明各链还没有收敛到目标分布。

考虑到 ϕ 的估计的抽样波动性，用 $\hat{V}=\hat{\sigma}_+^2+B/(kn)$ 代替 $\hat{\sigma}_+^2$，由此可通过

$$\hat{R}=\frac{\hat{V}}{W},\tag{7.5.6}$$

来考查链的收敛性。$\hat{R}$ 会高估 $R=\hat{V}/\sigma^2$，并称 $\sqrt{\hat{R}}$ 为潜在刻度减小因子（potential scale reduction factor，PSRF）。PSRF 的含义是：通过延长链，可使 ϕ 的估计的标准差减小，且随着链无限延长（从而达到收敛），$\sqrt{\hat{R}}$ 会递减到 1。因此当各条链都近似收敛到目标分布时，$\sqrt{\hat{R}}$ 就会接近 1。实际使用时，常以 $\sqrt{\hat{R}}$ 小于 1.1 或 1.2 作为链收敛的标准。

Brooks 和 Gelman(1997)还考虑了方差估计的抽样波动性，并提出将 $\hat{R}$ 修正为

$$\hat{R}_c=\frac{d+3}{d+1}\hat{R},\tag{7.5.7}$$

其中 d 表示用 t 分布近似目标分布的自由度，用其矩估计 $\hat{d}=2\hat{V}/\widehat{var}(\hat{V})$ 估计。但这种修改在实际使用时可以不考虑，因为在链很长（收敛）时 d 会较大。Brooks 和 Gelman(1997)还给出了基于 $\hat{R}$、V 和 W 链的收敛性的图形诊断。

例 7.5.2 目标分布为标准正态分布 $N(0,1)$，我们用独立的 MH 抽样法产生长度为 15000 的 4 条链，初始值分别为 -10，-5，5，10，建议分布为 $N(\theta^{(t)},\sigma^2)$，记所得的链为 $\theta_i^{(t)}$，$i=1,2,3,4$；$t=1,2,\cdots,15000$。我们的目的是获得目标分布均值，在此用样本均值进行估计，这需要确定这些马氏链达到收敛的时间。用 $\psi_j^{(t)}=\sum_{i=1}^{t}\theta_j^{(i)}/t$ 表示第 j 条链在时间 t 的平均。首先考虑 $\sigma^2=0.09$ 的情形。当建议分布的方差相比目标分布的方差小得多时，链的混合与收敛性通常会很慢。我们去掉前 1000 个点，得到的 ψ 的 4 条链的均值遍历图，如图 7.5.4(a)所示，可以看出当 $t=8000$ 时，各条链已经充分混合，基本达到收敛状态。我们再计算 $\hat{R}$，在 $t=6000,8000,10000,11000,12000$ 时，$\hat{R}$ 的值分别为 1.2548，1.1900，1.1542，1.1409，1.1318。到 15000 步时，其值为 $\hat{R}=1.1111$。以 $\hat{R}=1.15$ 作为收敛的分界线，则从 $t=10000$ 后就可认为抽样达到收敛状态。而如果

取收敛分界线为 $\hat{R}=1.2$，则 $t=8000$ 后就可认为收敛了。图 7.5.4(b)给出了 t 从 1000 到 15000 时 $\hat{R}$ 的时序图。

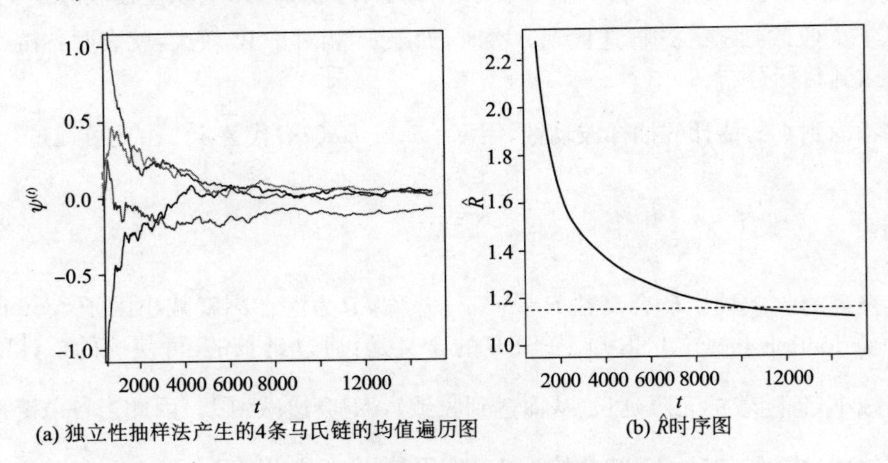

(a) 独立性抽样法产生的4条马氏链的均值遍历图　　(b) $\hat{R}$时序图

图 7.5.4　例 7.5.2 中 Gelman-Rubin 方法收敛性分析，$\sigma=0.3$

作为比较，我们再取 $\sigma^2=4$，并重复上面的 MH 抽样，计算相应的 $\hat{R}$，结果见图 7.5.5。可以看出，链的收敛速度比 $\sigma^2=0.09$ 时快多了，当 $t>1600$ 时，$\hat{R}<1.2$；当 $t>4000$ 时，$\hat{R}<1.1$。

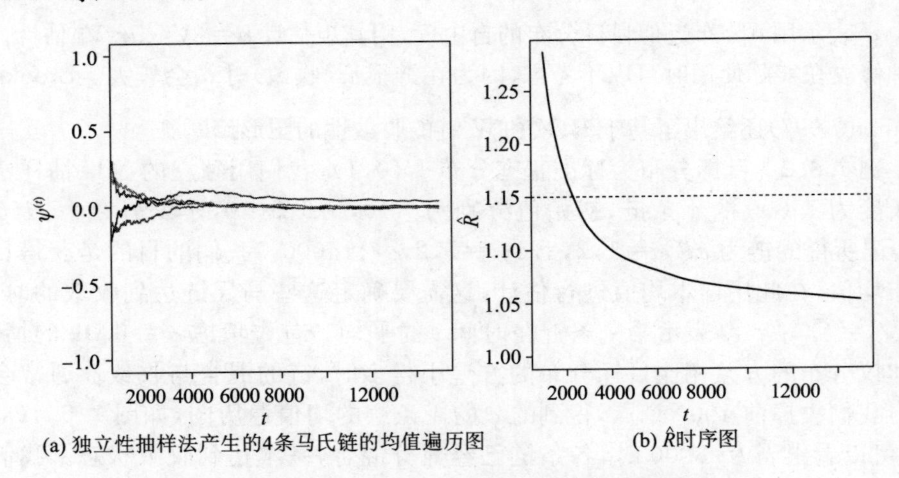

(a) 独立性抽样法产生的4条马氏链的均值遍历图　　(b) $\hat{R}$时序图

图 7.5.5　例 7.5.2 中 Gelman-Rubin 方法收敛性分析，$\sigma=2.0$

§7.6 WinBUGS 使用简介

7.6.1 WinBUGS 简介

BUGS(Bayesian inference Using Gibbs Sampling)是一款运用 MCMC 算法解决贝叶斯统计推断问题的软件,先由英国 MRC 生物统计协会研发,后与英国圣玛丽皇家医学院协作开发并提供免费下载。WinBUGS 是 BUGS 软件在 Windows 操作系统下的版本,以窗口界面呈现(见图 7.6.1),目前发布的最新版本为 WinBUGS14,其下载地址为 http://www.mrc-bsu.cam.ac.uk/bugs/overview/contents.shtml

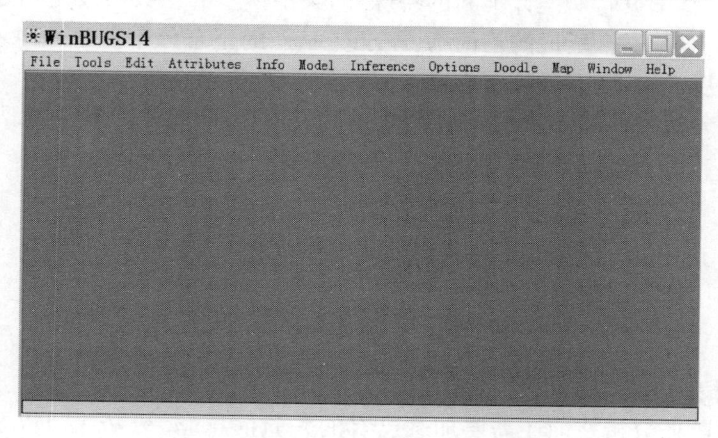

图 7.6.1 WinBUGS 软件窗口界面

Windows 版本直接双击安装文件即可完成 WinBUGS 的安装,WinBUGS 软件的甲壳虫图标(logo)位于其安装目录下,为操作方便,建议用快捷方式拖拽至桌面。双击该图标打开,阅读自动弹出的许可证协议窗口后将其关闭。单击左上角主菜单的 **File** 项,在下拉菜单中选择 **New**,打开一个新的文件窗口,在此区域编写程序。

7.6.2 WinBUGS 下贝叶斯模型的建立

在贝叶斯模型中,未知参数的后验分布由先验分布和样本的似然函数导出,为叙述方便,我们通过一个简单的 n 重伯努利试验为例加以说明:将一枚硬币重复投掷 $n=30$ 次,发现正面朝上的次数为 $x=16$ 次。根据先前的经验,硬币正面朝上的概率 p 服从参数为 $a=1$ 和 $b=1$ 的贝塔分布,现研究其后验分布。

如何运用 WinBUGS 来生成这个简单的贝叶斯模型呢?[①]

先验分布与似然函数

随机变量 X 服从参数为 n 和 p 的两项分布,在 WinBUGS 中表示为

$$x \sim dbin(n,p)$$

而 p 的先验分布表示为

$$p \sim dbeta(a,b)$$

事实上,WinBUGS 中的一切分布均由字母"d"开头,而符号"～"则表示服从某一分布。各种分布在软件中的相应指令可在 **Help** 菜单下的 **User manual** 中查找。值得注意的是,鉴于贝叶斯统计推断的特殊性,某些模型的参数的设定与通常的情况略有差异。例如,通常所说的均值为 μ,方差为 σ^2 的正态分布在 WinBUGS 中是由均值 μ 和精度 τ 确定的,并表示为 $dnorm(\mu,\tau)$,其中 $\tau=1/\sigma^2$。

将先验分布与似然函数用一对大括号{ }括起,系统就会将其视为一个统计模型,即

```
MODEL {
        p~dbeta(a,b)
        x~dbin(p,n)
}
```

简单数据列表

进入贝叶斯分析之前还需要加载已有的先验信息($a=1,b=1$)以及观测到的数据($x=16,n=30$),其相应的程序为

$$\text{data list}(a=1,b=1,x=16,n=30)$$

由此,一个简单的贝叶斯模型便应运而生了:

```
MODEL {
        p~dbeta(a,b)
        x~dbin(p,n)
}
data list(a = 1,b = 1,x = 16,n = 30)
```

此处的"MODEL"一词只为方便模型辨识,无特殊含义,编译时可自行修改。

值得一提的是,若在编写程序或运行软件时碰到某些问题,**Help** 菜单下的各

---

① 在 WinBUGS 中我们还可以使用一种称为 Doodle 的有向图工具建立,且 Doodle 很容易转换成 BUGS 代码。

个选项会给予尽可能的帮助，除了先前提到的模型指令及其参数，还有一些具体实例等等。

7.6.3 WinBUGS 下的统计推断

WinBUGS 下依次完成下面的主要步骤：

程序编译与保存

从上述伯努利试验出发，在新打开的文件窗口中键入上面的模型程序，并在 **File** 菜单中选择 **Save As** 后，键入相应的程序名（如 CoinSpin），将该程序存放在适当的文件夹下（注意：WinBUGS 程序的后缀名为 **.odc**）

语法检查

选择 **Model** 菜单中的 **Specification** 项，系统会自动弹出一对话框，将光标移动到程序的模型框架中任意一处（大括号内）后，单击该对话框中的 **check model** 按钮。如果建立模型时所编写的程序无任何语法错误，则在软件窗口的底部[①]会显示“model is syntactically correct”，此时该对话框中的 **load data** 和 **compile** 按钮也同时由灰变黑，如图 7.6.2 所示。当然，若原始程序含有语法错误，则在窗口底部也会显示相关提示。

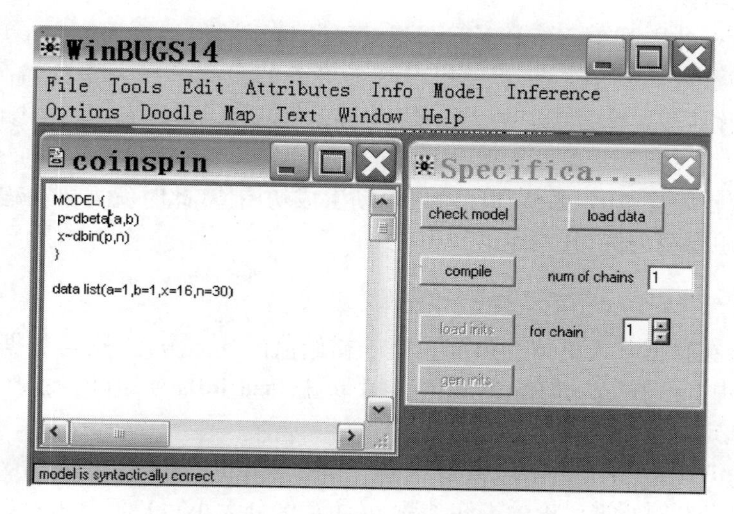

图 7.6.2 WinBUGS 中的贝叶斯模型

① WinBUGS 软件的所有提示信息均显示在此处。

数据载入

将光标移至单词“**list**”的词头，并按住鼠标右键拖至词尾，如图 7.6.3 所示，单击 **Specification** 对话框中 **load data** 按钮，若数据顺利载入，则会在窗口底部呈现“data loaded”字样。需要指出的是，如果光标选择的区域不慎超出单词本身，则系统会报错；同时，当单词“list”与“(”之间存在空格，则仍旧无法顺利进行数据载入。

```
data list(a=1,b=1,x=16,n=30)
```

图 7.6.3 WinBUGS 中简单的数据列表

模型整合

单击 **compile** 按钮将数据与模型框架联系起来，当窗口底部出现“model compiled”字样时，表明整合成功，模型编译完整。若系统检测到某个超参数或者某项观测数据没有被赋值时，则会给出相应提示。由于 WinBUGS 软件在编译程序时，区分变量的大小写，例如 B 与 b 被视为不同变量，因此编译时需谨慎对待。

初始值生成与赋予

由 Gibbs 抽样可知，WinBUGS 是通过不断进行迭代运算而产生最后结果的，所以为未知参数赋初值是推断过程中必不可少的步骤。在大多数情况下，单击 gen inits 按钮后，系统会自动赋予初值，并显示“initial value generated, model initialized”。

当模型较为复杂时，系统往往难以自动生成初始值，此时就需要在程序编写时给定，以上述模型为例，其相应语句为：

```
Initial value list(a = 1,b = 1)
```

此语句可接在数据载入语句的后面。至于初始值的导入方法，则与数据的导入法相类似，选中 list，在 **Specification** 对话框中单击 **load inits** 项即可完成。

未知参数选定

单击 **Inference** 菜单中的 **Samples** 项，弹出 Sample Monitor Tool 对话框，在 **node**[①] 中输入本例所需讨论的未知参数 p（注意区分大小写），再单击对话框下方的 set 按钮，如图 7.6.4 所示。如果有多个未知参数需要讨论，则重复上述操作，若要重新进行参数设置，则单击 clear 按钮。所有输入的参数名均可在 node 框的下拉条目中找到，以备选择。

---

① node 一词在 WinBUGS 中被定义为模型中出现的任一参数或变量。

图 7.6.4　WinBUGS 模拟检测窗口

后验样本的产生

为产生最终的模拟结果，首先要根据具体情况确定模拟次数。单击 **Model** 菜单中的 **Update** 项，弹出 Update Tool 对话框，如图 7.6.5 所示。为了使最终的推断结果更为精准，通常要将模拟过程初期的迭代结果剔除。例如，本例要求模拟 20000 次，并剔除前面的 1000 初始迭代结果，则可在 updates 中输入 21000，而 refresh 项的设置是为了便于检测模拟的速度，此处可设为 100。单击 update 按钮，开始模拟运算，待 iteration 框中的数字停止跳动，整个模拟过程结束。若要将运算中途停止或者重新开始，则仍可通过单击此按钮来实现。

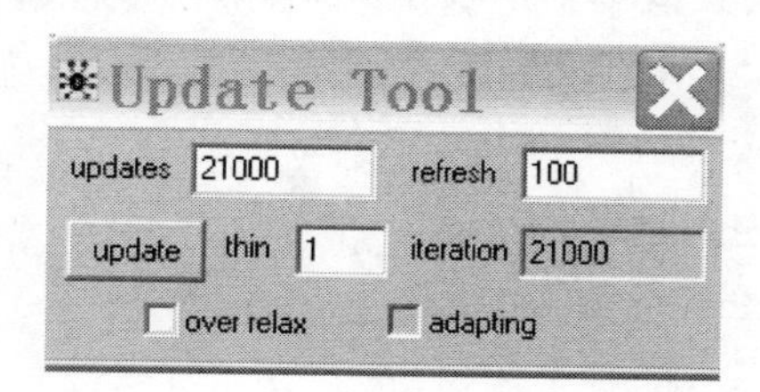

图 7.6.5　WinBUGS 模拟数据更新窗口

7.6.4　后验分析

再次激活 Sample Monitor Tool 对话框，在 node 中点选未知参数 p(若要显示多个未知参数的后验信息，则在其中键入“ * ”)。正如之前提到的，在 begin 框中输入 10001，即从第 10001 个运算结果开始显示。接着单击 density 按钮，系统会自行输出未知参数 p 的后验分布图，单击 stats 按钮，则输出相应分位数及一二阶矩。在位于对话框右侧的 percentiles 框中，系统已经默认选择了三个后验分位数，此项也可以手动点击更改，如图 7.6.6 所示。到此，这个简单例子的贝叶斯统计推断基本完成。在编写程序的过程中，若要将未知参数或其函数赋予新的变量名，则可用“←”来实现(如 $prop \leftarrow p$)，而说明语句则用“ # ”注释。

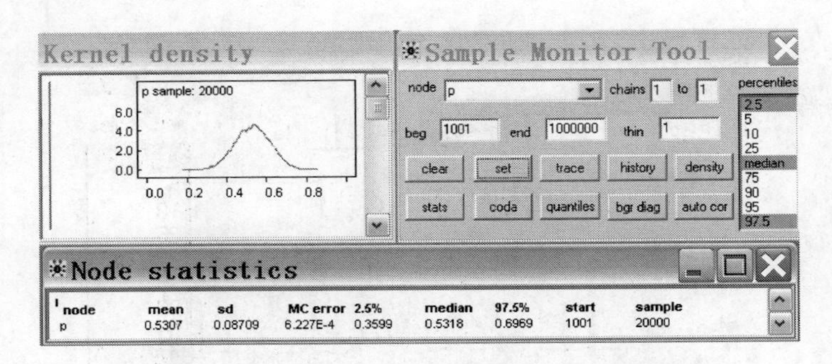

图 7.6.6 WinBUGS 中后验样本分析与结果显示

此外,运用 **Edit** 菜单下的 **Copy**－＞**Paste** 项可以将未知参数的所有后验信息整合在先前的程序窗口之中,使整个推断过程更为完整。

7.6.5 嵌套式模型的建立

for 循环

在运用 WinBUGS 建立诸如分层模型等具有嵌套性结构的统计模型时通常采用 for 循环语句使整个程序更为精炼。例如,将上述贝努利试验分 $k=10$ 组同时进行,每组试验次数各不相同,以检验正面朝上的概率是否有差异,其中,每组试验的样本量、硬币朝上次数及其概率分别表示为 n_i,x_i 和 p_i,则利用 for 循环建立此模型的语句为:

```
for i in  (1:k){
          p[i]~dbeta(a,b)
          x[i]~dbin(p[i],n[i])
}
```

这样就避免了将每一个未知参数均列出的繁琐。在通常情况下,分层模型的超参数仍旧是未知的,假设此处超参数 a,b 均服从参数为(0.01,0.01)的伽玛分布,则建立此模型完整的语句为(注意此处大括号的对应关系):

```
model{
      a~dgamma(.01,.01)
      b~dgamma(.01,.01)
      for i in(1:k){
        p[i]~dbeta(a,b)
        x[i]~dbin(p[i],n[i])
      }
}
```

数据表嵌入

样本(数据)的载入可以通过两种方法实现。当变量个数不多,每一个变量的取值又不太多时,使用在叙述基本操作步骤时已经提到的数据列(data list)将所有变量的数据一并输入。对于上述分层模型,数据列的输入方法为

```
data list(k = 10,
     n = c(30,35,40,45,50,55,60,65,70,75)
     x = c(16,21,26,30,34,39,41,47,53,55)
)
```

可见,在一个变量的多个值时,等号右边以字母"c"开头,数据间以逗号隔开,并在输入完毕后用括号括起。然而,随着变量的不断增多,另一种相对便捷的方法是使用数据表嵌入法,其具体操作步骤如下:

1. 打开一个新的 WinBUGS 源文件编辑窗口(如图 7.6.7 所示),将数据以矩阵形式输入或粘贴至其中并保存,将光标移至程序窗口的数据载入处。

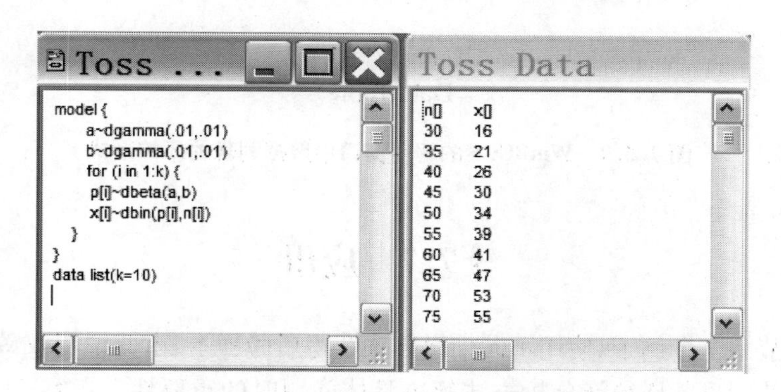

图 7.6.7　WinBUGS 的程序与多维数据列表窗口

2. 单击 **Tools** 菜单选择 **Create Fold** 项,光标处即会出现一对空心箭头,单击它们之后接连按两次回车,再将光标上移一行。

3. 激活数据窗口,单击 **Edit** 菜单选择 **Select Document** 项,数据及其相应变量名便被整体选中,再通过复制(**Crtl**+**c**)和粘贴(**Crtl**+**v**)将该数据列表复制到程序窗口的光标处(如图 7.6.8 所示)。单击任一箭头可展开或压缩(关闭)数据。在程序窗口中,如果数据太长,则可以通过鼠标拖拽的方式将数据列表框调整到适当大小。

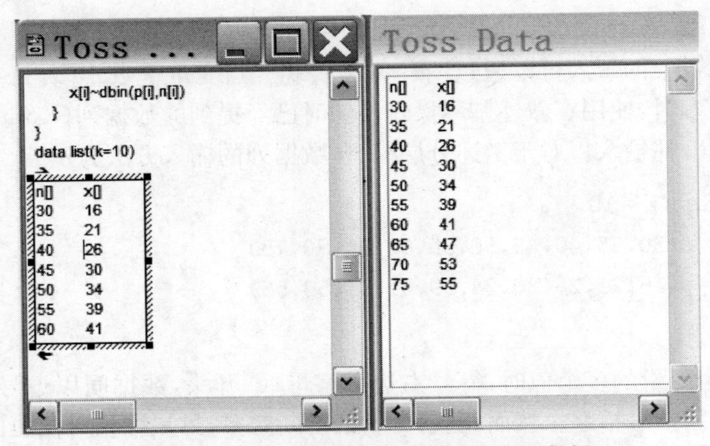

图 7.6.8 WinBUGS 的程序窗口中复制数据

4. 在数据列表关闭时，在光标闪烁处还可键入相应的数据表名称（如图 7.6.9 所示）。

data list (k=10)
⇒Data Table⇐

图 7.6.9 WinBUGS 的程序窗口中数据列表的压缩形式

§7.7 应用

这一节举一个例子，使用不同抽样方法获得后验样本，由此说明收敛速度与抽样效果在使用贝叶斯统计分析方法解决具体问题时的重要性。考察 54 位老年人的智力测试成绩，数据如表 7.7.1 所示，其中 x_i，y_i 分别表示第 i 个人的智力水平（为等级分，0—20 分）和是否患有老年痴呆症（1 为是，0 为否）。研究的兴趣在于发现老年痴呆症。我们采用 logistic 模型来刻画上面的数据：

$$y_i \sim b(1,\theta_i),\log\left(\frac{\theta_i}{1-\theta_i}\right)=\beta_0+\beta_1 x_i, i=1,2,\cdots,54.$$

(β_0,β_1)的先验分布为独立的正态分布：

$$\beta_j \sim N(\mu_j,\sigma_j^2), j=0,1,$$

其中设 $\mu_j=0$，σ_j^2 很大（例如 10000），表示接近无信息先验，这在 WinBUGS 软件中经常使用（见 Ntzoufras，2009；Kéry，2010）。由此我们可以得到(β_0,β_1)的后验分布

$$\pi(\beta_0,\beta_1 \mid y) \propto \pi(\beta_0,\beta_1)p(y \mid \beta_0,\beta_1)$$
$$\propto \exp\left\{-\frac{(\beta_0-\mu_0)^2}{2\sigma_0^2}-\frac{(\beta_1-\mu_1)^2}{2\sigma_1^2}\right\} \tag{7.7.1}$$
$$\times\prod_{i=1}^{n}\left(\frac{e^{\beta_0+\beta_1 x_i}}{1+e^{\beta_0+\beta_1 x_i}}\right)^{y_i}\left(\frac{1}{1+e^{\beta_0+\beta_1 x_i}}\right)^{1-y_i}$$

下面给出四种抽样方法来获得后验分布的样本。

表 7.7.1 54 位老年人的智力测试成绩

i	x_i	y_i	i	x_i	y_i	i	x_i	y_i
1	9	1	19	11	0	37	9	0
2	13	1	20	14	0	38	11	0
3	6	1	21	15	0	39	14	0
4	8	1	22	18	0	40	10	0
5	10	1	23	7	0	41	16	0
6	4	1	24	16	0	42	10	0
7	14	1	25	9	0	43	16	0
8	8	1	26	9	0	44	14	0
9	11	1	27	11	0	45	13	0
10	7	1	28	13	0	46	13	0
11	9	1	29	15	0	47	9	0
12	7	1	30	13	0	48	15	0
13	5	1	31	10	0	49	10	0
14	14	1	32	11	0	50	11	0
15	13	0	33	6	0	51	12	0
16	16	0	34	17	0	52	4	0
17	10	0	35	14	0	53	14	0
18	12	0	36	19	0	54	20	0

(1)使用随机游动抽样

记 $\boldsymbol{\beta}=(\beta_0,\beta_1)$，随机游动抽样第 t 步的建议分布取为

$$\beta_j^{(t)} \sim N(\beta_j^{(t-1)},\tau_j^2),j=0,1,$$

这里参数(τ_0,τ_1)取为(0.10,0.10)。具体算法如下

1. 给定 $\boldsymbol{\beta}$ 的初值 $\boldsymbol{\beta}^{(0)}=(0,0)$，

2. 对于 $t=1,2,\cdots$，进行下面的迭代，直到收敛为止。令 $\boldsymbol{\beta}=\boldsymbol{\beta}^{(t-1)}$

a)从正态建议分布 $N(\boldsymbol{\beta},diag\{\tau_0^2,\tau_1^2\})$产生候选点 $\boldsymbol{\beta}'$

b)计算接受概率

$$\alpha(\boldsymbol{\beta},\boldsymbol{\beta}')=\min\left\{1,\frac{\pi(\boldsymbol{\beta}' \mid \boldsymbol{y})}{\pi(\boldsymbol{\beta} \mid \boldsymbol{y})}\right\}$$
$$=\min\left\{1,\frac{p(\boldsymbol{y} \mid \boldsymbol{\beta}')\prod_{j=0}^{1}\varphi(\beta'_j \mid \mu_j,\sigma_j^2)}{p(\boldsymbol{y} \mid \boldsymbol{\beta})\prod_{j=0}^{1}\varphi(\beta_j \mid \mu_j,\sigma_j^2)}\right\}$$

c)以概率 $\alpha(\boldsymbol{\beta},\boldsymbol{\beta}')$ 接受 $\boldsymbol{\beta}'$,并令 $\boldsymbol{\beta}^{(t)}=\boldsymbol{\beta}'$;否则令 $\boldsymbol{\beta}^{(t)}=\boldsymbol{\beta}^{(t-1)}$。

我们在此进行了 55000 迭代,图 7.7.1 的(a)和(b)分别是参数 β_0 和 β_1 的样本路径图,(c)和(d)分别是遍历均值图,其中较短的一条从 15001 步开始计算。除去前面 15000 个点后 β_0 和 β_1 的后验样本均值估计分别为 2.559 和 -0.348。

我们注意到 β_0 和 β_1 后验样本具有很强的相关性,达到 0.955。这是链收敛很慢的原因。通常在高度相关的空间上使用独立抽样和随机游动抽样等特殊的 MH 抽样法会导致链的混合效率低下。因此 MH 算法中建议分布的选取会直接影响链的收敛速度。

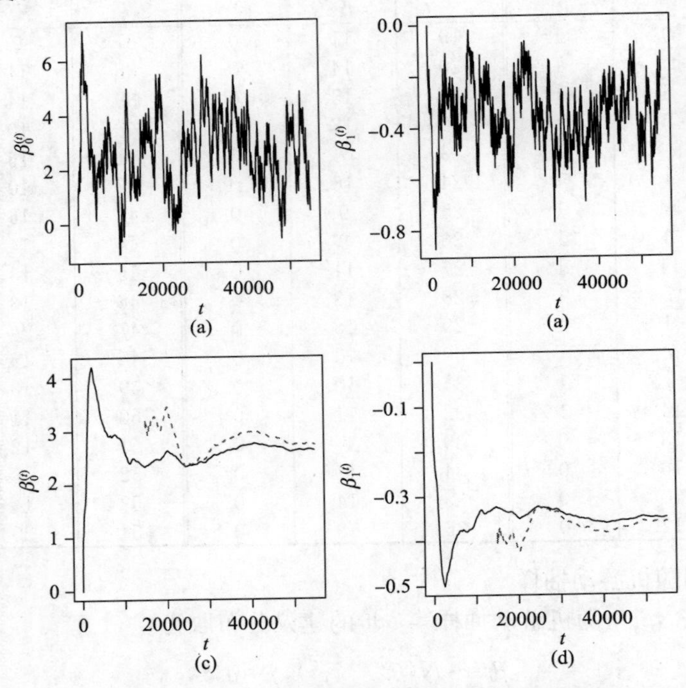

图 7.7.1 随机游动抽样一条链的样本路径图和遍历均值图

(2)使用 MH 抽样:多元正态建议分布

上面的抽样的链的混合效率低下的原因是我们所选取的 β_0 和 β_1 的建议分布是相互独立的。解决此问题的一个自然的办法是考虑非独立的建议分布,且建议分布的相关阵与后验分布的相关阵类似。为此,我们考虑使用 Fisher 信息阵 $H(\beta)$,迭代的建议分布取为

$$\boldsymbol{\beta}'\sim N(\boldsymbol{\beta},c_\beta^2[H(\boldsymbol{\beta})]^{-1}),$$

其中 c_β 为调节参数,以使算法达到预先设定的接受率。$\boldsymbol{\beta}=(\beta_0,\beta_1)$ 仍取独立的正态先验,即 $N(\boldsymbol{\mu}_\beta,\sum_\beta)$,其中 $\boldsymbol{\mu}_\beta=(0,0)$,$\sum_\beta=\mathrm{diag}\{\tau_0^2,\tau_1^2\}$(与 $\boldsymbol{\beta}$ 没有关系)。由

后验分布(7.7.1),容易算得 Fisher 信息阵为

$$H(\boldsymbol{\beta}) = X^T\mathrm{diag}(h_1,\cdots,h_{54})X + \sum\nolimits_{\beta}^{-1},$$

其中 $X=(1_n,\mathbf{x})$ 为 $n\times 2$ 的矩阵,

$$h_i=\frac{\exp(\beta_0+\beta_1 x_i)}{(1+\exp(\beta_0+\beta_1 x_i))^2}.$$

由于 $H(\boldsymbol{\beta})$ 与 $\boldsymbol{\beta}$ 有关,因此此 MH 算法不同于上面的随机游动抽样。此 MH 算法的抽样步骤如下

1. 给定 $\boldsymbol{\beta}$ 的初值 $\boldsymbol{\beta}^{(0)}=(0,0)$,

2. 对于 $t=1,2,\cdots$,进行下面的迭代,直到收敛为止。令 $\boldsymbol{\beta}=\boldsymbol{\beta}^{(t-1)}$,

a)计算 Fisher 信息阵

$$\begin{aligned} h_i &= \frac{\exp(\beta_0+\beta_1 x_i)}{(1+\exp(\beta_0+\beta_1 x_i))^2},\\ H(\boldsymbol{\beta}) &= X^T\mathrm{diag}(h_1,\cdots,h_{54})X + \sum\nolimits_{\beta}^{-1},\\ S_\beta &= c_\beta^2[H(\boldsymbol{\beta})]^{-1}. \end{aligned}$$

b)从正态建议分布 $N(\boldsymbol{\beta},S_\beta)$ 产生候选点 $\boldsymbol{\beta}'$

c)计算接受概率

$$\begin{aligned} r(\boldsymbol{\beta},\boldsymbol{\beta}') &= \frac{\pi(\boldsymbol{\beta}'\mid \mathbf{y})q(\boldsymbol{\beta}\mid\boldsymbol{\beta}')}{\pi(\boldsymbol{\beta}\mid \mathbf{y})q(\boldsymbol{\beta}'\mid\boldsymbol{\beta})}\\ &= \frac{p(\mathbf{y}\mid\boldsymbol{\beta}')\varphi(\boldsymbol{\beta}'\mid\boldsymbol{\mu}_\beta,\sum\nolimits_\beta)\varphi(\boldsymbol{\beta}\mid\boldsymbol{\beta}',S_{\beta'})}{p(\mathbf{y}\mid\boldsymbol{\beta})\varphi(\boldsymbol{\beta}\mid\boldsymbol{\mu}_\beta,\sum\nolimits_\beta)\varphi(\boldsymbol{\beta}'\mid\boldsymbol{\beta},S_\beta)}\\ \alpha(\boldsymbol{\beta},\boldsymbol{\beta}') &= \min\{1,r(\boldsymbol{\beta},\boldsymbol{\beta}')\} \end{aligned}$$

d)以概率 $\alpha(\boldsymbol{\beta},\boldsymbol{\beta}')$ 接受 $\boldsymbol{\beta}'$,并令 $\boldsymbol{\beta}^{(t)}=\boldsymbol{\beta}'$;否则令 $\boldsymbol{\beta}^{(t)}=\boldsymbol{\beta}^{(t-1)}$。

我们在此进行了 2500 次迭代,图 7.7.2 的(a)和(b)分别是参数 β_0 和 β_1 的遍历均值图,其中较短的一条从 501 步开始计算,我们看到这种抽样方法比上面的随机抽样效率高多了,接受概率也从 37%提高到了 85%。图 7.7.3 给出了 β_0 和 β_1 后验样本的散点图,可见 β_0 与 β_1 呈很强的负相关性。

(3)使用逐分量 MH 抽样

在 MH 算法中,按二个分量 β_0 和 β_1 进行逐个更新,这仅涉及一维分布的抽样,且不需要考虑参数的调节。β_0 和 β_1 各自的建议分布用随机游动抽样中的分布,即

$$\beta'_j=N(\beta_j,\tau_j^2),j=0,1,$$

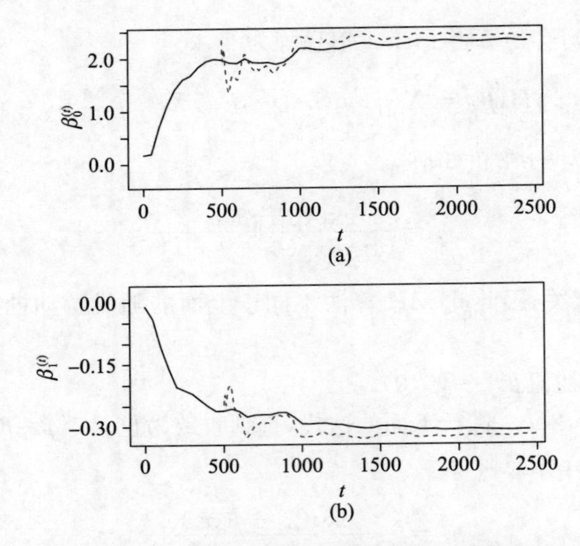

图 7.7.2 正态建议分布下 MH 抽样链的遍历均值图

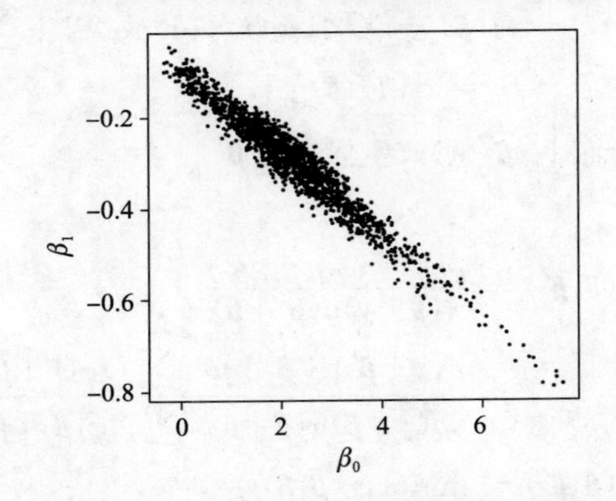

图 7.7.3 正态建议分布下 MH 抽样链的后验样本的散点图

这里参数(τ_0,τ_1)取为(1.75,0.20)。算法如下

1. 给定$\boldsymbol{\beta}$的初值$\boldsymbol{\beta}^{(0)}=(0,0)$，

2. 对于$t=1,2,\cdots$，进行下面的迭代，直到收敛为止。令$\boldsymbol{\beta}=\boldsymbol{\beta}^{(t-1)}$

a)从正态建议分布$N(\beta_0,\ \tau_0^2)$产生候选点β_0'

b)令$\boldsymbol{\beta}'=(\beta_0',\beta_1^{(t-1)})$，计算接受概率

$$\alpha_0(\boldsymbol{\beta},\boldsymbol{\beta}')=\min\{1,\frac{p(\boldsymbol{y}|\beta_0',\beta_1)\varphi(\beta_0'|\mu_0,\sigma_0^2)}{p(\boldsymbol{y}|\beta_0,\beta_1)\varphi(\beta_0|\mu_0,\sigma_0^2)}\}$$

c)以概率$\alpha_0(\boldsymbol{\beta},\boldsymbol{\beta}')$接受$\beta_0'$，并令$\beta_0^{(t)}=\beta_0'$；否则令$\beta_0^{(t)}=\beta_0^{(t-1)}$。

d)从正态建议分布$N(\beta_1,\tau_1^2)$产生候选点β_1'

e)令 $\boldsymbol{\beta}'=(\beta_0^{(t)},\beta'_1)$，计算接受概率

$$\alpha_1(\boldsymbol{\beta},\boldsymbol{\beta}')=\min\{1,\frac{p(\boldsymbol{y}|\beta_0,\beta'_1)\varphi(\beta'_1|\mu_1,\sigma_1^2)}{p(\boldsymbol{y}|\beta_0,\beta_1)\varphi(\beta_1|\mu_1,\sigma_1^2)}\}$$

f)以概率 $\alpha_1(\boldsymbol{\beta},\boldsymbol{\beta}')$ 接受 β'_1，并令 $\beta_1^{(t)}=\beta'_1$；否则令 $\beta_1^{(t)}=\beta_1^{(t-1)}$。

我们按此算法进行了 10000 次迭代，图 7.7.4 的(a)和(b)分别是参数 β_0 和 β_1 的遍历均值图，其中较短的一条从 1001 步开始计算。与随机游动抽样方法相比，链的混合效率高多了。

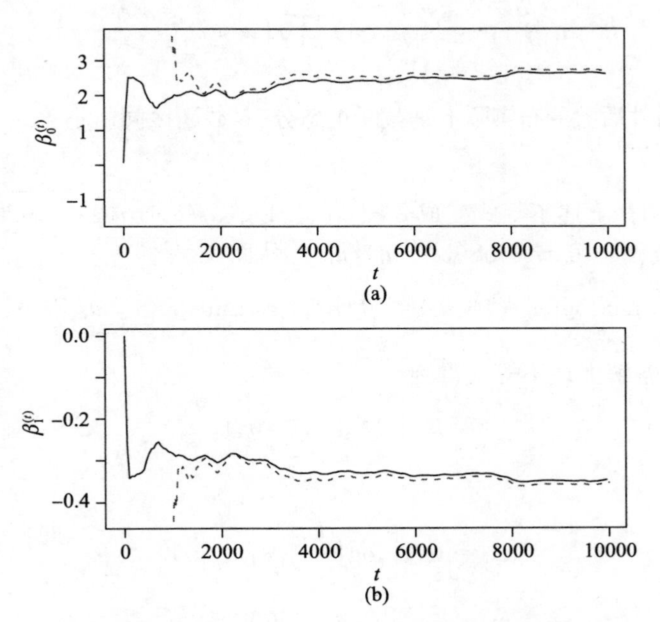

图 7.7.4　逐分量 MH 抽样一条链的遍历均值图

(4)使用切片 Gibbs 抽样

最后我们使用切片 Gibbs 抽样法完成后验分布(7.7.1)的抽样。为此引入辅助变量 $u_i,i=1,2,\cdots,n$，且诸 u_i 服从如下的均匀分布

$$u_i\sim U\left(0,\frac{e^{\beta_0 y_i+\beta_1 x_i y_i}}{1+e^{\beta_0+\beta_1 x_i}}\right).$$

令 $\boldsymbol{u}=(u_1,\cdots,u_n)$，$\boldsymbol{u}_{-i}=(u_1,\cdots,u_{i-1},u_{i+1},\cdots,u_n)$。这样，容易写出 $u_i,i=1,2,\cdots,n$，β_0 和 β_1 的满条件后验分布，由此得到切片 Gibbs 抽样算法

1. 给定初值 $\boldsymbol{\beta}^{(0)}$

2. 对于 $t=1,2,\cdots$，令 $\boldsymbol{\beta}=\boldsymbol{\beta}^{(t-1)}$，

a)对于 $i=1,2,\cdots,n$，从下面的均匀分布中产生 u_i

$$u_i \mid \boldsymbol{u}_{-i}, \boldsymbol{\beta}, \boldsymbol{y} \sim U\left(0, \frac{e^{\beta_0 y_i + \beta_1 x_i y_i}}{1+e^{\beta_0+\beta_1 x_i}}\right).$$

b)从如下分布产生 $\beta_0^{(t)}$

$$\beta_0 \mid \boldsymbol{u}, \beta_1, \boldsymbol{y} \sim N(\mu_0, \sigma_0^2) \prod_{i=1}^{n} I\left(u_i \leqslant \frac{e^{\beta_0 y_i + \beta_1 x_i y_i}}{1+e^{\beta_0+\beta_1 x_i}}\right).$$

c)令 $\beta_0=\beta_0^{(t)}$,从如下分布产生 $\beta_1^{(t)}$

$$\beta_1 \mid \boldsymbol{u}, \beta_0, \boldsymbol{y} \sim N(\mu_1, \sigma_1^2) \prod_{i=1}^{n} I\left(u_i \leqslant \frac{e^{\beta_0 y_i + \beta_1 x_i y_i}}{1+e^{\beta_0+\beta_1 x_i}}\right).$$

后面二个满条件后验分布实际上是截断正态分布,截断区间由不等式 $u_i \leqslant \frac{e^{\beta_0 y_i + \beta_1 x_i y_i}}{1+e^{\beta_0+\beta_1 x_i}}$ 决定。

当 $y_i=1$ 时,上述不等式变成 $\beta_0+\beta_1 x_i \geqslant \log(u_i/(1-u_i))$。而当 $y_i=0$ 时,上述不等式变成 $\beta_0+\beta_1 x_i \leqslant \log((1-u_i)/u_i)$。从而

$$\max_{i:y_i=1} \log(u_i/(1-u_i)) \leqslant \beta_0+\beta_1 x_i \leqslant \min_{i:y_i=0} \log(1-u_i)/u_i).$$

分别对 β_0 和 β_1 解上述不等式得到

$$L_i \leqslant \beta_i \leqslant U_i, i=0,1,$$

其中

$$L_0=\max_{i:y_i=1}\left[\log\left(\frac{u_i}{1-u_i}\right)-\beta_1 x_i\right],$$

$$U_0=\min_{i:y_i=0}\left[\log\left(\frac{1-u_i}{u_i}\right)-\beta_1 x_i\right],$$

$$L_1=\max_{i:y_i=1}\left[x_i^{-1}\left(\log\left(\frac{u_i}{1-u_i}\right)-\beta_0\right)\right],$$

$$U_1=\min_{i:y_i=1}\left[x_i^{-1}\left(\log\left(\frac{1-u_i}{u_i}\right)-\beta_0\right)\right].$$

因此,$\beta_0^{(t)}$, $\beta_1^{(t)}$ 最终由区间 $[L_0, U_0]$ 上的截断面正态分布 $N(\mu_0, \sigma_0^2)$ 和 $[L_1, U_1]$ 上的截断正态分布 $N(\mu_1, \sigma_1^2)$ 产生,即

$$\beta_i^{(t)}=F_i^{-1}(F_i(L_i)+U[F_i(U_i)-F_i(L_i)]), i=0,1$$

得到,其中 U 为 $[0,1]$ 上均匀分布的随机数,$F_i(x)$ 为正态分布 $N(\mu_i, \sigma_i^2)$ 的分布函数。

由于每一次迭代都被接受,因此我们进行了 55000 次迭代,图 7.7.5 的(a)和

(b)分别是参数 β_0 和 β_1 的样本路径图，(c)和(d)分别是参数 β_0 和 β_1 的遍历均值图，其中较短的一条从 15001 步开始计算。与随机游动抽样方法相比，链的混合效率高也较高。

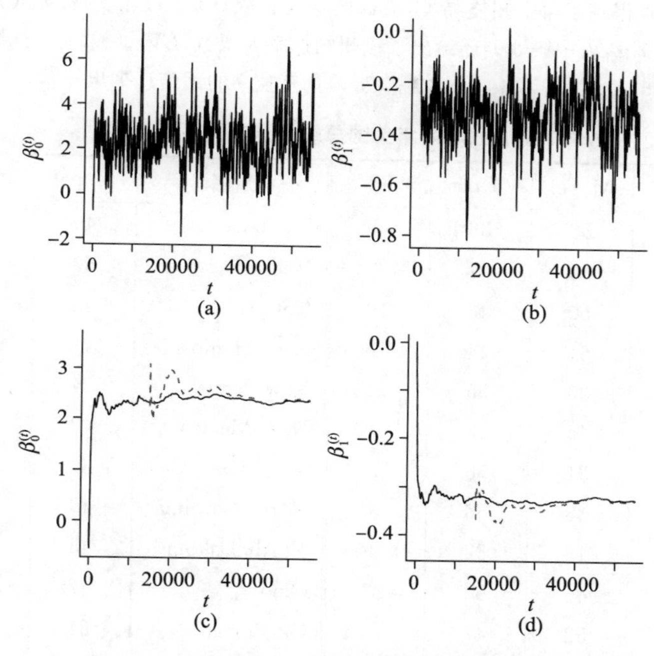

图 7.7.5　切片 Gibbs 抽样一条链的样本路径图和遍历均值图

习　题

7.1　美国总统选举实行选举人团制度(1788 年至今)，即美国总统由各州议会选出的选举人团选举产生(而不是由选民直接选举产生)。总统候选人获得全国 50 个州和华盛顿特区总共 538 张选举人票的一半以上即可当选。美国各个州拥有的选举人票数目同该州在国会拥有的参、众议员人数相等(2 名参议院议员和若干名按人口比例确定的众议院议员)，因此，人口多的州在总统选举时拥有的选举人票也多。全国选民投票在选举年 11 月份的第一个星期二(总统大选日)举行，选举代表选民的"选举人"：所有美国选民都到指定地点进行投票，在两个总统候选人之间作出选择(在同一张选票上选出各州的总统"选举人")。一个(党的)总统候选人在一个州的选举中获得多数取胜，他就拥有这个州的全部总统"选举人"票(称为全州统选制)。在 2008 年 Obama 与 McCain 的总统选举中，我们想根据大选之前的民意调查结果预测 Obama 得到的选举人票数(记为 EV_O)。令 θ_{Oj} 和 θ_{Mj} 分别表示第 j 州支持 Obama 和 McCain 的比例。则支持 Obama 的选举人票数可表示为

$$EV_O = \sum_{j=1}^{51} EV_j \cdot I(\theta_{Oj} > \theta_{Mj}),$$

其中 EV_j 为第 j 个州的选举人票数，$I()$为示性函数。

这次民意调查得到了每个州支持 Obama 的选民比例（O. pct）和支持 Mc-Cain 的选民比例（M. pct），见表 7.7.2，表中第 3 列还给出了该州的选举人票数（EV）。设每一个周州参与民意调查的选民人数为 500，且$(\theta_{O1},\theta_{M1}),\cdots,(\theta_{O51},\theta_{M51})$具有独立的无信息平坦先验，

表 7.7.2　2008 年美国总统大选前民意调查数据

州名	M. pct	O. pct	EV	州名	M. pct	O. pct	EV
Alabama	58	36	9	Montana	49	46	3
Alaska	55	37	3	Nebraska	60	34	5
Arizona	50	46	10	Nevada	43	47	5
Arkansas	51	44	6	New. Hampshire	42	53	4
California	33	55	55	New. Jersey	34	55	15
Colorado	45	52	9	New. Mexico	43	51	5
Connecticut	31	56	7	New. York	31	62	31
Delaware	38	56	3	North. Carolina	49	46	15
D. C.	13	82	3	North. Dakota	43	45	3
Florida	46	50	27	Ohio	47	45	20
Georgia	52	47	15	Oklahoma	61	34	7
Hawaii	32	63	4	Oregon	34	48	7
Idaho	68	26	4	Pennsylvania	46	52	21
Illinois	35	59	21	Rhode. Island	31	45	4
Indiana	48	48	11	South. Carolina	59	39	8
Iowa	37	54	7	South. Dakota	48	41	3
Kansas	63	31	6	Tennessee	55	39	11
Kentucky	51	42	8	Texas	57	38	34
Louisiana	50	43	9	Utah	55	32	5
Maine	35	56	4	Vermont	36	57	3
Maryland	39	54	10	Virginia	44	47	13
Massachusetts	34	53	12	Washington	39	51	11
Michigan	37	53	17	West. Virginia	53	44	5
Minnesota	42	53	10	Wisconsin	42	53	10
Mississippi	46	33	6	Wyoming	58	32	3
Missouri	48	48	11				

1. 求$(\theta_{Oj},\theta_{Mj},1-\theta_{O1}-\theta_{M1})$的后验分布；

2. 求 Obama 在每一个州获胜的概率；

3. 预测 Obama 在大选中获胜的选举人票数；

4. 通过后验直方图，将预测结果与实际结果(365)进行比较。

7.2　证明：在例 7.2.4 中

1. 若τ使用了无信息平坦先验$\pi(\tau)\propto 1$，则后验分布是正常的(即在整个参数空间上的积分是有限的)；

2. 若$\log(\tau)$使用了无信息平坦先验$\pi(\log(\tau))\propto 1$，即$\pi(\tau)\propto 1/\tau$，则后验分布是不正常的；

7.3　在例 7.2.4 中，证明(μ,τ)的边际后验分布为

$$p(\mu,\tau\mid \mathbf{y})\propto\prod_{j=1}^{J}(\sigma_j^2+\tau^2)^{-1/2}\exp\left(-\frac{(y_i-\mu)^2}{2(\sigma_j^2+\tau^2)}\right).$$

7.4　在例 7.2.4 中，基于条件后验分布$\pi(\theta_j\mid\mu,\tau,\mathbf{y})$和$\pi(\mu\mid\tau,\mathbf{y})$，证明给定$\tau$下$\theta_j$的条件期望与条件方差可表示为

$$E(\theta_j\mid\tau,\mathbf{y})=\frac{\frac{1}{\sigma_j^2}y_j+\frac{1}{\tau^2}\hat{\mu}}{\frac{1}{\sigma_j^2}+\frac{1}{\tau^2}},$$

$$Var(\theta_j\mid\tau,\mathbf{y})=\frac{1}{\frac{1}{\sigma_j^2}+\frac{1}{\tau^2}}+\left(\frac{\frac{1}{\tau^2}}{\frac{1}{\sigma_j^2}+\frac{1}{\tau^2}}\right)^2V_\mu.$$

7.5　基于例 7.3.1 中的后验分布，

1. 画出其等高线图；

2. 用格子点抽样点产生容量为 1000 的样本，并重叠在上面的等高线图上。

7.6　考虑二元分布

$$p(x,y)\propto\binom{n}{x}y^{x+a-1}(1-y)^{n-x+b-1},x=0,1,2,\cdots,n,0\leqslant y\leqslant 1.$$

使用 Gibbs 抽样法产生目标分布为$p(x,y)$的一条链。

7.7　Mackowiak 等(1992)给出了 130 个人的身体温度(华氏)、性别和每分钟的心跳，其中温度数据见表 7.7.3。

试验的目的是检验健康成年人的平均体温是否为 98.6℉(37℃)。记温度为$y_i,i=1,2,\cdots,n=130$，并假设

$$y_1,\cdots,y_n\overset{iid}{\sim}N(\mu,\sigma^2),$$

参数(μ,σ^2)的先验分布取为

$$\mu\sim N(\mu_0,\sigma_0^2),\sigma^2\sim IG(a_0,b_0),$$

其中$IG(a,b)$表示参数为a和b的逆 Gamma 分布。

表 7.7.3 130 个人身体温度(华氏)数据

i	温度	i	温度	i	温度	i	温度	i	温度
1	96.3	31	98	61	99.1	91	98.2	121	99
2	96.7	32	98.1	62	99.2	92	98.2	122	99.1
3	96.9	33	98.1	63	99.3	93	98.3	123	99.1
4	97	34	98.2	64	99.4	94	98.3	124	99.2
5	97.1	35	98.2	65	99.5	95	98.3	125	99.2
6	97.1	36	98.2	66	96.4	96	98.4	126	99.3
7	97.1	37	98.2	67	96.7	97	98.4	127	99.4
8	97.2	38	98.3	68	96.8	98	98.4	128	99.9
9	97.3	39	98.3	69	97.2	99	98.4	129	100
10	97.4	40	98.4	70	97.2	100	98.4	130	100.8
11	97.4	41	98.4	71	97.4	101	98.5		
12	97.4	42	98.4	72	97.6	102	98.6		
13	97.4	43	98.4	73	97.7	103	98.6		
14	97.5	44	98.5	74	97.7	104	98.6		
15	97.5	45	98.5	75	97.8	105	98.6		
16	97.6	46	98.6	76	97.8	106	98.7		
17	97.6	47	98.6	77	97.8	107	98.7		
18	97.6	48	98.6	78	97.9	108	98.7		
19	97.7	49	98.6	79	97.9	109	98.7		
20	97.8	50	98.6	80	97.9	110	98.7		
21	97.8	51	98.6	81	98	111	98.7		
22	97.8	52	98.7	82	98	112	98.8		
23	97.8	53	98.7	83	98	113	98.8		
24	97.9	54	98.8	84	98	114	98.8		
25	97.9	55	98.8	85	98	115	98.8		
26	98	56	98.8	86	98.1	116	98.8		
27	98	57	98.9	87	98.2	117	98.8		
28	98	58	99	88	98.2	118	98.8		
29	98	59	99	89	98.2	119	98.9		
30	98	60	99	90	98.2	120	99		

1. 写出 μ 和 σ^2 的满条件后验分布；
2. 给出完成 Gibbs 抽样的算法；
3. 产生长度为 5000 的 Gibbs 样本，并用遍历均值判断其达到收敛开始的位置；
4. 求 μ 的后验均值估计、后验方差估计及 95%可信区间。

7.8 瑞利分布的抽样：瑞利分布常用于刻画快速老化产品的寿命，其密度函数为

$$f(x;\sigma^2)=\frac{x}{\sigma^2}e^{-x^2/(2\sigma^2)},x\geqslant 0,(\sigma>0).$$

1. 取 $\sigma=4$，使用 MH 抽样方法产生目标分布为瑞利分布、长度为 10000 的马氏链 $\{X_0, X_1, X_2, \cdots,\}$，其中的建议分布为自由度为 X_t 的卡方分布；

2. 考查后面的 5000 个候选点是否可以作为此瑞利分布的随机数；

3. 使用逆函数法直接产生随机数；

4. 从直方图与 QQ 图上比较由 MH 抽样方法得到的随机数的好坏。

7.9 t 分布的抽样：自由度为 ν 的 t 分布的密度函数的核为 $f(x)=(1+x^2/\nu)^{-(\nu+1)/2}$。

1. 使用随机游动 Metropolis 抽样方法产生目标分布为自由度为 4 的 t 分布的马氏链 $\{X_0, X_1, X_2, \cdots,\}$，其中的建议分布为正态分布 $N(X_t, \sigma^2)$，其中 $\sigma=2$；

2. 取 $\sigma=0.05, 0.5, 16$ 重复上述过程；

3. 从候选点的拒绝率上考查上述四个抽样算法的好坏；

4. 画出由上述四个抽样算法得到的马氏链的样本路径图，由此考查它们的有效性。

7.10 设数据 $\{z_1, z_2, \cdots, z_n\}$ 来自混合正态分布 $pN(\mu_1, \sigma_1^2)+(1-p)N(\mu_2, \sigma_2^2)$，其中两个正态分布的参数均已知，设为 $\mu_1=0, \mu_2=5, \sigma_1=\sigma_2=1$。取 p 的先验分布为无信息均匀分布 $\text{Beta}(1,1)=U(0,1)$，我们的目的是要对 p 进行贝叶斯估计。

1. 取 $p=0.2$，产生容量为 $n=30$ 的一个正态混合样本；

2. 取建议分布为 $U(0,1)$，使用独立抽样方法，从 p 的后验分布中产生一个长度为 5000 的马氏链，画出此链的样本路径图，并用舍去 100 个点后样本均值对参数 p 进行估计；

3. 取建议分布为 Beta(5,2)，重复上面的过程，并比较二者的抽样效率。

7.11 (基因连锁模型，Genetic Linkage Model)。Rao(1973)讨论了如下基因连锁模型：某试验有 4 个可能的结果，其出现的概率分别为

$$\left(\frac{\theta}{4}+\frac{1}{2}\right), \frac{1}{4}(1-\theta), \frac{1}{4}(1-\theta), \frac{\theta}{4}$$

其中 $0\leqslant\theta\leqslant1$ 为未知参数。现在进行了 197 次独立的试验，出现各结果的次数为 $y=(y_1, y_2, y_3, y_4)=(125, 18, 20, 34)$。取 θ 的先验为 $[0,1]$ 上的均匀分布，

1. $y=(y_1, y_2, y_3, y_4)$ 服从什么分布；

2. 写出 θ 的后验分布；

3. 求 θ 后验均值有多种方法，例如

(a)直接使用高斯求积公式；

(b)用格子点抽样方法得到 θ 的容量为 1000 的后验样本，并计算其后验样本均均值；

(c)以 $[0,1]$ 上的均值分布作为建议分布用 MH 抽样方法得到 θ 的容量为 1000 的后验样本，并计算其后验样本均均值；

(d)引入辅助变量 Z，使 y_1 分解为二部分：$y_1=Z+(y_1-Z)$，写出 θ 和 Z 的满条件后验分布 $\pi(\theta|Z,y)$ 和 $\pi(Z|\theta,y)$，然后使用 Gibbs 抽样算法来求 θ 的后验样本均值；

(e)基于上述辅助变量和 EM 算法求后验众数：给定 θ 的初值，设为 $\theta^{(0)}=0.5$，通过下面的期望步(E—步)和极大步(M—步)进行迭代，达到收敛时的值 θ^* 即为所求的后验众数。

E—步：对数后验关于条件分布 $\pi(Z|\theta^{(i)}, y)$ 求数学期望，结果记为 $Q(\theta^{(i)}, \theta)$；

M—步：求 $Q(\theta^{(i)}, \theta)$ 的极大值点，记为 θ^{i+1}。

请借助软件完成上面的计算。

7.12 将习题 7.11 中的数据改为(14,0,1,5)重新进行(a)－(e)的计算。

7.13 针对习题 7.11 中的模型与数据，在下面的建议分布下用 MH 抽样方法进行贝叶斯分析。

1. 均匀分布 $U(0,1)$；
2. 正态分布 $N(\theta^{(t)},0.0001)$；
3. 正态分布 $N(\theta^{(t)},0.01)$；
4. 正态分布 $N(\theta^{(t)},0.1)$；
5. 正态分布 $N(\theta^{(t)},0.5)$；
6. 正态分布 $N(0.4,0.1)$。

7.14 例 3.25 给出了 F344 型雌性老鼠 71 次得肿瘤试验数据 $x_j/n_j, j=1,2,\cdots,J=71$。假设我们仍使用多层贝叶斯模型对此数据进行分析，即假定

$$x_j \overset{ind}{\sim} b(n_j,\theta_j), j=1,2\cdots,J$$

$$\theta_j \overset{ind}{\sim} Beta(\alpha,\beta), j=1,2\cdots,J$$

$$(\alpha,\beta)\sim\pi(\alpha,\beta)$$

1. 基于例 3.25 的分析，超参数(α,β)的先验由变换

$$(u,v)=(\log(\alpha/\beta),\log(\alpha+\beta))$$

后的先验

$$\pi(u,v)\propto\alpha\beta(\alpha+\beta)^{-5/2}, u>1, -\infty<v<\infty,$$

决定。基于此先验使用 MH 算法重新对后验 $\pi(u,v|y)$进行抽样，其中 $y=(x_i,n_i,i=1,2,\cdots,71)$。在此基础上

(a)计算 α 和 β 的后验均值；

(b)作出(α,β)的散点图；

(c)求 θ_{71} 的后验均值与后验标准差。

2. 取 α 和 β 为$[0,1000]$上的平坦先验分布，并重新计算上面各项；

3. 比较格子点抽样法与上述二种方法所得结果的差异。

7.15 查尔斯达尔文研究了植物异花授精与自花授精的差异，得到异花授精与自花授精后玉米高度之差的成对数据如下：

49，－67，8，16，6，23，28，41，14，29，56，24，75，60，－48

1. 假设数据来自均值为θ，方差为 σ^2 的正态分布(方差未知)。取(θ,σ^2)为无信息先验 $\pi(\theta,\sigma^2)\propto 1/\sigma^2$。用本章介绍的抽样方法得到$\theta$和 σ^2 的后验样本的直方图，并与实际的后验密度进行比较；

2. 假设数据来自自由度为 4 的 t 分布，均值为 θ，方差为 σ^2(未知)。用 MH 算法得到 θ 和 σ^2 的后验样本的直方图，并用遍历均值评价所得马氏链的收敛性；

3. 从不同的初始点出发得到多条链，使用 Gelman-Rubin 方法评价链的收敛性。

7.16 用§7.7 中的例子及 4 种不同迭代抽样方法各产生 4 条件链，并用 Gelman-Rubin方法对链的收敛性进行评价，从收敛速度来看哪种方法更优？

附录 1　常用概率分布表

概率分布	密度函数	数字特征
均匀分布 $u(a,b)$	$p(x)=\frac{1}{b-a},x\in[a,b]$	$E(x)=\frac{a+b}{2}$， $V_{ar}(x)=\frac{(b-a)^2}{12}$
正态分布 $N(\mu,\sigma^2)$	$p(x)=\frac{1}{\sqrt{2\pi}\sigma}\exp\{-\frac{1}{2\sigma^2}(x-\mu)^2\}$ μ 为位置参数，$\sigma>0$ 为尺度参数	$E(x)=\mu,\mathrm{Var}(x)=\sigma^2$， $\mathrm{Mode}(x)=\mu$
贝塔分布 $Be(\alpha,\beta)$	$p(x)=\frac{\Gamma(\alpha+\beta)}{\Gamma(\alpha)\Gamma(\beta)}x^{\alpha-1}(1-x)^{\beta-1},x\in[0,1]$ $\alpha>0,\beta>0$	$E(x)=\frac{\alpha}{\alpha+\beta}$， $\mathrm{Var}(x)=\frac{\alpha\beta}{(\alpha+\beta)^2(\alpha+\beta+1)}$ $\mathrm{Mode}(x)=\frac{\alpha-1}{\alpha+\beta-2}$
伽玛分布 $Ga(\alpha,\lambda)$	$p(x)=\frac{\lambda^\alpha}{\Gamma(\alpha)}x^{\alpha-1}e^{-\lambda x},x>0$， $a>0$ 形状参数，$\lambda>0$ 尺度参数	$E(x)=\frac{\alpha}{\lambda},\mathrm{Var}(x)=\frac{\alpha}{\lambda^2}$， $\mathrm{Mode}(x)=\frac{\alpha-1}{\lambda}(\alpha\geq1)$
倒伽玛分布 $IGa(\alpha,\lambda)$	$p(x)=\frac{\lambda^\alpha}{\Gamma(\alpha)}x^{-(\alpha+1)}e^{-\lambda/x},x>0$， $\alpha>0$ 形状参数，$\lambda>0$ 尺度参数。	$E(x)=\lambda/(\alpha-1),\alpha>1$ $\mathrm{Var}(x)=\lambda^2/(\alpha-1)^2(\alpha-2),\alpha>2$ $\mathrm{Mode}(x)=\lambda/(\alpha+1)$.
指数分布 $\mathrm{Exp}(\lambda),Ga(1,\lambda)$	$p(x)=\lambda e^{\lambda x},x>0,\lambda>0$ 尺度参数	$E(x)=\lambda^{-1},\mathrm{Var}(x)=\lambda^{-2}$ $\mathrm{Mode}(x)=0$

续表

概率分布	密度函数	数字特征
卡方分布 $x^2(\nu)$, $Ga\left(\frac{\nu}{2},\frac{1}{2}\right)$	$p(x)=\frac{2^{-\nu/2}}{\Gamma(\nu/2)}x^{\nu/2-1}e^{-x/2},x>0$, $\nu>0$ 自由度	$E(x)=\nu,\mathrm{Var}(x)=2\nu$ $\mathrm{Mode}(x)=\nu-2,\nu\geqslant 2$
帕莱托分布 $Pa(\mu,\alpha)$	$p(x)=\frac{\alpha}{\mu}(\frac{\mu}{x})^{\alpha+1},x>\mu$, $\mu>0$ 门限参数,$\alpha>0$ 尺度参数。	$E(x)=\alpha\mu/(\alpha-1),\alpha>1$ $\mathrm{Var}(x)=\alpha\mu^2/(\alpha-1)^2(\alpha-2),\alpha>2$ $\mathrm{Mode}(x)=\mu$
哥西分布 $C(\mu,\lambda)$	$p(x)=\frac{1}{\pi}\frac{1}{\lambda^2+(x-\mu)^2}$ μ 位置参数,$\lambda>0$ 尺度参数。	$\mathrm{Mode}(x)=\mu$
对数正态分布 $LN(\mu,\sigma^2)$	$p(x)=\frac{1}{\sqrt{2\pi}\sigma x}\exp\{-\frac{1}{2\sigma^2}(lnx-\mu)^2\},x>0$, μ 位置参数,$\sigma>0$ 尺度参数。	$E(x)=\exp\{\mu+\sigma^2/2\}$ $\mathrm{Var}(x)=\exp\{2\mu+\sigma^2\}(e^{\sigma^2}-1)$ $\mathrm{Mode}(x)=\exp\{\mu-\sigma^2\}$
威布尔分布 $W(\alpha,\eta)$	$p(x)=\frac{\alpha}{\eta}(\frac{x}{\eta})^{\alpha-1}\exp\{-(\frac{x}{\eta})^{\alpha}\},x>0$, $\alpha>0$ 形状参数,$\eta>0$ 尺度参数。	$E(x)=\eta\Gamma(1+\frac{1}{\alpha})$ $\mathrm{Var}(x)=\eta^2[\Gamma(1+\frac{2}{\alpha})-\Gamma^2(1+\frac{1}{\alpha})]$
学生氏分布 $t(\nu,\mu,\sigma^2)$	$p(x)=\frac{\Gamma(\frac{\nu+1}{2})}{\Gamma(\frac{\nu}{2})\sqrt{\nu a}\sigma}(1+\frac{1}{\nu}(\frac{\theta-\mu}{\sigma})^2)^{-\frac{\nu+1}{2}}$ $\nu>0$ 自由度,μ 位置参数,$\sigma>0$ 尺度参数。	$E(x)=\mu,\nu>1$ $\mathrm{Var}(x)=\nu\sigma^2/(\nu-2),\nu>2$ $\mathrm{Mode}(x)=\mu$

续表

概率分布	密度函数	数字特征
泊松分布 $P(\lambda)$	$p(x)=\frac{\lambda^x}{x!}e^{-\lambda},x=0,1,\cdots$ $\lambda>0$ 速率	$E(x)=\lambda,\mathrm{Var}(x)=\lambda$ $\mathrm{Mode}(x)=\lambda$
二项分布 $b(n,\theta)$	$p(x)=\binom{n}{x}\theta^x(1-\theta)^{n-x},x=0,1,\cdots,n$ $\theta\in[0,1]$成功概率	$E(x)=n\theta$ $\mathrm{Var}(x)=n\theta(1-\theta)$ $\mathrm{Mode}(x)=(n+1)\theta$
负二项分布 $Nb(r,\theta)$	$p(x)=\binom{x+r-1}{x}\theta^r(1-\theta)^x,x=0,1,\cdots$ $\theta\in[0,1]$成功概率，π(非负整数)成功次数。	$E(x)=r/\theta.\ \mathrm{Var}(x)=r(1-\theta)/\theta^2.$
几何分布 $Nb(1,\theta)$	$p(x)=\theta(1-\theta)^x,x=0,1,\cdots\theta\in[0,1]$成功概率	$E(x)=1/\theta$ $\mathrm{Var}(x)=(1-\theta)/\theta^2.$
多元正态分布 $N_d(\mu,\Sigma)$	$p(x)=(2\pi)^{-d/2}\lvert\Sigma\rvert^{-1/2}\times\exp\{-\frac{1}{2}(x-\mu)'\Sigma^{-1}$ $(x-\mu)\}$，μ 均值向量，Σ 正定协方差阵。	$E(x)=\mu$ $\mathrm{Var}(x)=\Sigma$ $\mathrm{Mode}(x)=\mu.$
二元正态分布 $N(\mu_1,\mu_2,\sigma_1,\sigma_2,\rho)$	$p(x_1,x_2)=\frac{1}{2\pi\sigma_1\sigma_2\sqrt{1-\rho^2}}\exp\{-\frac{1}{2(1-\rho^2)}$ $[\frac{(x_1-\mu_1)^2}{\sigma_1^2}-\frac{2\rho(x_1-\mu_1)(x_2-\mu_2)}{\sigma_1\sigma_2}+\frac{(x_2-\mu_2)^2}{\sigma_2^2}]\}$	$E(x_1)=\mu_1,E(x_2)=\mu_2$ $\mathrm{Var}(x_1)=\sigma_1^2,\mathrm{Var}(x_2)=\sigma_2^2$ $\mathrm{Cov}(x_1,x_2)=\rho\sigma_1\sigma_2$ $\mathrm{Mode}(x_1,x_2)=(\mu_1,\mu_2).$
多项分布 $M(n,\theta_1,\cdots,\theta_k)$	$p(x_1,\cdots,x_k)=\frac{n!}{x_1!\cdots x_k!}\theta_1^{x_1}\cdots\theta_k^{x_k}.$ $x_1=0,1,\cdots,n,i=1,\cdots,k\quad x_1+\cdots+x_k=n$ $\theta_i>0,i=1,\cdots,k.\quad\theta_1+\cdots+\theta_k=1$	$E(x_i)=n\theta_i,$ $\mathrm{Var}(x_i)=n\theta_i(1-\theta_i)$ $\mathrm{Cov}(x_i,x_j)=-n\theta_i\theta_j.$

附录 2 标准正态分布函数 $\Phi(z)$ 表

Z	0.00	0.01	0.02	0.03	0.04	0.05	0.06	0.07	0.08	0.09
0.0	.5000	.4960	.4920	.4880	.4840	.4801	.4761	.4721	.4681	.4641
0.1	.4602	.4562	.4522	.4483	.4443	.4404	.4364	.4325	.4286	.4247
0.2	.4207	.4168	.4129	.4090	.4052	.4013	.3974	.3936	.3897	.3859
0.3	.3821	.3783	.3745	.3707	.3669	.3632	.3594	.3557	.3520	.3483
0.4	.3446	.3409	.3372	.3336	.3300	.3264	.3228	.3192	.3156	.3121
0.5	.3085	.3050	.3015	.2981	.2946	.2912	.2877	.2843	.2810	.2776
0.6	.2743	.2709	.2676	.2643	.2611	.2578	.2546	.2514	.2483	.2451
0.7	.2420	.2389	.2358	.2327	.2297	.2266	.2236	.2207	.2177	.2148
0.8	.2119	.2090	.2061	.2033	.2005	.1977	.1949	.1922	.1894	.1867
0.9	.1841	.1814	.1788	.1762	.1736	.1711	.1685	.1660	.1635	.1611
1.0	.1587	.1562	.1539	.1515	.1492	.1469	.1446	.1423	.1401	.1379
1.1	.1357	.1335	.1314	.1292	.1271	.1251	.1230	.1210	.1190	.1170
1.2	.1151	.1131	.1112	.1093	.1075	.1057	.1038	.1020	.1003	.0985
1.3	.0968	.0951	.0934	.0918	.0901	.0885	.0869	.0853	.0838	.0823
1.4	.0808	.0793	.0778	.0764	.0749	.0735	.0721	.0708	.0694	.0681
1.5	.0668	.0655	.0643	.0630	.0618	.0606	.0594	.0582	.0571	.0559
1.6	.0548	.0537	.0526	.0516	.0505	0.495	.0485	.0475	.0465	.0455
1.7	.0446	.0436	.0427	.0418	.0409	.0401	.0392	.0384	.0375	.0367
1.8	.0359	.0351	.0344	.0336	.0329	.0322	.0314	.0307	.0301	.0294
1.9	.0287	.0281	.0274	.0268	.0262	.0256	.0250	.0244	.0239	.0233
2.0	.0228	.0222	.0217	.0212	.0207	.0202	.0197	.0192	.0188	.0183
2.1	.0179	.0174	.0170	.0166	.0162	.0158	.0154	.0150	.0146	.0143
2.2	.0139	.0136	.0132	.0129	.0125	.0122	.0119	.0116	.0113	.0110
2.3	.0107	.0104	.0102	.00990	.00964	.00939	.00914	.00889	.00866	.00842
2.4	.00820	.00798	.00776	.00755	.00734	.00714	.00695	.00676	.00657	.00639
2.5	.00621	.00604	.00587	.00570	.00554	.00539	.00523	.00508	.00494	.00480
2.6	.00466	.00453	.00440	.00427	.00415	.00402	.00391	.00379	.00368	.00357
2.7	.00347	.00336	.00326	.00317	.00307	.00298	.00289	.00280	.00272	.00264
2.8	.00256	.00248	.00240	.00233	.00226	.00219	.00212	.00205	.00199	.00193
2.9	.00187	.00181	.00175	.00169	.00164	.00159	.00154	.00149	.00144	.00139

Z	0.0	0.1	0.2	0.3	0.4	0.5	0.6	0.7	0.8	0.9
3	.00135	.00097	.00069	.00048	.00034	.00023	.00016	.00011	.00007	.00005
4	.00003	.00002	.00001	$9E-06$	$5E-6$	$3E-06$	$2E-06$	$1E-06$	$8E-07$	$5E-07$
5	$3E-07$	$2E-07$	$1E-07$	$6E-08$	$3E-08$	$2E-08$	$1E-08$	$6E-09$	$3E-09$	$2E-09$
6	$1E-09$	$5E-10$	$3E-10$	$1E-10$	$8E-11$	$4E-11$	$2E-11$	$1E-11$	$5E-12$	$3E-12$

注：$9E-6=9\times10^{-6}$

中文参考文献

[1] 成平,陈希孺,陈桂景,吴传义.参数估计.上海科学技术出版社,1985.
[2] 周源泉,翁朝曦.可靠性评定.科学出版社,1990.
[3] 张尧庭,陈汉峰.贝叶斯统计推断.科学出版社,1991.
[4] 张金槐,唐雪梅.Bayes 方法(修改版).国防科技大学出版社,1993.
[5] 张雪野,茆诗松.经营决策方法.华东师大出版社,1996.
[6] Press,S.J.(1989)贝叶斯统计学,原理、模型及应用.廖文,陈安贵等译.中国统计出版社,1992.
[7] Berger,J.O.(1985)统计决策理论及贝叶斯.贾乃光译.中国统计出版社,1998.
[8] 茆诗松,王静龙,濮晓龙.高等数理统计(第二版).高等教育出版社,2006.
[9] 高惠璇.统计计算.北京大学出版社,1995.
[10] Wald,A. 统计决策函数.张福保译.上海科技出版社,1963.

英文参考文献

[1] Albert, J. (2009). Bayesian Computation with R (2nd ed). Springer, New York.

[2] Berger, J. O. ,Recent development and applications of Bayesian analysis. Proceedings 50th ISI, Book I, 3—14, Beijing, 1995.

[3] Berger, J. O. and Bernardo, J. M. (1992). On the development of reference priors (with discussion). In Bayesian Statistics 4 (J. M. Bernardo, J. O. Berger, A. P. Dawid and A. F. M. Smith, eds.) 35—60. Oxford Univ. Press.

[4] Bernardo, J. M. (1979). Reference posterior distributions for Bayesian inference (with discussion), J. Roy. Statist. Soc. B, 41, 113—147.

[5] Box, G. E. P. , and Tiao, G. C. , Bayesian inference in Statistical Analysis, Addison-Wesley, Reading, Massachusetts, 1973.

[6] Brooks, SP. and Gelman, A. (1997) General methods for monitoring convergence of iterative simulations. Journal of Computational and Graphical Statistics 7, 434—455.

[7] Datta, G. S. and Mukerjee, R. (2004). Probability Matching Priors, Higher Order Asymptotics. Lecture Notes in Statistics. Springer, New York.

[8] Datta, G. S. and Sweeting, T. J. (2005). Probability matching priors. Handbook of Statistics, 25: Bayesian Thinking: Modeling and Computation (D. K. Dey and C. R. Rao, eds.), Elsevier, 91—114.

[9] Fisher, R. A. , Statistical Methods and Scientific Inference (2nd edn.), Oliver and Boyd, Edinburgh, 1959.

[10] Gelfand, A. E. and Smith, A. F. M. (1990). Sampling-based approaches to calculating marginal densities. Journal of the American Statistical Association 85, 398—409.

[11] Gelman, A. (2006). Prior distributions for variance parameters in hierarchical models. Bayesian Analysis 6, 515—533.

[12] Gelman, A. , Carlin, J. B. , Stern, H. S. , Rubin, D. B. (2004). Bayesian Data Analysis, Chapman & Hall/CRC, New York.

[13] Gelman, A. , Roberts, G. O. , Gilks, W. R. (1996). Efficient Metropolis Jumping Rules. Bayesian Statistics 5, Bernado, J. M. , Berger, J. O. , Dawid, A. P. , Smith, A. F. M. (eds), 599—607.

[14] Gelman, A. and Rubin, D. B. (1992). A single sequence from the Gibbs sampler gives a false sense of security. In J. M. Bernardo, J. O. Berger, O. P. Dawid, and A. F. M. Smith, editors, Bayesian Statistics 4, Pages 625—631. Oxford University Press, Oxford.

[15] Gilks, W. R. and Wild, P. (1992). Adaptive rejection sampling for Gibbs sampling. Journal of the Royal Statistical Society C 41, 337—348.

[16] Good, I. J. , Probability and the Weighing of Evidence, Charles Griffin, London, 1950.

[17] Good, I. J., The probabilistic explication of evidence, surprise, causality, explanatzon, and utilzty, In Foundation of statistical Inference, V. P. Godambe and D. A. Sprott (Eds.) Holt, Rinehert, and Winston, Toronto, 1973.

[18] Hastings: 1970Hastings, W. K. (1970). Monte Carlo sampling methods using Markov chains and their applications. Bimetrika 57, 97—109.

[19] Jeffveys, H., Theory of Probability (3rd edn.). Oxford University Press, London, 1961.

[20] Kéry, M. (2010). Introduction to WinBUGS For Ecologists: A Bayesian approach to regression, ANOVA, mixed models and related analysis. Academic Press, Amsterdam.

[21] Lindley, D. V., Bayesian Statistics, A Review. SlAM. Philadephia, 1971a.

[22] Lindley, D. V., and Phillips, L. D., Inference for a Bernoulli process (a Bayesian view). Aner. Statist. 30, 112—119, 1976.

[23] MacEachern, S. N. (1993) A characterization of some conjugate prior distribution for exponential families, Scan. J. Statist. 20, 77—82.

[24] Metropolis, N., Rosenbluth, A. W., Rosenbluth, M. N., Teller, A. H. and Teller, E. (1953). Equations of state calculations by fast computating machine. Journal of Chememical Physics 21, 1087—1091.

[25] Mukerjee, R. and Dey, D. K. (1993). Frequentist validity of posterior quantiles in the presence of a nuisance parameter: higher-order asymptotics. Biometrika 80, 499—505.

[26] Neal, R. M. (2003). Slice Sampling (with discussion), Annals of Statistics 31, 705—767.

[27] Ntzoufras, I. (2009). Bayesian Modeling Using WinBUGS. John Wiley & Sons, New Jersey.

[28] Peers, H. W. (1965). On confidence points and Bayesian probability points in the case of several parameters. J. R. Statist. Soc. B35, 9—16.

[29] Pratt, J. W., Discussion of A. Birnbaum's "On the foundations of Statistical Inference." J. Amer. Statis. Assoc. 57, 269—326, 1962.

[30] Rao, C. R. (1973). Linear Statistical Inference and Applications. New York: Wiley.

[31] Rizzo, M. L. (2008). Statistical Computing with R. Chapman & Hall/CRC, New York.

[32] Roberts, G. O., Gelman, A. and Gilks, W. R. (1997). Weak convergence and optimal scaling of random walk Metropolis algorithms. Annals of Applied Probability 7, 110—120.

[33] Robert, C. P. and Casella, G. (2004). Monte Carlo Statistical Methods. Springer, New York, Second edition.

[34] Savage, L. J., The Foundations of Statistics. Wiley, New York, 1954.

[35] Savage, L, J., The subjective basis of statistical practice. Technical Report, Development of Statistics, University of michigan, Ann Arbor 1961.

[36] Singpurwalla, N. D. (Eds.) Case Studies in Bayesian Statistics. Springer-Verlag New

York Inc, 1991.

[37] Singpurwalla, N. D. (Eds.)Case Studies in Bayesian Statistics. Volume Ⅱ ,Springer-Verlag New York Inc,1995.

[38] Tibshirani, R. (1989). Noninformative priors for one parameter of many. Biometrika 76, 604—608.

[39] Tanner, M. A. (1996). Tools for Statistical Inference: Methods for the Expectation of Posterior Distribution and Likelihood Functions. Springer-Verlag, New York.

[40] Welch, B. L. and Peers, H. W. (1963). On formulae for con-dence points based on integrals of weighted likelihoods. J. R. Statist. Soc. B 35, 318—329.